| 방법1 | PC에서 실전처럼 풀어보기 |

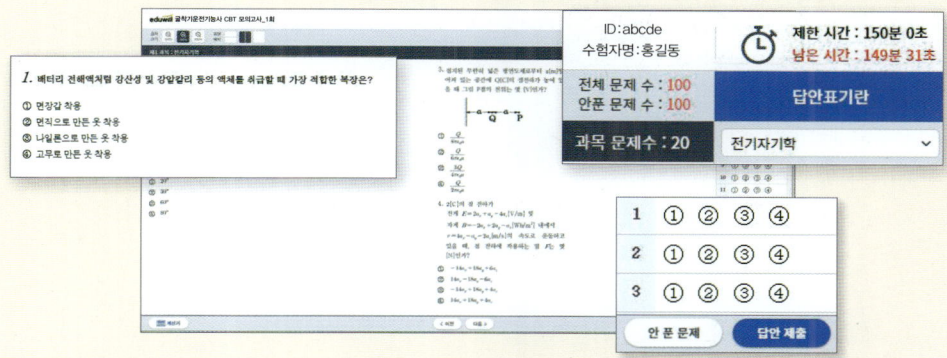

STEP 1 아래 시험 응시코드의 URL을 PC에 입력 후 로그인
STEP 2 '응시하기' 클릭 후, 문제풀이 시간을 확인하며 실전처럼 시험 응시
STEP 3 문제풀이 완료 후, '답안 제출'을 클릭하면 자동으로 성적분석 완료

| 방법2 | 모바일로 이동하면서 풀어보기 |

STEP 1 모바일 기기에서 아래 시험 응시코드의 QR코드를 스캔한 뒤 로그인
STEP 2 '응시하기' 클릭 후, 실전처럼 시험 응시
STEP 3 문제풀이 완료 후, '답안 제출'을 클릭하면 자동으로 성적분석 완료

실전처럼 푸는 CBT 기출복원 모의고사

에듀윌과 함께 시작하면,
당신도 합격할 수 있습니다!

졸업 후 진로를 고민하다
새로운 기회를 위한 자격증 시험에 도전해 합격한 취준생

원하는 직무로의 이직을 위해
운전기능사 자격증 공부를 시작해 합격한 30대 기사님

제2의 인생을 위해 바쁜 직장 생활 중에도
시간을 쪼개가며 공부해 일주일 만에 합격한 50대 직장인

누구나 합격할 수 있습니다.
해내겠다는 '다짐' 하나면 충분합니다.

마지막 페이지를 덮으면,

에듀윌과 함께
굴착기(굴삭기)운전기능사 합격이 시작됩니다.

에듀윌 굴착기(굴삭기)운전기능사

합격 후기로 검증된 교재!

김○주 합격생

정답만 봐도 충분히 합격할 수 있어요.

일주일 정도 시간을 가지고 CBT 모의고사 10회분을 풀어 갔습니다. 기출복원문제가 따로 모여 있어서 효과적으로 풀어볼 수 있었습니다. 부족한 이론들은 시험 직전까지 PDF로 제공되는 요약본으로 이동하며 학습했고, 요약본에 수록된 내용이 시험에 나와 큰 도움이 되었습니다. 관련 계통 종사자가 아니어도 수록된 문제를 풀며, 중요 내용들만 빠르게 보아도 충분히 합격할 수 있습니다.

김○용 합격생

무료 동영상 강의로 쉽게 공부했어요.

건설업 관련 일을 하다가 원하는 직무로 일하기 위해 자격증에 도전했습니다. 실기는 자신 있었지만, 필기시험은 자신이 없었는데요. 어려운 내용은 무료 동영상 강의를 이용하고, 시험 전날에는 최신복원 적중모의고사를 중점적으로 반복 공부해 손쉽게 합격했습니다. 핵심 부분만 간략하게 봐도 충분히 합격할 수 있어서 추천드립니다!

박○신 합격생

CBT 기출복원 모의고사로 확실한 실전 대비 가능했어요.

교재의 분량이 단기간 학습에 적당해서 선택하게 되었습니다. 단원별 이론 정리 후, 적중예상 기출복원문제를 바로 풀어볼 수 있어서 내용 이해에 도움이 많이 되었습니다. 빈출 표시가 되어 있는 문제는 시험이 임박했을 때, 해당 문제들만 추가로 볼 수 있어서 시간 절약에 도움이 되었습니다. 특히 CBT 기출복원 모의고사는 실제 CBT 시험 방식과 동일하게 구현되어 있고, 제한시간 동안 시험장이라 생각하고 풀어볼 수 있어서 점수 체크와 시간 분배에 활용하기 좋았습니다. 그리고 실제 시험에서도 모의고사와 비슷한 합격 점수가 나왔습니다!

다음 합격의 주인공은 당신입니다!

eduwill

초단기합격 스터디플래너

▶ : 동영상 강의　📝 : CBT 기출복원 모의고사

· D-7 합격 플랜 ·

이론편 | 이론 + 적중예상 기출복원문제

- ☐ **DAY 1**　PART 01 작업안전~PART 02 도로주행　▶
- ☐ **DAY 2**　PART 03 장비구조(CH. 01~02)　▶
- ☐ **DAY 3**　PART 03 장비구조(CH. 03~05)　▶

문제편 | 최신복원 적중모의고사 + 빈출복원 실전모의고사

- ☐ **DAY 4**　DAY 4 최신복원 적중모의고사(1~2회) +
  　　　　　빈출복원 실전모의고사(1~2회)　📝
- ☐ **DAY 5**　DAY 5 빈출복원 실전모의고사(3~6회)　📝
- ☐ **DAY 6**　DAY 6 빈출복원 실전모의고사(7~10회)　📝
- ☐ **DAY 7**　DAY 7 빈출복원 실전모의고사(11~12회) + 복습　📝

TIP. 핵심 이론을 강의와 함께 학습한 후, 철저하게 복원된 기출문제를 풀어보며 시험을 확실하게 대비합니다.

· D-3 합격 플랜 ·

최신복원 적중모의고사 + 빈출복원 실전모의고사

- ☐ **DAY 1**　DAY 1 최신복원 적중모의고사(1~2회) +
  　　　　　빈출복원 실전모의고사(1~3회)　📝
- ☐ **DAY 2**　DAY 2 빈출복원 실전모의고사(4~8회)　📝
- ☐ **DAY 3**　DAY 3 빈출복원 실전모의고사(9~12회)　📝

TIP. 기출문제만 빠르게 반복 풀이하며, 문제와 정답을 위주로 암기합니다. CBT 시험 특성상 기출문제 내용이 재출제되는 경향이 높다는 점을 활용합니다.

꿀팁영상과 함께 보는 굴착기 실기 합격 가이드

1. 실기 시험 준비

- 시험시간: 6분(코스운전 2분, 굴착작업 4분)
- 준비복장: 피부 노출이 되지 않는 긴소매 상하의(팔토시 가능), 안전화 및 운동화 ➡ 미수행 시 감점(-3점)
- 준비물: 신분증 ➡ 미지참 시 응시 불가
- 채점기준

구분	세부항목	항목별 채점 방법	배점
코스운전 (25점)	1. 작업복장 착용	양호 3점, 기타 0점	3
	2. 안전벨트 체결	양호 2점, 기타 0점	2
	3. 전진주행	양호 4점, 보통 2점, 기타 0점, 실격	4
	4. 정지선에 정지	양호 4점, 보통 2점, 기타 0점, 실격 • 기타: 정차 시 덜컹거림이 심하거나 조작 미숙 • 실격: 정지선 내 일시 정지하지 않은 경우	4
	5. 도착선 통과 후 정차	양호 3점, 기타 0점, 실격 • 기타: 정차 시 덜컹거림이 심하거나 조작 미숙 • 실격: 도착선을 통과하지 않고 돌아가는 경우	3
	6. 후진주행	양호 4점, 보통 2점, 기타 0점, 실격	4
	7. 주차	양호 3점, 보통 2점, 기타 0점 • 양호: 주차구역 내 두 개의 앞바퀴가 위치한 경우 (단, 주차구역선을 밟은 상태도 양호로 인정) • 보통: 한 바퀴 이상 주차구역을 벗어나서 주차한 경우 • 기타: 주차선을 밟은 경우	3
	8. 기어중립, 주차브레이크 체결	양호 2점, 기타 0점	2
굴착작업 (75점)	9. 안전벨트 체결	양호 1점, 기타 0점	1
	10. 안전 레버 및 컨트롤 박스 체결, 해제	양호 1점, 기타 0점	1
	11. 엔진 회전수(rpm) 조절	양호 5점, 보통 3점, 기타 0점 • 양호: rpm 다이얼 조절이 적절 • 보통: rpm 다이얼 조절이 미숙 • 기타: rpm 다이얼 조절을 전혀 하지 않음	5
	12. 굴착작업(조작숙련도)	양호 10점, 보통 5점, 기타 0점, 실격	10
	13. 버킷의 흙량	• 15점: 4회 흙량이 평적 이상 • 10점: 3회 흙량이 평적 이상 • 5점: 2회 흙량이 평적 이상 • 0점: 1회 또는 0회 흙량이 평적 이상	15
	14. 굴착 후 선회(조작숙련도)	양호 4점, 보통 2점, 기타 0점, 실격	4
	15. 굴착 후 선회 시 장애물 통과	양호 4점, 보통 2점, 기타 0점, 실격	4
	16. 배토작업(조작숙련도)	양호 10점, 보통 5점, 기타 0점, 실격	10
	17. 배토 후 선회(조작숙련도)	양호 4점, 보통 2점, 기타 0점, 실격	4
	18. 배토 후 선회 시 장애물 통과	양호 4점, 보통 2점, 기타 0점, 실격	4
	19. 평탄작업(조작숙련도)	양호 8점, 보통 4점, 기타 0점, 실격	8
	20. 평탄면 상태	양호 6점, 보통 3점, 기타 0점, 실격 • 기타: 평탄상태가 극히 미흡한 경우 • 실격: 평탄작업을 하지 않은 경우	6
	21. 버킷 지면 안착	양호 3점, 보통 1점, 기타 0점	3

2. 코스운전(실기 1)

코스운전 개요 및 도면

▲S코스 준비

- 시험시간: 2분
- 작업사항
  ① 주어진 장비(타이어식)를 운전해 왼쪽 앞바퀴가 중간 지점의 정지선 사이에 위치하면 일시 정지한 후 뒷바퀴가 도착선을 통과할 때까지 전진주행한다.
  ② 전진주행이 끝난 지점에서 후진해 앞바퀴가 종료선을 통과할 때까지 중간 정지 없이 후진주행한 후 출발 전 장비위치(주차선 내)에 정차시킨다.

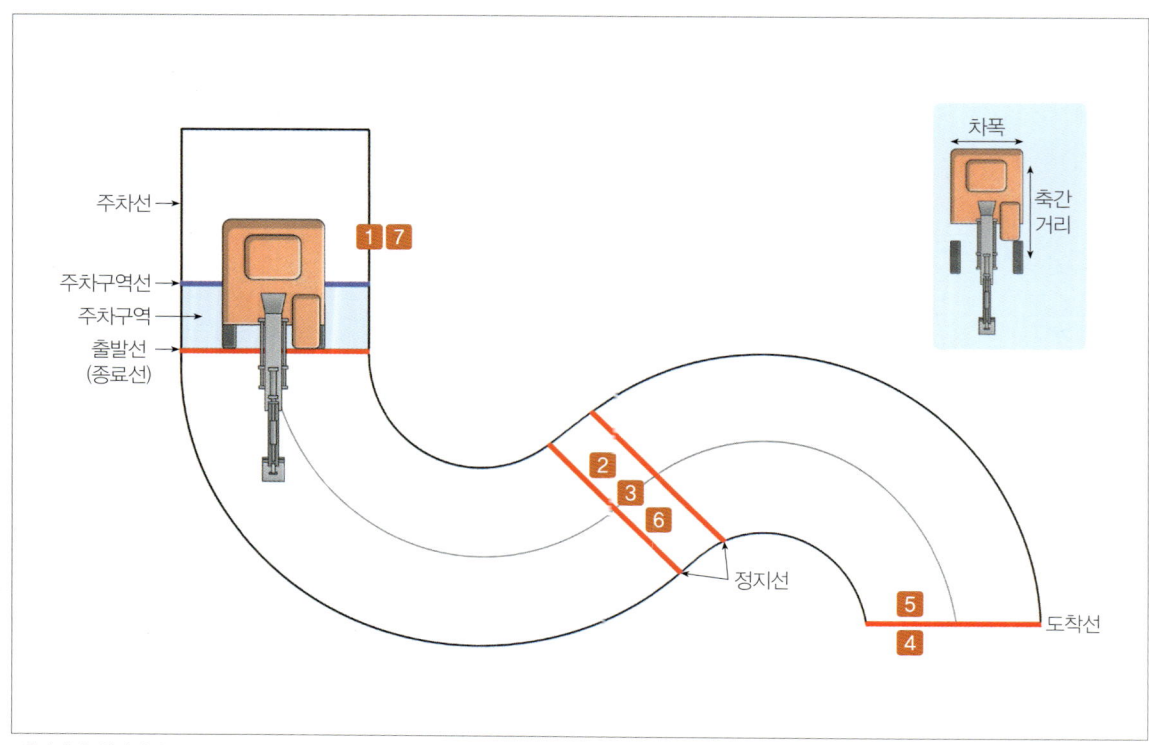

* 축간거리: 앞타이어 중심과 뒷타이어 중심 간의 거리

코스운전 시 주의사항

① 굴착기는 일반 자동차와 달리 가속페달을 밟지 않으면 멈춤 상태가 되므로 진행 시 반드시 가속페달을 밟아야 한다.
② 코스 중간 지점의 정지는 정지선에 좌측 앞바퀴가 들어가거나 물린 상태가 되도록 한다.
③ 브레이크 페달을 너무 깊이 밟으면 래치에 의해 브레이크가 잠기기 때문에 페달과 래치를 함께 밟거나 페달을 가볍게 밟아야 한다.
④ 4륜 구동의 특성상 조향 시 타이어가 밀리기 때문에 전진 시 회전반경보다 후진 시 회전반경이 넓어진다.
* 래치: 브레이크 잠금장치

코스운전 수행 순서

1 출발 및 전진, 좌측 코너링

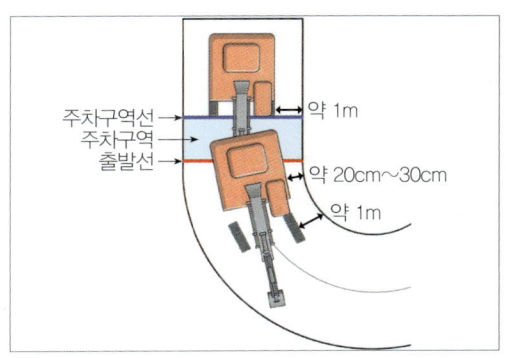

▲S코스 공식

① 출발을 알리는 호각이 울리면 래치를 밟아 해제하고, 전·후진 레버를 밀어 전진 상태로 두고 가속페달을 가볍게 밟는다.
➡ 출발 신호 후, 1분 내 굴착기 앞바퀴가 출발선을 통과하지 못하면 실격
② 출발하면서 핸들을 좌측으로 서서히 돌려주며 좌측선에 좌측 앞바퀴를 1m 간격이 되도록 유지하며 전진한다.

2 정지선에서 정지

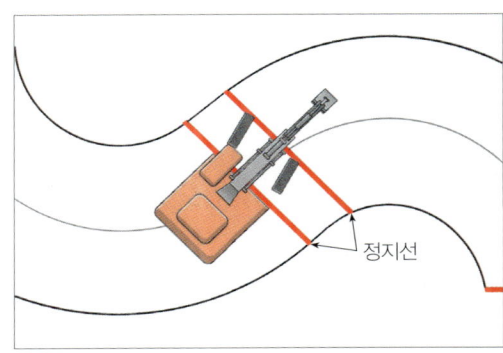

① 좌측 앞바퀴가 정지선 사이에 위치하면 브레이크 페달을 밟아 정지한다.
➡ 감독관이 브레이크등 점등 여부를 확인해 채점에 반영함
② 정지 후 바로 가속페달을 밟아 전진한다.
➡ 정지 시간 규정 없음(ex. 3초 후)
③ 이때 핸들을 풀지 않고 전진하여 좌측 앞바퀴가 좌측 선 1m 정도에 도달하였을 때 앞바퀴를 똑바로 한다(11자).

3 정지선에서 우측 코너링

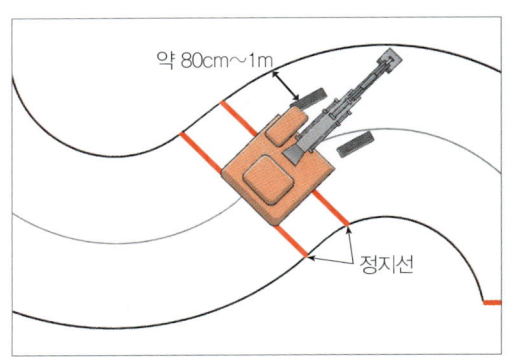

① 앞바퀴를 똑바로(11자) 한 상태에서 서서히 전진한다.
② 좌측 앞바퀴를 좌측선으로부터 80cm~1m 간격을 유지하며 도착선까지 전진한다.
③ 이때 좌측선과 좌측 앞바퀴의 간격이 너무 넓으면 우측 뒷바퀴가 탈선할 수 있고, 좁으면 후진 시 왼쪽 앞바퀴가 탈선할 수 있다.

4 도착선 통과 및 정지

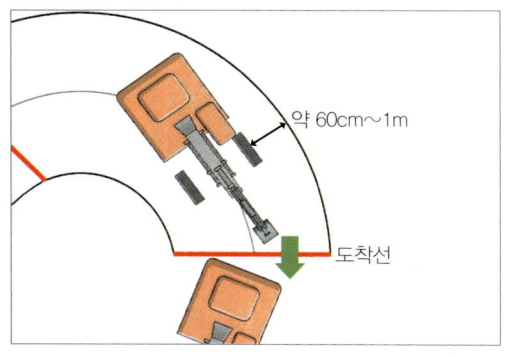

① 좌측 뒷바퀴가 먼저 도착선을 통과한다.
② 이후 우측 뒷바퀴가 확실하게 도착선을 통과하도록 좌측 뒷바퀴를 도착선에서 1m 정도 앞으로 전진한 후 브레이크 페달을 밟아 정지한다.
   ➡ 감독관이 브레이크등 점등 여부 확인하여 채점에 반영함

5 후진

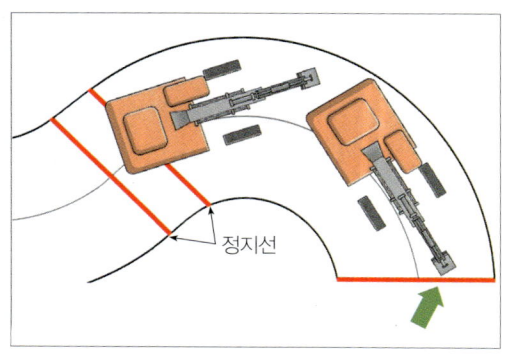

① 핸들을 우측으로 다 감은 상태를 유지하면서, 전·후진 레버를 당기고 후진한다.
② 좌측 사이드 미러를 확인하며 좌측 뒷바퀴가 첫번째 정지선을 밟기 전에 정지하여 앞바퀴를 똑바로(11자)하고 후진한다.

6 정지선에서 좌회전

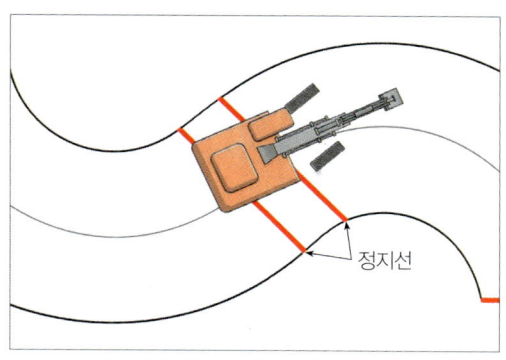

① 좌측 뒷바퀴가 두번째 정지선을 밟기 전에 정지하여 핸들을 좌측으로 최대한 돌려 후진한다.
② 이때 좌측 뒷바퀴가 좌측선에 닿으려고 하면 서서히 풀어 주며 후진하다가 다시 멀어지려 하면 핸들을 좌측으로 최대로 돌려 후진한다.

7 주차

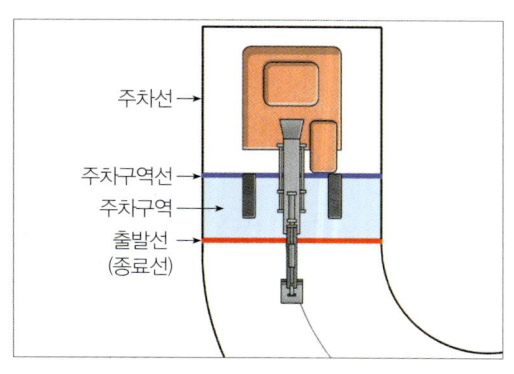

① 좌측 뒷바퀴가 종료선을 통과 후 약 20~30cm 정도 더 후진한 뒤 핸들을 똑바로(11자) 하여 후진한다.
② 굴착기 앞바퀴가 주차구역선과 출발선 사이에 위치하면 정지한 다음 전·후진 레버를 중립으로 두고 브레이크 페달을 끝까지 밟아 래치를 채워준다.
③ 안전 벨트를 풀고 뒤로 돌아 하차한다.

3. 굴착작업(실기 2)

굴착작업 개요 및 도면

- 시험시간: 4분
- 작업사항
  ① 주어진 장비로 A(C)지점을 굴착해 B지점에 설치된 폴(pole)의 버킷 통과 구역 사이를 넘어 C(A)지점을 메운 다음 평탄작업을 마친 후 버킷을 완전히 펼친 상태로 지면에 내려놓는다.
  ② 굴착작업의 횟수는 총 4회이고, 흙의 양은 평적(버킷에 토사를 담은 후 위를 평평하게 깎은 상태의 용적) 이상으로 해야 한다.
  ③ 굴착을 위해 적절한 rpm으로 조절한다.

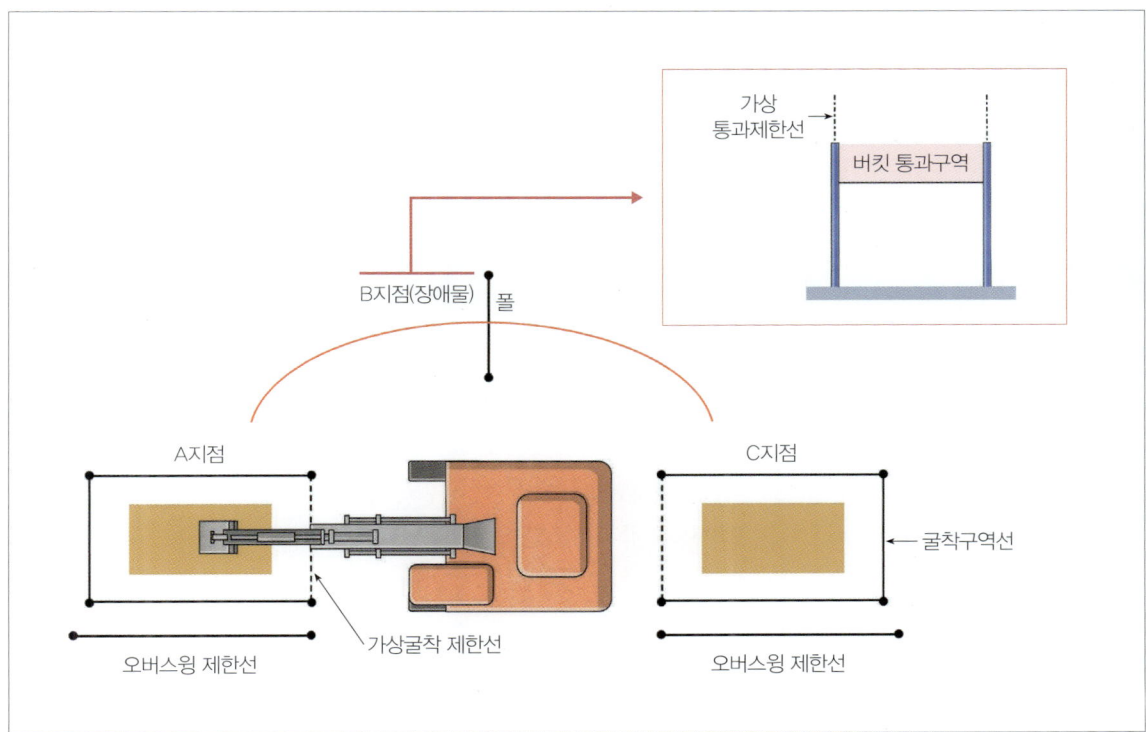

굴착작업 시 주의사항

① 굴착을 위해 적절한 rpm으로 조절해야 한다.
   ➡ 장비마다 다르나 최대치의 약 70~80%로 조절함
② 굴착은 평적 이상으로 하고, 되도록 한번에 흙을 버킷에 담는다.
③ 굴착 및 덤프 작업 시 구분동작으로 하지 말고 연결동작으로 작업한다.
④ 긴장해서 굴착, 덤핑 횟수(4회)를 잊는 경우가 많으므로 주의한다.
⑤ 레버가 민감하여 덜컹거리는 경우가 있는데 작업 스틱 중간을 잡으면 부드러운 작업이 가능하다.
⑥ 덤프 지점의 흙을 고르게 평탄해야 하고, 평탄작업은 1~2회 정도로 끝내는 것이 좋다.
   ➡ 평탄작업을 하지 않는 경우 실격

반드시 알아야 할 작업 레버

1 좌측 작업 레버

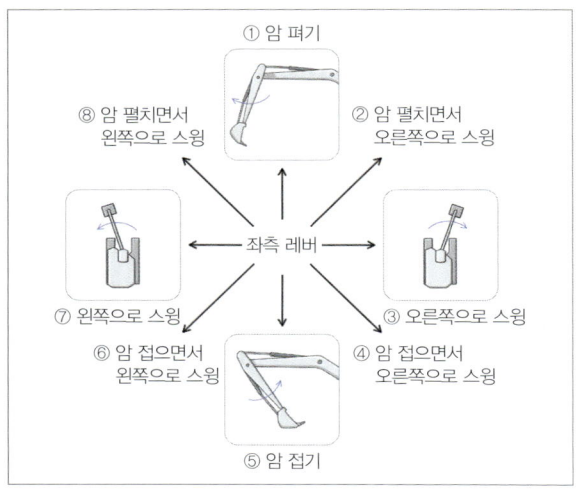

2 우측 작업 레버

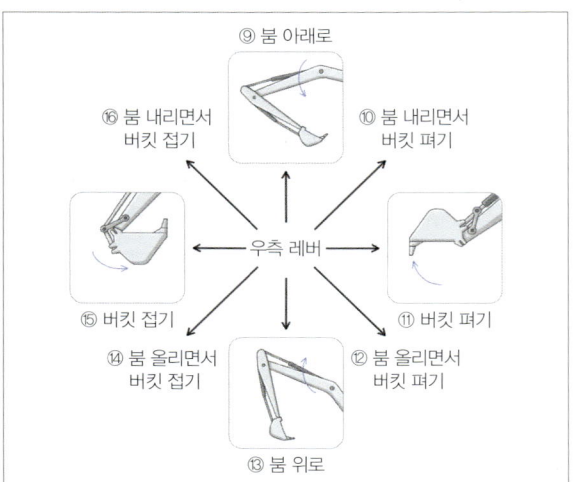

굴착작업 수행 순서

1 굴착작업 전 준비

① 탑승 후 준비가 완료되면 감독관에게 손을 들어 신호를 보낸다.
  ➡ 준비사항: 콘솔박스 내리기, 안전 레버 올리기, 안전벨트 착용, 시트조정, rpm 상승
② 감독위원의 호각신호에 의해 시작하고, 작업을 완료하여 버킷을 완전히 펼쳐 지면에 내려놓았을 때 종료된다.
③ 작업 전 굴착지역의 흙이 기준면과 부합하지 않다고 판단될 경우, 흙량의 보정을 요구할 수 있다.
  ➡ 단, 굴착지역의 기준면은 지면에서 하향 50cm

꿀팁영상
▲굴착작업(1) ▲굴착작업(2)

2 굴착작업

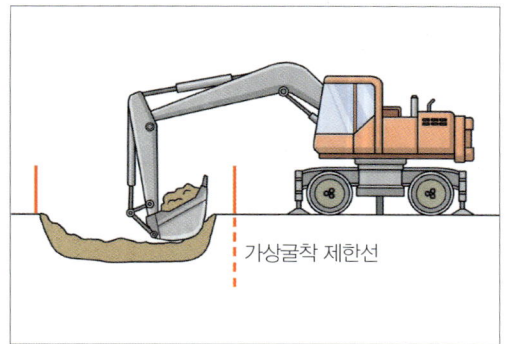

① 우측 레버를 6시와 9시 사이로 당겨 붐을 들면서 동시에 버킷을 접어준다.
② 버킷이 지면과 수직에 못 미칠 정도의 각도를 만들어 주고 투스가 보이지 않을 정도로 붐을 하강시켜 준다.
③ 버킷을 접어 버킷 핀 2개(또는 퀵커플러 핀 2개)가 지면과 수평이 될 때까지 버킷을 접는다.
④ 흙이 버킷 안에 가득찰 때까지 암을 당긴다.
  ➡ 버킷에 흙이 평적 미만으로 담겨 있으면 감점
⑤ 버킷이 가상굴착 제한선을 넘지 않게 하기 위해 암을 밀면서 버킷을 동시에 완전히 접어준다.

3 붐 들어 올리기

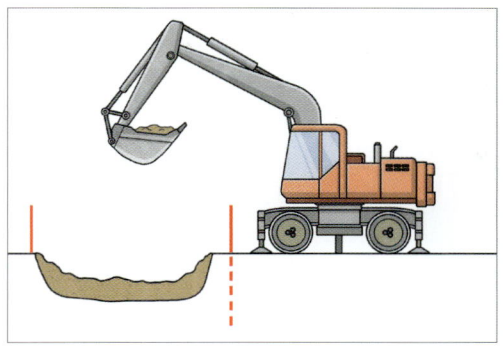

① 붐 실린더는 지면과 수직이 될 때까지 들어 올린다.
② 붐을 들어 올릴 때 동시에 암을 당겨 버킷 밑면이 오버스윙 제한선 높이까지 오게 한다.

4 회전

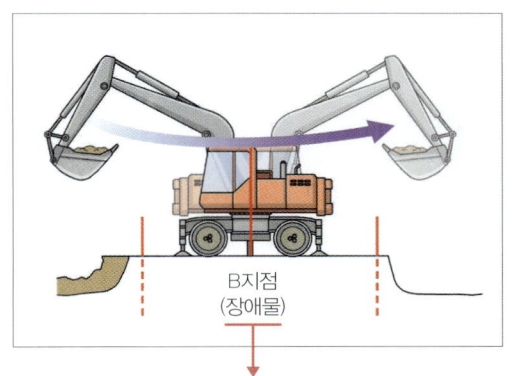

① B지점의 장애물에 닿지 않도록 C지점까지 180° 스윙한다.
② 버킷이 가상통과 제한선 및 버킷 통과구역을 벗어나면 실격이다.
➡ 스윙 시 버킷의 흙을 지나치게 흘리면 감점

5 덤핑작업(메우기)

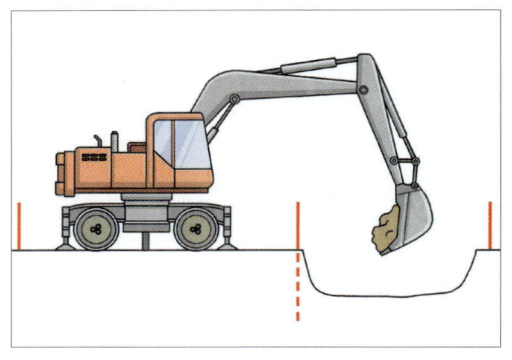

① 붐과 암을 동시에 밀어 버킷의 수평을 유지하며 버킷을 C지점의 1m 높이까지 하강하여 버킷을 펼친다.
② 버킷만 펼치게 되면 제한선에 닿을 수 있기 때문에 버킷이 수직이 되었을 때 버킷이 제한선에 닿지 않을 정도로 암을 당겨준다.
③ 굴착작업과 덤핑작업을 4회 반복한다.
➡ 굴착작업과 덤핑작업이 4회 미만일 경우 실격

6 평탄작업

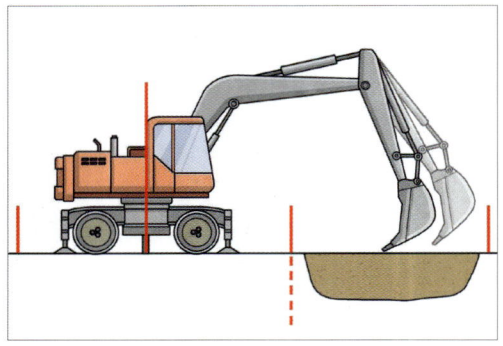

① 4회의 굴착 및 덤핑작업을 마친 후 버킷을 완전히 펴서 붐과 암을 동시에 당기고 밀거서 지면을 평탄하게 고른다.
② 평탄작업은 1호 이상 실시해야 하며, 제한 시간 내 여러 번 가능하다.

7 작업종료

① 버킷을 바깥쪽으로 완전히 펴고 붐을 바닥에 내려 놓는다.
② rpm 스위치를 0으로 조정한다.
③ 안전 레버를 내리고 콘솔박스를 올린 후 하차한다.

※실기 시험에 대한 자세한 내용은 큐넷 홈페이지(www.q-net.or.kr)에서 직접 확인하실 수 있습니다.

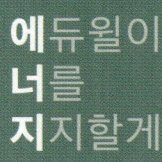

시작하라. 그 자체가 천재성이고,
힘이며, 마력이다.

− 요한 볼프강 폰 괴테(Johann Wolfgang von Goethe)

에듀윌
굴착기(굴삭기)
운전기능사
필기끝장

초스피드 합격을 위한 3 STEP

STEP 1 자주 나오는 이론만 빠르게

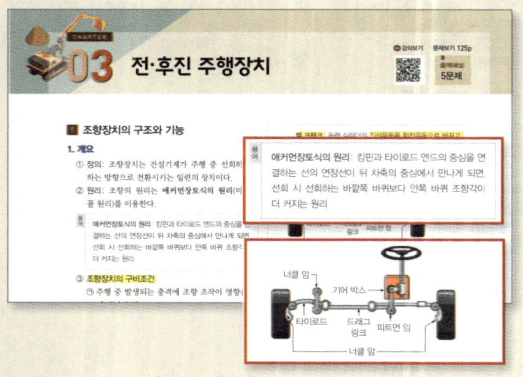

- 중요한 이론만 수록해 시간을 많이 투자하지 않고도 충분히 합격이 가능하다.

- 꼭 알아두어야 하는 빈출 이론은 동영상 강의를 통해 쉽게 이해할 수 있다.

- 모든 이미지는 풀컬러로 수록되어 이해가 쉽다.

STEP 2 적중예상 기출복원문제

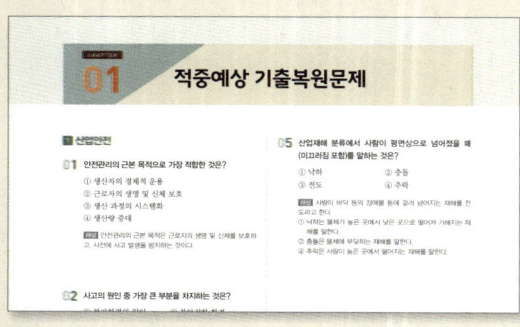

- 출제 가능성이 높은 이론과 연계된 문제를 바로 풀어 보면서 챕터별 출제 유형을 알 수 있다.

- 문제 바로 아래에 제공되는 해설을 함께 보며 효율적인 학습을 할 수 있다.

STEP 3 총 14회분! 실전대비 문제로 합격까지

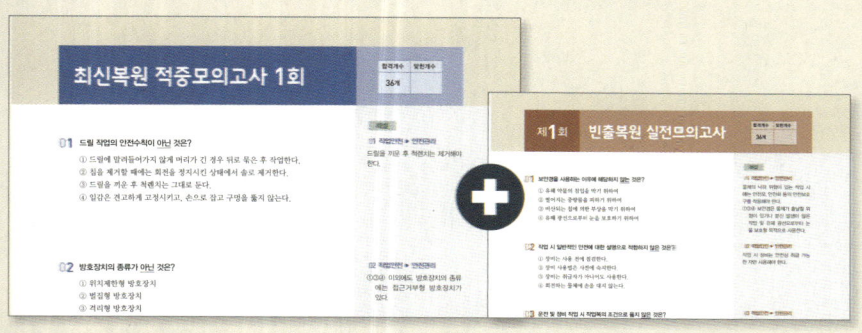

최신복원 적중모의고사(2회분)와 빈출복원 실전모의고사(12회분)로 실전대비가 가능하다.

PLUS 초단기 합격팩 특별 제공

① 초압축 핵심요약＋장비용어 100선

시험장에서 반드시 만날 이론과 장비용어를 필요할 때마다 빠르게 찾아볼 수 있다.

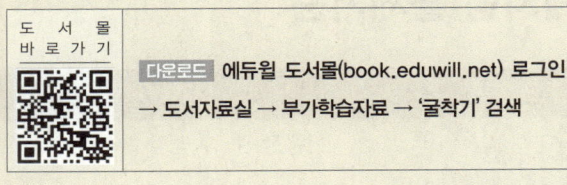

도서몰 바로가기

다운로드 에듀윌 도서몰(book.eduwill.net) 로그인
→ 도서자료실 → 부가학습자료 → '굴착기' 검색

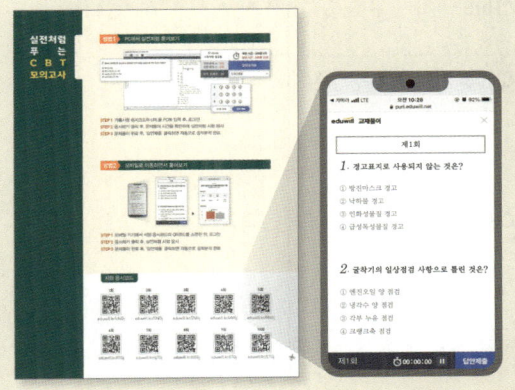

② CBT 기출복원 모의고사 서비스(10회분)

모바일 또는 PC로 접속하여 10회분의 기출복원문제를 실제 CBT 화면으로 풀이하고 실전감각을 익힐 수 있다.

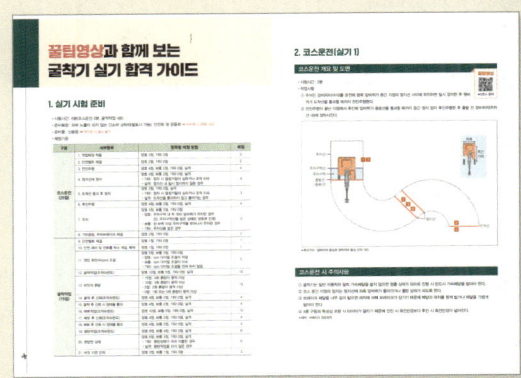

③ 꿀팁 영상과 함께 보는 굴착기 실기 합격 가이드

실기 시험 준비부터 코스운전 및 굴착작업까지, 꿀팁 영상과 함께 실기 시험을 완벽하게 대비할 수 있다.

굴착기 필기시험 소개

1 시험 기본 정보

- **시행처:** 한국산업인력공단
- **문항 수/시험시간:** 총 60문항/1시간
- **합격기준:** 100점 만점 중 60점 이상
- **필기검정방법:** 전과목 혼합, 객관식
- **응시료:** 필기 14,500원/실기 27,800원

2 필기시험 출제기준

주요 항목	세부 항목	이론 찾아가기	
1. 점검	1. 운전 전·후 점검	CH02 작업 전·후 점검	p. 28
	2. 장비 시운전	이론 전체에 전반적으로 수록(현재까지 시험에 세부 항목에 해당하는 문제 출제된 바 없음)	
	3. 작업상황 파악		
2. 주행 및 작업	1. 주행	CH05 굴착기 구조 및 기능, 작업	p. 154
	2. 작업		
	3. 전·후진 주행장치	CH03 전·후진 주행장치	p. 118
3. 구조 및 기능	1. 일반사항	CH05 굴착기 구조 및 기능, 작업	p. 154
	2. 작업장치		
	3. 작업용 연결장치		
	4. 상부회전체		
	5. 하부주행체		
4. 안전관리	1. 안전보호구 착용 및 안전장치 확인	CH01 안전관리	p. 12
	2. 위험요소 확인		
	3. 안전운반 작업		
	4. 장비 안전관리		
	5. 가스 및 전기 안전관리	CH03 가스 및 전기 안전관리	p. 36
5. 건설기계관리법 및 도로교통법	1. 건설기계관리법	CH02 건설기계관리법	p. 61
	2. 도로교통법	CH01 도로교통법, CH03 도로명주소	p. 48, p. 76
6. 장비구조	1. 엔진구조	CH01 엔진구조	p. 80
	2. 전기장치	CH02 전기장치	p. 103
	3. 유압일반	CH04 유압일반	p. 132

* 2025.1.1.부터 출제기준이 달라졌습니다. 본 교재는 개편된 출제기준을 반영하고 있습니다.
* 추가 시험 정보는 큐넷 홈페이지(www.q-net.or.kr)를 참고하시기 바랍니다.

CBT 체험하기

1 CBT 시험 안내 페이지 접속하기

① 큐넷 홈페이지(www.q-net.or.kr)에 접속한 후 오른쪽 하단의 'CBT 체험하기'를 클릭합니다.
② 상단의 메뉴 중 '필기 기능사/기능장 CBT 자격시험 체험하기'를 클릭합니다.
③ 체험하기에 따른 안내사항 및 유의사항부터 시험결과 확인하는 방법까지 모두 확인합니다.

2 CBT 시험 메뉴 설명

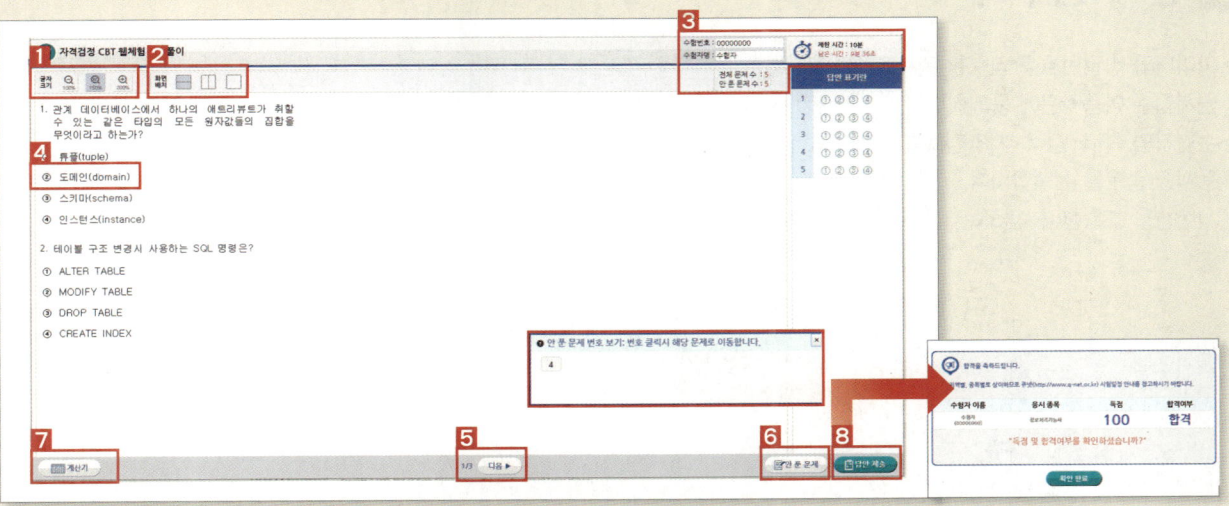

1 글자크기 조정: 본인에게 편한 글자 크기로 변경할 수 있습니다.

2 화면배치 변경: 화면에 문제가 2개, 2단으로 여러 개, 1개씩 보이도록 변경할 수 있습니다.

3 정보 확인: 문제를 풀기 전, [수험번호]와 [수험자명]이 본인의 정보인지 확인합니다. 문제풀이 시에는 [남은시간]과 [안 푼 문제 수]를 수시로 체크하며 시간을 분배합니다.

4 정답체크: 선택지 번호를 클릭하면 ●으로 변경되며, 우측 [답안 표기란]에 체크됩니다. [답안 표기란]에서 직접 번호를 클릭하셔도 됩니다.

5 다음▶: 다음 화면에 있는 문제를 풀고자 할 때 사용합니다.

6 안 푼 문제: 3에 있는 [안 푼 문제 수]를 확인하고 해당 버튼을 눌러 안 푼 문제의 번호를 클릭하면 해당 문제로 바로 이동할 수 있습니다.

7 계산기: 계산이 필요한 문제가 나올 경우 사용할 수 있습니다.

8 답안 제출: 문제를 모두 푼 후 해당 버튼을 눌러 합격 여부를 확인합니다.

필기시험 원서접수 절차

1 시험 일정 확인하기

① 큐넷 홈페이지(www.q-net.or.kr)에 접속합니다.
② 진행중인 원서접수 한눈에 보기에서 '상시 시행계획 공지'를 클릭합니다.
③ 시행회차/종목/시·도/시·군·구를 선택합니다.
④ 시험 일정을 확인한 뒤 왼쪽 상단의 '원서접수' – '원서접수 신청'을 클릭합니다.

2 원서 접수하기

① 아이디와 비밀번호를 입력한 뒤 '로그인' 합니다.
② 원서접수 이용약관에 동의합니다.
③ 수험자의 학력·경력·자격정보를 입력합니다.
④ 응시할 종목을 선택합니다.
⑤ 시험장을 조회한 후 원하는 날짜와 시간을 고려하여 선택합니다.

3 시험 응시

① 시험 당일 신분증과 필기구를 지참해야 합니다.
② 고사장은 시험 시작 20분 전부터 입실이 가능합니다.
③ 시험은 CBT 방식(컴퓨터로 시험)으로 시행합니다.
④ 답안 제출 후, 합격 여부가 바로 표시됩니다.
※ 시험 응시절차 및 세부사항은 변경될 수 있습니다. 자세한 사항은 큐넷 홈페이지(www.q-net.or.kr)에서 확인하길 바랍니다.

차례

PART 01 작업안전 | 12문제 출제

4문제	CH 01 안전관리	12
3문제	CH 02 작업 전·후 점검	28
5문제	CH 03 가스 및 전기 안전관리	36

PART 02 도로주행 | 11문제 출제

5문제	CH 01 도로교통법	48
5문제	CH 02 건설기계관리법	61
1문제	CH 03 도로명주소	76

PART 03 장비구조 | 37문제 출제

7문제	CH 01 엔진구조	80
5문제	CH 02 전기장치	103
5문제	CH 03 전·후진 주행장치	118
8문제	CH 04 유압일반	132
12문제	CH 05 굴착기 구조 및 기능, 작업	154

※ 표시된 문제 수는 각 챕터의 출제예상문제 수입니다. 이에 따라 우선순위를 두고 학습하세요.

PART 04 최신복원 2026 적중모의고사

| 제1회 최신복원 적중모의고사 | 172 |
| 제2회 최신복원 적중모의고사 | 184 |

PART 05 빈출복원 실전모의고사

제1회 빈출복원 실전모의고사	198
제2회 빈출복원 실전모의고사	210
제3회 빈출복원 실전모의고사	222
제4회 빈출복원 실전모의고사	234
제5회 빈출복원 실전모의고사	246
제6회 빈출복원 실전모의고사	258
제7회 빈출복원 실전모의고사	270
제8회 빈출복원 실전모의고사	282
제9회 빈출복원 실전모의고사	294
제10회 빈출복원 실전모의고사	306
제11회 빈출복원 실전모의고사	318
제12회 빈출복원 실전모의고사	330

부록1 키워드 빈칸채우기
부록2 초압축 핵심요약(PDF)
부록3 장비용어 100선(PDF)

PART

01

작업안전

| PART 학습방법 | ✓ 출제 확률이 높은 핵심이론만 수록하였습니다. 이외 출제될 수 있는 내용은 적중예상 기출복원문제를 통해 빠르고 간단하게 학습하는 것이 효율적입니다.
✓ 기출 분석을 통해 산정한 출제비중을 바탕으로 학습의 비중을 정하세요.
✓ 빈출 표시 문제는 시험에 자주 출제되는 핵심 내용이므로, 반드시 학습하세요. |

미리보는 챕터별 출제비중	CH 01	안전관리	6.7%
	CH 02	작업 전·후 점검	5%
	CH 03	가스 및 전기 안전관리	8.4%

CHAPTER 01 안전관리

1 산업안전

1. 안전관리의 목적
① 근로자의 생명 및 신체 보호
② 생산성 향상
③ 사전에 사고 발생 방지

2. 산업재해
① 정의: 노무를 제공하는 사람이 업무에 관계되는 건설물·설비·원재료·가스·증기·분진 등에 의하거나 작업 또는 그 밖의 업무로 인하여 사망 또는 부상하거나 질병에 걸리는 것을 말한다.
② 재해 관련 용어
  ㉠ 낙하: 물체가 높은 곳에서 낮은 곳으로 떨어져 근로자에게 충격이 가해지는 재해
  ㉡ 협착: 움직이는 부분 사이 또는 움직이는 부분과 고정된 부분 사이에 신체 또는 신체의 일부분이 끼이거나, 물리거나, 말려들어가 발생하는 재해
  ㉢ 전도: 사람이 바닥, 장애물, 미끄러운 표면 등에 의해 균형을 잃고 넘어져 발생하는 재해
  ㉣ 추락: 사람이 높은 곳에서 떨어지는 재해
  ㉤ 충돌: 사람이 물체에 부딪히는 재해
③ 재해 발생 원인
  ㉠ 불안전한 행동: 보호구 미착용, 불안전한 작업 태도 등으로 사고의 원인 중 가장 큰 부분을 차지함
  ㉡ 불안전한 환경: 안전방호장치의 결함, 불안전한 조명 등
  ㉢ 불가항력의 원인: 천재지변, 기계나 인간의 한계로 인한 불가항력 등
  ㉣ 생리적인 원인: 작업자의 피로

- 사고를 많이 발생시키는 원인 순서: 불안전한 행동 > 불안전한 환경 > 불가항력의 원인
- 안전수칙: 근로자가 안전하게 작업을 할 수 있는 세부작업 행동 지침

3. 방호장치
① 격리형 방호장치: 위험한 작업점과 작업자 사이에 서로 접근하여 일어날 수 있는 재해를 방지하고자 설치하는 방호울이나 가드 등의 방호장치를 말한다.
  ㉠ 완전 차단형: 기계 작동 부분을 완전히 덮음
  ㉡ 덮개형(부분 차단형): 접촉부를 덮음
② 위치제한형 방호장치: 조작자의 신체 부위가 위험 한계 밖에 있도록 의도적으로 조작장치를 기계에서 일정 거리 이상 떨어지게 설치한다. 즉, 위험점에 접근하지 못하도록 구동 부분과 작동 스위치, 비상 스위치 등을 작업자의 이동거리를 감안하여 안전거리를 확보하는 것이다.
③ 접근거부형 방호장치: 위험점에 의식적 또는 무의식적으로 접근하려고 하면, 기계·기구의 구동 시스템과 연동시켜 작업자의 신체나 신체의 일부분을 강제로 밀어내어 위험을 예방하는 방호장치이다.
④ 접근반응형 방호장치: 작업자의 신체 부위가 위험 한계 또는 그 인접한 거리 내로 들어오면 이를 감지하여 즉시 기계를 정지시키는 방호장치이다.
⑤ 포집형 방호장치: 위험원이 비산하거나 튀는 것을 방지하는 등 위험 장소가 아닌 위험점에 대한 방호장치이다.

2 안전보호구 착용

1. 안전보호구
① 산업현장에서 재해를 예방하기 위해 작업자가 작업 전 착용하는 기구나 장치를 말한다.
② 안전보호구의 구비조건
  ㉠ 착용이 용이하고 사용자에게 편리해야 함
  ㉡ 보호성능 기준을 충족하고 안전성을 보장해야 함
  ㉢ 외관이 매끈하며 품질이 양호해야 함

2. 안전보호구의 종류
① 안전모: 물체가 떨어지거나 날아올 위험 또는 근로자가 추락할 위험이 있는 작업 시 착용한다.

② 안전화: 물체의 낙하 충격, 끼임, 감전 등의 위험이 있는 작업 시 착용한다.
　㉠ 중 작업용: 강재(鋼材) 운반, 건설업 등 중량이 큰 물체를 취급하는 곳에서 착용
　㉡ 보통 작업용: 공구 가공품을 손으로 취급하는 작업 및 기계 등을 운전·조작하는 일반 작업장에서 착용
　㉢ 경 작업용: 금속 선별, 전기제품 조립 등 비교적 경량의 물체를 취급하는 작업장에서 착용
　㉣ 절연용: 전기에 의한 감전을 방지하기 위해 착용
③ 안전대: 높이 또는 깊이가 2m 이상이고 추락 위험이 있는 장소에서 작업 시 착용한다.
④ 보안면: 용접 중 불꽃이나 물체가 흩날릴 위험이 있는 작업 시 착용한다.
⑤ 보안경
　㉠ 일반 보안경: 물체가 흩날릴 위험이 있거나 분진 발생이 많은 작업 시 착용
　㉡ 차광용 보안경: 자외선, 적외선, 가시광선 등으로부터 눈을 보호하며 용접 작업 시 주로 착용
　㉢ 도수렌즈 보안경: 빛이나 비산물 및 기타 유해 물질로부터 눈을 보호하거나 시력을 교정하기 위해 착용

> 보안경의 유지 관리 방법
> ① 렌즈는 매일 깨끗이 닦음
> ② 흠집이 있는 보안경은 교환함
> ③ 성능이 떨어진 헤드 밴드는 교환함
> ④ 교환렌즈는 안전상 앞면으로 빠지도록 함

⑥ 마스크
　㉠ 방독 마스크: 유독가스 발생 장소에서 착용
　㉡ 방진 마스크: 분진 발생 장소에서 착용
　㉢ 송기 마스크(공기 마스크): 산소 결핍이 우려되는 장소에서 착용
⑦ 방열복: 고열에 의한 화상 등의 위험이 있는 작업 시 착용한다.

3. 안전보호구의 관리

① 관리자는 안전보호구를 상시 점검하여 이상이 있는 것은 수리하거나 다른 것으로 교환해 주어야 한다.
② 안전보호구를 사용한 후에는 손질하여 건조시킨 후 습기가 없고 청결한 장소에 보관한다.
③ 방진 마스크는 필터를 주기적으로 교환한다.
④ 여러 명이 함께 사용할 경우 질병 감염의 우려가 있는 보호구는 전용보호구를 지급해야 한다.

3 산업안전보건표지

1. 금지표지(8종)

① 바탕은 흰색, 기본모형은 빨간색, 관련 부호와 그림은 검은색이다.
② 금지표지 종류

출입금지	보행금지	차량통행금지	사용금지
탑승금지	금연	화기금지	물체이동금지

2. 경고표지(9+6종)

① 바탕은 노란색, 기본모형 및 관련 부호와 그림은 검은색이다.

방사성물질 경고	고압전기 경고	매달린물체 경고
낙하물경고	고온경고	저온경고
몸균형상실 경고	레이저광선 경고	위험장소 경고

② 다만, 아래의 경우 바탕은 무색, 기본모형은 빨간색(검은색도 가능), 그림은 검은색이다.

인화성물질 경고	산화성물질 경고	폭발성물질 경고	급성독성 물질경고
부식성물질 경고	발암성·변이원성·생식독성·전신독성·호흡기과민성물질경고		

3. 지시표지(9종)

① 바탕은 파란색, 관련 그림은 흰색이다.
② 지시표지 종류

보안경착용	방독마스크 착용	방진마스크 착용
보안면착용	안전모착용	귀마개착용
안전화착용	안전장갑착용	안전복착용

4. 안내표지(8종)

① 바탕은 녹색, 관련 부호와 그림은 흰색이다.
② 안내표지 종류

녹십자	응급구호	들것	세안장치
비상용기구	비상구	좌측비상구	우측비상구

참고 산업안전보건법 시행규칙 [별표 6]

4 기계·기구 및 공구에 관한 사항

1. 드라이버 작업안전

① 드라이버 날 끝이 나사 홈의 너비와 길이에 맞는 것을 사용한다.
② (−) 드라이버 날 끝은 평평한 것이어야 한다.
③ 이가 빠지거나 둥글게 된 것은 사용하지 않는다.
④ 작은 공작물이라도 한 손으로 잡지 않으며, 바이스 등으로 고정하고 사용한다.
⑤ 전기 작업 시에는 절연손잡이로 된 드라이버를 사용한다.
⑥ 손이 닿지 않거나 작업이 불편한 곳에서 나사를 조일 때에는 자석의 성질을 가진 드라이버를 사용한다.

2. 드릴 작업안전

① 재료 밑의 받침으로는 나무판을 사용한다.
② 일감을 견고하게 고정해야 하며, 손으로 잡고 구멍을 뚫지 않는다.
③ 칩을 제거할 때에는 드릴 회전을 정지시킨 상태에서 솔로 제거한다.
④ 드릴을 끼운 후 척렌치를 제거한다.
⑤ 장갑을 끼고 작업하지 않는다.
⑥ 머리가 긴 사람은 머리카락이 말려들어가지 않도록 뒤로 묶거나 안전모를 쓰고 작업한다.
⑦ 차체에 드릴 작업 시 내부 파이프는 관통하지 않는다.

3. 렌치(스패너) 작업안전

① 작업 시 유의사항
  ㉠ 볼트나 너트를 풀거나 조일 때에는 렌치를 당기며 작업함
  ㉡ 렌치를 해머 대용으로 사용하지 않음
  ㉢ 렌치에 파이프 등을 연결하여 사용하지 않음
  ㉣ 렌치는 볼트 및 너트에 꼭 맞는 것을 사용함
② 렌치의 종류
  ㉠ 조정렌치(몽키 스패너): 제한된 범위 내에서 어떠한 규격의 볼트나 너트에도 사용할 수 있으며, 파손을 방지하기 위해 윗 턱(고정조)에 당기는 힘이 가해지도록 작업해야 함

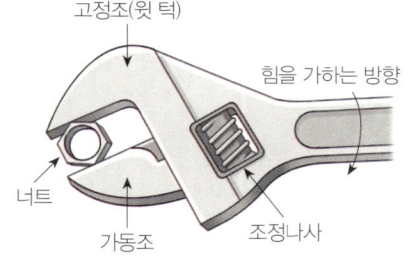

  ㉡ 복스렌치: 볼트나 너트의 주위를 감싸는 형태로 되어 있어 힘의 균형 때문에 미끄러지지 않고 사용할 수 있으며, 6각 볼트·너트에 적합함

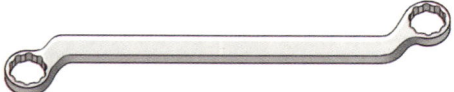

  ㉢ 오픈엔드렌치: 한쪽 또는 양쪽이 벌어진 렌치로, 연료 파이프의 피팅을 풀거나 조일 때 사용함

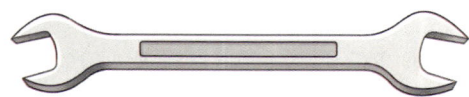

ⓔ 조합렌치(콤비네이션렌치): 렌치의 한쪽은 오픈
　　　엔드렌치, 다른 한쪽은 복스렌치로 되어 있음

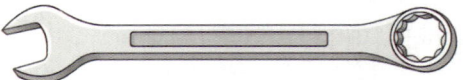

　　ⓜ 토크렌치: ==볼트나 너트를 규정토크로 조일 때== 사
　　　용하는 공구

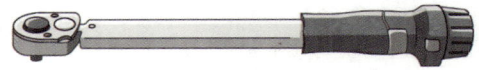

　　ⓑ 파이프렌치: 관을 설치하거나 분해할 때 관의 나
　　　사를 돌리는 공구

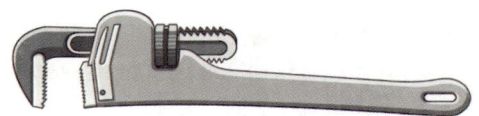

　　ⓢ 소켓렌치: 복스렌치의 일종으로, 라쳇핸들 및 힌
　　　지핸들 또는 스피드핸들에 끼워 사용하는 공구

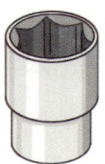

4. 벨트 작업안전

① 벨트 교환 및 점검은 ==회전이 완전히 멈춘 상태==에서 한다.
② 벨트의 이음쇠는 돌기가 없는 구조로 한다.
③ 신체 일부가 끼이거나 말려들어가는 것을 방지하기 위해 ==벨트의 둘레 및 풀리가 돌아가는 부분은 보호 덮개를 설치한다.==

> **용어** 풀리: 로프나 벨트를 걸어 회전시키는 바퀴

5. 해머 작업안전

① 작업에 알맞은 무게의 해머를 사용한다.
② 장갑을 끼고 작업하지 않는다.
③ 처음부터 강한 힘을 사용하지 않는다.
④ 공동으로 해머 작업 시에는 호흡을 맞춘다.
⑤ 해머를 사용할 때 자루 부분을 확인한다.
⑥ 해머의 사용면이 얇아지면 사용하지 않는다.
⑦ 녹이 있는 재료를 작업할 경우에는 보호안경을 착용한다.

6. 가스 용접 작업안전

① 산소용기(봄베)는 40℃ 이하에서 보관한다.
② 산소용기는 반드시 세워 보관한다.
③ 산소용기에 충격을 주어서는 안 된다.
④ 산소용기는 화기로부터 지정된 거리에 둔다.
⑤ 용접기에서 가스가 누설되는지는 비눗물을 사용하여 확인한다.
⑥ 산소 봄베와 호스의 색은 녹색, 아세틸렌 봄베와 호스의 색은 황색이다.
⑦ 가스 용접 작업 시에는 소화기를 준비하고 작업한다.
⑧ 토치 점화 시에는 전용 점화기로 한다.

7. 연삭기 작업안전

① 연삭 숫돌과 받침대 사이의 간격은 3mm 이상 떨어지지 않도록 한다.
② 안전 커버를 떼어 내고 작업하지 않는다.
③ 작업 시 보안경과 방진 마스크를 착용한다.
④ 작업 시 숫돌의 측면 쪽에 서서 작업한다.
⑤ 숫돌의 측면으로 연삭 작업을 하지 않는다.
⑥ 숫돌 덮개를 설치한 후 작업하며, 이를 제거하고 작업하지 않는다.

8. 수공구의 취급

① 수공구 작업안전
　㉠ 작업에 적당한 수공구를 사용함
　㉡ 수공구를 던지지 않음
　㉢ 손상된 수공구를 사용하지 않음
　㉣ 사용하기 전에 수공구 상태를 점검함
　㉤ 손에 들고 사다리 등을 오르지 않음
　㉥ 설계된 목적 외에는 사용하지 않음
　㉦ 높은 곳에서 다른 작업자에게 떨어뜨리지 않음
　㉧ 작업복 주머니에 날카로운 수공구를 넣지 않음
② 수공구의 관리와 보관
　㉠ 수공구의 유지·관리에 대해서는 각 작업자에게 책임을 부여하고, 부적절한 수공구 발견 시 즉시 수리 또는 보고 절차를 거쳐 조치함
　㉡ 사용할 수 없는 수공구는 꼬리표를 부착하고 수리될 때까지 사용하지 않음
　㉢ 칼 등 날카로운 수공구는 적절한 방법으로 보호함
　㉣ 모든 수공구는 기록·관리하고, 항상 안전하고 정상적인 상태로 사용할 수 있도록 조치함

ⓜ 사용한 수공구는 면걸레로 깨끗이 닦아 공구상자 또는 지정된 곳에 보관하며, 사용하기 적정한 상태를 유지함

- **페일세이프**: 기계가 잘 작동하지 않거나 고장이 났을 경우 운전을 정지하거나 안전하게 작동할 수 있도록 하는 장치
- **장갑을 끼지 않고 해야 하는 작업**: 연삭 작업, 해머 작업, 드릴 작업, 정밀기계 작업

5 전기 작업 시 유의사항

1. 전기 작업안전

① 전기기기에 의한 감전사고를 막기 위해 접지설비를 한다.
② 덮개가 없는 백열등을 사용하지 않는다.
③ 퓨즈 교체 시에는 규정된 용량의 퓨즈만 사용한다.
④ 작업 중 정전이 되었을 경우에는 즉시 전원스위치를 끄고 퓨즈의 단선 여부를 점검한다.
⑤ 전기장치의 전류계는 부하에 직렬로 접속해야 한다.
⑥ 전기장치 퓨즈가 끊어져 새것으로 교체하였으나 또 끊어진 경우는 과전류가 의심되므로 전기장치의 고장개소를 찾아 수리해야 한다.
⑦ 용접 작업 시 유해 광선으로부터 눈에 이상이 생겼을 경우(눈이 혈안이 되었을 경우), 냉수로 씻어 낸 다음 냉수포를 얹거나 병원에서 치료를 받아야 한다.

인체에 전류가 흐른 경우 위험 정도의 결정 요인: 인체에 전류가 흐른 시간, 전류의 크기, 전류가 통과한 경로 등

2. 감전재해 발생 형태

① 전선이나 전기기기의 노출된 충전부의 양단간에 인체가 접촉되는 경우
② 전기기기의 충전부와 대지 사이에 인체가 접촉되는 경우
③ 누전 상태의 전기기기에 인체가 접촉되는 경우
④ 고압 전력선에 안전거리 이상 이격하지 않은 경우

3. 감전사고 방지 대책

① 작업자에게 사전 안전교육을 실시한다.
② 작업자에게 안전보호구를 착용시킨다.
③ 전기기기에 위험표시를 한다.

6 화재의 분류 및 소화방식

1. 화재의 분류

① A급 화재(일반 가연물질 화재)
  ㉠ 나무, 종이 등 재를 남기는 물질이 연소
  ㉡ 물을 이용한 냉각소화
② B급 화재(유류 화재)
  ㉠ 휘발유, 경유 등 가연성 액체·기체가 연소
  ㉡ 포말, 분말약제 등을 이용한 질식소화
  ㉢ 물 사용 시 화재가 확산될 위험 있음
③ C급 화재(전기 화재)
  ㉠ 전기설비 등에서 발생하는 화재
  ㉡ 이산화탄소(CO_2), 분말 소화기, 할론 가스 등 전기적 절연성을 활용한 질식·냉각소화
  ㉢ 물은 전기가 통하므로 사용 금지
④ D급 화재(금속 화재)
  ㉠ 금속, 금속분에서 발생하는 화재
  ㉡ 건조사, 규조토 등을 이용한 질식소화
  ㉢ 물 사용 시 수소가스가 발생하므로 사용 금지

2. 소화방식의 분류

㉠ 냉각소화방식: 가연물의 온도를 인화점 이하로 낮추어 연소를 멈춤
㉡ 질식소화방식: 산소 공급을 차단하여 연소를 멈춤

- **연소의 3요소**: 가연물, 점화원, 산소
- **카바이드 저장소의 화재 예방**: 카바이드는 탄산칼슘의 속칭으로 단단한 결정성의 백색고체이며, 물과 화합하여 아세틸렌가스를 발생시키므로 화재 예방을 위하여 전등스위치를 옥외에 설치해야 함
- **에어폼**: 물과 포소화약제를 가압공기로 분사하여 거품으로 산소를 차단하는 대표적인 질식소화방식

3. 소화기의 종류

소화기 종류	소화 원리(화재 종류)
물 소화기	냉각 소화(A급 화재)
포 소화기	유류 표면 차단, 질식 소화(B급 화재)
이산화탄소(CO_2) 소화기	산소 차단, 질식 소화(C급 화재)
분말(ABC) 소화기	냉각·질식 소화(A·B·C급 화재)

CHAPTER 01 적중예상 기출복원문제

1 산업안전

01 안전관리의 근본 목적으로 가장 적합한 것은?

① 생산자의 경제적 운용
② 근로자의 생명 및 신체 보호
③ 생산 과정의 시스템화
④ 생산량 증대

해설 안전관리의 근본 목적은 근로자의 생명 및 신체를 보호하고, 사전에 사고 발생을 방지하는 것이다.

02 사고의 원인 중 가장 큰 부분을 차지하는 것은?

① 불가항력의 원인
② 불안전한 환경
③ 불안전한 지시
④ 불안전한 행동

해설 재해 발생의 원인으로는 불안전한 행동, 불안전한 환경, 불가항력의 원인 등이 있다. 이 중 사고 원인의 가장 큰 부분을 차지하는 것은 불안전한 행동이다.

03 재해 발생 원인 중 사고를 많이 발생시키는 원인 순서로 옳은 것은?

① 불안전한 행동 > 불안전한 환경 > 불가항력
② 불안전한 환경 > 불안전한 행동 > 불가항력
③ 불안전한 행동 > 불가항력 > 불안전한 환경
④ 불가항력 > 불안전한 행동 > 불안전한 환경

해설 사고를 많이 발생시키는 원인 순서는 '불안전한 행동 > 불안전한 환경 > 불가항력'의 순이다.

⚠️ 빈출
04 산업안전에서 근로자가 안전하게 작업을 할 수 있는 세부작업 행동 지침을 무엇이라고 하는가?

① 안전수칙
② 안전표지
③ 작업지시
④ 작업수칙

해설 근로자가 안전하게 작업을 할 수 있는 세부작업 행동 지침은 안전수칙이다.

05 산업재해 분류에서 사람이 평면상으로 넘어졌을 때(미끄러짐 포함)를 말하는 것은?

① 낙하
② 충돌
③ 전도
④ 추락

해설 사람이 바닥 등의 장애물 등에 걸려 넘어지는 재해를 전도라고 한다.
① 낙하는 물체가 높은 곳에서 낮은 곳으로 떨어져 가해지는 재해를 말한다.
② 충돌은 물체에 부딪히는 재해를 말한다.
④ 추락은 사람이 높은 곳에서 떨어지는 재해를 말한다.

⚠️ 빈출
06 방호장치의 종류가 아닌 것은?

① 위치제한형 방호장치
② 벌집형 방호장치
③ 접근거부형 방호장치
④ 덮개형 방호장치

해설 방호장치의 종류에는 위치제한형, 격리형, 덮개형, 접근거부형 등이 있다. 벌집형은 방호장치에 해당하지 않는다.

⚠️ 빈출
07 작업점에 직접 사람이 접촉하여 말려들거나 다칠 위험이 있는 장소를 덮어 씌우는 방호장치는?

① 격리형 방호장치
② 위치제한형 방호장치
③ 포집형 방호장치
④ 접근거부형 방호장치

해설 작업점에 직접 사람이 접촉하여 말려들거나 다칠 위험이 있는 장소를 덮어 씌우는 방호장치는 격리형 방호장치이다.

정답 01 ② 02 ④ 03 ① 04 ① 05 ③ 06 ② 07 ①

2 안전보호구 착용

08 안전보호구 선택 시 유의사항으로 옳지 않은 것은?

① 작업 행동에 방해되지 않을 것
② 사용 목적에 구애받지 않을 것
③ 보호성능 기준에 적합하고 보호성능이 보장될 것
④ 착용이 용이하고 크기 등이 사용자에게 편리할 것

[해설] 안전보호구는 사용 목적에 따라 구분해서 사용해야 한다.

09 [빈출] 안전을 위해 보안경을 착용해야 하는 작업은?

① 유니버설 조인트 조임 및 하체 점검 작업
② 전기저항 측정 및 배선 점검 작업
③ 엔진오일 보충 및 냉각수 점검 작업
④ 팬벨트 교환 작업

[해설] 장비 하부에서 작업할 경우 눈을 보호하기 위해 보안경을 착용해야 한다.

10 전기 용접 작업 시 보안경을 사용하는 이유로 가장 적절한 것은?

① 유해 광선으로부터 눈을 보호하기 위해
② 유해 약물로부터 눈을 보호하기 위해
③ 중량물의 추락 시 머리를 보호하기 위해
④ 분진으로부터 눈을 보호하기 위해

[해설] 전기 용접 작업 시에는 유해 광선으로부터 눈을 보호하기 위해 차광용 보안경을 착용한다.

11 작업 시 보안경 착용에 대한 설명으로 옳지 않은 것은?

① 가스 용접 시에는 보안경을 착용해야 한다.
② 절단하거나 깎는 작업 시에는 보안경을 착용해서는 안 된다.
③ 아크 용접 시에는 보안경을 착용해야 한다.
④ 특수 용접 시에는 보안경을 착용해야 한다.

[해설] 용접 작업 시에는 유해 광선으로부터 눈을 보호하기 위해 차광용 보안경을 착용하고, 절단하거나 깎는 작업 시에는 물체가 흩날리거나 분진이 발생할 수 있기 때문에 일반 보안경을 착용해야 한다.

12 [빈출] 먼지가 많은 장소에서 착용해야 하는 마스크는?

① 방독 마스크
② 산소 마스크
③ 방진 마스크
④ 일반 마스크

[해설] 청소 또는 그라인더 작업과 같이 먼지가 많이 발생하는 작업을 하는 장소에서는 방진 마스크를 착용해야 한다.

13 [빈출] 산소 결핍의 우려가 있는 장소에서 착용해야 하는 마스크는?

① 방독 마스크
② 방진 마스크
③ 송기 마스크
④ 가스 마스크

[해설] 하수구 청소 작업과 같이 산소 결핍이 우려되는 장소에서는 송기 마스크(공기 마스크)를 착용해야 한다.

14 [빈출] 안전모에 대한 설명으로 옳지 않은 것은?

① 알맞은 규격으로 성능시험에 합격한 합격품이어야 한다.
② 구멍을 뚫어서 통풍이 잘 되게 하여 착용한다.
③ 각종 위험으로부터 보호할 수 있는 종류의 안전모를 선택해야 한다.
④ 가볍고 성능이 우수하며 머리에 꼭 맞고 충격 흡수성이 좋아야 한다.

[해설] 안전모에 구멍을 뚫으면 구조적으로 강도가 약해지기 때문에 구멍을 뚫어 사용하면 안 된다.

15 [빈출] 작업장에서 작업복을 착용하는 이유로 가장 적합한 것은?

① 작업장의 질서를 확립시키기 위해
② 작업자의 직책과 직급을 알리기 위해
③ 재해로부터 작업자의 몸을 보호하기 위해
④ 작업자의 복장을 통일하기 위해

[해설] 작업 종류에 따라 적합한 작업복을 착용하여 작업 시 재해로부터 작업자의 몸을 보호한다.

정답 08 ② 09 ① 10 ① 11 ② 12 ③ 13 ③ 14 ② 15 ③

16 중량물 운반 작업 시 착용해야 할 안전화로 가장 적절한 것은?

① 중 작업용
② 보통 작업용
③ 경 작업용
④ 절연용

해설 중 작업용 안전화는 강재 운반 시 또는 건설업 등에서 중량물 운반 작업 및 가공대상물의 중량이 큰 물체를 취급하는 곳에서 착용한다.

17 작업과 안전보호구의 연결이 잘못된 것은?

① 그라인딩 작업 – 보안경 착용
② 10m 높이에서 작업 – 안전벨트 착용
③ 산소 결핍 장소 – 송기 마스크 착용
④ 아크 용접 – 도수 렌즈 안경 착용

해설 아크 용접을 할 때에는 유해 광선으로부터 눈을 보호하기 위해 차광용 보안경을 착용해야 한다.

18 일반적인 보호구의 구비조건으로 옳지 않은 것은?

① 착용이 간편할 것
② 햇볕에 잘 열화될 것
③ 재료의 품질이 양호할 것
④ 위험 유해 요소에 대한 방호성능이 충분할 것

해설 ①③④ 이외에도 보호구는 겉모양과 표면이 매끈하고 보호성능 기준에 적합해야 한다.

3 안전보건표지

19 산업안전보건법령상 안전보건표지의 색채와 용도가 옳지 않은 것은?

① 파란색: 지시
② 녹색: 안내
③ 노란색: 위험
④ 빨간색: 금지, 경고

해설 안전보건표지는 금지표지, 경고표지, 지시표지, 안내표지로 나뉜다. 이 중 노란색으로 표시하는 것은 경고표지이다.

20 응급구호표지의 바탕색으로 옳은 것은?

① 녹색
② 흰색
③ 흑색
④ 노란색

해설 응급구호표지는 안내표지에 해당하므로 바탕색은 녹색, 관련 부호 및 그림은 흰색이다.

21 안전보건표지 중 안내표지에 해당하지 않는 것은?

① 녹십자표지
② 응급구호표지
③ 비상구표지
④ 출입금지표지

해설 출입금지표지는 안전보건표지 중 금지표지에 해당한다.

22 산업안전보건법령상 안전보건표지 중 다음 안전표지가 나타내는 것은?

① 산화성물질경고
② 인화성물질경고
③ 폭발성물질경고
④ 급성독성물질경고

해설 경고표지 중 인화성물질경고표지이다.

23 다음 안전보건표지가 나타내는 것은?

① 비상구
② 출입금지
③ 인화성물질경고
④ 보안경 착용

해설 금지표지 중 출입금지표지이다.

정답 16 ① 17 ④ 18 ② 19 ③ 20 ① 21 ④ 22 ② 23 ②

24 다음 안전보건표지의 종류로 옳은 것은?

① 지시표지 ② 금지표지
③ 경고표지 ④ 안내표지

해설 지시표지 중 보안경 착용표지이다.

25 다음 안전보건표지가 나타내는 것은?

① 비상구 ② 방사선물질경고
③ 탑승금지 ④ 보행금지

해설 금지표지 중 보행금지표지이다.

26 다음 안전보건표지가 나타내는 것은?

① 보행금지 ② 몸균형상실경고
③ 안전복 착용 ④ 방독 마스크 착용

해설 지시표지 중 안전복 착용표지이다.

27 다음 안전보건표지가 나타내는 것은?

① 사용금지 ② 탑승금지
③ 보행금지 ④ 물체이동금지

해설 금지표지 중 물체이동금지표지이다.

28 다음 안전보건표지가 나타내는 것은?

① 인화성물질경고 ② 금연
③ 화기금지 ④ 산화성물질경고

해설 금지표지 중 화기금지표지이다.

4 기계·기구 및 공구에 관한 사항
⚠️ 빈출

29 드라이버 작업안전에 대한 설명으로 옳지 않은 것은?

① 드라이버 날 끝이 나사 홈의 너비와 길이에 맞는 것을 사용한다.
② (-) 드라이버 날의 끝은 평평한 것이어야 한다.
③ 이가 빠지거나 둥글게 된 것은 사용하지 않는다.
④ 필요에 따라 정 대신으로 사용한다.

해설 드라이버를 정 대신 사용하면 드라이버 날이 망가져 사용할 수 없게 된다.

30 드라이버의 사용 방법으로 옳지 않은 것은?

① 날 끝이 나사 홈의 폭과 깊이에 맞는 것을 사용한다.
② 전기 작업 시 자루는 금속으로 된 것을 사용한다.
③ 날 끝이 수평이어야 하며 이가 빠지거나 둥글게 된 것은 사용하지 않는다.
④ 작은 공작물이라도 한 손으로 잡지 않으며, 바이스 등으로 고정하고 사용한다.

해설 전기 작업 시 감전을 예방하기 위해 자루는 금속이 아닌 플라스틱과 같은 절연물질로 된 것을 사용한다.

31 드릴 작업 시 주의사항으로 옳지 않은 것은?

① 칩을 털어낼 때에는 칩털이를 사용한다.
② 작업이 끝나면 드릴을 척에서 빼놓는다.
③ 칩은 드릴이 움직일 때 손으로 치운다.
④ 재료는 움직이지 않게 바이스로 고정한다.

해설 드릴 작업에서 나오는 칩은 날카롭기 때문에 칩을 제거할 때는 회전을 정지시키고 솔로 제거한다.

정답 24 ① 25 ④ 26 ③ 27 ④ 28 ③ 29 ④ 30 ② 31 ③

32 볼트나 너트를 조이거나 푸는 데 사용하는 각종 렌치에 대한 설명으로 옳지 않은 것은?

① 조정렌치: 몽키 스패너라고도 부르며, 제한된 범위 내에서 어떠한 규격의 볼트나 너트에도 사용 가능
② 엘(L)렌치: 6각형 봉을 L자 모양으로 구부려서 만든 렌치
③ 복스렌치: 연료 파이프 피팅 작업에 사용
④ 소켓렌치: 다양한 크기의 소켓을 바꾸어가면서 작업할 수 있도록 만든 렌치

해설 연료 파이프 피팅 작업에 사용하는 공구는 오픈엔드렌치이다.

33 스패너의 사용 방법으로 옳은 것은?

① 스패너 입이 너트의 치수보다 큰 것을 사용한다.
② 스패너를 해머로 사용할 수도 있다.
③ 너트를 스패너에 깊이 물리고 조금씩 앞으로 당기는 식으로 풀고 조인다.
④ 너트를 스패너에 깊이 물리고 조금씩 밀면서 풀고 조인다.

해설 스패너(렌치)로 볼트나 너트를 풀거나 조일 경우 밀면서 작업하면 다칠 위험이 있으므로 당기면서 풀고 조여야 한다.

34 복스렌치가 오픈엔드렌치보다 비교적 많이 사용되는 이유로 가장 적절한 것은?

① 두 가지 볼트 또는 너트를 한번에 조일 수 있어서
② 마모율이 적고 가격이 저렴해서
③ 다양한 크기의 볼트와 너트를 사용할 수 있어서
④ 볼트와 너트의 주위를 감싸 주어 힘의 균형 때문에 미끄러지지 않아서

해설 복스렌치는 볼트와 너트의 주위를 완전히 감싸 주어 힘의 균형 때문에 쉽게 미끄러지지 않는 특성이 있어 오픈엔드렌치보다 비교적 많이 사용된다.

35 렌치 작업에 대한 설명으로 옳지 않은 것은?

① 필요시 해머 대용으로 사용 가능
② 너트에 꼭 맞는 것을 사용할 것
③ 조금씩 돌리며 사용할 것
④ 몸 앞으로 잡아당기며 작업할 것

해설 렌치는 볼트와 너트를 조이거나 푸는 용도이므로 해머 대용으로는 사용하지 않는다.

36 다음 그림과 같이 조정렌치의 힘이 작용되도록 사용하는 이유로 가장 적절한 것은?

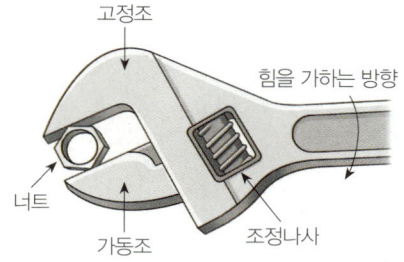

① 볼트나 너트의 나사산의 손상을 방지하기 위해
② 작은 힘으로 풀거나 조이기 위해
③ 렌치의 파손을 방지하고 안전한 작업을 위해
④ 규정토크로 조이기 위해

해설 윗 턱(고정조) 방향으로 돌리게 되면 가동조가 망가질 수 있으므로 가동조 방향으로 돌려 윗 턱(고정조)에 힘이 걸리도록 한다.

37 렌치 사용 시 유의사항이 아닌 것은?

① 스패너의 입이 너트 폭과 잘 맞는 것을 사용한다.
② 스패너를 너트에 단단히 끼워 앞으로 당기면서 사용한다.
③ 몽키 스패너는 웜과 랙의 마모 상태를 확인한다.
④ 몽키 스패너는 윗 턱 방향으로 돌려 사용한다.

해설 몽키 스패너를 윗 턱(고정조) 방향으로 돌리게 되면 가동조가 망가질 수 있으므로 가동조 방향으로 돌려 윗 턱(고정조)에 힘이 걸리도록 한다.

38 가스 용접기에 사용되는 용기의 색으로 옳은 것을 모두 고른 것은?

> ㄱ. 산소 – 녹색
> ㄴ. 수소 – 흰색
> ㄷ. 아세틸렌 – 황색

① ㄱ, ㄴ
② ㄱ, ㄷ
③ ㄴ, ㄷ
④ ㄱ, ㄴ, ㄷ

해설 수소용기(봄베)의 색은 주황색이다.

정답 32 ③ 33 ③ 34 ④ 35 ① 36 ③ 37 ④ 38 ②

39 가스 용접 시 사용하는 산소용 호스의 색상으로 옳은 것은?

① 적색　　② 황색
③ 녹색　　④ 청색

해설 산소용 호스는 녹색, 아세틸렌 호스는 황색이다.

40 가스 용접 시 사용하는 봄베의 안전수칙으로 옳지 않은 것은?

① 봄베를 넘어뜨리지 않는다.
② 봄베에 충격을 주어서는 안 된다.
③ 봄베는 40℃ 이하에서 보관한다.
④ 봄베 몸통이 녹슬지 않도록 그리스를 바른다.

해설 봄베(용기) 몸통에 그리스를 바르면 운반 시 미끄러질 수 있으며, 화재의 위험이 크다.

41 아세틸렌 용접기에서 가스가 누설되는지 검사하는 방법으로 옳은 것은?

① 비눗물 검사　　② 기름 검사
③ 촛불 검사　　④ 물 검사

해설 아세틸렌 용접기에서 가스가 누설되는지 검사할 때에는 비눗물을 사용한다.

⚠빈출
42 벨트의 취급 시 안전에 대한 주의사항으로 옳지 않은 것은?

① 벨트에 기름이 묻지 않도록 한다.
② 벨트는 적당한 유격을 유지하도록 한다.
③ 벨트 교환 시 회전이 완전히 멈춘 상태에서 한다.
④ 벨트의 회전을 정지시킬 때에는 손으로 잡아 정지시킨다.

해설 벨트의 회전을 정지시킬 때에는 동력을 차단하고 스스로 멈출 때까지 기다린다.

43 벨트를 풀리에 안전하게 걸고 벗기기 위한 작동 상태로 옳은 것은?

① 중속인 상태　　② 정지한 상태
③ 역회전 상태　　④ 고속인 상태

해설 벨트를 풀리에 걸거나 벗길 때에는 반드시 회전을 정지한 상태에서 해야 한다.

⚠빈출
44 벨트에 대한 안전사항으로 옳지 않은 것은?

① 벨트의 이음쇠는 돌기가 없는 구조로 한다.
② 벨트를 걸 때나 벗길 때에는 기계를 정지한 상태에서 한다.
③ 벨트가 풀리에 감겨 돌아가는 부분에는 커버나 덮개를 설치한다.
④ 바닥면으로부터 2m 이내에 있는 벨트는 덮개를 제거한다.

해설 작업자의 신체가 말려들어가는 것을 방지하기 위해 벨트에는 보호덮개를 장착해야 한다.

⚠빈출
45 안전상 장갑을 끼고 작업하기에 적합하지 않은 것은?

① 전기 용접 작업
② 타이어 교체 작업
③ 건설기계운전 작업
④ 선반 등의 절삭가공 작업

해설 선반 등의 절삭가공 작업 시 장갑을 끼고 작업하면 기계에 장갑이 말려들어갈 위험이 있으므로 장갑을 끼고 작업하지 않는다.

⚠빈출
46 작업 시 장갑을 착용하면 안 되는 것은?

① 해머 작업　　② 청소 작업
③ 차량정비 작업　　④ 용접 작업

해설 해머 작업 시 장갑을 착용하면 자루에서 손이 미끄러질 수 있으므로 장갑을 착용하지 않고 작업해야 한다.

정답 39 ③　40 ④　41 ①　42 ④　43 ②　44 ④　45 ④　46 ①

47 해머 작업에 대한 설명으로 옳지 <u>않은</u> 것은?

① 작업 시 장갑을 끼지 않는다.
② 작업에 알맞은 무게의 해머를 사용한다.
③ 해머는 작업 처음부터 힘차게 때린다.
④ 해머 자루가 단단한 것을 사용한다.

해설 해머 작업은 처음에는 약하게 타격을 시작하여 점점 강한 힘으로 타격을 해야 한다.

⚠️빈출

48 연삭기의 안전한 사용 방법이 <u>아닌</u> 것은?

① 연삭 숫돌의 측면 사용 제한
② 보안경과 방진 마스크 착용
③ 연삭 숫돌의 덮개 설치 후 작업
④ 연삭 숫돌과 받침대 간격은 가능한 한 넓게 유지

해설 연삭 숫돌과 받침대 사이의 간격은 3mm 이상 떨어지지 않도록 한다.

49 연삭기 작업 시 반드시 착용해야 하는 안전보호구는?

① 안전모　　② 방열복
③ 보안경　　④ 안전화

해설 연삭기 작업 시 연삭가루로부터 눈을 보호하기 위해 일반 보안경을 착용해야 한다.

50 감전되거나 화상을 입을 위험이 있는 작업을 할 때 작업자가 착용해야 할 것은?

① 구명구　　② 보호구
③ 구명조끼　　④ 비상벨

해설 작업자는 감전 또는 화상의 위험으로부터 몸을 보호할 수 있는 보호구를 착용해야 한다.

51 작업 시 준수해야 할 안전사항으로 옳지 <u>않은</u> 것은?

① 정전 시에는 반드시 스위치를 끌 것
② 다른 볼일이 있을 때에는 기기 작동을 자동으로 조정하고 자리를 비울 것
③ 고장 난 기기에는 반드시 표시를 할 것
④ 대형 물건을 기중 작업할 경우에는 서로 신호에 의거할 것

해설 작업자가 기기 작동 중 다른 볼일이 있어 자리를 비울 때에는 반드시 기기 작동을 멈추어야 한다.

52 작업자의 올바른 안전 자세를 모두 고른 것은?

> ㄱ. 자신의 안전과 타인의 안전을 고려한다.
> ㄴ. 작업에 임해서는 아무런 생각 없이 작업한다.
> ㄷ. 안전한 작업장 환경 조성을 위해 노력한다.
> ㄹ. 작업안전사항을 준수한다.

① ㄱ, ㄴ, ㄷ　　② ㄱ, ㄴ, ㄹ
③ ㄱ, ㄷ, ㄹ　　④ ㄱ, ㄴ, ㄷ, ㄹ

해설 작업에 임할 때에는 작업에 집중해야 안전사고를 예방할 수 있다.

53 작업장 내의 안전한 통행을 위해 지켜야 할 사항이 <u>아닌</u> 것은?

① 주머니에 손을 넣고 보행하지 말 것
② 좌측 또는 우측통행 규칙을 엄수할 것
③ 물건을 든 사람과 만나면 즉시 길을 양보할 것
④ 운반차를 이용할 때에는 가능한 한 빠른 속도로 주행할 것

해설 운반차를 이용할 경우 주위의 장애물을 확인하며 서행해야 한다.

54 무거운 물건을 들어 올릴 때의 주의사항으로 옳지 <u>않은</u> 것은?

① 장갑에 기름을 묻히고 물건을 든다.
② 가능한 한 이동식 크레인을 이용한다.
③ 힘이 센 사람과 약한 사람 사이의 균형을 잡는다.
④ 약간씩 이동할 때에는 지렛대를 이용할 수 있다.

해설 무거운 물건을 들어 올릴 때에는 미끄러짐을 방지하기 위해 고무가 코팅된 장갑을 착용하는 것이 좋으며, 장갑에 기름을 묻히고 작업하지 않는다.

정답 47 ③　48 ④　49 ③　50 ②　51 ②　52 ③　53 ④　54 ①

55 공장 내 작업안전수칙으로 옳은 것은?

① 기름걸레나 인화물질은 철제상자에 보관한다.
② 공구나 부속품을 닦을 때에는 휘발유를 사용한다.
③ 차량이 잭에 의해 올려져 있을 때에는 작업자 외에는 차내 출입을 삼가한다.
④ 높은 곳에서 작업 시 훅을 놓치지 않게 잘 잡고, 체인 블록을 이용한다.

해설 기름걸레나 인화물질은 화재 발생의 위험이 있으므로 작업 후에는 반드시 목재상자가 아닌 철제상자에 보관한다.

56 작업장에서 별도의 예고 없이 정전되었을 경우, 전기로 작동하던 기계·기구의 조치 방법으로 옳지 않은 것은?

① 즉시 스위치를 끈다.
② 안전을 위해 작업장을 미리 정리해 놓는다.
③ 퓨즈의 단선 여부를 검사한다.
④ 전기가 들어오는 것을 알기 위해 스위치를 켜둔다.

해설 갑자기 전기가 들어올 경우 발생할 수 있는 기계·기구에 의한 재해를 예방하기 위해 스위치를 꺼야 한다.

57 작업장에 사다리식 통로를 설치하는 방법으로 옳지 않은 것은?

① 견고한 구조로 할 것
② 발판의 간격을 일정하게 할 것
③ 사다리가 넘어지거나 미끄러지는 것을 방지하기 위한 조치를 할 것
④ 사다리식 통로의 길이가 10m 이상인 때에는 접이식으로 설치할 것

해설 접이식 사다리는 전복될 위험이 커서 통로용으로 부적합하여, 작업용으로 사용이 금지되었다.

58 동력전달장치에서 가장 재해가 많이 발생하는 곳은?

① 차축
② 기어
③ 피스톤
④ 벨트

해설 동력전달장치에서는 벨트에 신체의 일부가 끼이거나 말려들어가는 협착 재해가 가장 많이 발생한다.

59 작업장의 안전관리에 대한 설명으로 옳지 않은 것은?

① 항상 청결하게 유지한다.
② 작업대 사이 또는 기계 사이의 통로는 안전을 위해 일정한 너비를 유지한다.
③ 공장 바닥에는 폐유를 뿌려 먼지 등이 일어나지 않도록 한다.
④ 전원 콘센트 및 스위치 등에 물을 뿌리지 않는다.

해설 공장 바닥에 폐유를 뿌리면 미끄러울 뿐만 아니라 폐유의 점성으로 인해 먼지가 달라붙는다.

60 사용한 공구를 정리·보관하는 방법으로 옳은 것은?

① 사용한 공구는 종류별로 묶어 보관한다.
② 사용한 공구는 녹슬지 않게 기름칠을 잘 해서 작업대 위에 진열해 놓는다.
③ 사용 시 기름이 묻은 공구는 물로 깨끗이 씻어 보관한다.
④ 사용한 공구는 면걸레로 깨끗이 닦아 공구상자 또는 공구 보관용으로 지정된 곳에 보관한다.

해설 사용한 공구는 면걸레로 깨끗이 닦아 공구상자 또는 공구 보관용으로 지정된 곳에 보관하며, 항상 사용하기 적합한 상태를 유지해야 한다.

61 수공구 사용 시 재해의 원인이 아닌 것은?

① 잘못된 공구 선택
② 사용법의 미숙지
③ 공구의 점검 소홀
④ 규격에 맞는 공구 사용

해설 규격에 맞는 공구 사용은 재해 발생을 막을 수 있다.

62 안전하게 공구를 취급하는 방법으로 옳지 않은 것은?

① 공구를 사용한 후에는 제자리에 정리하여 둔다.
② 끝부분이 예리한 공구 등을 주머니에 넣고 작업을 해서는 안 된다.
③ 공구를 사용하기 전에 손잡이에 묻은 기름 등은 닦아 내야 한다.
④ 숙달이 되면 옆 작업자에게 공구를 던져 전달하여 작업 능률을 올린다.

해설 옆 작업자에게 공구를 전달하는 경우에는 던지지 않고 손에서 손으로 전달한다.

정답 55 ① 56 ④ 57 ④ 58 ④ 59 ③ 60 ④ 61 ④ 62 ④

⚠빈출

63 공구 및 장비 사용에 대한 설명으로 옳지 않은 것은?

① 공구는 사용 후 공구상자에 넣어 보관한다.
② 볼트와 너트는 가능한 한 소켓렌치로 작업한다.
③ 토크렌치는 볼트와 너트를 풀 경우에 사용한다.
④ 마이크로미터를 보관할 때에는 직사광선에 노출시키지 않는다.

해설 토크렌치는 볼트와 너트를 규정토크로 조일 때 사용한다.

64 수공구 사용 방법으로 옳지 않은 것은?

① 사용하기 편한 공구를 사용할 것
② 해머의 쐐기 유무를 확인할 것
③ 스패너는 너트에 잘 맞는 것을 사용할 것
④ 해머는 사용면이 넓고 얇아진 것을 사용할 것

해설 해머의 사용면이 얇아지면 사용하지 않고 교체해야 한다.

65 작업을 위한 공구 관리의 요건과 거리가 먼 것은?

① 공구별로 장소를 지정하여 보관할 것
② 공구는 항상 최소 보유량 이하를 유지할 것
③ 공구 사용 점검 후 파손된 공구는 교환할 것
④ 사용한 공구는 항상 깨끗이 한 후 보관할 것

해설 공구는 항상 최소 보유량 이상을 확보해야 한다.

66 작업장에서 수공구로 인한 재해 예방 대책으로 옳지 않은 것은?

① 결함이 없는 안전한 공구 사용
② 공구의 올바른 사용과 취급
③ 공구는 항상 오일을 바른 후 보관
④ 작업에 알맞은 공구 사용

해설 사용한 공구는 면걸레로 깨끗하게 닦아 지정된 곳에 보관한다.

67 작업 방법으로 옳지 않은 것은?

① 배터리 전해액을 다룰 때에는 고무장갑을 껴야 한다.
② 배터리는 그늘진 곳에 보관해야 한다.
③ 공구 손잡이가 짧을 때에는 파이프를 연결하여 사용한다.
④ 무거운 것은 혼자 작업하면 위험하다.

해설 공구는 크기에 맞게 강도가 설계되어 있으므로 파이프를 연결하여 사용하면 부러질 위험이 높다.

68 수공구 사용 시 주의사항으로 옳지 않은 것은?

① 상태가 양호한 공구를 사용할 것
② 설계된 목적 이외의 용도로는 사용하지 않을 것
③ 수공구를 손에 들고 사다리 등을 오르지 않을 것
④ 녹 방지를 위해 항상 기름걸레에 싸서 보관할 것

해설 사용한 공구는 면걸레로 깨끗하게 닦아 지정된 곳에 보관한다.

5 전기 작업 시 유의사항

69 전기기기에 의한 감전사고를 막기 위해 필요한 설비로 옳은 것은?

① 접지설비   ② 방폭등설비
③ 고압계설비 ④ 대지 전위 상승설비

해설 전기기기에 의한 감전사고를 막기 위해 접지설비를 한다.

⚠빈출

70 감전재해의 대표적인 발생 형태로 적절하지 않은 것은?

① 전선이나 전기기기의 노출된 충전부의 양단간에 인체가 접촉되는 경우
② 전기기기의 충전부와 대지 사이에 인체가 접촉되는 경우
③ 누전 상태의 전기기기에 인체가 접촉되는 경우
④ 고압 전력선에 안전거리 이상 이격한 경우

해설 고압 전력선에 안전거리 이상 이격하지 않은 경우가 감전재해의 발생 형태에 해당한다.

정답 63 ③ 64 ④ 65 ② 66 ③ 67 ③ 68 ④ 69 ① 70 ④

71 전기장치에 대한 설명으로 옳지 않은 것은?

① 계기 사용 시에는 최대 측정 범위를 초과하지 않아야 한다.
② 전류계는 부하에 병렬로 접속해야 한다.
③ 축전지 전원 결선 시에는 합선되지 않도록 유의해야 한다.
④ 절연된 전극이 접지되지 않도록 해야 한다.

해설 전기장치의 전류계는 부하에 직렬로 접속해야 한다.

빈출
72 인체에 전류가 흐를 때 위험 정도의 결정 요인에 해당하지 않는 것은?

① 인체에 전류가 흐른 시간
② 인체에 흐른 전류의 크기
③ 인체에 전류가 통과한 경로
④ 전류가 통과한 인체의 성별

해설 인체에 전류가 흐른 경우 위험 정도의 결정 요인에는 인체에 전류가 흐른 시간, 전류의 크기, 전류가 통과한 경로 등이 있다.

빈출
73 감전사고 방지책으로 옳지 않은 것은?

① 작업자에게 사전 안전교육을 실시한다.
② 작업자에게 안전보호구를 착용시킨다.
③ 전기기기에 위험표시를 한다.
④ 전기설비에 약간의 물을 뿌려 감전 여부를 확인한다.

해설 감전사고를 예방하기 위해 전기설비에 있는 물기는 제거해야 한다.

6 화재의 분류 및 소화설비

74 소화설비에 대한 설명으로 옳지 않은 것은?

① 포말 소화설비는 저온압축한 질소가스를 방사시켜 화재를 진화한다.
② 분말 소화설비는 미세한 분말 소화제를 화염에 방사하여 화재를 진화한다.
③ 물 분무 소화설비는 연소물의 온도를 인화점 이하로 냉각시키는 효과가 있다.
④ 이산화탄소 소화설비는 질식 작용으로 화염을 진화한다.

해설 포말 소화설비는 연소면을 소화 약액을 이용한 거품으로 덮어 산소 공급을 막고, 거품이 가진 수분을 이용하여 냉각하여 화재를 진화한다.

75 화재의 분류에서 전기 화재에 해당하는 것은?

① A급 화재　　② B급 화재
③ C급 화재　　④ D급 화재

해설 ① A급 화재: 일반 가연물 화재, ② B급 화재: 유류 화재, ④ D급 화재: 금속 화재이다.

76 화재의 분류가 옳은 것은?

① A급 화재: 일반 가연물 화재
② B급 화재: 전기 화재
③ C급 화재: 금속 화재
④ D급 화재: 유류 화재

해설 ② B급 화재: 유류 화재, ③ C급 화재: 전기 화재, ④ D급 화재: 금속 화재이다.

77 가동 중인 엔진에서 화재 발생 시 불을 끄기 위한 조치로 옳은 것은?

① 원인을 분석하고 모래를 뿌린다.
② 포말 소화기 사용 후 엔진 시동 스위치를 끈다.
③ 엔진 시동 스위치를 끄고 ABC 소화기를 사용한다.
④ 엔진을 급가속하여 팬의 강한 바람을 일으켜 불을 끈다.

해설 엔진에서 발생하는 화재는 연료에 의해 발생하는 유류 화재(B급 화재)가 대부분이며, 유류 화재로 인한 부품의 연소는 일반 가연물 화재(A급 화재)이므로 ABC 소화기를 사용하여 진화한다.

78 유류 화재 시 소화 방법으로 옳지 않은 것은?

① 모래를 뿌린다.
② 다량의 물을 부어 끈다.
③ ABC 소화기를 사용한다.
④ B급 화재 소화기를 사용한다.

해설 유류 화재 진화 시에는 물 사용이 금지되며, 분말 소화기, 탄산가스 소화기, ABC 소화기 등을 사용하는 것이 적절하다.

정답 71 ②　72 ④　73 ④　74 ①　75 ③　76 ①　77 ③　78 ②

79 화재 시 연소의 3요소에 해당하지 않는 것은?

① 질소 ② 가연물
③ 점화원 ④ 산소

해설 연소의 3요소는 가연물, 점화원, 산소이다.

80 인화성물질이 아닌 것은?

① 가솔린 ② 아세틸렌가스
③ 프로판가스 ④ 산소

해설 인화성물질은 휘발유와 같이 낮은 온도에서도 쉽게 불이 붙거나 폭발하는 가스를 말하며 가솔린, 아세틸렌가스, 프로판가스 등이 있다. 산소는 연소의 3요소 중 하나이다.

81 전기 화재 진화에 적합하며, 화재 시 화점에 분사하여 산소를 차단하는 소화기는?

① 포말 소화기 ② 이산화탄소 소화기
③ 분말 소화기 ④ 증발 소화기

해설 이산화탄소 소화기는 '탄산가스 소화기'라고도 하며, 공기 중 산소 농도를 낮추어 연소 반응을 억제해 주는 질식소화방식을 사용한다.

82 유류 화재 시 소화기 외의 소화 재료로 적합한 것은?

① 모래 ② 시멘트
③ 진흙 ④ 물

해설 유류 화재 시 물을 뿌리면 화재의 위험이 더 커지므로 물보다 모래가 소화 재료로 더 적합하다.

⚠️빈출
83 소화방식의 종류 중 주된 작용이 질식소화에 해당하는 것은?

① 강화액 ② 호스방수
③ 에어-폼 ④ 스프링클러

해설 에어-폼은 물과 포소화약제를 가압공기로 분사하는 거품으로, 산소를 차단하는 질식소화방식의 일종이다.

84 화재 발생 시 소화기를 사용하여 소화 작업을 하는 방법으로 옳은 것은?

① 바람을 등지고 좌측에서 우측을 향해 분사한다.
② 바람을 안고 우측에서 좌측을 향해 분사한다.
③ 바람을 등지고 위쪽에서 아래쪽을 향해 분사한다.
④ 바람을 안고 아래쪽에서 위쪽을 향해 분사한다.

해설 화재 발생 시 소화기의 안전핀을 뽑고 불이 난 곳을 향해 바람을 등지고 위쪽에서 아래쪽을 향해 분사한다.

⚠️빈출
85 화재 발생 시 화염이 있는 곳을 통과할 때의 요령으로 옳지 않은 것은?

① 몸을 낮게 엎드려서 통과한다.
② 물수건으로 입을 막고 통과한다.
③ 머리카락, 얼굴, 발, 손 등이 불과 닿지 않게 한다.
④ 뜨거운 김을 입으로 마시면서 통과한다.

해설 호흡기 손상을 방지하기 위해 젖은 수건으로 입을 막고 통과해야 한다.

86 화재 및 폭발의 우려가 있는 가스 발생 장치 작업장에서 지켜야 할 사항으로 옳지 않은 것은?

① 화기 사용금지
② 인화성물질 사용금지
③ 불연성 재료 사용금지
④ 점화원이 될 수 있는 기재 사용금지

해설 화재 및 폭발의 우려가 있는 가스 발생 장치 작업장에서는 불연성 재료를 사용해야 한다.

87 전등스위치가 옥내에 있으면 안 되는 경우는?

① 카바이드 저장소 ② 엔진오일 저장소
③ 정비고 ④ 장비 차고지

해설 카바이드는 물과 화합하면 아세틸렌가스를 발생시키므로 전등스위치가 옥내에 있으면 화재 발생의 원인이 된다.

88 소화설비 선택 시 고려해야 할 사항이 아닌 것은?

① 작업의 성질 ② 작업자의 성격
③ 화재의 성질 ④ 작업장의 환경

해설 소화설비 선택 시 고려할 사항은 작업의 성질, 화재의 성질, 작업장의 환경 등이다. 작업자의 성격은 고려 대상이 아니다.

정답 79 ① 80 ④ 81 ② 82 ① 83 ③ 84 ③ 85 ④ 86 ③ 87 ① 88 ②

CHAPTER 02 작업 전·후 점검

출제예상 3문제

1 일일점검(개요)

굴착기를 효율적으로 운용하기 위한 일일점검사항은 작업 전 점검, 작업 중 점검, 작업 후 점검으로 나눌 수 있다.

구분	점검 항목
작업 전 점검	• 굴착기 외관, 각부 누유·누수 점검 • 엔진오일, 냉각수, 유압작동유 양 점검 • 팬벨트 장력, 타이어 외관, 축전지(배터리) 점검 • 공기청정기 엘리먼트 청소
작업 중 점검	굴착기 작업 중 발생하는 소음·냄새·배기색 확인, 클러치의 작동 상태 확인
작업 후 점검	• 굴착기 외관의 변형 및 균열 점검 • 각부 누유·누수 점검, 연료 보충 등

2 작업 전 점검

1. 시동 전·후 점검

① 시동 전 점검
  ㉠ 냉각수 및 엔진오일의 양
  ㉡ 연료량 및 유압작동유의 양
  ㉢ 배터리 충전 상태
  ㉣ 연료계통의 공기빼기 점검
② 시동 후 점검
  ㉠ 굴착기의 이상 소음, 냄새, 배기색
  ㉡ 엔진오일압력 경고등, 충전 경고등 소등 여부(키 ON 시 점등되었다가 시동 후 소등되어야 정상)

2. 타이어 점검

① 타이어의 기능
  ㉠ 하중을 지지하고 노면으로부터 충격을 흡수함
  ㉡ 굴착기의 동력·제동력을 노면에 전달함
② 공기식 타이어 점검: 림의 변형, 타이어 편마모, 공기압, 휠 볼트 및 너트 풀림, 타이어 접지면 이물질 등을 점검한다.
③ 타이어 트레드: 노면에 닿는 바퀴의 접지면으로, 주행 중 미끄러짐을 방지하고 타이어의 내부 열을 방출하며 구동력 및 선회 성능을 향상시킨다.
  ㉠ 타이어 트레드 마모 한계를 초과하여 사용할 경우 발생하는 현상
    • 제동력이 저하되어 브레이크를 밟아도 타이어가 미끄러져 제동거리가 길어짐
    • 우천 주행 시 도로와 타이어 사이의 물이 배수가 잘 되지 않아 타이어가 물에 떠 있는 것과 같은 수막 현상이 발생함
    • 도로주행 시 도로의 작은 이물질에 의해서도 타이어 트레드에 상처가 생겨 사고의 원인이 됨

3. 팬벨트 및 공기청정기 점검

① 팬벨트(구동벨트)
  ㉠ 기능: 크랭크축의 동력을 발전기, 물펌프, 에어컨 컴프레셔 등에 전달함
  ㉡ 점검
    • 기관이 정지된 상태에서 실시함
    • 엄지손가락으로 팬벨트 중앙을 약 10kgf의 힘으로 눌렀을 때 처지는 양이 13~20mm이면 정상
    • 팬벨트 장력은 발전기를 움직이면서 조정함
    • 팬벨트는 풀리의 70% 정도에 접촉됨
  ㉢ 팬벨트 장력이 느슨할 경우(= 유격이 큼)
    • 냉각수 순환 불량으로 엔진이 과열됨
    • 발전기 출력이 저하됨
    • 에어컨 작동이 불량해짐
  ㉣ 팬벨트 장력이 강할 경우: 베어링 마모가 심해짐
② 공기청정기(에어클리너)
  ㉠ 기능: 연소에 필요한 공기를 흡입할 때 먼지 등의 불순물을 여과하여 피스톤 등의 마모를 방지함
  ㉡ 공기청정기 점검
    • 오염이 심한 경우 에어건(압축공기)을 이용하여 오염 물질을 안에서 밖으로 불어내야 함
    • 공기청정기가 막히면 배기색은 검은색이며, 출력은 감소함

4. 제동장치 점검

① 브레이크 라이닝과 드럼의 간극이 클 때
  ㉠ 브레이크 페달을 밟는 행정이 길어져 브레이크 작동이 늦어짐

ⓒ 제동 시 브레이크 페달이 발판에 닿아 제동 작용이 안 될 수 있음

② 브레이크 라이닝과 드럼의 간극이 작을 때
㉠ 브레이크 페달을 밟지 않을 때에도 드럼과 라이닝의 접촉에 의해 마모가 촉진됨
㉡ 브레이크액은 **베이퍼록**, 라이닝은 **페이드 현상**이 일어남

> 용어
> - 베이퍼록: 브레이크액 내에 기포가 발생하여 브레이크가 정상적으로 작동하지 않는 현상
> - 페이드 현상: 제동 시 과도한 열로 인해 브레이크 라이닝의 마찰계수가 감소하여 제동력이 저하되는 현상
> - 베이퍼록과 페이드 현상은 과도한 제동 조작을 피하고, 내리막길에서는 엔진 브레이크를 적절히 사용함으로써 예방 가능

③ 브레이크 제동 불량의 원인
㉠ 브레이크 라이닝과 드럼의 간극이 큰 경우
㉡ 브레이크 오일 회로 내에 공기가 찬 경우
㉢ 휠 실린더 피스톤 컵이 손상된 경우
㉣ 브레이크 라이닝에 오일이 묻은 경우
㉤ 브레이크 페달의 자유간극이 큰 경우

> 브레이크 오일의 구비조건
> ① 점도지수가 높아야 함
> ② 응고점이 낮고 비점이 높아야 함
> ③ 주성분은 알코올과 피마자유

5. 조향장치 점검

① 조향핸들이 무거운 원인
㉠ 조향 기어의 **백래시**가 작을 경우
㉡ 조향 기어의 윤활이 부족할 경우
㉢ 휠 얼라인먼트(바퀴 정렬)가 불량할 경우
㉣ 타이어 마멸이 과대하거나 공기압이 부족할 경우

> 용어
> 백래시: 한 쌍의 기어를 맞물렸을 때 치면(맞물리는 면) 사이에 생기는 틈새로, 백래시가 너무 작으면 윤활이 불충분해지기 쉬워 치면끼리의 마찰이 커지고, 백래시가 너무 크면 기어의 맞물림이 나빠져 소음이 발생하거나 기어가 파손되기 쉬움

② 조향 기어의 백래시가 클 경우: 조향핸들의 유격이 커지고 조향 기어가 파손되기 쉽다.

6. 각부 누유·누수 점검

① 엔진오일 누유 점검
㉠ 엔진에서 누유된 부분이 있는지 육안으로 확인
㉡ 유면표시기(오일 레벨 게이지)를 빼서 엔진오일의 양 점검
㉢ 엔진을 정지시키고 약 5분 정도 지나 유면표시기를 빼냄 → 유면표시기에 묻은 오일을 깨끗이 닦아냄 → 유면표시기를 다시 끼웠다 빼서 확인함 → Low와 Full 표시 사이에 위치하면 정상이고 Full에 가까이 있을수록 좋음

② 냉각수 누수 점검
㉠ 냉각장치에서 누수된 부분이 있는지 육안으로 확인하고 리저버탱크(보조탱크)의 냉각수량을 점검
㉡ 라디에이터 압력식 캡을 열었을 때 엔진오일이 떠 있다면 실린더 블록의 균열 또는 실린더 헤드 개스킷의 불량임

③ 유압작동유 누유 점검
㉠ 각 실린더 및 유압호스의 누유 상태를 육안으로 확인하고 작동유 탱크의 오일 양을 점검함
㉡ 작동유의 양이 유면표시기의 L과 F 중간에 위치하면 정상임
㉢ 작동유의 누설은 작동유의 점도와 반비례 관계. 즉, 작동유의 점도가 높으면 누설이 감소하고, 점도가 낮으면 누설이 증가함
㉣ 유압장치의 수명 연장을 위해 오일의 양을 점검하고, 주기적으로 오일 및 필터를 교환해야 함

7. 굴착기 계기판과 각종 경고등

① 굴착기 계기판

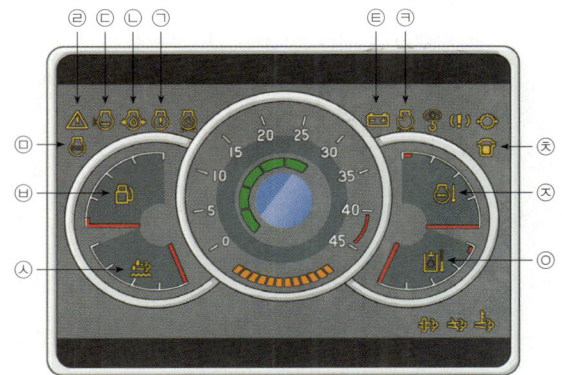

㉠ 엔진 점검 경고등
㉡ 엔진오일 압력 경고등
㉢ 엔진 냉각수 부족 경고등
㉣ 비상 경고등
㉤ 엔진 정지 경고등

ⓑ 연료량 경고등
ⓢ 요소수 레벨 경고등
ⓞ 작동유 온도 경고등
ⓩ 엔진 냉각수 온도 경고등
ⓒ 수분유입 경고등
ⓚ 에어클리너 경고등
ⓣ 배터리 충전 경고등

② 각종 경고등

엔진오일 압력 경고등	엔진오일 압력이 낮을 경우 경고등 점등
냉각수 부족 경고등	냉각수량이 부족할 경우 경고등 점등
충전 경고등	배터리 충전 전압이 낮을 경우 경고등 점등
에어클리너 경고등	에어클리너 필터가 막혔을 경우 경고등 점등
수분유입 경고등	수분분리기에 수분이 가득차거나 고장이 발생할 경우 경고등 점등
작동유 온도 경고등	작동유 온도가 100℃를 초과한 경우 경고등 점등

8. 계기판 점검

① **엔진오일 압력 경고등 점검**
  ㉠ 윤활장치 안을 순환하는 오일의 압력이 규정 압력 이하로 떨어지면 점등됨
  ㉡ 키 ON 시 점등되고 시동을 걸면 소등됨
  ㉢ 엔진오일 색으로 보는 상태 진단
    • 검은색인 경우: 심하게 오염된 경우로, 점도를 점검하고 엔진오일을 교환해야 함
    • 우유색인 경우: 냉각수가 혼입된 경우임

② 냉각수 온도 게이지 점검
  ㉠ 실린더 블록을 순환하는 냉각수의 온도를 알려주는 게이지로, 엔진 과열이 점등의 주 원인임
  ㉡ 점등 시 즉시 작업을 중지하고 냉각계통을 점검함
  ㉢ **엔진 과열의 원인**
    • 팬벨트 장력이 부족한 경우
    • 수온조절기가 닫힌 채 고장 난 경우
    • 라디에이터 코어가 막힌 경우
    • 누수로 인해 냉각수가 부족한 경우

③ **충전 경고등 점검**
  ㉠ 발전기의 충전전압이 낮을 경우 점등됨
  ㉡ 키 ON 시 점등되고 시동을 걸면 소등됨

기관의 예방 정비 사항
① 연료 여과기의 엘리먼트 점검
② 냉각수 및 엔진오일의 보충
③ 연료 파이프의 풀림 상태 조임

3 작업 후 점검

1. 안전주차

① 실린더로드 보호를 위해 붐, 암, 버킷을 최대한 펴서 주차한다.
  참고 붐, 암, 버킷에 관한 내용은 154p에서 확인하실 수 있습니다.
② 전·후진 레버를 중립에 놓고 주차 브레이크를 체결한다.
③ 경사지 주차 시 고임대를 사용하여 주차한다.
④ 굴착기 운행 종료 시 지정된 장소(주기장)에 주차하고 시동키를 수거하여 열쇠함에 안전하게 보관한다.

2. 연료 및 충전 상태 점검

① 연료 상태 점검
  ㉠ 운행 종료 시 다음 날 작업을 위해 연료를 보충함
  ㉡ 연료 보충 시 엔진을 정지시키고 실시함
  ㉢ 겨울철에는 연료탱크와 대기 온도 차이로 결로 현상이 발생하므로 연료를 가득 채우는 것이 좋음
  ㉣ 연료 속에 포함된 불순물 및 수분은 연료보다 비중이 높아 탱크 아래에 침전되므로 배출콕을 열어 주기적으로 배출시켜야 함

② 충전 상태 점검
  ㉠ MF 배터리(축전지)는 정비나 보수가 필요 없는 배터리이므로 증류수 보충이 필요 없음
  ㉡ MF 배터리 점검창으로 충전 상태를 점검
  ㉢ MF 배터리 점검 방법
    • ● 초록색: 정상
    • ● 검은색: 충전 필요
    • ○ 흰색: 교환 필요

기관 시동이 걸리지 않을 경우 점검사항
① 기동 전동기 점검
② 배터리 충전 상태 점검
③ 배터리 접지 케이블 단자 점검

CHAPTER 02 적중예상 기출복원문제

2 작업 전 점검

01 일상점검 정비 작업 내용에 해당하지 <u>않는</u> 것은?

① 엔진오일의 양 점검
② 브레이크액 수준 점검
③ 라디에이터 냉각수의 양 점검
④ 연료분사노즐 압력 점검

[해설] 연료분사노즐 압력 점검은 분해 정비 사항이다.

02 기관 시동 전 점검해야 할 사항에 해당하지 <u>않는</u> 것은?

① 냉각수 및 엔진오일의 양
② 기관의 온도
③ 연료의 양
④ 유압유의 양

[해설] 기관의 온도는 시동 후 점검해야 할 사항이다.

⚠️빈출
03 건설기계장비에서 기관 시동 후 정상 운전 가능 상태를 확인하기 위해 가장 먼저 점검해야 할 것은?

① 주행속도계
② 엔진오일의 양
③ 냉각수온도계
④ 오일압력계

[해설] 오일압력계는 기관 시동 후 소등된다. 시동 후에도 점등되어 있다면 즉시 시동을 멈추고 윤활계통을 점검해야 한다.

04 건설기계 운전 중 점검사항이 <u>아닌</u> 것은?

① 라디에이터 냉각수의 양 점검
② 냉각수 온도 게이지 점검
③ 경고등 점멸 여부 점검
④ 주행속도계 점검

[해설] 라디에이터 냉각수의 양은 운전 전 점검사항이다.

05 유압장치 일일정비 점검사항이 <u>아닌</u> 것은?

① 유압호스의 손상과 접촉면의 점검
② 유압작동유의 유량 점검
③ 이음 부분과 탱크 급유구 등의 풀림 점검
④ 유압장치의 필터 점검

[해설] 유압장치의 필터는 일일정비 항목이 아니라 주기적인 교환정비 항목이다.

⚠️빈출
06 시동을 걸 때 점검해야 할 사항으로 옳지 <u>않은</u> 것은?

① 윤활계통의 공기빼기가 잘 되었는지 확인한다.
② 라디에이터 캡을 열고 냉각수가 채워져 있는지 확인한다.
③ 오일 레벨 게이지를 점검하여 윤활유가 정상적인지 확인한다.
④ 배터리 충전이 정상적으로 되어 있는지 확인한다.

[해설] 윤활계통은 펌프에 의해 가압되어 구동되므로 공기빼기가 필요 없다. 공기가 들어갔는지 확인 후 공기빼기를 해야 하는 것은 연료계통이다.

07 기관 시동 전 점검사항에 해당하지 <u>않는</u> 것은?

① 엔진오일의 양
② 엔진 주변 오일의 누유
③ 엔진오일의 압력
④ 냉각수의 양

[해설] 엔진오일의 압력은 기관 시동 후 점검할 사항이다.

⚠️빈출
08 엔진오일이 우유색을 띄고 있을 때의 원인은?

① 경유가 유입되었다.
② 가솔린이 유입되었다.
③ 냉각수가 섞여 있다.
④ 연소가스가 섞여 있다.

[해설] 실린더 헤드 개스킷 또는 실린더 블록이 파손되면 냉각수와 엔진오일 통로가 연결되어 서로 희석될 수 있다. 이때 냉각수가 혼입되면 엔진오일이 우유색을 띄게 된다.

정답 01 ④ 02 ② 03 ④ 04 ① 05 ④ 06 ② 07 ③ 08 ③

09 엔진에서 라디에이터 방열기 캡을 열어 냉각수를 점검했더니 기름이 떠 있었다면 그 원인은?

① 피스톤 링과 실린더 마모
② 밸브 간격 과다
③ 압축압력의 과다로 인한 역화 현상
④ 실린더 헤드 개스킷 파손

해설 라디에이터 방열기 캡(압력식 캡)을 열었을 때 냉각수에 엔진오일이 떠 있다면 실린더 블록의 균열 또는 실린더 헤드 개스킷의 불량이 원인이다.

10 굴착기의 작업장치 연결부(작동부) 니플에 주입하는 것은?

① G.A.A(그리스)   ② SAE 30(엔진오일)
③ G.O(기어오일)   ④ H.O(유압유)

해설 굴착기 작업장치 연결부의 윤활을 위해 니플에 그리스를 주입한다.

11 굴착기 작업 전 타이어 점검 시 공기식 타이어의 점검 항목에 해당하지 않는 것은?

① 림의 변형
② 타이어의 편마모
③ 휠 볼트 및 너트의 풀림
④ 솔리드 타이어의 공기압

해설 솔리드 타이어는 통고무로 만들어진 타이어이므로 공기압은 점검사항이 아니다.

12 타이어 트레드 패턴과 관련 없는 것은?

① 제동력, 구동력 및 견인력
② 조향성, 안정성
③ 편평률
④ 타이어의 배수 효과

해설 ①②④ 이외에 타이어 트레드 패턴은 타이어 내부 열을 방출하는 효과와도 관련이 있다.

13 타이어 트레드 마모 한계를 초과하여 사용할 경우 발생하는 현상이 아닌 것은?

① 제동거리가 길어진다.
② 빗길에서 수막 현상이 발생한다.
③ 작은 이물질에도 타이어가 찢어질 수 있다.
④ 지면과의 접지면적이 넓어져 제동력이 좋아진다.

해설 타이어 트레드가 마모되면 마찰력이 높은 고무의 양이 신품 타이어에 비해 줄어들어 제동력이 나빠진다.

14 기관에서 팬벨트 유격이 너무 클 때 일어나는 현상은?

① 베어링의 마모가 심해진다.
② 벨트가 절단된다.
③ 기관이 과열된다.
④ 점화 시기가 빨라진다.

해설 기관의 팬벨트 유격이 너무 큰 경우에는 냉각수 순환이 불량해져 기관(엔진) 과열, 발전기 출력 저하, 에어컨 작동 불량 등의 현상이 발생한다.
① 베어링의 마모는 팬벨트 유격이 작을 경우 일어나는 현상이다.

15 건설기계기관에 있는 팬벨트의 장력이 약할 때 생기는 현상은?

① 발전기 출력이 저하될 수 있다.
② 물펌프 베어링이 조기에 손상된다.
③ 엔진이 과냉된다.
④ 엔진이 부조를 일으킨다.

해설 팬벨트의 장력이 약한 경우 냉각수 순환이 불량해져 엔진 과열, 발전기 출력 저하, 에어컨 작동 불량 등의 현상이 발생한다.

16 굴착기 기관에서 팬벨트 장력이 너무 클 때 생기는 현상은?

① 발전기의 출력이 저하된다.
② 베어링의 마모가 심해진다.
③ 점화 시기가 빨라진다.
④ 엔진이 과열된다.

해설 팬벨트 장력이 크면 베어링의 마모가 심해진다.

정답 09 ④ 10 ① 11 ④ 12 ③ 13 ④ 14 ③ 15 ① 16 ②

17 구동벨트를 점검할 때 기관의 상태로 옳은 것은?

① 공회전 상태
② 급가속 상태
③ 정지 상태
④ 급감속 상태

해설 모든 벨트의 점검은 회전이 완전히 정지된 후 실시해야 한다.

18 팬벨트의 점검 과정에 대한 설명으로 옳지 않은 것은?

① 팬벨트를 약 10kgf의 힘으로 눌렀을 때 처지는 정도는 13~20mm이어야 한다.
② 팬벨트는 풀리의 밑부분에 접촉되어야 한다.
③ 팬벨트 장력은 발전기를 움직이면서 조정한다.
④ 팬벨트가 너무 헐거우면 기관 과열의 원인이 된다.

해설 팬벨트는 풀리의 70% 정도에 접촉되어야 한다.

19 연소에 필요한 공기를 실린더로 흡입할 때, 먼지 등의 불순물을 여과하여 피스톤 등의 마모를 방지하는 역할을 하는 장치는?

① 과급기(super charger)
② 에어클리너(air cleaner)
③ 냉각장치(cooling system)
④ 플라이휠(fly wheel)

해설 에어클리너는 공기청정기라고도 하며, 압축공기를 이용하여 오염물질을 안에서 밖으로 불어내는 방법으로 청소한다.

20 긴 내리막길을 내려갈 때 베이퍼록을 방지하기 위한 운전 방법으로 옳은 것은?

① 변속 레버를 중립으로 놓고 브레이크 페달을 밟으며 내려간다.
② 클러치를 끊고 브레이크 페달을 밟으면서 속도를 조절하여 내려간다.
③ 시동을 끄고 브레이크 페달을 밟고 내려간다.
④ 엔진 브레이크를 사용한다.

해설 내리막길에서 엔진 브레이크를 사용하면 베이퍼록 현상을 방지할 수 있다. 엔진 브레이크는 엔진의 부하(압축압력, 마찰저항)를 이용하여 속도를 줄이는 제동 방법으로, 기어를 저단으로 넣고 풋 브레이크와 함께 사용한다.

21 긴 내리막길에서 엔진 브레이크를 사용하지 않고 풋 브레이크만을 사용할 때 나타나는 현상은?

① 브레이크액은 페이드, 라이닝은 베이퍼록
② 브레이크액은 베이퍼록, 라이닝은 페이드
③ 브레이크액은 베이퍼록, 라이닝은 스프레드
④ 브레이크액은 인터록, 라이닝은 페이드

해설 브레이크액은 베이퍼록, 라이닝은 페이드 현상이 일어난다.

22 조향핸들이 무거운 원인이 아닌 것은?

① 조향 기어의 윤활이 부족할 때
② 타이어의 공기압이 부족할 때
③ 휠 얼라인먼트가 불량할 때
④ 디퍼런셜 기어가 불량할 때

해설 디퍼런셜 기어(차동 기어)는 조향장치가 아니라 동력전달 장치이다.
①②③ 이외에 조향핸들이 무거워지는 원인에는 조향 기어의 백래시가 작을 때 등이 있다.

23 조향 기어의 백래시가 클 경우 나타나는 현상은?

① 조향 기어가 파손되기 쉽다.
② 조향 반경이 작아진다.
③ 조향 각도가 커진다.
④ 핸들이 한쪽으로 쏠린다.

해설 조향 기어의 백래시가 크면 조향핸들의 유격이 커지고, 조향 기어가 파손되기 쉽다.

24 유압펌프 점검에 대한 설명으로 옳지 않은 것은?

① 정상 작동 온도로 난기 운전을 실시하여 점검하는 것이 좋다.
② 고정 볼트가 풀린 경우에는 추가 조임을 한다.
③ 작동유 유출 점검은 운전자가 관심을 가지고 점검해야 한다.
④ 하우징에 균열이 발생하면 패킹을 교환한다.

해설 유압펌프 점검은 정상 작동 온도로 난기 운전(워밍업) 후 실시하며, 하우징에 균열이 발생하면 하우징을 교환해야 한다.

정답 17 ③　18 ②　19 ②　20 ④　21 ②　22 ④　23 ①　24 ④

25 유압펌프 내의 내부 누설과 반비례 관계에 있는 것은?

① 작동유의 오염 ② 작동유의 점도
③ 작동유의 압력 ④ 작동유의 온도

해설 작동유의 누설은 작동유의 점도와 반비례 관계이다. 즉, 작동유의 점도가 높으면 누설이 감소하고, 점도가 낮으면 누설이 증가한다.

26 기관의 오일 레벨 게이지에 대한 설명으로 옳지 않은 것은?

① 윤활유 레벨을 점검할 때 사용한다.
② 윤활유 점도 확인 시에도 활용된다.
③ 기관의 오일팬에 있는 오일을 점검한다.
④ 기관 가동 상태에서 게이지를 뽑아 점검한다.

해설 오일 레벨 게이지는 유면표시기 또는 딥스틱(dipstick)이라고도 하며, 오일팬에 있는 윤활유의 레벨을 점검하거나 점도를 확인하기 위해 사용한다. 오일 레벨 게이지는 엔진을 정지시키고 약 5분 뒤 뽑아 점검한다.

27 엔진오일의 양 점검 시 오일 레벨 게이지의 상한선(Full)과 하한선(Low) 표시로 적합한 것은?

① Low 표시에 있어야 한다.
② Low와 Full 표시 사이에서 Low에 가까이 있을수록 좋다.
③ Low와 Full 표시 사이에서 Full에 가까이 있을수록 좋다.
④ Full 표시 이상이 되어야 한다.

해설 Low와 Full 표시 사이에 위치하면 정상이고, Full에 가까이 있을수록 좋다.

28 유압장치의 수명 연장을 위해 가장 중요한 요소는?

① 유압 컨트롤 밸브의 세척 및 교환
② 오일의 양 점검 및 필터 교환
③ 유압펌프의 점검 및 교환
④ 오일 쿨러의 점검 및 세척

해설 유압장치의 수명 연장을 위해서는 오일의 양을 수시로 점검하고 아워미터를 확인하여 주기적으로 오일 및 필터를 교환해야 한다.

29 오일의 양은 정상이나 오일압력계의 압력이 규정치보다 높을 경우에 대한 조치 사항으로 옳은 것은?

① 오일을 보충한다.
② 오일을 배출한다.
③ 유압조절 밸브를 조인다.
④ 유압조절 밸브를 푼다.

해설 유압회로 내의 압력은 유압조절 밸브(릴리프 밸브)를 풀거나 조여서 조절한다. 유압조절 밸브를 조이면 유압이 높아지고, 밸브를 풀면 유압이 낮아진다.

30 굴착기 운전 중 운전석 계기판에서 확인해야 하는 사항이 아닌 것은?

① 실린더 압력계
② 연료 게이지
③ 냉각수 온도 게이지
④ 충전 경고등

해설 굴착기의 계기판에는 실린더 압력계가 없다.

31 굴착기 작업 중 운전자가 관심을 가져야 할 사항이 아닌 것은?

① 엔진속도 게이지
② 온도 게이지
③ 작업속도 게이지
④ 장비의 잡음 상태

해설 굴착기에는 작업속도 게이지가 없다.

32 건설기계장비 작업 시 계기판에 냉각수 온도 경고등이 점등되었을 때 운전자가 할 수 있는 조치는?

① 오일의 양을 점검한다.
② 라디에이터를 교환한다.
③ 작업을 중지하고 점검 및 정비를 받는다.
④ 작업이 모두 끝나면 곧바로 냉각수를 보충한다.

해설 냉각수 온도 경고등이 점등된 것은 엔진 과열이 원인이므로 즉시 작업을 중지하고 냉각계통(팬벨트 장력, 수온조절기, 라디에이터 코어, 냉각수의 양 등)을 점검해야 한다.

정답 25 ② 26 ④ 27 ③ 28 ② 29 ④ 30 ① 31 ③ 32 ③

33 다음 그림과 같은 경고등이 운전 중 운전석 계기판에 점등되었다. 무슨 표시인가?

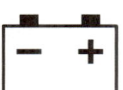

① 배터리 완전충전 표시등
② 전원차단 경고등
③ 전기계통 작동 표시등
④ 충전 경고등

해설 발전기의 충전전압이 낮을 경우 충전 경고등이 점등된다. 충전 경고등이 점등되면 즉시 작업을 중지하고 팬벨트 장력 및 발전기를 점검해야 한다.

34 다음 그림과 같은 경고등이 운전석 계기판에 점등되었다. 무슨 표시인가?

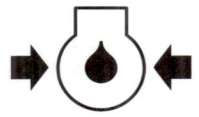

① 엔진오일 압력 경고등
② 엔진오일 온도 경고등
③ 냉각수 배출 경고등
④ 냉각수 온도 경고등

해설 제시된 그림은 엔진오일 압력 경고등 표시로, 이는 엔진오일의 압력이 낮을 때 점등된다.

35 운전 중 갑자기 계기판에 충전 경고등이 점등되었을 경우에 대한 설명으로 옳은 것은?

① 정상적으로 충전이 되고 있음을 나타낸다.
② 충전이 되지 않고 있음을 나타낸다.
③ 충전계통에 이상이 없음을 나타낸다.
④ 주기적으로 점등되었다가 소등되는 것이다.

해설 충전 경고등은 발전기의 충전전압이 낮을 경우 점등되므로 이는 충전이 정상적으로 되고 있지 않음을 의미한다.

3 작업 후 점검

36 굴착기 주차 방법으로 옳지 않은 것은?

① 평탄한 곳에 주차한다.
② Key스위치는 ON에 둔다.
③ 변속 레버는 P위치에 둔다.
④ 경사진 곳에 주차 시 고임목을 설치한다.

해설 굴착기 운행이 종료되면 지정된 장소에 주차하고 시동키를 수거하여 열쇠함에 보관한다.

37 겨울철에 연료탱크를 가득 채우는 가장 주된 이유는?

① 연료가 적으면 증발하여 손실되기 때문에
② 연료가 적으면 출렁거리기 때문에
③ 공기 중의 수분이 응축되어 물이 생기기 때문에
④ 연료 게이지에 고장이 발생하기 때문에

해설 겨울철에는 연료와 대기의 온도 차이로 인해 발생하는 수분으로 인한 결로 현상을 방지하기 위해 연료탱크를 가득 채우는 것이 좋다.

38 MF 배터리에 대한 설명으로 옳지 않은 것은?

① 점검창이 초록색이면 정상이다.
② 수시로 증류수를 보충해야 한다.
③ 점검창이 검은색이면 충전을 해야 한다.
④ 점검창이 흰색이면 교환을 해야 한다.

해설 MF 배터리(축전지)는 정비나 보수가 필요 없는 무보수 배터리로 증류수 보충이 필요 없다.

정답 33 ④ 34 ① 35 ② 36 ② 37 ③ 38 ②

CHAPTER 03 가스 및 전기 안전관리

▶ 강의보기 문제보기 40p
출제예상 5문제

1 가스안전 관련 및 가스배관

1. 배관
① 도시가스를 공급하기 위해 배치된 관(管)으로 본관, 공급관, 내관 또는 그 밖의 관을 말한다.
② 본관
  ㉠ 가스도매사업의 경우 도시가스 제조사업소의 부지 경계에서 정압기지의 경계까지 이르는 배관을 말함
  ㉡ 일반도시가스사업의 경우 도시가스 제조사업소의 부지 경계 또는 가스도매사업자의 가스시설 경계에서 정압기까지 이르는 배관을 말함
③ 공급관
  ㉠ 가스도매사업의 경우 정압기지에서 일반도시가스사업자의 가스공급시설이나 대량수요자의 가스사용시설까지 이르는 배관을 말함
  ㉡ 공동주택, 오피스텔, 콘도미니엄 등에 가스를 공급하는 경우 정압기에서 가스사용자가 구분하여 소유하거나, 점유하는 건축물의 외벽에 설치하는 계량기의 전단밸브까지 이르는 배관을 말함
  ㉢ 이외의 건축물 등에 가스를 공급하는 경우 정압기에서 가스사용자가 소유하거나 점유하고 있는 토지의 경계까지 이르는 배관을 말함

2. 압력의 구분
① 저압: 0.1MPa 미만의 압력
② 중압: 0.1MPa 이상 1MPa 미만의 압력
③ 고압: 1MPa 이상의 압력

3. 도시가스배관의 매설
① 매설깊이
  ㉠ 폭 8m 이상의 도로: 1.2m 이상
  ㉡ 폭 4m 이상 8m 미만의 도로: 1m 이상
  ㉢ 폭 4m 미만 또는 공동주택 등의 부지 이내: 0.6m 이상

② 매설깊이 미달 배관의 보호조치
  ㉠ 지하구조물·암반 그 밖의 특수한 사정으로 매설깊이를 확보할 수 없는 곳에 매설하는 배관은 보호관 또는 보호판으로 보호조치를 해야 함
  ㉡ 보호조치 시, 보호관이나 보호판 외면은 지면 또는 노면과 0.3m 이상의 깊이를 유지해야 함

4. 도시가스배관의 색상
① 지상배관: 황색
② 매설배관
  ㉠ 저압: 황색
  ㉡ 중압 이상: 적색

참고 「도시가스사업법 시행규칙」, [별표 5], [별표 6]

2 가스배관의 손상 방지

1. 보호포
① 배관을 지하에 매설하는 경우 배관의 직상부(정상부)에 보호포를 설치해야 한다.
② 보호포의 색상 및 재질
  ㉠ 색상
    • 최고압력이 저압인 경우: 황색
    • 최고압력이 중압 이상인 경우: 적색
  ㉡ 재질: 비닐시트
③ 보호포의 설치 위치
  ㉠ 최고사용압력이 저압인 배관
    • 매설깊이가 1.0m 이상인 경우: 배관 직상부로부터 60cm 이상 떨어진 곳
    • 매설깊이가 1.0m 미만인 경우: 배관 직상부로부터 40cm 이상 떨어진 곳
  ㉡ 최고사용압력이 중압 이상인 배관: 보호판의 직상부로부터 30cm 이상 떨어진 곳
  ㉢ 공동주택 등의 부지 이내에 설치하는 경우: 배관 직상부로부터 40cm 떨어진 곳

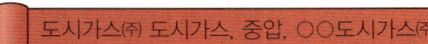

▲ 보호포의 표시 방법

2. 보호판

① 도로 밑에 최고사용압력이 중압 이상인 배관을 매설하는 때에는 배관을 보호할 수 있는 보호판을 설치해야 한다.
② 보호판의 설치
  ㉠ 두께: 4mm의 철판
  ㉡ 설치 위치: 배관의 직상부(정상부)에서 30cm 이상 높이
③ 보호판의 치수

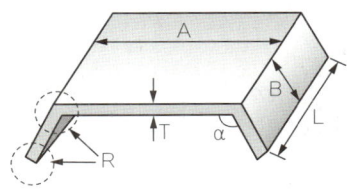

치수(mm)					
A	B	L	R(곡률반경)	α(내각)	T
D+100	100	1,500 이상	5~10	90°~135°	4

TIP 시험에는 ③ 그림이 '보호판'을 의미한다는 정도로만 출제되니, 각 기호가 의미하는 바는 참고만 하세요. 보호판은 파이프 관경(D)의 크기에 따라 넓어지며, 파이프 관경은 지나가는 가스의 압력 및 양에 따라 달라질 수 있습니다.

3. 라인마크

① 「도로법」에 따른 도로 및 공동주택 등의 부지 안 도로에 도시가스배관을 매설하는 경우에는 라인마크를 설치한다.
② 라인마크의 설치
  ㉠ 배관 길이 50m마다 1개 이상 설치
  ㉡ 주요 분기점·굴곡지점·관말지점 및 그 주위 50m 안에 설치
③ 라인마크의 종류

직선방향	양방향	삼방향
← 도시가스 회사명 →	↱	⊤
일방향	135° 방향	관말지점
→	⤴	⊢

4. 표지판

① 도시가스배관을 시가지 외의 도로·산지·농지 또는 하천 부지, 철도 부지 내에 매설하는 경우에는 표지판을 설치한다.
② 표지판의 설치
  ㉠ 배관을 따라 200m 간격으로 1개 이상 설치
  ㉡ 교통 등의 장애가 없는 장소를 선택해 일반인이 쉽게 볼 수 있도록 설치
③ 표지판의 표기
  ㉠ 치수: 가로는 200mm, 세로는 150mm 이상의 직사각형으로 함
  ㉡ 표기: 황색 바탕에 검은색 글씨로 도시가스배관임을 알리는 뜻과 연락처 등을 표기함

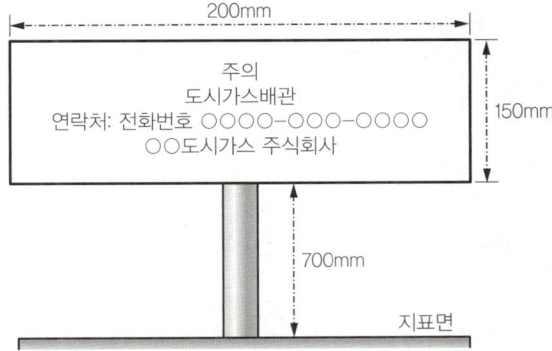

5. 가스누출 경보기

① 가스누출 경보기는 노출된 배관이 20m 이상이면 설치한다.
② 가스누출 경보기의 검지부는 배관 길이 20m마다 또는 바닥면 둘레 20m마다 1개 이상 설치한다.

3 가스배관 작업 시 주의사항

1. 도시가스배관의 안전조치사항

① 굴착 공사자는 굴착 공사 예정 지역의 위치를 흰색 페인트로 표시하고, 그 결과를 정보지원센터에 통지한다.
② 정보지원센터는 굴착 공사자로부터 통지받은 사항을 도시가스사업자에게 통지한다.
③ 도시가스사업자는 정보지원센터로부터 통지를 받은 후 48시간 이내에 매설배관의 위치를 매설배관 직상부의 지면에 황색 페인트로 표시한다.

④ 공사 전 한국전력공사(한전)와 현장 협의로 안전조치 등을 상호 확인한다.
⑤ 공사 전 가스배관 매설 유무는 해당 도시가스사업자에게 조회한다(라인마크 등으로 확인할 수도 있다).
⑥ 가스배관이 매설된 지점은 한국전력공사의 입회하에 작업한다.
⑦ 굴착자는 되메움 공사 완료 후 도시가스배관 손상 방지를 위하여 최소 3개월 이상 침하 유무를 확인한다.

2. 도시가스배관의 손상 방지를 위한 작업사항

① 매몰된 배관의 침하 여부는 침하관측공을 설치하고 관측한다.
② 침하관측공은 줄파기를 하는 때 설치하고 침하 측정은 매 10일에 1회 이상을 원칙으로 한다.
③ 도시가스배관과 수평 최단거리 2m 이내에서 파일박기(H빔 공사)를 하는 경우에는 도시가스사업자의 입회 아래 **시험 굴착**으로 도시가스배관의 위치를 정확히 확인한다.

> **용어** **시험 굴착**: 공사 전 지반 조사 및 지장물 확인을 위한 굴착

④ 도시가스배관과 수평거리 30cm 이내에서는 파일박기를 하지 않는다.
⑤ 항타기는 도시가스배관과 수평거리 2m 이상 되는 곳에 설치한다. 다만, 부득이하게 2m 이내에 설치할 때에는 하중 진동을 완화할 수 있는 조치를 한다.
⑥ 도시가스배관 주위를 굴착하는 경우 도시가스배관의 좌우 1m 이내 부분은 인력으로 굴착한다.
⑦ 도시가스배관 주위에 다른 매설물을 설치할 때에는 30cm 이상 이격한다.
⑧ 도시가스배관 주위를 되메우기하거나 포장할 경우 배관 주위의 모래 채우기, 보호판·보호포 및 라인마크 설치, 도시가스배관 부속시설물의 설치 등은 굴착 전과 같은 상태가 되도록 한다.
⑨ 되메우기를 할 때에는 나중에 도시가스배관의 지반이 침하되지 않도록 필요한 조치를 한다.
⑩ 지하매설배관 탐지장치 등으로 확인된 지점 중 확인이 곤란한 분기점, 곡선부, 장애물 우회지점의 안전 굴착 방법으로 시험 굴착을 실시한다.
⑪ 노출된 가스배관의 길이가 15m 이상이면 점검 통로 및 조명 시설을 설치해야 한다.

> **참고** 「도시가스사업법 시행규칙」 [별표 16]

3. 가스배관 손상 시 대처 방법

① 장비 시동을 멈추고 신속하게 대피한다.
② 가스관이 조금이라도 손상된 경우 손상된 구역을 통제하고 해당 도시가스 회사 직원에게 알려 보수하도록 한다.
③ 손상된 가스관은 임의로 복구하지 않는다.

4 전기 안전 관련 및 전기시설

1. 전기 관련 용어

① 송전선로: 발전소 상호 간, 변전소 상호 간, 발전소와 변전소 간을 연결하는 전선로와 이에 속하는 전기설비를 말한다.
② 배전선로: 발전소와 전기수용설비, 변전소와 전기수용설비, 송전선로와 전기수용설비 등을 연결하는 전선로와 이에 속하는 전기설비를 말한다.
③ 가공선로(가공전선로): 높은 전주나 철탑을 세우고 전선을 절연 애자로 지지하여 전력을 보내거나 통신을 할 수 있도록 공중에 설치한 선로를 말한다.

> **용어** **애자**: 전선을 철탑의 완금(ARP)에 고정시키고 전기적으로 절연하기 위해 사용하는 것

④ 지중선로(지중전선로): 땅속에 매설한 전선로를 말한다.

2. 전력케이블 매설 방식의 종류

① 직매식: 외장 케이블에 간단한 보호 시설 후 직접 땅속에 묻는 방식이다.
② 관로식: 지중 케이블 포설 루트를 따라 100~200m 정도 간격으로 맨홀을 설치하고 강관, 흄관, 철근 콘크리트관을 이용하여 수가닥 내지 수십가닥의 관로를 만들어 두고 맨홀에서 케이블을 집어 넣는 방식이다.
③ 암거식(전력구식): 터널과 같은 구조물에 케이블 행거를 설치하고 그 위에 케이블을 포설하는 방식이다.

5 전기시설물의 손상 방지, 작업 시 주의사항

1. 표지시트
① 전력케이블을 보호하기 위해 케이블이 매설되어 있음을 표시하는 용도로 설치한다.
② 표지시트의 설치
  ㉠ 차도에서 지표면 아래 30cm 깊이에 매설함
  ㉡ 전력케이블은 표지시트 직하에 묻혀 있음
③ 표지시트의 색상: 황색

2. 전선로 부근 작업 시 주의사항 및 조치사항
① 굴착 작업 중 전력케이블을 손상시킨 경우 절단된 상태로 두고 인근 한국전력공사에 연락한다.
② 한국전력공사 맨홀에 근접하여 작업 시에는 공사 직원의 입회하에 안전하게 작업한다.
③ 고압선로 주변에서 작업 시 전압의 종류를 확인한 뒤 안전이격거리를 확보하고 그 이내로 접근하지 않도록 해야 한다.
④ 전선은 바람에 흔들리므로 이를 고려하여 이격거리를 증가시켜 작업한다.
⑤ 고압선 부근 작업 전 고압전선의 전압을 확인하고 안전거리를 파악한 뒤 지상 감시자를 배치한다.
⑥ 건설기계에 의한 작업 중 고압선로 또는 지지물에 접촉 위험이 가장 높은 부분은 붐 또는 권상로프이다.
⑦ 전력선 주변 작업 중 감전사고 발생 시 외상이 없더라도 병원으로 후송하여 치료하도록 한다.
⑧ ==고압선로 주변에서 작업 시 건설기계와 전선로의 이격거리==
  ㉠ 애자 수가 많을수록 커짐
  ㉡ 전선이 굵을수록 커짐
  ㉢ 전압이 높을수록 커짐

3. 철탑 부근 작업 시 주의사항
철탑 부근에서 굴착 작업 시에는 한국전력공사에서 철탑에 대한 안전 여부를 검토한 후 작업을 해야 한다.

> **주상 변압기**: 교류 배전선의 고압을 저압으로 낮추기 위해 전주 위에 설치되는 변압기

CHAPTER 03 적중예상 기출복원문제

1 가스안전 관련 및 가스배관

⚠빈출
01 도시가스배관 중 고압의 압력은?

① 1MPa 이상
② 0.1MPa 이상 1MPa 미만
③ 0.1MPa 미만
④ 1MPa 미만

해설 고압의 압력은 1MPa 이상이다.
② 0.1MPa 이상 1MPa 미만은 중압의 압력이다.
③ 0.1MPa 미만은 저압의 압력이다.

⚠빈출
02 도시가스사업법에서 저압이라 함은 압축가스일 경우 몇 MPa 미만의 압력을 말하는가?

① 0.1MPa
② 0.5MPa
③ 2MPa
④ 10MPa

해설 도시가스 압력의 구분
• 고압: 1MPa 이상의 압력
• 중압: 0.1MPa 이상 1MPa 미만의 압력
• 저압: 0.1MPa 미만의 압력

⚠빈출
03 도시가스배관 중 중압의 압력은?

① 1MPa 이상
② 0.1MPa 이상 1MPa 미만
③ 0.1MPa 미만
④ 1MPa 미만

해설 중압의 압력은 0.1MPa 이상 1MPa 미만이다.
① 1MPa 이상은 고압의 압력이다.
③ 0.1MPa 미만은 저압의 압력이다.

⚠빈출
04 지하에 매설된 도시가스배관의 최고사용압력이 저압인 경우 배관의 표면 색상은?

① 적색
② 갈색
③ 황색
④ 회색

해설 매설배관의 최고압력이 저압인 경우 배관의 표면 색상은 황색이다.
① 매설배관의 최고압력이 중압 이상인 경우 배관의 표면 색상은 적색이다.

⚠빈출
05 도시가스배관을 지하에 매설 시 중압인 경우 배관의 표면 색상은?

① 적색
② 백색
③ 청색
④ 검은색

해설 매설배관의 최고압력이 중압 이상인 경우 배관의 표면 색상은 적색이다.

⚠빈출
06 일반 도시가스사업자의 지하배관 설치 시 도로 폭이 8m 이상인 도로에서는 관련법상 어느 정도의 깊이에 배관이 설치되어 있는가?

① 0.6m 이상
② 1.0m 이상
③ 1.2m 이상
④ 1.5m 이상

해설 폭 8m 이상의 도로에서는 1.2m 이상의 깊이에 배관을 설치해야 한다.
㉠ 폭 4m 미만 또는 공동주택 등의 부지 이내에 매설하는 경우 0.6m 이상의 깊이에 배관을 설치한다.
㉡ 폭 4m 이상 8m 미만의 도로의 경우 1.0m 이상의 깊이에 배관을 설치한다.

정답 01 ① 02 ① 03 ② 04 ③ 05 ① 06 ③

07 지하구조물이 설치된 지역에 도시가스가 공급되는 곳에서 굴착기를 이용하여 굴착 공사를 하던 중, 지면으로부터 0.3m 깊이에서 물체가 발견되었다. 발견된 물체로 예측할 수 있는 것은?

① 수취기
② 가스차단장치
③ 도시가스 입상관
④ 도시가스배관을 보호하는 보호관

해설 보호조치 시 도시가스배관을 보호하는 보호관이나 보호판 외면은 지면 또는 노면과 0.3m 이상의 깊이를 유지해야 한다. 0.3m 깊이에서 물체가 발견되었다면, 보호관 또는 보호판임을 예측할 수 있다.

⚠️빈출
08 폭이 4m 이상 8m 미만의 도로에서 도시가스배관의 매설깊이로 옳은 것은?

① 1.0m 이상   ② 1.2m 이상
③ 1.5m 이상   ④ 2.0m 이상

해설 폭 4m 이상 8m 미만의 도로에서는 1.0m 이상의 깊이에 도시가스배관을 설치해야 한다.
② 폭 8m 이상의 도로에서는 1.2m 이상의 깊이에 배관을 설치해야 한다.

09 암반에 의해 가스관 매설깊이를 확보할 수 없을 경우 취해야 하는 조치는?

① 가스누출 경보기를 설치한다.
② 보호판을 설치한다.
③ 라인마크를 설치한다.
④ 보호포를 설치한다.

해설 지하구조물·암반 그 밖의 특수한 사정으로 매설깊이를 확보할 수 없는 곳에 매설하는 배관은 보호관 또는 보호판으로 보호조치를 해야 한다.

2 가스배관의 손상 방지

⚠️빈출
10 도로 굴착 시 황색의 가스 보호포가 나왔다. 도시가스배관은 그 보호포가 설치된 위치로부터 최소 몇 cm 이상의 깊이에 매설되어 있는가? (단, 배관의 심도는 1.2m이다)

① 30cm   ② 60cm
③ 90cm   ④ 120cm

해설 가스 보호포의 바탕색이 황색인 경우는 최고압력이 저압인 경우에 해당한다. 최고압력이 저압인 배관으로서 매설깊이가 1.0m 이상인 경우에는 배관 정상부로부터 60cm 이상 떨어진 곳에 보호포를 설치한다.

11 도로 굴착 시 적색의 도시가스 보호포가 나왔다. 매설된 도시가스배관의 압력은?

① 중압 또는 저압
② 고압 또는 저압
③ 고압 또는 중압
④ 배관 압력에 관계없이 보호포 색상은 적색이다.

해설 최고압력이 중압 이상인 경우 보호포의 색상은 적색이고, 최고압력이 저압인 경우 보호포의 색상은 황색이다. 따라서 굴착 시 적색의 보호포가 나왔다면 매설된 도시가스배관의 압력은 고압 또는 중압이다.

⚠️빈출
12 공동 주택 부지 내에서 굴착 작업 시 황색의 가스 보호포가 나왔다. 도시가스배관은 그 보호포가 설치된 위치로부터 최소한 몇 m 이상 깊이에 매설되어 있는가? (단, 배관의 심도는 0.6m이다)

① 0.2m   ② 0.3m
③ 0.4m   ④ 0.5m

해설 굴착 작업 시 황색의 가스 보호포가 나온 것은 최고사용압력이 저압임을 의미한다. 최고사용압력이 저압인 배관은 매설깊이가 1.0m 미만인 경우 배관 정상부로부터 0.4m 이상 떨어진 곳에 보호포를 설치한다.

정답 07 ④ 08 ① 09 ② 10 ② 11 ③ 12 ③

13. 그림과 같은 것이 도시가스가 공급되는 지역에서 굴착 공사 중 발견되었다. 이것은 무엇인가?

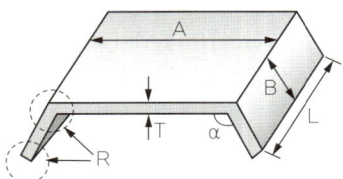

① 보호포
② 보호판
③ 가스누출 검지공
④ 라인마크

해설 제시된 그림은 보호판이다. 도로 밑에 최고사용압력이 중압 이상인 배관을 매설하는 때에는 배관을 보호할 수 있는 보호판을 설치해야 한다.

14. 보호판은 배관의 정상부에서 몇 m 이상 높이에 설치되는가?

① 0.1m
② 0.2m
③ 0.3m
④ 0.4m

해설 배관의 보호조치 시 보호판이나 보호관은 지면 또는 노면과 0.3m 이상의 깊이를 유지해야 한다.

15. 도시가스배관 매설 시 라인마크는 배관 길이 몇 m마다 1개 이상 설치하는가?

① 30m
② 50m
③ 100m
④ 150m

해설 라인마크는 배관 길이 50m마다 1개 이상 설치하되, 주요 분기점·굴곡지점·관말지점 및 그 주위 50m 안에 설치한다.

16. 도로를 굴착할 때 도시가스배관이 매설된 것으로 추정되는 상황으로 옳지 않은 것은?

① 지표면에서 얼마 파지 않아 적색 또는 황색의 비닐 시트가 나왔다.
② 땅속을 파던 중 두께 4mm 정도의 보호 철판이 나왔다.
③ 땅속을 파내려 가던 중 적색 또는 황색 배관이 나왔다.
④ 땅속을 파내려 가던 중 보도블럭과 같은 콘크리트 더미가 나왔다.

해설 도로를 굴착할 때 황색 및 적색의 배관 또는 보호포가 나오거나 보호판 등이 나오면 도시가스배관이 매설된 것으로 추정할 수 있다.

17. 도시가스 매설배관의 표지판 설치 기준으로 옳지 않은 것은?

① 설치 간격은 200m마다 1개 이상이다.
② 표지판의 가로 치수는 200mm, 세로 치수는 150mm 이상의 직사각형이다.
③ 포장도로 및 공동주택 부지 내의 도로에 라인마크와 함께 설치한다.
④ 황색 바탕에 검은색 글씨로 도시가스배관임을 알리고, 연락처 등을 표기한다.

해설 표지판은 도시가스배관을 시가지 외의 도로·산지·농지 또는 하천 부지, 철도 부지 내에 매설하는 경우에 설치한다.

18. 도로의 굴착 공사로 인해 가스배관이 20m 이상 노출되면 가스누출 경보기를 설치하도록 규정되어 있다. 이때 가스누출 경보기의 검지부는 몇 m마다 1개 이상으로 설치해야 하는가?

① 10m
② 20m
③ 15m
④ 25m

해설 가스누출 경보기의 검지부는 배관 길이 20m마다 또는 바닥면 둘레 20m마다 1개 이상 설치한다.

정답 13 ② 14 ③ 15 ② 16 ④ 17 ③ 18 ②

3 가스배관 작업 시 주의사항

⚠빈출
19 도시가스배관 지역을 굴착하는 경우 굴착 공사자는 매설배관 위치를 어떤 색 페인트로 표시해야 하는가?

① 흰색　　　　　　② 적색
③ 청색　　　　　　④ 황색

해설 굴착 공사자는 굴착 공사 예정 지역의 위치를 흰색 페인트로 표시하고, 그 결과를 정보지원센터에 통지해야 한다.

20 H빔 공사 시 가스관과의 최소 수평거리는?

① 10cm　　　　　　② 20cm
③ 30cm　　　　　　④ 40cm

해설 도시가스배관과 수평거리 30cm 이내에서는 파일박기(H빔 공사)를 하지 말아야 한다.

21 상수도관을 도시가스배관 주위에 매설 시 도시가스배관 외면과 상수도관의 최소 이격거리는?

① 30cm 이상　　　　② 50cm 이상
③ 60cm 이상　　　　④ 1m 이상

해설 도시가스배관 주위에 다른 매설물을 설치할 때는 30cm 이상 이격해야 한다.

⚠빈출
22 노출된 가스배관의 길이가 몇 m 이상인 경우 기준에 따라 점검 통로 및 조명 시설을 설치해야 하는가?

① 3m　　　　　　② 10m
③ 15m　　　　　　④ 20m

해설 노출된 가스배관의 길이가 15m 이상이면 점검 통로 및 조명 시설을 설치해야 한다.

23 매몰된 배관의 침하 여부는 침하관측공을 설치하고 관측한다. 침하관측공은 줄파기를 하는 때 설치하고 침하 측정은 며칠에 1회 이상을 원칙으로 하는가?

① 3일　　　　　　② 7일
③ 10일　　　　　　④ 15일

해설 침하관측공은 줄파기를 하는 때 설치하고, 침하 측정은 매 10일에 1회 이상을 원칙으로 한다.

⚠빈출
24 도시가스배관과 수평거리 몇 cm 이내에서 파일박기를 할 수 없도록 규정되어 있는가?

① 30cm　　　　　　② 60cm
③ 90cm　　　　　　④ 120cm

해설 「도시가스사업법 시행규칙」 [별표 16]에 따르면 도시가스배관과 수평거리 30cm 이내에서는 파일박기를 할 수 없다.

25 파일박기를 할 때 시험 굴착을 통해 가스배관의 위치를 확인해야 하는 것은 가스배관과의 수평거리 몇 m 이내인가?

① 2m　　　　　　② 3m
③ 4m　　　　　　④ 5m

해설 도시가스배관과 수평 최단거리 2m 이내에서 파일박기를 하는 경우에는 도시가스사업자의 입회 아래 시험 굴착으로 도시가스배관의 위치를 정확히 확인해야 한다.

⚠빈출
26 다음 (　) 안에 들어갈 내용으로 알맞은 것은?

> 가스배관의 주위를 굴착하고자 할 때, 가스배관의 좌우 (　) 이내의 부분은 인력으로 굴착할 것

① 1m　　　　　　② 2m
③ 3m　　　　　　④ 5m

해설 도시가스배관 주위를 굴착하는 경우 도시가스배관의 좌우 1m 이내 부분은 인력으로 굴착해야 한다.

정답 19 ①　20 ③　21 ①　22 ③　23 ③　24 ①　25 ①　26 ①

27 도시가스 작업 중 브레이커로 도시가스관을 파손했을 경우 해야 할 일로 적절하지 <u>않은</u> 것은?

① 차량을 통제한다.
② 브레이커를 빼지 않고 도시가스 관계자에게 연락한다.
③ 소방서에 연락한다.
④ 라인마크를 따라가 파손된 가스관과 연결된 가스밸브를 잠근다.

해설 가스배관 손상 시에는 손상된 가스관을 임의로 복구해서는 안 되며, 손상된 구역을 통제하고 해당 도시가스 회사 직원에게 알려 보수하도록 해야 한다. 파손된 가스관과 연결된 가스밸브를 잠그는 것은 적절하지 않다.

⚠ 빈출
28 굴착 공사 중 적색으로 된 도시가스배관을 손상하였으나 다행히 가스는 누출되지 않고 피복만 벗겨졌다. 조치 사항으로 적절한 것은?

① 해당 도시가스 회사 직원에게 그 사실을 알려 보수하도록 한다.
② 벗겨지거나 손상된 피복은 고무판이나 비닐테이프로 감은 후에 되메운다.
③ 가스가 누출되지 않았으므로 그냥 되메운다.
④ 벗겨진 피복은 부식 방지를 위해 아스팔트를 칠하고 비닐테이프로 감은 후 되메운다.

해설 가스누출이 되지 않았더라도 피복이 벗겨졌다면 도시가스 회사에 연락하여 지시에 따라야 한다. 손상된 배관을 임의로 복구하지 않는다.

4 전기 안전 관련 및 전기시설

29 전선을 철탑의 완금(ARP)에 고정시키고 전기적으로 절연하기 위해 사용하는 것은?

① 가공전선 ② 애자
③ 완철   ④ 클램프

해설 애자란 전선을 철탑의 완금(ARP)에 고정시키고 전기적으로 절연하기 위해 사용하는 것으로, 전압이 높을수록 애자의 수는 증가한다.

⚠ 빈출
30 고압 전력케이블을 지중에 매설하는 방법이 <u>아닌</u> 것은?

① 직매식   ② 관로식
③ 전력구식 ④ 궤도식

해설 고압 전력케이블을 지중에 매설하는 방법에는 직매식, 관로식, 전력구식(암거식)이 있다.

5 전기시설물의 손상 방지, 작업 시 주의사항

31 굴착장비를 이용하여 도로 굴착 작업 중 '고압선 위험' 표지시트가 발견되었다. 이에 대한 설명으로 옳은 것은?

① 표지시트 좌측에 전력케이블이 묻혀 있다.
② 표지시트 우측에 전력케이블이 묻혀 있다.
③ 표지시트 직하에 전력케이블이 묻혀 있다.
④ 표지시트와 직각방향에 전력케이블이 묻혀 있다.

해설 전력케이블은 표지시트 직하에 묻혀 있다.

32 한국전력 맨홀 인근에서 굴착 작업 시 맨홀과 연결된 동선을 절단하였을 때의 조치 방법은?

① 절단된 굵기보다 굵은 동선으로 연결한다.
② 절단된 상태로 두고 인근 한국전력사업소에 연락한다.
③ 절단된 양쪽 부분을 포개어 테이프로 안전하게 연결한다.
④ 절단된 채로 매몰한다.

해설 굴착 작업 중 전력케이블을 손상시킨 경우에는 절단된 상태로 두고 인근 한국전력사업소(한국전력공사)에 연락한다.

정답 27 ④ 28 ① 29 ② 30 ④ 31 ③ 32 ②

33 굴착기로 작업 중 지하에 매설된 전력케이블 외피가 손상되었을 경우 가장 적절한 조치 방법은?

① 케이블 외피를 마른 헝겊으로 감아 놓는다.
② 케이블 내에 있는 동선에 손상이 없으면 전력 공급에 지장이 없다.
③ 인근 한국전력사업소에 연락하여 한전에서 조치하도록 한다.
④ 인근 한국전력사업소에 통보하고 손상 부위를 절연 테이프로 감은 후 흙으로 덮는다.

해설 굴착 작업 중 전력케이블을 손상시킨 경우에는 손상된 상태로 두고 인근 한국전력사업소(한전)에 연락한다.

34 도로상의 한전 맨홀에 근접하여 굴착 작업 시 가장 적절한 것은?

① 한전 직원의 입회하에 안전하게 작업한다.
② 접지선이 노출되면 제거한 후 계속 작업한다.
③ 맨홀 뚜껑을 경계로 하여 뚜껑이 손상되지 않도록 하고 나머지는 임의로 작업한다.
④ 교통에 지장이 되므로 주인 및 관련 기관이 모르게 야간에 신속히 작업하고 되메운다.

해설 한전(한국전력공사) 맨홀에 근접하여 굴착 작업 시에는 한전 직원의 입회하에 안전하게 작업한다.

35 철탑 부근에서 굴착 작업 시 유의사항으로 옳은 것은?

① 철탑 기초가 드러나지 않으면 굴착해도 무방하다.
② 철탑 부근이라 해서 특별히 주의해야 할 사항은 없다.
③ 한국전력에서 철탑에 대한 안전 여부 검토 후 작업을 해야 한다.
④ 철탑은 강한 충격을 주어야만 넘어지므로 주변 굴착은 무방하다.

해설 철탑 부근에서 굴착 작업 시에는 한국전력(한국전력공사)에서 철탑에 대한 안전 여부를 검토한 후 작업을 해야 한다.

⚠️ 빈출
36 굴착기 등 건설기계운전자가 전선로 주변에서 작업을 할 때 주의할 사항으로 옳지 않은 것은?

① 작업 시 붐이 전선에 근접되지 않도록 주의한다.
② 버킷을 고압선으로부터 안전이격거리 이상 떨어져서 작업한다.
③ 작업 감시자를 배치한 후 전력선 인근에서는 작업 감시자의 지시에 따른다.
④ 바람에 흔들리는 정도를 고려하여 전선 이격거리를 감소시켜 작업해야 한다.

해설 전선로 부근에서 작업을 할 때에는 전선이 바람에 흔들리므로 이를 고려하여 전선 이격거리(안전이격거리)를 증가시켜 작업해야 한다.

⚠️ 빈출
37 전선로 부근에서 작업할 때의 주의사항으로 옳지 않은 것은?

① 전선은 자체 무게가 있어 바람에 흔들리지 않는다.
② 전선은 철탑 또는 전주에서 멀어질수록 많이 흔들린다.
③ 전선이 바람에 흔들리는 정도는 바람이 강할수록 많이 흔들린다.
④ 전선은 바람에 흔들리므로 이를 고려하여 이격거리를 증가시켜 작업해야 한다.

해설 전선로 부근에서 작업할 경우, 전선이 바람에 흔들리므로 이를 고려하여 이격거리(안전이격거리)를 증가시켜서 작업해야 한다.

⚠️ 빈출
38 고압선로 주변에서 작업 시 건설기계와 전선로의 안전이격거리에 대한 설명으로 옳지 않은 것은?

① 애자 수가 많을수록 커진다.
② 전선이 굵을수록 커진다.
③ 전압이 높을수록 커진다.
④ 전압과 관계없이 일정하다.

해설 고압선로 주변에서 작업 시 건설기계와 전선로의 이격거리(안전이격거리)는 애자 수가 많을수록, 전선이 굵을수록, 전압이 높을수록 커진다.

정답 33 ③ 34 ① 35 ③ 36 ④ 37 ① 38 ④

PART

02

도로주행

| PART 학습방법 | ✓ 출제 확률이 높은 핵심이론만 수록하였습니다. 이외 출제될 수 있는 내용은 적중예상 기출복원문제를 통해 빠르고 간단하게 학습하는 것이 효율적입니다.
✓ 기출 분석을 통해 산정한 출제비중을 바탕으로 학습의 비중을 정하세요.
✓ 빈출 표시 문제는 시험에 자주 출제되는 핵심 내용이므로, 반드시 학습하세요. |

미리보는 챕터별 출제비중	CH 01 도로교통법	8.4%
	CH 02 건설기계관리법	8.4%
	CH 03 도로명주소	1.7%

CHAPTER 01 도로교통법

▶ 강의보기 문제보기 53p
출제예상 **5문제**

1 목적 및 용어의 정의

1. 목적
도로에서 일어나는 교통상의 모든 위험과 장해를 방지하고 제거하여 안전하고 원활한 교통을 확보함을 목적으로 한다.

2. 용어의 정의

도로	① 「도로법」에 따른 도로 ② 「유료도로법」에 따른 유료도로 ③ 「농어촌도로 정비법」에 따른 농어촌도로 ④ 그 밖에 공개된 장소로서 안전하고 원활한 교통을 확보할 필요가 있는 장소
자동차전용도로	자동차만 다닐 수 있도록 설치된 도로
고속도로	자동차의 고속운행에만 사용하기 위해 지정된 도로

긴급자동차	① 소방차
	② 구급차
	③ 혈액공급차량
	④ 그 밖에 대통령령으로 정하는 자동차
	  ㉠ 긴급한 우편물의 운송에 사용되는 자동차
	  ㉡ 국군 및 주한 국제연합군의 자동차
	  ㉢ 생명이 위급한 환자 또는 부상자나 수혈을 위한 혈액을 운송 중인 자동차
	  ㉣ 수사기관의 긴급한 업무수행을 위해 사용되는 자동차
	⑤ 긴급자동차는 긴급 용무 중일 때에만 우선권과 특례의 적용을 받음

주차	① 운전자가 승객을 기다리거나 화물을 싣거나 차가 고장 나거나 그 밖의 사유로 차를 계속 정지 상태에 두는 것 ② 운전자가 차에서 떠나 즉시 그 차를 운전할 수 없는 상태에 두는 것
정차	운전자가 5분을 초과하지 아니하고 차를 정지시키는 것으로서 주차 외의 정지 상태
서행	운전자가 차 또는 노면전차를 즉시 정지시킬 수 있는 정도의 느린 속도로 진행하는 것
어린이	13세 미만인 사람
안전표지	교통안전에 필요한 주의·규제·지시·보조·노면표지
안전지대	도로를 횡단하는 보행자나 통행하는 차마의 안전을 위해 안전표지나 이와 비슷한 인공구조물로 표시한 도로의 부분

2 신호기 및 차의 신호

1. 신호등화에 따른 의미

녹색등화	① 차마는 직진 또는 우회전을 할 수 있음 ② 비보호 좌회전 표지 또는 비보호 좌회전 표시가 있는 곳에서는 좌회전을 할 수 있음
황색등화	① 차마는 정지선이나 횡단보도가 있을 때에는 그 직전이나 교차로의 직전에 정지해야 하며, 이미 교차로에 차마의 일부라도 진입한 경우에는 신속히 교차로 밖으로 진행해야 함 ② 차마는 우회전할 수 있고, 우회전하는 경우에는 보행자의 횡단을 방해하지 못함
황색등화의 점멸	차마는 다른 교통 또는 안전표지의 표시에 주의하면서 진행할 수 있음
적색등화의 점멸	차마는 정지선이나 횡단보도가 있을 때에는 그 직전이나 교차로의 직전에 일시정지한 후 다른 교통에 주의하면서 진행할 수 있음

2. 신호등의 신호순서

사색등화(적색·황색·녹색화살표·녹색)	녹색 → 황색 → 적색 및 녹색화살표 → 적색 및 황색 → 적색
삼색등화[적색·황색·녹색(녹색화살표)]	녹색(적색 및 녹색화살표) → 황색 → 적색
이색등화(적색·녹색)	녹색 → 녹색 점멸 → 적색

3. 신호와 차의 진로 변경

① 진로를 바꾸려는 때
  ㉠ 진로를 바꾸려는 행위를 하려는 지점에 이르기 전 30m(고속도로에서는 100m) 이상의 지점에 이르렀을 때 방향지시등을 켜야 함
  ㉡ 노면표지가 황색 점선 및 백색 점선인 경우에 진로 변경을 할 수 있음

② 서행할 때: 팔을 차체의 밖으로 내어 45° 밑으로 펴서 위아래로 흔든다.

4. 신호 또는 지시에 따를 의무

① 내용: 도로를 통행하는 보행자, 차마 또는 노면전차의 운전자는 교통안전시설이 표시하는 신호 또는 지시와 아래 ②의 어느 하나에 해당하는 사람이 하는 신호 또는 지시를 따라야 한다(신호기의 내용과 수신호가 다를 경우에는 수신호를 우선한다).

② 지시를 하는 자
  ㉠ 교통정리를 하는 국가경찰공무원 및 제주특별자치도의 자치경찰공무원(이하 '자치경찰공무원')
  ㉡ 국가경찰공무원 및 자치경찰공무원을 보조하는 사람으로 대통령령으로 정하는 자(경찰보조자)
    • 모범운전자
    • 군사훈련 및 작전에 동원되는 부대의 이동을 유도하는 군사경찰
    • 본래의 긴급한 용도로 운행하는 소방차·구급차를 유도하는 소방공무원

3 통행 방법

1. 차마의 통행

① 보도와 차도가 구분된 도로에서는 차도로 통행해야 한다. 다만, 도로 외의 곳으로 출입할 때에는 보도를 횡단하여 통행할 수 있다.
② 보도를 횡단하기 직전에 일시정지하여 좌측과 우측 부분 등을 살핀 후, ==보행자의 통행을 방해하지 아니하도록 횡단==해야 한다.
③ ==도로의 중앙 우측 부분을 통행==해야 한다.
④ 도로의 중앙이나 좌측 부분을 통행할 수 있는 경우
  ㉠ 도로가 일방통행인 경우
  ㉡ 도로의 파손, 도로공사나 그 밖의 장애 등으로 도로의 우측 부분을 통행할 수 없는 경우
  ㉢ 도로 우측 부분의 폭이 6m가 되지 아니하는 도로에서 다른 차를 앞지르려는 경우
  ㉣ 도로 우측 부분의 폭이 차마의 통행에 충분하지 않은 경우
  ㉤ 시·도경찰청장이 가파른 비탈길의 구부러진 곳에서 교통의 위험을 방지하기 위해 지정한 경우
⑤ 도로의 중앙이나 좌측 부분을 통행할 수 없는 경우
  ㉠ 도로의 좌측 부분을 확인할 수 없는 경우
  ㉡ 반대 방향의 교통을 방해할 우려가 있는 경우
  ㉢ 안전표지 등으로 앞지르기를 금지하거나 제한하고 있는 경우

2. 통행 우선순위

① 긴급자동차 → 긴급자동차 외의 자동차 → 원동기장치자전거 → 자동차 및 원동기장치자전거 외의 차마
② 교차로나 그 부근에서 긴급자동차가 접근하는 경우에는 차마와 노면전차의 운전자는 교차로를 피해 일시정지해야 한다.
③ 도로의 우측 가장자리에서 모든 차와 노면전차의 운전자는 교차로나 그 부근 외의 곳에서 긴급자동차가 접근한 경우에는 긴급자동차가 우선 통행할 수 있도록 진로를 양보해야 한다.
④ 긴급자동차가 범죄 및 화재 예방 등을 위한 순찰·훈련 등을 실시하는 경우에는 특례의 적용을 받지 못한다.

3. 도로에 따른 통행차로 구분

도로		차로 구분	통행할 수 있는 차종
고속도로 외 도로		왼쪽 차로	승용자동차 및 경형·소형·중형 승합자동차
		오른쪽 차로	대형 승합자동차, 화물자동차, 특수자동차, 건설기계, 이륜자동차, 원동기장치자전거
고속도로	편도 2차로	1차로	① 앞지르기를 하려는 모든 자동차 ② 다만, 차량통행량 증가 등 도로 상황으로 인해 부득이하게 시속 80km 미만으로 통행할 수밖에 없는 경우에는 앞지르기를 하는 경우가 아니더라도 통행할 수 있음
		2차로	모든 자동차(건설기계를 포함)
	편도 3차로 이상	1차로	① 앞지르기를 하려는 승용자동차 및 앞지르기를 하려는 경형·소형·중형 승합자동차 ② 다만, 차량통행량 증가 등 도로 상황으로 인해 부득이하게 시속 80km 미만으로 통행할 수밖에 없는 경우에는 앞지르기를 하는 경우가 아니더라도 통행할 수 있음
		왼쪽 차로	승용자동차 및 경형·소형·중형 승합자동차
		오른쪽 차로	대형 승합자동차, 화물자동차, 특수자동차, 건설기계

참고 「도로교통법 시행규칙」 [별표 9]

4 자동차 등과 노면전차의 속도

1. 편도 2차로 이상 고속도로에서 건설기계의 속도
① 최고속도는 매시 80km, 최저속도는 매시 50km이다.
② 단, 경찰청장이 고속도로의 원활한 소통을 위해 지정·고시한 노선 또는 구간의 경우 최고속도는 매시 90km, 최저속도는 매시 50km이다.

2. 비·안개·눈 등으로 인한 악천후 시 주행 속도

주행 속도	이상기후 상태
최고속도에서 20/100을 감속	• 비가 내려 노면이 젖은 경우 • 눈이 20mm 미만으로 쌓인 경우
최고속도에서 50/100을 감속	• 폭우·폭설·안개 등으로 가시거리가 100m 이내인 경우 • 노면이 얼어 붙은 경우 • 눈이 20mm 이상 쌓인 경우

> 견인자동차가 아닌 자동차로 다른 자동차를 견인할 때의 속도
> ① 총중량 2,000kg 미만인 자동차를 총중량이 그의 3배 이상인 자동차로 견인하는 경우, 시속 30km 이내로 주행
> ② 그 외 및 이륜자동차가 견인하는 경우, 시속 25km 이내

5 앞지르기 방법과 금지

1. 앞지르기 방법
① 모든 차의 운전자는 다른 차를 앞지르려면 앞차의 좌측으로 통행해야 한다.
② 자전거 등의 운전자는 서행하거나 정지한 다른 차를 앞지르려면 앞차의 우측으로 통행할 수 있다. 이 경우 자전거 등의 운전자는 정지한 차에서 승차하거나 하차하는 사람의 안전에 유의하여 서행하거나 필요한 경우 일시정지해야 한다.
③ 앞지르려고 하는 모든 차의 운전자는 반대 방향의 교통과 앞차의 교통에 충분한 주의를 기울여야 하며, 앞차의 속도·진로와 그 밖의 도로 상황에 따라 방향지시기·등화 또는 경음기를 사용하는 등 안전한 속도와 방법으로 앞지르기를 해야 한다.
④ 앞지르기를 하는 차가 있을 때에는 속도를 높여 경쟁하거나 그 차의 앞을 가로막는 등의 방법으로 앞지르기를 방해해서는 아니 되며, 도로 우측 가장자리에 일시정지하거나 서행하며 앞지르기를 시킨다.

2. 앞지르기가 금지되는 경우
① 앞차의 좌측에서 다른 차가 앞차와 나란히 가고 있는 경우
② 앞차가 다른 차를 앞지르고 있거나 앞지르려 하는 경우
③ 앞지르기를 할 수 없는 차가 있는 경우
  ㉠ 「도로교통법」이나 「도로교통법」에 따른 명령에 따라 정지하거나 서행하고 있는 차
  ㉡ 경찰공무원의 지시에 따라 정지하거나 서행하고 있는 차
  ㉢ 위험을 방지하기 위해 정지하거나 서행하고 있는 차

3. 앞지르기 금지 장소
① 교차로
② 터널 안
③ 다리 위
④ 도로의 구부러진 곳, 비탈길의 고갯마루 부근 또는 가파른 비탈길의 내리막 등 시·도경찰청장이 안전표지로 지정한 곳

6 철길 건널목의 통과 방법과 안전거리

1. 철길 건널목의 통과 방법
① 건널목 앞에서 일시정지하여 안전한지 확인한 후 통과해야 한다.
② 다만, 신호기 등이 표시하는 신호에 따르는 경우에는 정지하지 않고 통과할 수 있다.

2. 안전거리
앞차가 갑자기 정지하게 되는 경우, 그 앞차와의 충돌을 피할 수 있는 필요한 거리를 말한다.

7 교차로 통행 방법

1. 모든 차의 교차로 통행
① 우회전을 하려는 경우: 미리 도로의 우측 가장자리를 서행하면서 우회전해야 한다. 이 경우 우회전하는 차의 운전자는 신호에 따라 정지하거나 진행하는 보행자 또는 자전거 등에 주의해야 한다.
② 좌회전을 하려는 경우: 미리 도로의 중앙선을 따라 서행하면서 교차로의 중심 안쪽을 이용하여 좌회전해야 한다.

③ 신호기로 교통정리를 하고 있는 경우: 상황에 따라 교차로에 정지하게 되어 다른 차 또는 노면전차의 통행에 방해될 우려가 있는 경우에는 그 교차로에 들어가서는 안 된다.
④ 교통정리를 하고 있지 않은 경우(단, 일시정지나 양보를 표시하는 안전표지 설치): 다른 차의 진행을 방해하지 아니하도록 일시정지하거나 양보해야 한다.
⑤ 비보호 좌회전 교차로의 경우: 녹색 신호 시 반대 방향의 교통에 방해되지 않게 좌회전을 할 수 있다.

2. 교통정리를 하고 있지 않은 교차로에서 우선순위
① 먼저 교차로에 들어가 있는 차
② 폭이 넓은 도로로부터 교차로에 들어가려고 하는 차
③ 우측도로의 차
④ 좌회전하려는 경우: 직진하거나 우회전하려는 차

8 서행 및 일시정지, 주정차 금지

1. 서행해야 하는 장소
① 교통정리를 하고 있지 않은 교차로
② 도로가 구부러진 부근
③ 비탈길의 고갯마루 부근
④ 가파른 비탈길의 내리막
⑤ 시·도경찰청장이 안전표지로 지정한 곳

2. 일시정지해야 하는 장소
① 교통정리를 하고 있지 아니하고 좌우를 확인할 수 없거나 교통이 빈번한 교차로
② 시·도경찰청장이 안전표지로 지정한 곳

3. 주정차 금지 장소
① 교차로·횡단보도·건널목이나 보도와 차도가 구분된 도로의 보도
② 다음 각 목의 곳으로부터 5m 이내인 곳
  ㉠ 교차로의 가장자리나 도로의 모퉁이
  ㉡ 소방용수시설 또는 비상소화장치가 설치된 곳
③ 다음 각 목의 곳으로부터 10m 이내인 곳
  ㉠ 안전지대가 설치된 도로에서는 그 안전지대의 사방
  ㉡ 버스여객자동차의 정류지임을 표시하는 기둥이나 표지판 또는 선이 설치된 곳
  ㉢ 건널목의 가장자리 또는 횡단보도

4. 주차 금지 장소
① 터널 안 및 다리 위
② 다음 각 목의 곳으로부터 5m 이내인 곳
  ㉠ 도로공사를 하고 있는 경우, 그 공사 구역의 양쪽 가장자리
  ㉡ 다중이용업소의 영업장이 속한 건축물로, 소방본부장의 요청에 의하여 시·도경찰청장이 지정한 곳

참고 주정차 금지 장소와 주차 금지 장소를 구분해야 한다. 주차 금지 장소에서는 5분을 초과하지 않은 정차는 허용한다.

5. 주정차 방법
① 모든 차의 운전자는 도로 정차 시 차도의 오른쪽 가장자리에 정차한다.
② 경사진 곳에 정차하거나 주차하려는 경우 자동차의 주차제동장치를 작동한 후의 조치 사항
  ㉠ 경사의 내리막 방향으로 바퀴에 고임목, 고임돌, 그 밖에 고무, 플라스틱 등 자동차의 미끄럼 사고를 방지할 수 있는 것을 설치함
  ㉡ 조향장치를 도로의 가장자리 방향으로 돌려놓음

9 차와 노면전차의 등화

1. 야간운행 시 차의 등화
① 자동차: 자동차안전기준에서 정하는 전조등, 차폭등, 미등, 번호등과 실내조명등(실내조명등은 「승합자동차와 여객자동차 운수사업법」에 따른 여객자동차 운송사업용 승용자동차만 해당한다)
② 원동기장치자전거: 전조등 및 미등
③ 견인되는 차: 미등, 차폭등 및 번호등
④ 노면전차: 전조등, 차폭등, 미등 및 실내조명등
⑤ 위의 규정 외의 모든 차: 시·도경찰청장이 정하여 고시하는 등화

2. 야간에 도로 주정차 시 차의 등화
① 자동차: 미등 및 차폭등
② 이륜자동차 및 원동기장치자전거: 미등(후부 반사기를 포함)
③ 노면전차: 미등 및 차폭등

3. 야간에 차가 마주보고 진행하는 경우의 등화
서로 마주보고 진행할 때에는 전조등의 밝기를 줄이거나, 불빛의 방향을 아래로 향하게(하향) 하거나, 잠시 전조등을 끈다.

10 교통안전표지

1. 교통안전표지의 종류

주의표지	도로 상태가 위험하거나 도로 또는 그 부근에 위험물이 있는 경우에 필요한 안전조치를 할 수 있도록 도로사용자에게 알리는 표지
규제표지	도로교통의 안전을 위해 각종 제한·금지 등의 규제를 하는 경우에 도로사용자에게 알리는 표지
지시표지	도로의 통행 방법·통행 구분 등 도로교통의 안전을 위해 필요한 지시를 하는 경우에 도로사용자가 이에 따르도록 알리는 표지
보조표지	주의표지·규제표지 또는 지시표지의 주기능을 보충하여 도로사용자에게 알리는 표지
노면표지	도로교통의 안전을 위해 각종 주의·규제·지시 등의 내용을 노면에 기호·문자 또는 선으로 도로사용자에게 알리는 표지

2. 교통안전표지의 예시

안전표지	내용
(50)	최고속도(50km/h) 제한표지
(30)	최저속도(30km/h) 제한표지
(5.5t)	차 중량 제한표지
(좌우화살표)	좌우회전표지
(굽은 도로)	좌우로 이중 굽은 도로표지
(회전)	회전형 교차로표지
(진입금지)	진입금지표지
(합류)	우합류도로표지

> 참고 「도로교통법 시행규칙」 [별표 6]

11 승차 또는 적재의 방법과 제한

① 모든 차의 운전자는 승차 인원, 적재중량 및 적재용량에 관해 안전기준을 넘어 승차시키거나 적재한 상태로 운전해서는 안 된다. 다만, 출발지를 관할하는 경찰서장의 허가를 받은 경우에는 그러하지 아니하다.

② 안전기준을 넘는 화물의 적재허가를 받은 사람은 그 길이 또는 폭의 양끝에 너비 30cm, 길이 50cm 이상의 빨간 헝겊으로 된 표지를 달아야 한다. 다만, 밤에 운행하는 경우에는 반사체로 된 표지를 달아야 한다.

12 운전면허의 취소 벌점 기준

① 1년간: 121점 이상
② 2년간: 201점 이상
③ 3년간: 271점 이상

CHAPTER 01 적중예상 기출복원문제

1 목적 및 용어의 정의

⚠️ 빈출

01 긴급자동차에 해당하지 않는 것은?

① 소방자동차
② 구급자동차
③ 그 밖에 대통령령이 정하는 자동차
④ 긴급배달 우편물 운송차 뒤를 따라가는 자동차

해설 긴급자동차는 소방차, 구급차, 혈액공급차량 및 그 밖에 대통령령이 정하는 자동차로 긴급한 우편물의 운송에 사용되는 자동차 등이 있다.

02 도로교통법상 교통사고에 해당하지 않는 것은?

① 도로운전 중 언덕길에서 추락하여 부상당한 사고
② 차고에서 적재하던 화물이 추락하여 사람이 부상당한 사고
③ 주행 중 브레이크 고장으로 도로변의 전주에 충돌한 사고
④ 도로주행 중에 화물이 추락하여 사람이 부상당한 사고

해설 「도로교통법」상 교통사고란 도로에서 일어난 사고를 의미한다. 도로가 아닌 차고에서 일어난 사고는 교통사고에 해당하지 않는다.

03 긴급자동차에 대한 설명으로 옳지 않은 것은?

① 소방자동차, 구급자동차는 항시 우선권과 특례의 적용을 받는다.
② 긴급용무 중일 때에만 우선권과 특례의 적용을 받는다.
③ 우선권과 특례의 적용을 받으려면 경광등을 켜고 경음기를 울려야 한다.
④ 긴급용무 중임을 표시할 때에는 제한속도 준수 및 앞지르기 금지, 일시정지 의무 등의 적용을 받지 않는다.

해설 긴급자동차라고 하여 항상 우선권과 특례를 적용받는 것은 아니다. 이는 긴급용무 중일 때에만 적용받는다.

04 서행에 대한 설명으로 옳은 것은?

① 매시 15km 이내의 속도를 말한다.
② 매시 20km 이내의 속도를 말한다.
③ 정지거리 2m 이내에서 정지할 수 있는 경우를 말한다.
④ 위험을 느낄 때 즉시 정지할 수 있을 만큼 느린 속도로 운행하는 것을 말한다.

해설 운전자가 위험을 느낄 때 차 또는 노면전차를 즉시 정지시킬 수 있는 정도의 느린 속도로 진행하는 것을 서행이라고 한다.

⚠️ 빈출

05 교통안전표지의 종류로 옳은 것은?

① 주의, 규제, 안내, 보조, 통행표지
② 주의, 규제, 지시, 보조, 노면표지
③ 주의, 규제, 지시, 안내, 교통표지
④ 주의, 규제, 지시, 안내, 보조표지

해설 교통안전표지는 주의, 규제, 지시, 보조, 노면표지로 되어 있다.

06 도로상의 안전지대에 대한 설명으로 옳은 것은?

① 버스정류장 표지가 있는 장소
② 자동차가 주차할 수 있도록 설치된 장소
③ 도로를 횡단하는 보행자나 통행하는 차마의 안전을 위해 안전표지 등으로 표시된 도로의 부분
④ 사고가 잦은 장소에 보행자의 안전을 위해 설치한 장소

해설 보행자나 차마의 안전을 위해 안전표지 또는 인공구조물로 표시한 도로의 부분을 안전지대라고 한다.

정답 01 ④ 02 ② 03 ① 04 ④ 05 ② 06 ③

2 신호기 및 차의 신호

07 건설기계를 운전하여 교차로 전방 20m 지점에 이르렀을 때 황색등화로 바뀐 경우 운전자의 조치 방법으로 옳은 것은?

① 일시정지하여 안전을 확인하고 진행한다.
② 정지할 조치를 취하여 정지선에 정지한다.
③ 그대로 계속 진행한다.
④ 주위의 교통에 주의하면서 진행한다.

해설 황색등화로 바뀌었을 때에는 정지선에 정지해야 하며, 이미 교차로에 차마의 일부라도 진입한 경우라면 신속히 교차로 밖으로 진행해야 한다.

08 차마가 다른 교통에 주의하며 방해되지 않게 진행하는 신호에 해당하는 것은?

① 적색등화 점멸 ② 황색등화 점멸
③ 적색신호 ④ 녹색등화 점멸

해설 ① 정지선이나 횡단보도가 있는 경우 그 직전이나 교차로의 직전에 일시정지한 후 다른 교통에 주의하며 진행한다.
③ 정지선, 횡단보도 및 교차로 직전에 정지해야 한다.
④ 직진 또는 우회전할 수 있다.

09 신호등에 녹색등화 시 차마의 통행 방법으로 옳지 않은 것은?

① 차마는 다른 교통에 방해되지 않을 때 천천히 우회전할 수 있다.
② 차마는 직진할 수 있다.
③ 차마는 비보호 좌회전 표시가 있는 곳에서는 언제나 좌회전을 할 수 있다.
④ 차마는 좌회전을 해서는 아니 된다.

해설 차마는 녹색등화 시 비보호 좌회전 표시가 있는 곳에서 맞은편 차가 없을 경우 좌회전을 할 수 있다.

⚠️ 빈출
10 고속도로가 아닌 일반도로 교차로에서 진로를 변경하고자 할 때 교차로의 가장자리에 이르기 전 몇 m 이상의 지점에서 방향지시등을 켜야 하는가?

① 10m ② 20m
③ 30m ④ 40m

해설 진로를 바꾸려는 지점에 이르기 전 일반도로의 교차로는 30m, 고속도로의 경우 100m 이상의 지점에서 방향지시등을 켜야 한다.

⚠️ 빈출
11 신호기가 표시하고 있는 내용과 경찰관의 수신호가 다른 경우의 통행 방법으로 옳은 것은?

① 경찰관의 수신호를 우선적으로 따른다.
② 신호기의 신호를 우선적으로 따른다.
③ 자신이 판단하여 위험이 없다고 생각하면 아무 신호나 따라도 좋다.
④ 수신호는 보조신호이므로 따르지 않아도 된다.

해설 신호기가 설치된 곳일지라도 신호기의 신호보다 경찰관의 수신호, 모범운전자, 부대의 이동을 유도하는 군사경찰의 수신호 등이 우선시 된다.

12 자동차에서 팔을 차체의 밖으로 내어 45° 밑으로 펴서 상하로 흔드는 신호가 의미하는 것은?

① 서행신호 ② 정지신호
③ 주의신호 ④ 앞지르기신호

해설 서행할 때에는 팔을 차체의 밖으로 내어 45° 밑으로 펴서 위아래로 흔든다.

3 차마의 통행

13 차마가 주차장 등에서 나올 때 보도를 통과하는 경우 통행 방법으로 옳은 것은?

① 일시정지 후 안전을 확인하면서 통과한다.
② 경음기를 사용하면서 통과한다.
③ 서행하면서 진행한다.
④ 보행자가 있는 경우에는 빨리 통과한다.

해설 차마의 운전자는 보도를 통과하기 직전 일시정지하여 좌우를 살핀 후 보행자의 통행을 방해하지 않도록 확인하며 통과해야 한다.

14 도로주행 시 위반 사항이 아닌 것은?

① 여러 차로를 연속적으로 가로지르는 행위
② 갑자기 차로를 바꾸어 옆 차선에 끼어드는 행위
③ 두 개의 차로를 걸쳐서 운행하는 행위
④ 일방통행인 도로에서 중앙이나 좌측 부분을 통행하는 행위

해설 일방통행인 도로에서는 도로의 중앙이나 좌측 부분을 통행할 수 있다.

정답 07 ② 08 ② 09 ③ 10 ③ 11 ① 12 ① 13 ① 14 ④

15 차마가 도로의 중앙이나 좌측 부분을 통행할 수 있는 경우로 가장 적절한 것은?

① 교통을 방해할 우려가 있을 때
② 도로에 물이 고여 있어 통행할 수 없을 때
③ 도로가 잡상인 등으로 혼잡할 때
④ 도로의 파손, 도로공사 등으로 도로의 우측 부분을 통행할 수 없을 때

해설 ① 반대 방향의 교통을 방해할 우려가 있는 경우는 도로의 중앙이나 좌측 부분을 통행할 수 없는 경우에 해당한다.

⚠️ 빈출
16 편도 4차로 도로에서 굴착기와 지게차의 주행 차선은?

① 1차로　② 2차로
③ 3차로　④ 4차로

해설 「도로교통법 시행규칙」 [별표 9] 차로에 따른 통행차의 기준에 따르면 건설기계는 화물차, 특수자동차 등과 마찬가지로 편도 3차로 이상에서는 가장 오른쪽 차로로 통행해야 한다. 이에 편도 4차로 도로에서 건설기계는 가장 오른쪽 차로인 4차로로 통행해야 한다.

⚠️ 빈출
17 통행의 우선순위로 옳은 것은?

① 긴급자동차 → 일반자동차 → 원동기장치자전거
② 긴급자동차 → 원동기장치자전거 → 승용자동차
③ 건설기계 → 원동기장치자전거 → 승용자동차
④ 승합자동차 → 원동기장치자전거 → 긴급자동차

해설 도로에서 통행의 우선순위는 '긴급자동차 → 긴급자동차 외의 자동차 → 원동기장치자전거 → 자동차 및 원동기장치자전거 이외의 차마' 순이다.

4 자동차 등과 노면전차의 속도
⚠️ 빈출
18 4차선 고속도로에서 건설기계의 최저속도는?

① 30km/h　② 50km/h
③ 60km/h　④ 80km/h

해설 「도로교통법 시행규칙」 제19조(자동차 등과 노면전차의 속도)에 따르면 편도 2차로 이상 고속도로에서 건설기계의 최저속도는 50km/h, 최고속도는 80km/h이다.

⚠️ 빈출
19 노면이 얼어 붙은 경우 또는 폭설로 가시거리가 100m 이내인 경우 최고속도의 얼마를 감속 운행해야 하는가?

① $\frac{50}{100}$　② $\frac{40}{100}$
③ $\frac{30}{100}$　④ $\frac{20}{100}$

해설 ④ 최고속도의 20/100을 감속해야 하는 경우는 비가 내려 노면이 젖어 있거나 눈이 20mm 미만으로 쌓인 경우이다.

20 도로교통법에 위반되는 경우는?

① 밤에 교통이 빈번한 도로에서 전조등을 계속 하향 했다.
② 낮에 어두운 터널 속을 통과할 때 전조등을 켰다.
③ 소방용 방화 물통에서 10m 지점에 주차하였다.
④ 터널 안에서 앞지르기를 하였다.

해설 「도로교통법」상 앞지르기가 금지된 장소는 교차로, 터널 안, 다리 위, 도로의 구부러진 곳, 비탈길의 고갯마루 부근 등이다.

21 총중량이 2,000kg 미만인 자동차를 그의 3배 이상인 자동차로 견인할 때의 속도는?

① 시속 15km 이내　② 시속 20km 이내
③ 시속 30km 이내　④ 시속 40km 이내

해설 「도로교통법 시행규칙」 제20조에 근거하여 총중량이 2,000kg 미만인 자동차를 그의 3배 이상인 자동차로 견인하는 경우에는 매시 30km 이내로 견인해야 한다.

5 앞지르기 방법과 금지

22 도로주행 시 앞지르기에 대한 설명으로 옳지 않은 것은?

① 앞지르기를 하는 때에는 안전한 속도와 방법으로 해야 한다.
② 앞차가 다른 차를 앞지르고 있을 때 그 차를 앞지를 수 있다.
③ 앞지르기를 하는 때에는 교통 상황에 따라 경음기를 울릴 수 있다.
④ 경찰공무원의 지시를 따르거나 위험을 방지하기 위해 정지 또는 서행하고 있는 다른 차를 앞지를 수는 없다.

해설 앞차가 다른 차를 앞지르고 있거나 앞지르려 하는 경우에는 앞지르기가 금지된다.

정답 15 ④　16 ④　17 ①　18 ②　19 ④　20 ④　21 ③　22 ②

23 주행 중 진로를 변경하고자 할 때 운전자가 지켜야 할 사항으로 옳지 않은 것은?

① 후사경 등으로 주위의 교통 상황을 확인한다.
② 신호를 주어 뒤차에 알린다.
③ 진로를 변경할 때에는 뒤차에 주의할 필요가 없다.
④ 뒤차와 충돌을 피할 수 있는 거리를 확보할 수 없을 때에는 진로를 변경하지 않는다.

해설 진로를 변경할 때에는 뒤차의 속도, 진로, 교통 상황 등에 주의를 기울여야 한다.

24 앞지르기를 할 수 없는 경우에 해당하는 것은?

① 용무상 서행하고 있는 차
② 화물적하를 위해 정차 중인 차
③ 경찰관의 지시로 서행하는 차
④ 앞차의 최고속도가 낮은 경우

해설 경찰공무원의 지시에 따라 정지하거나 서행하고 있는 차는 앞지르기를 할 수 없다.

⚠️빈출
25 앞지르기 금지 장소가 아닌 것은?

① 교차로, 도로의 구부러진 곳
② 버스 정류장 부근, 주차 금지 구역
③ 터널 내, 앞지르기 금지표지 설치 장소
④ 경사로의 정상 부근, 급경사로의 내리막

해설 ①③④ 이외에 다리 위, 비탈길의 고갯마루 부근, 시·도경찰청장이 도로에서의 위험을 방지하고 교통의 안전과 원활한 소통을 확보하기 위해 필요하다고 인정하는 곳으로서 안전표지로 지정한 곳이 앞지르기 금지 장소에 해당한다.

6 철길 건널목의 통과 방법과 안전거리

26 철길 건널목을 통과할 때 일시정지하지 않고 통과할 수 있는 경우는?

① 경보가 울리고 있을 때
② 간수가 진행 신호를 하고 있을 때
③ 앞차가 건널목을 통과하고 있을 때
④ 차단기가 내려지려고 할 때

해설 간수의 진행 신호 또는 신호기가 표시하는 신호에 따르는 경우에는 일시정지하지 않고 통과할 수 있다.

27 철길 건널목의 통과 방법에 대한 설명으로 옳지 않은 것은?

① 철길 건널목에서는 앞지르기를 해서는 안 된다.
② 철길 건널목 부근에는 주정차를 해서는 안 된다.
③ 철길 건널목에 일시정지 표지가 없을 때에는 서행하면서 통과한다.
④ 철길 건널목에서는 반드시 일시정지하여 안전을 확인한 후 통과한다.

해설 철길 건널목에서는 일시정지하여 안전을 확인한 후 통과해야 한다. 단, 신호기 등이 표시하는 신호에 따르는 경우에는 정지하지 않고 통과할 수 있다.

⚠️빈출
28 앞차와의 안전거리로 옳은 것은?

① 앞차 속도의 0.3배 거리
② 앞차와의 평균 8m 이상 거리
③ 앞차의 진행 방향을 확인할 수 있는 거리
④ 앞차가 갑자기 정지하였을 때 충돌을 피할 수 있는 필요한 거리

해설 안전거리는 앞차가 갑자기 정지하는 경우 앞차와의 충돌을 피하기 위해 필요한 거리를 말한다.

7 교차로 통행 방법

29 교차로에서 직진하고자 신호 대기 중에 있는 차가 진행 신호를 받고 가장 안전하게 통행하는 방법은?

① 좌우를 살피며 계속 보행 중인 보행자와 진행하는 교통의 흐름에 유의해야 한다.
② 진행 권리가 부여되었으므로 좌우의 진행 차량은 신경쓰지 않는다.
③ 신호와 동시에 바로 출발한다.
④ 신호와 동시에 서행하며 출발한다.

해설 신호 대기 중인 차량이 진행 신호를 받은 경우에는 진행 시 좌우를 살피며 보행차와 교통의 흐름 등에 유의하며 통행하여야 한다.

정답 23 ③ 24 ③ 25 ② 26 ② 27 ③ 28 ④ 29 ①

30 편도 4차로 일반도로의 경우 교차로 30m 전방에서 우회전을 하려면 몇 차로로 진입 통행해야 하는가?

① 1차로로 통행한다.
② 2차로와 1차로로 통행한다.
③ 3차로로만 통행이 가능하다.
④ 4차로로 통행한다.

해설 교차로에서 우회전을 하려는 경우 미리 우측 가장자리에서 서행하며 우회전해야 한다. 이에 편도 4차로의 도로인 경우에는 가장자리인 4차로로 진입 통행한다.

31 교차로 통행 방법으로 옳은 것은?

① 교차로에서 다른 차를 앞지르기할 수 있다.
② 교차로에는 차선이 없으므로 진행 방향을 임의로 바꿀 수 있다.
③ 교차로에서는 반드시 경음기를 울려야 한다.
④ 좌우회전 시에는 방향지시등으로 신호를 해야 한다.

해설 교차로에서는 앞지르기가 금지되어 있으며, 진행 방향을 임의로 바꿀 수 없다. 또한 운전자는 정당한 사유 없이 반복적이거나 연속적으로 경음기를 사용할 수 없다.

32 교차로에서의 좌회전 방법으로 옳은 것은?

① 운전자가 편한 방식으로 운전한다.
② 교차로 중심 안쪽으로 서행한다.
③ 교차로 중심 바깥쪽으로 서행한다.
④ 앞차의 주행 방향을 따라가면 된다.

해설 ③ 교차로 중심 바깥쪽으로 서행하는 것은 교차로에서의 우회전 방법에 해당한다.

33 건설기계 운전 시 교차로에서 우회전하려고 할 때의 방법으로 옳은 것은?

① 우회전 신호를 행하면서 우회전한다.
② 신호를 행하면서 우회전하며, 속도를 빠르게 진행한다.
③ 신호를 행하면서 서행하고 보행자가 있을 때에는 보행자의 통행을 방해하지 않도록 하여 우회전한다.
④ 우회전은 언제 어느 곳에서나 할 수 있다.

해설 미리 도로의 우측 가장자리를 서행하면서 우회전해야 하고, 신호에 따라 정지하거나 진행하는 보행자 또는 자전거에 주의해야 한다.

34 비보호 좌회전 교차로에서 통행 방법으로 옳은 것은? ⚠ 빈출

① 황색 신호 시 반대 방향의 교통에 유의하면서 서행한다.
② 황색 신호 시에만 좌회전할 수 있다.
③ 녹색 신호 시 반대 방향의 교통에 방해되지 않게 좌회전할 수 있다.
④ 녹색 신호 시에는 언제나 좌회전할 수 있다.

35 교통정리가 행해지고 있지 않은 교차로에서 우선순위가 같은 차량이 동시에 교차로에 진입한 때의 우선순위로 옳은 것은?

① 소형 차량이 우선한다.
② 중량이 큰 차량이 우선한다.
③ 우측도로의 차가 우선한다.
④ 좌측도로의 차가 우선한다.

해설 교통정리가 행해지고 있지 않은 교차로에서는 이미 교차로에 들어가 있는 차, 폭이 넓은 도로로부터 교차로에 들어가려는 차, 우측도로의 차 등이 우선순위에 해당한다.

36 신호등이 없는 교차로에서 좌회전하려는 버스와 교차로에 진입하여 직진하고 있는 건설기계가 있을 때, 우선권이 있는 차는?

① 건설기계
② 형편에 따라 정해짐
③ 사람이 많이 탄 차
④ 좌회전하려는 차

해설 신호등이 없는 교차로에서는 먼저 진입한 차에 우선권이 있다. 따라서 교차로에 진입하여 직진하고 있는 건설기계에 우선권이 있다.

8 서행 및 일시정지, 주정차 금지

37 교차로 또는 그 부근에 긴급자동차가 접근하였을 때의 피양 방법으로 옳은 것은?

① 교차로의 우측단에 일시정지하여 진로를 피양한다.
② 교차로를 피해 도로의 우측 가장자리에 일시정지한다.
③ 서행하면서 앞지르기를 하라는 신호를 한다.
④ 진행 방향 그대로 진행을 계속한다.

해설 교차로 또는 그 부근에 긴급자동차가 접근하였을 때에는 교차로를 피해 도로의 우측 가장자리에 일시정지한다.

정답 30 ④ 31 ④ 32 ② 33 ③ 34 ③ 35 ③ 36 ① 37 ②

38 도로교통법상 서행 또는 일시정지해야 하는 장소로 지정된 곳은?

① 안전지대 우측
② 가파른 비탈길의 내리막
③ 좌우를 확인할 수 있는 교차로
④ 교량 위

해설 「도로교통법」상 서행 또는 일시정지해야 하는 장소로 지정된 곳으로는 가파른 비탈길의 내리막 및 교통정리를 하지 아니하는 교차로, 도로가 구부러진 부근, 비탈길의 고갯마루 부근 등이 있다.

39 일시정지 안전표지판이 설치된 횡단보도에서 위반 행위에 해당하는 것은?

① 경찰공무원이 진행 신호를 하여 일시정지하지 않고 통과하였다.
② 횡단보도 직전에 일시정지하여 안전을 확인한 후 통과하였다.
③ 보행자가 없으므로 그대로 통과하였다.
④ 연속적으로 진행 중인 앞차의 뒤를 따라 진행할 때 일시정지하였다.

해설 보행자가 없더라도 일시정지 표지판이 설치된 횡단보도에서는 반드시 일시정지한 뒤 보행자의 유무를 살피고 서행하여 통과해야 한다.

40 도로교통법상 서행 및 일시정지에 대한 설명으로 옳지 않은 것은?

① 비탈길 고갯마루 부근에서는 서행해야 한다.
② 신호등이 없고 교통이 빈번한 교차로에서는 일시정지해야 한다.
③ 신호등이 없는 철길 건널목을 통과할 때에는 서행하여 통과해야 한다.
④ 도로가 구부러진 부근에서는 서행해야 한다.

해설 신호등이 없는 철길 건널목에서는 건널목 앞에서 일시정지하여 안전을 확인한 후 통과해야 한다. 다만, 표시하는 신호에 따르는 경우에는 정지하지 않고 통과할 수 있다.

41 도로교통법상 도로의 모퉁이로부터 몇 m 이내의 장소에 정차해서는 안 되는가?

① 2m
② 3m
③ 5m
④ 10m

해설 ④ 안전지대가 설치된 도로에서 그 안전지대의 사방으로부터 각각 10m 이내인 곳. 버스여객자동차의 정류지임을 표시하는 기둥이나 표지판 또는 선이 설치된 곳으로부터 10m 이내인 곳. 건널목의 가장자리 또는 횡단보도로부터 10m 이내인 장소에 정차해서는 안 된다.

42 도로교통법상 주정차 금지 장소에 해당하지 않는 것은?

① 교차로 가장자리로부터 5m 이내
② 건널목 가장자리로부터 10m 이내
③ 횡단보도
④ 고갯마루 정상 부근

해설 고갯마루 정상 부근은 주정차 금지 장소가 아니라 서행해야 하는 장소이다.

43 정차 및 주차 금지 장소에 해당하는 것은?

① 도로의 모퉁이로부터 4m 지점
② 교차로 가장자리로부터 10m 지점
③ 정류장 표지판으로부터 12m 지점
④ 건널목 가장자리로부터 15m 지점

해설 도로의 모퉁이로부터 5m 이내인 곳이 주정차 금지 장소이므로 도로의 모퉁이로부터 4m 지점 역시 정차 및 주차가 금지된다.

44 정차라 함은 주차 외의 정지 상태로서 몇 분을 초과하지 아니하고 차를 정지시키는 것을 말하는가?

① 3분
② 5분
③ 7분
④ 10분

해설 정차란 운전자가 5분을 초과하지 아니하고 차를 정지시키는 것으로, 주차 외의 정지 상태를 말한다.

정답 38 ② 39 ③ 40 ③ 41 ③ 42 ④ 43 ① 44 ②

⚠️ 빈출
45 정차는 할 수 있으나 주차만 금지된 장소는?

① 교차로 가장자리로부터 5m 이내인 곳
② 도로공사를 하고 있는 구역의 양쪽 가장자리로부터 5m 이내인 곳
③ 횡단보도로부터 10m 이내인 곳
④ 건널목의 가장자리로부터 10m 이내인 곳

해설 도로공사 구역의 양쪽 가장자리로부터 5m 이내인 곳은 주차 금지 장소에 해당한다. 주차 금지 장소에서는 5분을 초과하지 않는 정차는 허용된다.

46 도로에서 정차를 하는 방법으로 옳은 것은?

① 차체의 전단부가 도로 중앙을 향하도록 비스듬히 정차한다.
② 진행 방향의 반대 방향으로 정차한다.
③ 차도의 우측 가장자리에 정차한다.
④ 일방통행로에서 좌측 가장자리에 정차한다.

해설 모든 차의 운전자는 도로 정차 시 차도의 오른쪽 가장자리에 정차한다.

47 경사진 곳에서의 주차 방법으로 옳지 않은 것은?

① 변속 레버를 중립에 넣는다.
② 미끄럼 사고의 발생 방지를 위한 조치를 취한다.
③ 조향장치를 도로의 가장자리 방향으로 돌려놓는다.
④ 경사지의 내리막 방향으로 바퀴에 고임목을 설치한다.

해설 자동변속기 차량의 경우 변속 레버를 P 위치에 넣고, 수동변속기 차량의 경우 변속 레버를 저단 또는 후진에 넣어야 안전하다.

9 차와 노면전차의 등화

48 도로를 통행하는 자동차 중 견인되는 자동차가 야간에 켜야 할 등화는?

① 미등, 전조등
② 미등, 전조등, 번호등
③ 미등, 전조등, 차폭등
④ 미등, 차폭등, 번호등

해설 견인되는 자동차가 야간에 켜야 할 등화는 미등, 차폭등, 번호등이다.

49 야간에 차가 서로 마주보고 진행하는 경우의 등화 조작 방법으로 옳은 것은?

① 전조등, 보호등, 실내조명등을 조작한다.
② 전조등 변환빔을 하향으로 한다.
③ 전조등을 켜고 보조등을 끈다.
④ 전조등을 상향으로 한다.

해설 야간에 차가 서로 마주보고 진행하는 경우에는 전조등의 밝기를 줄이거나, 불빛의 방향을 아래로 향하게 하거나, 잠시 전조등을 끈다.

50 야간에 자동차가 도로에 정차하거나 주차할 때 켜야 하는 등화는?

① 전조등　　　　② 제동등
③ 미등 및 차폭등　④ 실내조명등

해설 야간에 도로에 주정차할 때에는 미등 및 차폭등을 켜야 한다.

10 교통안전표지

51 다음 교통안전표지가 나타내는 것은?

① 차간거리 최저 50m이다.
② 차간거리 최고 50m이다.
③ 최저속도 제한표지이다.
④ 최고속도 제한표지이다.

52 다음 교통안전표지에 대한 설명으로 옳은 것은?

① 최고중량 제한표지이다.
② 최고시속 30km 제한표지이다.
③ 최저시속 30km 제한표지이다.
④ 차간거리 최저 30m 제한표지이다.

정답 45 ② 46 ③ 47 ① 48 ④ 49 ② 50 ③ 51 ④ 52 ③

53 다음 교통안전표지에 대한 설명으로 옳은 것은?

① 좌우회전표지이다.
② 좌우회전 금지표지이다.
③ 양측방 일방통행표지이다.
④ 양측방 통행 금지표지이다.

54 다음 교통안전표지가 나타내는 것은?

① 좌로 굽은 도로
② 우로 이중 굽은 도로
③ 좌우로 이중 굽은 도로
④ 회전형 교차로

55 다음 교통안전표지가 나타내는 것은?

① 삼거리표지
② 우회로표지
③ 회전형 교차로표지
④ 좌로 계속 굽은 도로표지

56 다음 교통안전표지에 대한 설명으로 옳은 것은?

① 좌로 일방통행표지이다.
② 우로 일방통행표지이다.
③ 일단정지표지이다.
④ 진입금지표지이다.

57 다음 교통안전표지의 기능으로 옳은 것은?

① 좌합류도로가 있음을 알리는 것
② 우합류도로가 있음을 알리는 것
③ 좌로 굽은 도로가 있음을 알리는 것
④ 철길 건널목이 있음을 알리는 것

11 승차 또는 적재의 방법과 제한
⚠️ 빈출

58 승차 인원·적재중량에 관해 안전기준을 넘어 운행하고자 하는 경우 누구에게 허가를 받아야 하는가?

① 출발지를 관할하는 경찰서장
② 시·도지사
③ 국토교통부장관
④ 절대 운행 불가

해설 승차 인원, 적재중량 및 적재용량에 관해 안전기준을 넘어 승차시키거나 적재한 상태로 운전할 수 없다. 그러나 출발지를 관할하는 경찰서장의 허가를 받은 경우는 예외로 한다.

59 안전기준을 초과하는 화물의 적재허가를 받은 자는 그 길이 또는 폭의 양끝에 너비 및 길이가 각각 몇 cm 이상인 빨간 헝겊으로 된 표지를 달아야 하는가?

① 30cm(너비), 40cm(길이)
② 30cm(너비), 50cm(길이)
③ 40cm(너비), 50cm(길이)
④ 60cm(너비), 50cm(길이)

해설 안전기준을 초과하는 화물의 적재허가를 받은 경우 그 길이 또는 폭의 양끝에 30cm(너비)×50cm(길이) 이상의 빨간 헝겊으로 된 표지를 달아야 한다. 단, 밤에 운행하는 경우에는 반사체로 된 표지를 달아야 한다.

정답 53 ① 54 ③ 55 ③ 56 ④ 57 ② 58 ① 59 ②

CHAPTER 02 건설기계관리법

1 목적 및 용어의 정의

1. 목적
① 건설기계의 효율적인 관리
② 건설기계의 안전도 확보
③ 건설공사의 기계화 촉진

2. 용어의 정의
① 건설기계: 건설공사에 사용할 수 있는 기계로서 대통령령으로 정하는 것을 말한다.
② 건설기계사업: 건설기계대여업, 건설기계정비업, 건설기계매매업 및 건설기계해체재활용업을 말한다.
③ 건설기계형식: 건설기계의 구조·규격 및 성능 등에 관하여 일정하게 정한 것을 말한다.

2 건설기계등록

1. 등록
① 건설기계의 소유자는 대통령령으로 정하는 바에 따라 건설기계를 등록해야 한다.
② 건설기계 소유자는 특별시장·광역시장·특별자치시장·도지사 또는 특별자치도지사에게 건설기계 등록신청을 하여야 한다.
③ 기한: 취득한 날부터 2월 이내, 전시·사변 기타 이에 준하는 국가비상사태하에 있어서는 5일 이내이다.

2. 등록 시 제출서류
① 건설기계의 출처를 증명하는 서류
　㉠ 국내에서 제작한 건설기계: 건설기계제작증
　㉡ 수입한 건설기계: 수입면장 등 수입사실을 증명하는 서류
　㉢ 행정기관으로부터 매수한 건설기계: 매수증서
② 건설기계의 소유자임을 증명하는 서류
③ 건설기계제원표
④ 「자동차손해배상 보장법」에 따른 보험 또는 공제의 가입을 증명하는 서류

- 「자동차손해배상 보장법」에 따른 보험 또는 공제의 가입을 증명하는 서류를 첨부하여 제출하여야 하는 건설기계는 아래와 같다.
  - 덤프트럭
  - 타이어식 기중기
  - 콘크리트믹서트럭
  - 트럭적재식 콘크리트펌프
  - 트럭적재식 아스팔트살포기
  - 타이어식 굴착기
  - 특수건설기계 중 트럭지게차, 도로보수트럭, 노면측정장비

3. 등록사항의 변경
① 건설기계의 등록사항 중 변경사항이 있는 경우에는 30일 이내에 시·도지사에게 신고해야 한다.
② 제출서류
　㉠ 건설기계등록사항변경 신고서
　㉡ 변경내용을 증명하는 서류
　㉢ 건설기계등록증
　㉣ 건설기계검사증

- **등록사항변경 대위(代位) 신청**: 건설기계를 산(매수한) 사람이 등록사항변경(소유권 이전) 신고를 하지 않아 등록사항변경 신고를 독촉하였으나 이를 이행하지 않을 경우 판(매도한) 사람이 등록사항변경 신고를 할 수 있음
- **등록의 경정**: 시·도지사는 등록을 행한 후 그 등록에 관해 착오 또는 누락이 있음을 발견한 경우 부기로써 경정등록을 해야 함

3 등록의 말소

1. 시·도지사 직권에 의해 등록을 말소하는 경우
① 거짓이나 그 밖의 부정한 방법으로 등록한 경우
② 정기검사 명령, 수시검사 명령 또는 정비명령에 따르지 아니한 경우
③ 건설기계를 폐기한 경우
④ 내구연한을 초과한 경우

2. 소유자의 신청이나 시·도지사의 직권으로 등록을 말소할 수 있는 경우
① 건설기계가 천재지변 또는 이에 준하는 사고 등으로 사용할 수 없게 되거나 멸실된 경우
② 건설기계의 차대(車臺)가 등록 시의 차대와 다른 경우
③ 건설기계가 건설기계안전기준에 적합하지 아니하게 된 경우
④ 건설기계를 수출하는 경우
⑤ 건설기계를 도난당한 경우
⑥ 건설기계해체재활용업을 등록한 자에게 폐기를 요청한 경우
⑦ 구조적 제작 결함 등으로 건설기계를 제작자 또는 판매자에게 반품한 경우
⑧ 건설기계를 교육·연구 목적으로 사용하는 경우

3. 말소신청 및 직권말소 기간
① 건설기계를 도난당한 경우: 2개월 이내
② 그 밖의 경우: 30일 이내
③ 시·도지사는 직권으로 등록을 말소하려는 경우에는 미리 그 뜻을 건설기계의 소유자 및 이해관계인에게 알려야 한다. 단, 통지 후 1개월(저당권이 등록된 경우에는 3개월이다)이 지난 후가 아니면 이를 말소할 수 없다.

4 등록번호표

1. 등록의 표식
① '0'은 건설기계, 다음 '02'는 건설기계 기종(굴착기), '가 6789'는 용도별 일련번호를 뜻한다.

② 재질: 알루미늄 제판

③ 용도에 따른 색상 및 일련번호

구분		색상	일련번호
비사업용	관용	흰색 바탕에 검은색 문자	0001~0999
	자가용		1000~5999
대여사업용		주황색 바탕에 검은색 문자	6000~9999

④ 기종별 표시번호

기종번호	기종명	기종번호	기종명
01	불도저	06	덤프트럭
02	굴착기	07	기중기
03	로더	08	모터그레이더
04	지게차	09	롤러
05	스크레이퍼	10	노상안정기

2. 특별표지판(대형건설기계에 부착)
① 대형건설기계에는 등록번호가 표시되어 있는 면에 특별표지판을 부착한다(단, 건설기계 구조상 불가피한 경우 건설기계의 좌우 측면에 부착할 수 있다).
② 대형건설기계의 종류
  ㉠ 길이 16.7m를 초과하는 건설기계
  ㉡ 너비 2.5m를 초과하는 건설기계
  ㉢ 높이 4m를 초과하는 건설기계
  ㉣ 최소회전반경 12m를 초과하는 건설기계
  ㉤ 총중량 40톤 초과, 총중량 상태에서 축하중(축중)이 10톤을 초과하는 건설기계

> **용어**
> • 축하중: 수평상태에 있는 타이어식 건설기계에서 하나의 차축에 연결된 모든 바퀴의 윤하중을 합한 것. 총중량 상태와 자체중량 상태에 대해 각각 구함
> • 윤하중: 수평상태에 있는 건설기계 중량으로 인해 각각의 바퀴에 가해지는 하중

3. 등록번호표의 반납
아래에 해당하는 경우 10일 이내에 시·도지사에게 반납해야 한다.
① 건설기계등록이 말소된 경우
② 건설기계등록 사항 중 대통령령으로 정하는 사항이 변경된 경우
③ 등록번호표 또는 그 봉인이 떨어지거나 알아보기 어렵게 되어 시·도지사에게 등록번호표의 부착 및 봉인을 신청한 경우

5 임시운행

1. 임시운행기간
① 임시운행기간은 15일 이내로 한다.
② 단, 신개발 건설기계를 시험·연구의 목적으로 운행하는 경우 3년 이내로 한다.

2. 미등록 건설기계 임시운행이 가능한 경우
① 등록신청을 하기 위해 건설기계를 등록지로 운행하는 경우
② 신규등록검사 및 확인검사를 받기 위해 건설기계를 검사 장소로 운행하는 경우
③ 수출하기 위해 등록말소한 건설기계를 점검·정비의 목적으로 운행하는 경우
④ 수출하기 위해 건설기계를 선적지로 운행하는 경우
⑤ 신개발 건설기계를 시험·연구의 목적으로 운행하는 경우
⑥ 판매 또는 전시를 위해 건설기계를 일시적으로 운행하는 경우

6 건설기계검사

건설기계의 소유자는 그 건설기계에 대해 국토교통부령으로 정하는 바에 따라 국토교통부장관이 실시하는 검사를 받아야 한다.

1. 건설기계검사의 종류
① 신규등록검사: 건설기계 신규 등록 시 실시하는 검사이다.
② 정기검사: 건설공사용 건설기계로서 3년의 범위에서 국토교통부령으로 정하는 검사유효기간이 끝난 후 계속하여 운행하려는 경우에 실시하는 검사이다.
  ㉠ 정기검사 유효기간(정기검사 기준)

기종	구분	유효기간
지게차	–	2년
굴착기	타이어식	1년
	무한궤도식	3년

  ㉡ 건설기계 운행기간이 20년을 초과한 경우: 유효기간을 1년으로 함

  참고 「건설기계관리법 시행규칙」 [별표 7]

③ 구조변경검사: 건설기계의 주요 구조를 변경하거나 개조한 경우 실시하는 검사이다.
  ㉠ 건설기계안전기준에 적합하게 구조를 변경해야 하며, 구조변경검사를 받으려는 자는 변경 또는 개조한 날로부터 20일 이내에 시·도지사에게 검사 신청서를 제출해야 한다.
  ㉡ 주요 구조의 변경 및 개조의 범위
   • 원동기 및 전동기의 형식 변경
   • 동력전달장치의 형식 변경
   • 제동장치의 형식 변경
   • 주행장치의 형식 변경
   • 유압장치의 형식 변경
   • 조종장치의 형식 변경
   • 조향장치의 형식 변경
   • 작업장치의 형식 변경
   • 수상작업용 건설기계 선체의 형식 변경
   • 타워크레인 설치 기초 및 전기장치의 형식 변경
   • 건설기계의 길이·너비·높이 등의 변경
   • 단, 기종 변경, 육상작업용 건설기계 규격의 증가 또는 적재함의 용량 증가를 위한 구조 변경은 불가함

④ 수시검사
  ㉠ 성능이 불량하거나 사고가 자주 발생하는 건설기계의 안전성 등을 점검하기 위해 수시로 실시하는 검사 또는 건설기계 소유자의 신청을 받아 실시하는 검사를 말함
  ㉡ 시·도지사는 수시검사를 명령하려는 때에는 수시검사 명령의 이행을 위한 검사의 신청기간을 31일 이내로 정하여 건설기계 소유자에게 건설기계수시검사 명령서를 서면으로 통지해야 함

  참고 건설기계관리법 시행규칙 제30조의2 제1항, 2022.8.4.개정

2. 정기검사의 신청
① 정기검사를 받으려는 자는 검사유효기간의 만료일 전후 각각 31일 이내에 정기검사 신청서를 시·도지사에게 제출해야 한다. 다만, 검사대행자를 지정한 경우에는 검사대행자에게 이를 제출해야 한다.
② 검사 신청을 받은 시·도지사 또는 검사대행자는 신청을 받은 날부터 5일 이내에 검사 일시와 검사 장소를 지정하여 신청인에게 통지해야 한다.
③ 유효기간의 산정: 정기검사 신청기간 내에 정기검사를 받은 경우에는 종전 검사유효기간 만료일의 다음

날부터, 그 외의 경우에는 검사를 받은 날의 다음 날부터 유효기간을 기산한다.

> **검사대행기관**: 우리나라 건설기계검사 업무대행기관은 대한건설기계안전관리원임

3. 정기검사의 명령

정기검사를 받지 아니한 건설기계의 소유자에게 국토교통부령으로 정하는 바에 따라 정기검사를 받을 것을 명령하여야 한다(건설기계관리법 제13조).

4. 정비명령

시·도지사는 검사에 불합격한 건설기계에 대해 31일 이내의 기간을 정하여 해당 건설기계의 소유자에게 검사를 완료한 날부터 10일 이내에 정비명령을 해야 한다. 다만, 건설기계소유자의 주소 등을 통상적인 방법으로 확인할 수 없거나 통지가 불가능한 경우에는 해당 시·도의 공보 및 인터넷 홈페이지에 공고해야 한다.

5. 정기검사의 일부 면제

규정에 의해 종합건설기계 정비업자로부터 건설기계의 제동장치에 대해 정기검사에 상당하는 분해정비를 받은 해당 건설기계의 소유자에게는 그 부분에 대한 정기검사의 면제가 가능하다.

6. 검사 장소

① 검사 장소에서 검사를 받는 건설기계
  ㉠ 덤프트럭
  ㉡ 콘크리트믹서트럭
  ㉢ 콘크리트펌프(트럭적재식)
  ㉣ 아스팔트살포기
  ㉤ 트럭지게차(국토교통부장관이 정하는 특수건설기계인 트럭지게차)
② 해당 건설기계가 위치한 장소에서 검사를 받는 건설기계(출장검사)
  ㉠ 도서 지역에 있는 경우
  ㉡ 자체중량이 40톤을 초과하거나 축하중이 10톤을 초과하는 경우
  ㉢ 너비가 2.5m를 초과하는 경우
  ㉣ 최고속도가 시간당 35km 미만인 경우

7 건설기계사업

1. 사업의 등록

건설기계사업을 하려는 자(지방자치단체는 제외한다)는 대통령령으로 정하는 바에 따라 사업의 종류별로 특별자치시장·특별자치도지사·시장·군수 또는 자치구의 구청장에게 등록하여야 한다.

2. 건설기계사업의 종류

① 건설기계대여업
② 건설기계정비업
  ㉠ 종합 건설기계정비업
  ㉡ 부분 건설기계정비업
  ㉢ 전문 건설기계정비업
③ 건설기계매매업
④ 건설기계해체재활용업

> **건설기계대여업 신청 시 제출서류**
> ① 건설기계대여업 등록신청서
> ② 건설기계 소유 사실을 증명하는 서류
> ③ 사무실의 소유권 또는 사용권이 있음을 증명하는 서류
> ④ 주기장소재지를 관할하는 시장·군수·구청장이 발급한 주기장시설보유확인서

8 건설기계조종사 면허

1. 건설기계조종사 면허의 취득

① 건설기계를 조종하려는 사람은 시장·군수 또는 구청장에게 건설기계조종사 면허를 받아야 한다.
② 건설기계조종사 면허는 국토교통부령으로 정하는 바에 따라 건설기계의 종류별로 받아야 한다.
③ 건설기계조종사 면허를 받으려는 사람은 「국가기술자격법」에 따른 해당 분야의 기술자격을 취득하고 적성검사에 합격해야 한다.

> **적성검사 합격여부에 관한 판정**: 지정된 의료기관, 보건소 또는 보건지소에서 발급한 신체검사서에 의하며, 1종 자동차 운전면허증 사본 또는 1종 운전면허에 요구되는 신체검사서로 갈음할 수 있다.

2. 면허의 정기적성검사

① 건설기계조종사는 10년마다(65세 이상인 경우는 5년마다) 시장·군수 또는 구청장이 실시하는 정기적성검사를 받아야 한다.

② 적성검사 기준
  ㉠ 두 눈을 동시에 뜨고 잰 시력(교정시력 포함)이 0.7 이상이고 두 눈의 시력이 각각 0.3 이상
  ㉡ 55데시벨(보청기를 사용하는 사람은 40데시벨)의 소리를 들을 수 있고, 언어분별력이 80% 이상
  ㉢ 시각은 150도 이상

3. 소형건설기계조종사 면허

① 시·도지사가 지정한 교육기관에서 실시하는 소형건설기계의 조종에 관한 교육과정을 이수하여 기술자격의 취득을 대신할 수 있다.

② 국토교통부령으로 정하는 소형건설기계
  ㉠ 5톤 미만의 불도저
  ㉡ 5톤 미만의 로더
  ㉢ 5톤 미만의 천공기(트럭적재식은 제외함)
  ㉣ 3톤 미만의 지게차(1종 보통면허 이상의 면허가 반드시 필요함)
  ㉤ 3톤 미만의 굴착기
  ㉥ 3톤 미만의 타워크레인
  ㉦ 공기압축기
  ㉧ 콘크리트펌프(이동식에 한정함)
  ㉨ 쇄석기
  ㉩ 준설선

③ 3톤 미만 굴착기 및 지게차 교육
  ㉠ 교육 시간: 이론 6시간, 실습 6시간
  ㉡ 교육 내용

구분	내용	시간
이론	건설기계기관, 전기 및 작업장치	2
	유압일반	2
	건설기계관리법규 및 도로통행방법	2
실습	조종실습	6

참고 「건설기계관리법 시행규칙」 [별표 20]

4. 1종 대형운전면허로 조종할 수 있는 건설기계

① 덤프트럭
② 아스팔트살포기
③ 노상안정기
④ 콘크리트믹서트럭
⑤ 콘크리트펌프
⑥ 천공기(트럭적재식을 말한다)
⑦ 특수건설기계 중 국토교통부장관이 지정하는 건설기계

- 1종 대형면허 운전 가능 차량
  ① 승용자동차, 승합자동차, 화물자동차
  ② 1종 대형면허로 조종할 수 있는 건설기계
  ③ 특수자동차(대형견인차, 소형견인차, 구난차는 제외함)
  ④ 원동기장치자전거
- 1종 보통면허 운전 가능 차량
  ① 승용자동차, 승차정원 15명 이하 승합자동차, 적재중량 12톤 미만 화물자동차, 긴급자동차
  ② 1종 보통면허로 조종할 수 있는 건설기계
  ③ 10톤 미만 특수자동차(구난차 등은 제외함)
  ④ 원동기장치자전거

5. 건설기계조종사 면허의 결격사유

① 18세 미만인 사람
② 건설기계조종상의 위험과 장해를 일으킬 수 있는 정신질환자 또는 뇌전증환자
③ 앞을 보지 못하는 사람, 듣지 못하는 사람, 그 밖에 국토교통부령으로 정하는 장애인
④ 건설기계조종상의 위험과 장해를 일으킬 수 있는 마약·대마·향정신성의약품 또는 알코올중독자
⑤ 건설기계조종사 면허가 취소된 날부터 1년이 지나지 아니하였거나 건설기계조종사 면허의 효력정지 처분 기간 중에 있는 사람

9 건설기계조종사 면허의 취소·정지·반납

1. 면허의 취소 및 정지

① 시장·군수 또는 구청장은 국토교통부령으로 정하는 바에 따라 면허를 취소하거나 1년 이내의 기간을 정하여 면허의 효력을 정지시킬 수 있다.

② 위반행위에 따른 행정처분 기준

위반행위	행정처분 기준
거짓이나 그 밖의 부정한 방법으로 건설기계조종사 면허를 받은 경우	면허취소
건설기계조종사 면허의 효력정지 기간 중 건설기계를 조종한 경우	면허취소
건설기계의 조종 중 고의 또는 과실로 중대한 사고를 일으킨 경우 ① 인명 피해 　㉠ 고의로 인명 피해(사망·중상·경상 등을 말한다)를 입힌 경우 　㉡ 그 밖의 인명 피해를 입힌 경우 　　• 과실로 사망 1명마다 　　• 과실로 중상 1명마다 　　• 과실로 경상 1명마다 ② 재산 피해: 피해 금액 50만 원마다 ③ 건설기계의 조종 중 고의 또는 과실로 「도시가스사업법」 제2조 제5호에 따른 가스공급시설을 손괴하거나 가스공급시설의 기능에 장애를 입혀 가스의 공급을 방해한 경우	 면허취소 면허효력정지 45일 면허효력정지 15일 면허효력정지 5일 면허효력정지 1일 (90일을 넘지 못함) 면허효력정지 180일
술에 취한 상태에서 조종한 경우 ① 술에 취한 상태(혈중 알코올 농도 0.03% 이상 0.08% 미만을 말한다)에서 건설기계를 조종한 경우 ② 술에 취한 상태에서 건설기계를 조종하다가 사고로 사람을 죽게 하거나 다치게 한 경우 ③ 술에 만취한 상태(혈중 알코올 농도 0.08% 이상을 말한다)에서 건설기계를 조종한 경우 ④ 2회 이상 술에 취한 상태에서 건설기계를 조종하여 면허효력정지를 받은 사실이 있는 사람이 다시 술에 취한 상태에서 건설기계를 조종한 경우	면허효력정지 60일 면허취소 면허취소 면허취소
정기적성검사를 받지 않고 1년이 지난 경우	면허취소
정기적성검사 또는 수시적성검사에서 불합격한 경우	면허취소

참고 「건설기계관리법 시행규칙」 [별표 22]

2. 면허증의 반납 사유

건설기계조종사 면허를 받은 사람은 다음 어느 하나에 해당하는 때에는 그 사유가 발생한 날부터 10일 이내에 시장·군수 또는 구청장에게 면허증을 반납해야 한다.
① 면허가 취소된 때
② 면허의 효력이 정지된 때
③ 면허증을 재교부받은 후 잃어버린 면허증을 발견한 때
④ 본인의 의사에 따라 면허를 자진해서 반납할 때

10 벌칙

1. 2년 이하의 징역 또는 2천만 원 이하의 벌금

① 등록되지 아니한 건설기계를 사용하거나 운행한 자
② 등록이 말소된 건설기계를 사용하거나 운행한 자

2. 1년 이하의 징역 또는 1천만 원 이하의 벌금

① 거짓이나 그 밖의 부정한 방법으로 등록을 한 자
② 등록번호를 지워서 없애거나 그 식별을 곤란하게 한 자
③ 구조변경검사 또는 수시검사를 받지 아니한 자
④ 정비명령을 이행하지 아니한 자
⑤ 폐기 요청을 받은 건설기계를 폐기하지 아니하거나, 등록번호표를 폐기하지 아니한 자
⑥ 건설기계조종사 면허를 받지 아니하고 건설기계를 조종한 자
⑦ 건설기계조종사 면허를 거짓이나 그 밖의 부정한 방법으로 받은 자
⑧ 건설기계를 도로나 타인의 토지에 버려둔 자

3. 100만 원 이하의 과태료

① 등록번호표를 부착·봉인하지 아니하거나 등록번호를 새기지 아니한 자
② 등록번호표를 가리거나 훼손하여 알아보기 곤란하게 한 자 또는 그러한 건설기계를 운행한 자

CHAPTER 02 적중예상 기출복원문제

1 목적 및 용어의 정의

빈출
01 건설기계관리법상 건설기계형식의 정의로 옳은 것은?

① 엔진 구조 및 성능을 말한다.
② 형식 및 규격을 말한다.
③ 성능 및 용량을 말한다.
④ 구조, 규격 및 성능 등에 관하여 일정하게 정한 것을 말한다.

해설 건설기계형식이란 건설기계의 구조, 규격 및 성능 등에 관하여 일정하게 정한 것을 말한다.

빈출
02 건설기계의 높이에 대한 정의로 옳은 것은?

① 지면에서 가장 윗부분까지의 수직 높이
② 지면에서부터 적재할 수 있는 최고의 높이
③ 뒷바퀴의 윗부분에서 가장 윗부분까지의 수직 높이
④ 앞 차축의 중심에서 가장 윗부분까지의 높이

해설 건설기계의 높이는 지면에서 가장 윗부분까지의 수직 높이를 말한다.

2 건설기계등록

03 건설기계를 등록한 주소지가 다른 시·도로 변경된 경우의 조치로 옳은 것은?

① 등록사항변경 신고를 한다.
② 등록이전 신고를 한다.
③ 건설기계 소재지 변동 신고를 한다.
④ 등록지의 변경 시에는 아무 신고도 하지 않는다.

해설 건설기계를 등록한 주소지가 다른 시·도로 변경된 경우에는 30일 이내에 등록이전 신고를 해야 한다.

빈출
04 건설기계의 수급조절을 위해 필요한 경우 건설기계 수급조절 위원회의 심의를 거친 후 사업용 건설기계의 등록을 2년 이내의 범위에서 일정 기간 제한할 수 있다. 건설기계 수급계획을 마련할 때 반영하는 사항과 가장 거리가 먼 것은?

① 건설 경기(景氣)의 동향과 전망
② 건설기계 대여시장의 동향과 전망
③ 건설기계의 등록 및 가동률 추이
④ 건설기계 수출시장의 추세

해설 건설기계 수출시장의 추세는 국내 수급조절을 위한 등록 제한과 관련이 없다.

빈출
05 건설기계등록 사항에 변경이 있을 때 변경이 있는 날부터 며칠 이내에 변경 신고를 해야 하는가? (단, 전시·사변 기타 이에 준하는 국가비상사태하의 경우는 제외한다)

① 10일   ② 15일
③ 20일   ④ 30일

해설 건설기계의 등록 사항 중 변경 사항이 있는 경우 30일 이내에 시·도지사에게 신고해야 한다.

빈출
06 건설기계등록 신청에 대한 설명으로 옳은 것은? (단, 전시·사변 기타 이에 준하는 국가비상사태하의 경우는 제외한다)

① 취득한 날로부터 10일 이내에 시·군·구청장에게 등록 신청을 한다.
② 취득한 날로부터 15일 이내에 시·도지사에게 등록 신청을 한다.
③ 취득한 날로부터 1월 이내에 시·군·구청장에게 등록 신청을 한다.
④ 취득한 날로부터 2월 이내에 시·도지사에게 등록 신청을 한다.

해설 건설기계등록 신청은 취득한 날로부터 2월 이내, 전시·사변 기타 이에 준하는 국가비상사태하에서는 5일 이내에 시·도지사에게 신청해야 한다.

정답 01 ④ 02 ① 03 ② 04 ④ 05 ④ 06 ④

⚠️빈출
07 건설기계 소유자의 건설기계등록을 규정하고 있는 법령은?

① 대통령령 ② 고용노동부령
③ 총리령   ④ 행정안전부령

해설 건설기계의 소유자는 대통령령이 정하는 바에 따라 건설기계의 등록을 해야 한다.

⚠️빈출
08 건설기계를 산(매수한) 사람이 등록사항변경(소유권 이전) 신고를 하지 않아 등록사항변경 신고를 독촉하였으나 이를 이행하지 않을 경우, 판(매도한) 사람이 할 수 있는 조치로 옳은 것은?

① 소유권 이전 신고를 조속히 하도록 매수한 사람에게 재차 독촉한다.
② 소유권 이전 신고를 조속히 하도록 매수한 사람에게 소송을 제기한다.
③ 매도한 사람이 직접 소유권 이전 신고를 한다.
④ 아무런 조치도 할 수 없다.

해설 등록사항변경 신고를 독촉하였으나 이를 이행하지 않을 경우, 매도인이 등록이전 신고를 대위(代位)할 수 있다.

⚠️빈출
09 건설기계를 등록할 때 건설기계의 출처를 증명하는 서류와 관련 없는 것은?

① 건설기계제작증
② 수입면장
③ 매수증서(관청으로부터 매수 시)
④ 건설기계대여업 신고증

해설 건설기계대여업 신고증은 건설기계대여업을 영위하고자 하는 경우 제출하는 서류이다.

3 등록의 말소
⚠️빈출
10 건설기계등록의 말소 사유에 해당하지 않는 것은?

① 건설기계를 폐기한 때
② 건설기계의 구조 변경을 했을 때
③ 건설기계가 멸실되었을 때
④ 건설기계의 차대가 등록 시의 차대와 다른 때

해설 건설기계의 구조 변경 시에는 구조 변경 검사를 받아야 한다. 이는 건설기계등록의 말소 사유에 해당하지 않는다.

⚠️빈출
11 건설기계의 등록원부는 등록을 말소한 후 몇 년 동안 보존해야 하는가?

① 5년   ② 10년
③ 15년   ④ 20년

해설 「건설기계관리법 시행규칙」 제12조에 근거하여 등록원부는 등록말소 후 10년간 보존해야 한다.

4 등록번호표
⚠️빈출
12 건설기계 소유자가 관련 법에 의해 등록번호표를 반납하고자 하는 때에는 누구에게 반납해야 하는가?

① 국토교통부장관 ② 구청장
③ 시·도지사   ④ 동장

해설 등록번호표 반납 사유가 발생한 날부터 10일 이내에 시·도지사에게 반납해야 한다.

정답 07 ① 08 ③ 09 ④ 10 ② 11 ② 12 ③

13 건설기계 등록번호표에 대한 설명으로 옳지 않은 것은?

① 모든 번호표의 규격은 서로 다르다.
② 재질은 알루미늄 제판이다.
③ 굴착기의 경우 기종별 기호표시는 02로 한다.
④ 외곽선은 1.5mm 튀어나와야 한다.

해설 모든 건설기계 등록번호표의 규격은 가로 520mm, 세로 110mm로 통일되었다(건설기계관리법 시행규칙 별표 2).

14 관용에 해당하는 건설기계 등록번호는?

① 1000~5999
② 6000~9999
③ 6001~8999
④ 0001~0999

해설 ① 자가용, ② 대여사업용의 등록번호에 해당한다.

15 건설기계 등록번호표의 기종별 표시번호로 옳은 것은?

① 01: 굴착기
② 03: 모터그레이더
③ 04: 지게차
④ 08: 덤프트럭

해설 ① 01: 불도저, ② 03: 로더, ④ 08: 모터그레이더의 표시번호이다.

16 건설기계 등록번호표에 표시되지 않는 것은?

① 기종 ② 등록번호
③ 용도 ④ 연식

해설 건설기계 등록번호표에는 기종, 용도, 등록번호가 표시된다. 연식은 건설기계 등록증에 표시되는 내용이다.

17 특별표지판을 부착하여야 하는 건설기계의 범위에 해당하지 않는 것은?

① 높이가 5m인 건설기계
② 최소회전반경이 13m인 건설기계
③ 길이가 16m인 건설기계
④ 총중량이 50톤인 건설기계

해설 길이가 16.7m를 초과하는 경우가 특별표지판을 부착해야 하는 건설기계의 범위에 해당한다.

18 특별표지판을 부착해야 하는 건설기계가 아닌 것은?

① 높이가 3m인 건설기계
② 너비가 3m인 건설기계
③ 길이가 17m인 건설기계
④ 총중량이 45톤인 건설기계

해설 높이가 4m를 초과하는 건설기계가 특별표지판을 부착해야 하는 건설기계에 해당한다.

정답 13 ① 14 ④ 15 ③ 16 ④ 17 ③ 18 ①

5 임시운행

⚠빈출

19 건설기계의 임시운행 사유에 해당하는 것은?

① 등록신청을 하기 위해 건설기계를 등록지로 운행할 때
② 등록말소를 하기 위해 건설기계를 폐기장으로 운행할 때
③ 정기검사를 받기 위해 건설기계를 검사 장소로 운행할 때
④ 작업을 위해 건설현장에서 건설기계를 검사 장소로 운행할 때

해설 등록신청을 하기 위해 건설기계를 등록지로 운행하는 경우와 같이 법령에서 정하는 경우에 한하여 등록 전(미등록 상태)에 일시적으로 운행이 가능하다.

20 건설기계의 임시운행기간은 며칠 이내인가? (단, 신개발 건설기계를 시험·연구의 목적으로 운행하는 경우는 제외한다)

① 5일   ② 10일
③ 15일 ④ 20일

해설 시험·연구의 목적으로 운행하는 경우 임시운행기간은 3년 이내이지만, 그 이외의 건설기계 임시운행기간은 15일 이내로 한다.

6 건설기계검사

⚠빈출

21 건설기계를 검사유효기간 만료 후에 계속 운행하고자 할 때 받아야 하는 검사는?

① 신규등록검사   ② 계속검사
③ 수시검사   ④ 정기검사

해설 정기검사는 건설공사용 건설기계로서 3년의 범위에서 국토교통부령으로 정하는 검사유효기간이 끝난 후 계속하여 운행하려는 경우에 실시하는 검사이다.

⚠빈출

22 우리나라에서 건설기계의 정기검사를 실시하는 검사업무대행기관은?

① 자동차정비업협회
② 대한건설기계안전관리원
③ 건설기계정비협회
④ 교통안전공단

해설 우리나라 건설기계검사 업무대행기관은 대한건설기계안전관리원이다.

⚠빈출

23 정기검사 대상 건설기계의 정기검사 신청기간으로 옳은 것은?

① 정기검사 유효기간 만료일 전 90일 이내
② 정기검사 유효기간 만료일 후 60일 이내
③ 정기검사 유효기간 만료일 전후 각각 31일 이내
④ 정기검사 유효기간 만료일 전후 각각 45일 이내

해설 정기검사를 받으려는 자는 검사유효기간의 만료일 전후 각각 31일 이내의 기간에 정기검사 신청서를 제출해야 한다. 기존에는 만료일 전후 각각 30일 이내에 신청해야 했지만, 법개정으로 31일 이내로 변경되었다.

24 건설기계 관련 법령상 건설기계가 정기검사 신청기간 내에 정기검사를 받은 경우 다음 번 정기검사 유효기간의 산정 기준으로 옳은 것은?

① 정기검사를 받은 날로부터 기산한다.
② 정기검사를 받은 날의 다음 날부터 기산한다.
③ 종전 검사유효기간 만료일부터 기산한다.
④ 종전 검사유효기간 만료일의 다음 날부터 기산한다.

해설 정기검사 유효기간은 정기검사 신청기간 내에 정기검사를 받은 경우에는 종전 검사유효기간 만료일의 다음 날부터, 그 외에는 검사를 받은 날의 다음 날부터 기산한다.

정답 19 ① 20 ③ 21 ④ 22 ② 23 ③ 24 ④

25 무한궤도식 굴착기의 정기검사 유효기간은?

① 1년 ② 2년
③ 3년 ④ 4년

해설 정기검사 유효기간
- 무한궤도식 굴착기: 3년
- 타이어식 굴착기: 1년

26 해당 건설기계가 위치한 장소에서 검사를 받는 경우가 아닌 것은?

① 도서 지역에 있는 경우
② 너비가 2.5m 이상인 경우
③ 최고속도가 시간당 35km 미만인 경우
④ 자체중량이 40톤을 초과하거나 축중이 10톤을 초과하는 경우

해설 건설기계의 너비가 2.5m를 초과한 경우가 출장검사 대상에 해당한다.

27 다음 중 건설기계의 주요 구조의 변경 및 개조의 범위에 해당하지 않는 것은?

① 수상작업용 건설기계 선체의 형식 변경
② 가공작업을 수반하지 않는 작업장치의 변경
③ 조종장치의 형식 변경
④ 건설기계의 길이·너비·높이 등의 변경

해설 퀵 커플러를 이용한 버킷의 교환, 브레이커 연결, 크러셔 연결 등은 가공작업을 수반하지 않는 작업장치의 변경이라 할 수 있다. 이와 같이 가공작업을 수반하지 않는 작업장치의 변경은 건설기계의 주요 구조의 변경 및 개조의 범위에 해당하지 않는다.

28 건설기계의 구조 변경 범위에 해당하지 않는 것은?

① 건설기계의 길이, 너비, 높이 변경
② 적재함의 용량 증가를 위한 변경
③ 조종장치의 형식 변경
④ 수상작업용 건설기계 선체의 형식 변경

해설 적재함의 용량 증가를 위한 구조 변경 및 기종 변경은 건설기계 구조 변경 범위에 해당하지 않는다.

29 건설기계의 주요 구조를 변경하거나 개조한 때 실시하는 검사는?

① 수시점검 ② 신규등록검사
③ 정기검사 ④ 구조변경검사

해설 구조변경검사는 건설기계의 주요 구조를 변경하거나 개조한 경우 실시하는 검사이다.

30 건설기계 구조변경검사 신청은 변경한 날로부터 며칠 이내에 해야 하는가?

① 7일 이내 ② 10일 이내
③ 20일 이내 ④ 30일 이내

해설 구조변경검사는 주요 구조를 변경 또는 개조한 날로부터 20일 이내에 신청해야 한다.

31 건설기계의 구조변경검사는 누구에게 신청해야 하는가?

① 건설기계정비업소
② 자동차검사소
③ 검사대행자(건설기계검사소)
④ 건설기계폐기업소

해설 건설기계의 구조변경검사는 검사대행자에게 신청할 수 있다. 우리나라 건설기계검사 업무대행기관은 대한건설기계안전관리원이다.

정답 25 ③ 26 ② 27 ② 28 ② 29 ④ 30 ③ 31 ③

32 성능이 불량하거나 사고가 빈발하는 건설기계의 성능을 점검하기 위해 국토교통부장관 또는 시·도지사의 명령에 따라 수시로 실시하는 검사는?

① 구조변경검사 ② 수시검사
③ 신규등록검사 ④ 정기검사

해설 수시검사는 성능이 불량하거나 사고가 자주 발생하는 건설기계의 성능 점검을 위해 수시로 점검하는 검사 또는 건설기계 소유자의 요청으로 실시하는 검사이다.

33 시·도지사는 수시검사 명령의 이행을 위한 검사의 신청기간을 몇 일 이내로 정하여 건설기계소유자에게 수시검사 명령서를 서면으로 통지해야 하는가?

① 7일 ② 15일
③ 31일 ④ 1월

해설 시·도지사는 수시검사 명령의 이행을 위한 검사의 신청기간을 31일 이내로 정하여 수시검사 명령서를 서면으로 통지해야 한다.

7 건설기계사업

⚠️빈출

34 건설기계정비업의 등록 구분으로 옳은 것은?

① 부분 건설기계정비업, 전문 건설기계정비업, 개별 건설기계정비업
② 종합 건설기계정비업, 단종 건설기계정비업, 전문 건설기계정비업
③ 종합 건설기계정비업, 부분 건설기계정비업, 전문 건설기계정비업
④ 종합 건설기계정비업, 특수 건설기계정비업, 전문 건설기계정비업

해설 건설기계정비업에는 종합 건설기계정비업, 부분 건설기계정비업, 전문 건설기계정비업이 있다.

35 다음 중 건설기계사업이 아닌 것은?

① 건설기계대여업
② 건설기계수출업
③ 건설기계해체재활용업
④ 건설기계정비업

해설 「건설기계관리법」상 건설기계사업은 건설기계대여업, 건설기계해체재활용업, 건설기계정비업, 건설기계매매업으로 나뉜다.

⚠️빈출

36 건설기계대여업을 하고자 하는 자는 누구에게 등록을 해야 하는가?

① 고용노동부장관
② 행정안전부장관
③ 국토교통부장관
④ 시장·군수·구청장

해설 건설기계등록에 관한 사항을 제외하고, 「건설기계관리법」에서 대부분의 권한자는 시장·군수·구청장(자치구)이다.

⚠️빈출

37 건설기계대여업 등록신청서에 첨부해야 할 서류가 아닌 것은?

① 주민등록표등본
② 건설기계 소유 사실을 증명하는 서류
③ 사무실의 소유권 또는 사용권이 있음을 증명하는 서류
④ 주기장소재지를 관할하는 시장·군수 또는 구청장이 발급한 주기장시설보유확인서

해설 건설기계대여업을 영위하고자 하는 자는 건설기계대여업 등록신청서를 작성하고 ②③④의 첨부서류를 시장·군수 또는 구청장에게 제출한다.

8 건설기계조종사 면허

⚠️빈출

38 건설기계조종사 면허에 대한 설명으로 옳지 않은 것은?

① 면허를 받고자 하는 자는 국가기술자격을 취득해야 한다.
② 면허를 받고자 하는 자는 시·도지사가 실시하는 적성검사에 합격해야 한다.
③ 특수건설기계 조종은 국토교통부장관이 지정하는 면허를 소지해야 한다.
④ 특수건설기계 조종은 특수조종사 면허를 받아야 한다.

해설 국토교통부장관이 지정한 특수건설기계를 조종하려면 「도로교통법」 제80조 규정에 의한 1종 대형면허 또는 국토교통부장관이 지정한 건설기계조종사 면허를 받아야 한다.

정답 32 ② 33 ③ 34 ③ 35 ② 36 ④ 37 ① 38 ④

39 3톤 미만 굴착기의 소형건설기계 조종 교육 시간은?

① 이론 4시간, 실습 8시간
② 이론 6시간, 실습 6시간
③ 이론 10시간, 실습 14시간
④ 이론 12시간, 실습 12시간

해설 3톤 미만 굴착기, 3톤 미만 지게차의 소형건설기계 조종 교육 시간은 이론 6시간, 실습 6시간이다.

40 1종 대형운전면허로 운전할 수 없는 건설기계는?

① 덤프트럭
② 노상안정기
③ 트럭적재식 천공기
④ 특수건설기계

해설 1종 대형운전면허를 취득한 경우 특수건설기계 중에는 콘크리트믹서트레일러, 아스팔트 콘크리트재생기, 도로보수트럭 등 국토교통부장관이 지정하는 건설기계만 조종할 수 있다.

41 건설기계관리법상 건설기계조종사의 면허를 받을 수 있는 자는?

① 파산자로서 복권되지 아니한 자
② 사지의 활동이 정상적이지 않은 자
③ 마약 또는 알코올중독자
④ 심신장애자

해설 ②③④ 건설기계조종사 면허의 결격사유에 해당한다. 이 외에 건설기계조종사 면허의 효력정지 처분 기간 중에 있는 사람 등이 결격사유에 포함된다.

42 건설기계조종사 면허증 발급 신청 시 첨부하는 서류에 해당하지 않는 것은? ⚠️빈출

① 국가기술자격수첩
② 신체검사서
③ 주민등록표등본
④ 소형건설기계 조종 교육이수증

해설 건설기계조종사 면허증 발급 신청 시 첨부하는 서류에 주민등록표등본은 해당하지 않는다.

43 건설기계조종사의 적성검사 기준으로 옳지 않은 것은? ⚠️빈출

① 두 눈 중 한쪽 눈의 시력이 0.6 이상일 것
② 두 눈을 동시에 뜨고 잰 시력이 0.7 이상일 것
③ 보청기를 사용하는 사람은 40데시벨의 소리를 들을 수 있을 것
④ 시각은 150도 이상일 것

해설 건설기계조종사의 적성검사 기준에 의하면 두 눈 중 한쪽 눈의 시력이 0.3 이상이어야 한다.

9 건설기계조종사 면허의 취소·정지·반납

44 건설기계조종사 면허가 취소되었을 경우 그 사유가 발생한 날부터 며칠 이내에 면허증을 반납해야 하는가? ⚠️빈출

① 7일 이내
② 10일 이내
③ 14일 이내
④ 30일 이내

해설 건설기계조종사 면허증 반납 사유(취소 또는 정지)가 발생한 날부터 10일 이내에 시장·군수 또는 구청장에게 반납해야 한다.

45 건설기계운전 면허의 효력정지 사유가 발생한 경우, 면허효력정지 기간으로 옳은 것은?

① 6월 이내
② 1년 이내
③ 5년 이내
④ 3년 이내

해설 시장·군수 또는 구청장은 국토교통부령으로 정하는 바에 따라 1년 이내의 기간을 정하여 면허의 효력을 정지시킬 수 있다.

정답 39 ② 40 ④ 41 ① 42 ③ 43 ① 44 ② 45 ②

⚠빈출
46 건설기계조종사의 면허취소 사유가 아닌 것은?

① 부정한 방법으로 건설기계의 면허를 받은 때
② 면허정지처분을 받은 자가 그 정지 기간 중 건설기계를 조종한 때
③ 건설기계의 조종 중 고의로 인명 피해를 입힌 때
④ 건설기계의 조종 중 과실로 적재한 화물이 추락하여 사람이 부상당한 사고가 생긴 때

해설 건설기계의 조종 중 과실로 인명 피해를 입힌 경우는 면허효력정지 사유에 해당한다.

47 건설기계조종사 면허증을 반납하지 않아도 되는 경우에 해당하는 것은?

① 면허가 취소된 때
② 면허의 효력이 정지된 때
③ 면허증 분실로 인해 면허증을 재교부받은 후 분실된 면허증을 발견한 때
④ 일시적인 부상 등으로 건설기계 조종을 할 수 없게 된 때

해설 일시적 부상으로 건설기계 조종을 할 수 없게 된 때는 면허증 반납 사유에 해당하지 않는다.
①②③ 이외에 본인의 의사에 따라 면허를 자진해서 반납하는 경우도 면허증 반납 사유에 해당한다.

⚠빈출
48 고의로 경상 1명의 인명 피해를 입힌 건설기계조종사에 대한 면허의 취소 또는 정지처분 기준은?

① 면허효력정지 30일
② 면허효력정지 45일
③ 면허효력정지 90일
④ 면허취소

해설 건설기계의 조종 중 고의로 인명 피해를 입힌 경우에는 경상, 중상, 사망 등 피해의 정도와 관계없이 면허가 취소된다.

49 건설기계의 조종 중 고의 또는 과실로 가스공급시설을 손괴한 경우 건설기계조종사 면허의 처분 기준은?

① 면허효력정지 10일
② 면허효력정지 15일
③ 면허효력정지 25일
④ 면허효력정지 180일

해설 건설기계의 조종 중 고의 또는 과실로 「도시가스사업법」 제2조 제5호에 따른 가스공급시설을 손괴하거나 가스공급시설의 기능에 장애를 입혀 가스의 공급을 방해한 경우에는 면허효력정지 180일에 처한다.

⚠빈출
50 건설기계의 조종 중 과실로 100만 원의 재산 피해를 입힌 때의 면허처분 기준은?

① 면허효력정지 2일
② 면허효력정지 10일
③ 면허효력정지 15일
④ 면허효력정지 20일

해설 과실로 재산 피해를 입힌 경우 재산 피해 금액 50만 원마다 면허효력정지 1일(총 90일을 넘지 못한다)에 해당한다. 이에 과실로 100만 원의 재산 피해를 입힌 경우 면허효력정지 2일에 처한다.

51 건설기계의 조종 중 과실로 6명 이상에게 중상을 입힌 때의 면허처분 기준은?

① 면허효력정지 30일
② 면허효력정지 60일
③ 면허효력정지 90일
④ 면허취소

해설 과실로 인명 피해를 입힌 경우 중상 1명마다 면허효력정지 15일에 해당한다. 과실로 6명에게 중상을 입힌 경우에는 면허효력정지 90일(6명×15일 = 90일)에 해당한다.

정답 46 ④ 47 ④ 48 ④ 49 ④ 50 ① 51 ③

52 과실로 경상 6명의 인명 피해를 입힌 때 건설기계를 조종한 자에 대한 행정처분 기준은?

① 면허효력정지 10일
② 면허효력정지 20일
③ 면허효력정지 30일
④ 면허효력정지 60일

해설 과실로 인명 피해를 입힌 경우 경상 1명마다 면허효력정지 5일에 해당한다. 과실로 경상 6명의 인명 피해를 입힌 경우에는 면허효력정지 30일(6명×5일 = 30일)에 해당한다.

53 술에 만취한 상태에서 건설기계를 조종한 자에 대한 면허처분 기준은?

① 면허효력정지 50일
② 면허효력정지 60일
③ 면허효력정지 70일
④ 면허취소

해설 ① 술에 만취한 상태(혈중 알코올 농도 0.08% 이상)에서 건설기계를 조종한 경우 면허취소에 해당한다.
② 술에 취한 상태(혈중 알코올 농도 0.03% 이상 0.08% 미만)에서 건설기계를 조종한 경우 면허효력정지 60일에 해당한다.

⚠️빈출
54 술에 취한 상태의 기준은 혈중 알코올의 농도가 최소 몇 % 이상인 경우인가?

① 0.03% ② 0.25%
③ 1.25% ④ 1.50%

해설 술에 취한 상태는 혈중 알코올 농도 0.03% 이상 0.08% 미만인 경우이다.

10 벌칙
⚠️빈출

55 폐기 요청을 받은 건설기계를 폐기하지 아니하거나 등록번호표를 폐기하지 아니한 자에 대한 벌칙은?

① 100만 원 이하의 벌금
② 200만 원 이하의 벌금
③ 1년 이하의 징역 또는 1천만 원 이하의 벌금
④ 2년 이하의 징역 또는 1천만 원 이하의 벌금

해설 폐기 요청을 받은 건설기계를 폐기하지 아니하거나 등록번호표를 폐기하지 아니한 자는 1년 이하의 징역 또는 1천만 원 이하의 벌금에 처한다.

⚠️빈출
56 건설기계조종사 면허가 취소되거나 효력정지 처분을 받은 후에도 계속하여 건설기계를 조종한 자에 대한 벌칙은?

① 과태료 50만 원
② 1년 이하의 징역 또는 1천만 원 이하의 벌금
③ 취소 기간 연장 조치
④ 건설기계조종사 면허 취득 절대 불가

해설 건설기계조종사 면허가 취소되거나 효력정지 처분을 받은 후에도 건설기계를 조종한 경우 무면허 처분에 해당하여 1년 이하의 징역 또는 1천만 원 이하의 벌금에 처한다.

⚠️빈출
57 등록되지 아니한 건설기계를 사용하거나 운행한 자에 대한 벌칙은?

① 50만 원 이하의 벌금
② 100만 원 이하의 벌금
③ 1년 이하의 징역 또는 1천만 원 이하의 벌금
④ 2년 이하의 징역 또는 2천만 원 이하의 벌금

해설 미등록 건설기계를 사용하거나 운행한 자에 대한 처벌은 2년 이하의 징역 또는 2천만 원 이하의 벌금이다.

정답 52 ③ 53 ④ 54 ① 55 ③ 56 ② 57 ④

CHAPTER 03 도로명주소

출제예상 1문제

1. 도로명주소의 개요

① 정의: 도로에는 도로명을 부여하고, 건물에는 도로에 따라 규칙적으로 건물번호를 부여하여 도로명과 건물번호 및 상세주소(동·층·호)로 표기하는 주소제도이다.

② 도로방향 설정: 도로구간의 시작지점과 끝지점은 서쪽에서 동쪽, 남쪽에서 북쪽 방향으로 설정·변경한다.

③ 기초번호 및 건물번호 부여
  ㉠ 도로 시작점에서 20m 간격으로 번호 부여
  ㉡ 진행 방향을 기준으로 도로 왼쪽은 홀수, 도로 오른쪽은 짝수 번호이다.

2. 도로명주소 실제 예시

① 시작지점: 현위치는 '중앙로'의 도로 시작지점 '1'부터 (→)방향으로 '중앙로 359'까지 있다.

② 진행 방향: 현위치는 '대한대로'의 중간지점 '10'부터 (↑)방향으로 '대한대로 600'까지 있다.

③ 교차지점: 교차로에 설치되며 왼쪽(←)은 '7' 이하, 오른쪽(→)은 '9' 이상의 건물들이 있다.

④ 건물번호판: 도로명과 건물번호로 구성되며 '중앙로'를 기점으로 왼쪽은 홀수, 오른쪽은 짝수이다.

⑤ 대로: 8차로 이상

⑥ 로: 2차로에서 7차로까지

⑦ 길: '로'보다 좁은 2차로 미만도로

⑧ 건물 사이 간격은 약 20m이다.

3. 도로명판

① 시작지점

㉠ 강남대로 시작지점
㉡ 1 →: 현 위치는 도로 시작점 '1'
㉢ 1 → 699: 강남대로는 6.99km(699×10m)

② 끝지점

㉠ 대정로 23번길 끝지점
㉡ '대정로' 시작지점에서부터 약 230m 지점에서 왼쪽으로 분기된 도로
㉢ ← 65: 현 위치는 도로 끝지점 '65'
㉣ 1 ← 65: 이 도로는 650m(65×10m)

③ 교차지점

㉠ 전방 교차 도로는 중앙로
㉡ 좌측으로 92번 이하 건물이 위치
㉢ 우측으로 96번 이상 건물이 위치

④ 진행방향

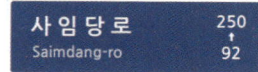

㉠ 사임당로 중간지점을 의미
㉡ 92↑: 현 위치에는 도로상의 92번 건물이 위치
㉢ 92↑ 250: 남은 거리는 1.5km[(250−92)×10m]

4. 도로표지판(단, 차량은 남쪽에서 북쪽으로 진행 중이다.)

① 3방향 도로명표지

㉠ 차량을 우회전하는 경우 '새문안길'로 진입할 수 있다.
㉡ 차량을 우회전하는 경우 '새문안길' 도로구간의 시작지점에 진입할 수 있다.
㉢ 차량을 직진하는 경우 '연신내역'으로 진입할 수 있다.
㉣ 차량을 좌회전하는 경우 '충정로' 도로구간의 끝지점에 진입할 수 있다.

> 참고 도로구간의 시작 지점과 끝 지점은 '서쪽에서 동쪽', '남쪽에서 북쪽'으로 설정된다.

② T자형 교차로

㉠ 차량을 좌회전하는 경우 불광역 쪽 '통일로'의 건물번호는 작아진다.
㉡ 차량을 좌회전하는 경우 불광역 쪽 '통일로'로 진입할 수 있다.
㉢ 차량을 우회전하는 경우 서울역 쪽 '통일로'로 진입할 수 있다.

③ K자형 교차로

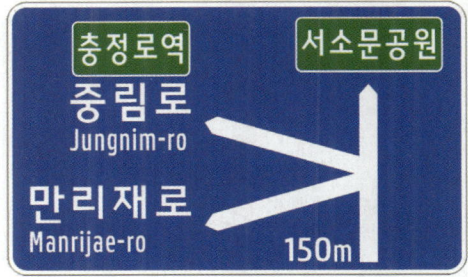

㉠ 차량을 좌회전하는 경우 '중림로' 또는 '만리재로'로 진입할 수 있다.
㉡ 차량을 좌회전하는 경우 '중림로' 또는 '만리재로' 도로구간의 끝지점과 만날 수 있다.
㉢ 차량을 '중림로'로 좌회전하면 '충정로역' 방향으로 갈 수 있다.
㉣ 차량을 직진하는 경우 '서소문공원' 방향으로 갈 수 있다.

PART

03

장비구조

PART 학습방법

✓ 출제 확률이 높은 핵심이론만 수록하였습니다. 이외 출제될 수 있는 내용은 적중예상 기출복원문제를 통해 빠르고 간단하게 학습하는 것이 효율적입니다.
✓ 기출 분석을 통해 산정한 출제비중을 바탕으로 학습의 비중을 정하세요.
✓ 빈출 표시 문제는 시험에 자주 출제되는 핵심 내용이므로, 반드시 학습하세요.

미리보는 챕터별 출제비중

CH 01	엔진구조	11.6%
CH 02	전기장치	8.4%
CH 03	전·후진 주행장치	8.4%
CH 04	유압일반	13%
CH 05	굴착기 구조 및 기능, 작업	20%

CHAPTER 01 엔진구조

 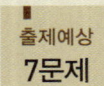

강의보기 문제보기 91p
출제예상 **7문제**

1 엔진

1. 정의
① 열에너지를 기계적 에너지로 바꾸는 장치로 연료를 연소시켜 동력을 발생시킨다.
② 연료의 연소가 엔진 내부 혹은 외부에서 일어나는지에 따라 내연기관과 외연기관으로 분류된다.

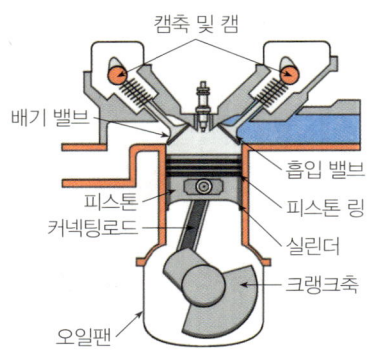

2. 내연 기관
① 연료를 엔진 내의 연소실에서 연소시켜 동력을 얻으며 가솔린 엔진, 디젤 엔진 등이 있다.
② 실린더 헤드, 실린더 블록, 피스톤, 크랭크 축으로 구성된다.
③ 내연기관의 용어 정의
  ㉠ 상사점(TDC; Top Dead Center): 기관 작동 시 피스톤이 실린더 맨 윗부분에 위치하는 점
  ㉡ 하사점(BDC; Bottom Dead Center): 기관 작동 시 피스톤이 실린더 맨 아랫부분에 위치하는 점
  ㉢ 행정: 피스톤이 상사점에서 하사점 또는 하사점에서 상사점으로 이동한 거리

- **블로다운 현상**: 배기행정 초에 폭발행정 시 발생한 자체 압력에 의해 배기가스가 배출되는 현상
- **디젤기관 연소방식**: 공기만을 흡입, 고압축비로 압축해 공기의 온도를 450~600℃로 올린 후 연료를 분사함으로써 스스로 불이 붙는 '자기착화' 방식의 연소를 함
- **내연기관에서 공기를 압축하는 이유**: 온도를 상승시킴으로써 완전 연소를 유도해 큰 동력을 얻기 위해서임

2 내연 기관의 기계학적 분류

1. 4행정 1사이클기관
① 크랭크축 2회전에 1사이클을 완성하는 기관이다.
② 행정 순서: 흡입 → 압축 → 폭발(동력) → 배기
  ㉠ 흡입행정
  - 피스톤이 상사점에서 하사점으로 이동
  - 디젤기관은 공기만을 흡입함
  - 흡입 밸브는 열리고 배기 밸브는 닫힘
  - 크랭크축은 180° 회전
  ㉡ 압축행정
  - 피스톤이 하사점에서 상사점으로 이동
  - 디젤기관은 흡입된 공기를 압축하여 가열함
  - 흡입 밸브 및 배기 밸브는 닫힘
  - 크랭크축은 총 360° 회전
  ㉢ 폭발(동력)행정
  - 피스톤이 상사점에서 하사점으로 이동
  - 디젤기관은 자기착화 연소로 동력을 발생시킴
  - 흡입 밸브 및 배기 밸브는 닫힘
  - 크랭크축은 총 540° 회전
  ㉣ 배기행정
  - 피스톤이 하사점에서 상사점으로 이동
  - 폭발행정 시 연소된 연소가스를 배출함
  - 흡입 밸브는 닫히고 배기 밸브는 열림
  - 크랭크축은 총 720°로 2회전

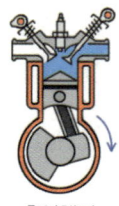  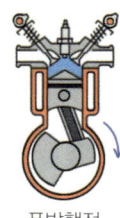 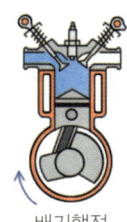

흡입행정 　 압축행정 　 폭발행정 　 배기행정

④ **크랭크축 기어**와 **캠축 기어**의 **지름비 및 회전비**

구분	크랭크축	캠축
지름비	1	2
회전비	2	1

2. 2행정 1사이클기관

① 크랭크축 1회전에 1사이클을 완성하는 기관이다.
② 내용
　㉠ 피스톤 상승행정: 공기의 압축으로 새로운 공기를 유입함
　㉡ 피스톤 하강행정: 폭발 및 소기, 연소실로 새로운 공기를 흡입함

> **용어** 소기: 유입되는 새로운 공기로 연소 후 배기가스를 배출시키는 것으로, 소기방식에는 단류식, 횡단식, 루프식이 있음

 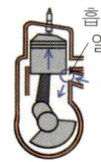 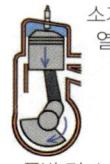 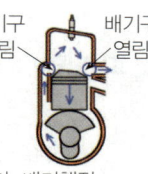

압축 및 흡입행정　　　　폭발 및 소기·배기행정

3 내연 기관의 주요부(엔진본체)

1. 실린더 헤드

① 실린더 블록의 상부에 위치하며, 실린더와 함께 연소실을 형성한다.
② 열 전도성이 좋고 무게가 가벼운 알루미늄 합금을 주로 사용한다.

> **용어** 열 전도성: 물질에 열을 가했을 때 그 열이 물질 속의 고온부에서 저온부로 흐르는 성질

③ 밸브 기구
　㉠ 흡입·배기 밸브가 있으며, 이를 작동시키기 위해 캠축, 캠, 로커암 등이 설치되어 있음
　㉡ 흡입 밸브의 헤드를 배기 밸브보다 크게 하여 흡입 효율을 증대시킴
　㉢ **밸브 스프링**: 스프링의 장력으로 엔진의 밸브가 닫혀 있는 동안 **밸브 시트**와 **밸브 페이스**를 밀착시켜 기밀이 유지되도록 함

> **용어**
> - 밸브 시트: 밸브 페이스와 밀착하여 압력이 새는 것을 방지
> - 밸브 페이스: 밸브 시트와 접촉하고 연소실의 기밀을 유지

　　• 밸브 스프링 장력이 약할 때: 밸브 닫힘이 불량하여 연소실 내 기밀 유지가 어려워져 압축압력이 새고 출력이 저하되며, 연료 소비율이 증가함
　　• 밸브 스프링 장력이 강할 때: 밸브가 열릴 때 동력 소모가 크고, 흡입 및 배기 효율이 감소해 출력이 저하되며 기관이 과열됨
　㉣ 밸브 간극: 밸브 스템 엔드와 로커암 또는 태핏 사이의 간격으로, 열팽창을 고려하여 설정
　　• 밸브 간극이 클 경우: 밸브 열림이 작아 흡·배기 작용이 불량하게 되고 출력 저하 및 기관 과열, 기계적 소음이 발생함
　　• 밸브 간극이 작을 경우: 밸브 닫힘이 불량해지고 기밀 유지가 되지 않아 기관 출력 저하, 역화 및 실화, 후화가 발생함

④ 실린더 헤드 개스킷: 실린더 블록과 실린더 헤드 사이에 설치되어 냉각수와 압축가스, 오일 등이 새지 않도록 밀봉 작용을 하는 부품이다.
　㉠ 실린더 헤드 개스킷 손상 시
　　• 압축압력과 폭발압력이 낮아짐
　　• 엔진오일과 냉각수가 혼합되며 누유 및 누수가 발생함

⑤ 연소실: 헤드 밑면에는 연소실이 형성되어 있으며, 연소실 주위에는 냉각수가 흐르는 통로인 물 재킷이 설치되어 있다.
　㉠ 연소실의 구비조건
　　• 압축행정 끝에 강한 와류를 일으켜야 함
　　• 평균유효압력이 높아야 함
　　• 고속 회전 중에도 연소 상태가 좋아야 함
　　• 노킹 발생이 없어야 함
　　• 분사된 연료를 가능한 한 짧은 시간 내에 완전 연소시켜야 함
　　• 화염 전파 속도가 빨라야 함

> • 유압식 밸브 리프터: 엔진오일의 압력을 이용하여 온도 변화에 관계없이 밸브 간극을 자동으로 조정하는 장치로, 밸브 개폐 시기가 정확하고 밸브기구의 내구성이 좋지만, 구조가 복잡한 단점이 있음
> • 디콤프: 시동을 원활하게 하기 위한 감압장치로, 캠축과 관계없이 흡기 또는 배기 밸브를 열어 실린더의 압축 압력을 낮추는 구조로 되어 있음
> • 밸브 오버랩: 기관은 고속에서 체적효율이 낮아져 출력이 저하되는데 이를 막고자 흡입 및 배기 밸브 열림 시간을 길게 두어 체적효율을 증대시키고 기관 출력을 증대함. 이때 상사점 부근에서 흡·배기 밸브가 동시에 열리는 구간이 발생하는데, 이를 밸브 오버랩이라고 함

2. 실린더 블록

① 엔진의 중심부로 엔진의 골격을 이룬다.
② 구성
　㉠ 내부에 실린더가 설치되어 있음
　㉡ 실린더 주위에는 냉각수 통로가 설치되어 있음
　㉢ 상부 크랭크 케이스에 크랭크축이 설치되어 있음
③ 구비조건
　㉠ 소형이며 경량일 것
　㉡ 강도와 강성이 클 것
　㉢ 내마모성일 것
　㉣ 주조 및 절삭 가공이 용이할 것
④ 실린더의 종류
　㉠ 일체식: 실린더 블록과 일체(동일 재질)로 만든 형식
　㉡ 삽입식: 실린더 라이너(또는 슬리브)를 삽입하는 형식이며, 라이너의 종류에는 건식과 습식이 있음
　　• 건식: 냉각수와 직접 접촉하지 않는 형식
　　• 습식: 냉각수와 직접 접촉하는 형식으로 상·하에 냉각수 누출을 방지하기 위한 고무 실링이 장착되어 있음

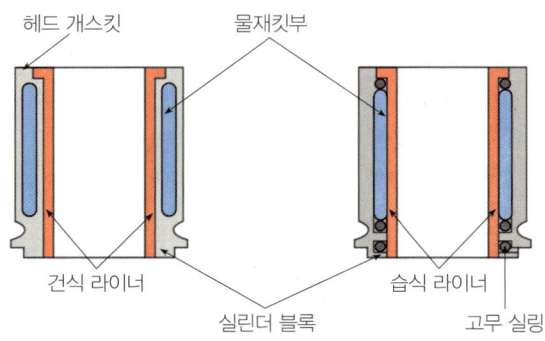

▲ 실린더 라이너의 종류

⑤ 실린더 마모의 원인
　㉠ 흡입 공기에 이물질 혼입
　㉡ 윤활유의 공급 부족
　㉢ 피스톤 링과의 마찰
　㉣ 연소생성물(카본)에 의한 마모
⑥ 실린더 마모 시 발생하는 현상
　㉠ 출력 저하
　㉡ 윤활유 소비(연소) 증대
　㉢ 압축압력 저하

⑦ 실린더 내경과 행정의 길이에 의한 실린더 분류
　㉠ 장행정 기관(언더 스퀘어 기관)
　　• 실린더 내경보다 피스톤 행정의 길이가 긴 기관
　　• 회전력이 크고 측압을 감소시킬 수 있음
　㉡ 정방형 기관(스퀘어 기관)
　　• 실린더 내경과 피스톤 행정의 길이가 같은 기관
　㉢ 단행정 기관(오버 스퀘어 기관)
　　• 실린더 내경이 피스톤 행정의 길이보다 긴 기관
　　• 피스톤의 평균 속도를 높이지 않고도 기관의 회전속도를 높일 수 있음
　　• 피스톤이 과열되기 쉬움

3. 피스톤

① 피스톤은 폭발행정 시 발생한 팽창압력으로부터 받은 동력을 커넥팅 로드를 통해 크랭크축에 전달한다.
② 주로 열전도성이 좋은 알루미늄 합금을 사용한다.
③ 상부에는 3~4개의 피스톤 링이 장착되어 있다.
④ 피스톤 간극: 실린더와 피스톤 사이의 간극을 말하며, 열팽창을 고려하여 둔다.
　㉠ **간극이 클 때 발생하는 현상**
　　• **블로바이 현상** 발생(연소실에 엔진오일이 유입되어 엔진오일이 연료와 희석됨)
　　• 압축압력 및 기관 출력 저하
　　• 연료 소비 증대, **피스톤 슬랩** 등 발생
　㉡ **간극이 작을 때 발생하는 현상**
　　• 피스톤이 실린더에 **소결**
　　• 실린더의 마모 증대
　　• 마찰열에 의한 기관 과열

- **블로바이 현상**: 피스톤과 실린더 사이 간극이 클 때 미연소가스가 크랭크 케이스에 누출되는 현상
- **피스톤 슬랩**: 실린더와 피스톤 사이 간극이 클 때 나타나며, 피스톤이 상사점에서 운동 방향을 바꿀 때 실린더 벽에 충격을 주는 현상
- **소결**: 엉기어 눌어 붙는다는 의미로, 실린더와 피스톤이 열에 의하여 서로 고착되는 현상

- 압축압력 저하(기관 출력 저하)의 원인
　① 실린더 과다 마모 또는 실린더 간극이 큰 경우
　② 실린더 헤드의 변형 또는 개스킷이 파손된 경우
　③ 피스톤 링의 과다 마모 또는 링의 장력이 부족한 경우
- **행정체적**: 배기량이라고도 하며, 피스톤이 실린더 내에 이동한 거리의 체적을 말함

4. 피스톤 링

① 피스톤과 실린더 사이의 기밀을 유지하기 위해 피스톤의 링 홈에 장착된다.
② 일반적으로 압축 링(기밀 유지) 2개, 오일 링(오일 제어) 1개로 구성된다.

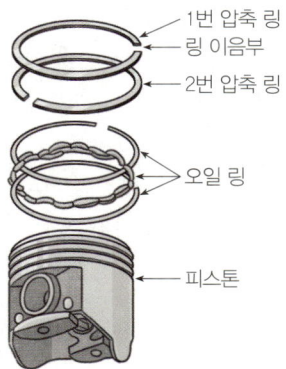

③ **피스톤 링의 3대 작용**
  ㉠ **밀봉(기밀 유지) 작용**: 실린더 벽과 윤활유를 사이에 두고 압축압력이 새는 것을 방지함
  ㉡ **열전도(냉각) 작용**: 피스톤 헤드부의 열 일부를 실린더 벽에 전달하여 냉각시킴
  ㉢ **오일제어 작용**: 피스톤 상승 시 링에 의해 실린더 벽에 윤활을 하며, 하강 시 그 오일을 긁어내림

5. 크랭크축

① 피스톤의 직선왕복운동을 회전운동(회전력)으로 전환하여 외부로 전달한다.
② 메인저널, 핀저널(크랭크 핀), 크랭크 암, 밸런스 웨이트(평형추)로 구성되어 있으며, 내부에는 각 저널부로 윤활을 위한 오일 구멍이 형성되어 있다.
  ㉠ 크랭크 암: 메인저널과 핀저널의 연결 막대
  ㉡ 밸런스 웨이트(평형추): 크랭크축이 고속으로 회전하므로 동적 평형을 이루기 위한 장치

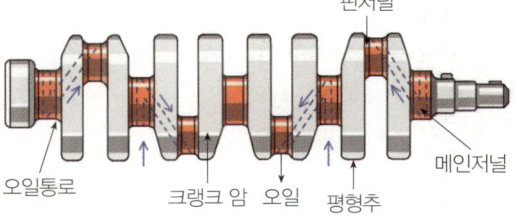

4 디젤기관(연료장치)

1. 장단점

① 장점
  ㉠ 연료 소비율이 낮아 열효율이 높음
  ㉡ 인화점이 높은 연료를 사용하므로 취급이 용이함
  ㉢ 가솔린 기관에 비해 일반적으로 이산화탄소 배출이 적음
  ㉣ 스로틀 밸브가 없어 흡입행정 시 **펌핑 손실**을 줄일 수 있음
  ㉤ 저속에서 큰 회전력이 발생함

> **용어** **펌핑 손실**: 엔진이 대기 중의 공기를 실린더 내부로 흡입하거나, 배기가스를 밀어내는 데 소모되는 에너지

② 단점
  ㉠ 폭발압력이 커 기관 구성품의 내구성이 커야 함
  ㉡ 기관 작동 중 진동과 소음이 큼
  ㉢ 기관 출력당 무게가 무거움
  ㉣ 고압 발생 연료장치가 필요함

2. 디젤기관의 연료

① 디젤연료(경유)의 구비조건
  ㉠ 자연 발화점이 낮을 것(착화성이 좋을 것)
  ㉡ 황 함유량이 적을 것
  ㉢ 점도가 적당하며, 온도 변화에 따른 점도 변화가 적을 것

② 디젤연료의 착화성
  ㉠ **착화성**: 연소실 내에 분사된 연료가 착화할 때까지 걸리는 시간으로 표시하며, 시간이 짧을수록 착화성이 좋은 연료임
  ㉡ **세탄가**: 디젤연료의 착화성 정도를 표시하는 수치로, 수치가 높을수록 노킹을 방지할 수 있음

$$세탄가 = \frac{세탄}{세탄 + \alpha - 메틸나프탈렌} \times 100(\%)$$

  ㉢ 착화 늦음(지연) 현상이 발생하는 경우
  • 연료의 미립도가 낮을 때
  • 연료의 착화성이 낮을 때
  • 연료분사압력이 낮을 때

3. 연소 과정

① 디젤기관의 연소
  ㉠ 디젤기관은 순수한 공기만을 연소실 및 실린더 내로 흡입하고 고압으로 압축한 후 발생된 450~600℃ 고열에 연료를 안개처럼(무화) 분사하여 뜨거워진 공기 표면에 착화시키는 자기착화방식으로 연소함
  ㉡ 공기를 압축할 때에는 공기에 와류 작용이 일어나도록 해야 완전 연소를 할 수 있음

② 연소 과정
  ㉠ 착화 지연 기간: 연소 준비 기간으로, 불꽃이 생성되는 기간
  ㉡ 화염 전파 기간: 폭발 연소 기간으로, 화염이 전파되는 기간
  ㉢ 직접 연소 기간: 제어 연소 기간으로, 팽창압력이 발생하는 기간
  ㉣ 후기 연소 기간: 후 연소 기간으로, 직접 연소 기간 동안에 분사되어 남은 연료를 연소하는 기간

4. 디젤 노크(노킹현상)

① 착화 지연으로 인해 분사된 연료가 불완전 연소하여 모여 있다가 한번에 폭발함으로써 심한 진동과 소음이 발생하는 현상이다.

② 노킹 발생의 원인
  ㉠ 세탄가가 낮은 연료를 사용할 때
  ㉡ 착화 지연 기간이 길 때
  ㉢ 압축비 및 압축압력이 낮을 때
  ㉣ 흡입 공기의 온도가 낮을 때
  ㉤ 기관의 온도가 낮을 때
  ㉥ 기관 회전 속도가 낮을 때
  ㉦ 연료 분사가 불량할 때

③ 노킹이 기관에 미치는 영향
  ㉠ 기관의 과열
  ㉡ 기관의 출력 저하
  ㉢ 기관 회전수 저하
  ㉣ 흡기효율 저하

④ 노킹 방지책
  ㉠ 세탄가가 높은 연료를 사용할 것
  ㉡ 압축비 및 압축압력을 높일 것
  ㉢ 흡입 공기 온도 및 기관의 온도를 높일 것
  ㉣ 착화 지연 기간을 짧게 할 것

5. 디젤기관 연소실

① 연소실은 연료가 공기에 포함된 산소와 반응하여 착화하고 팽창압력이 발생하는 곳으로, 단실식과 복실식이 있다.

② 단실식(직접분사실식)
  ㉠ 실린더 헤드에 연소실을 설치하지 않고 피스톤 헤드부를 오목하게 하여 연소실을 형성한 형태
  ㉡ 분사 개시 압력이 높음(200~300kgf/cm^2)
  ㉢ 열효율이 높고, 연료 소비율이 적음
  ㉣ 연소실 체적이 작아 냉각에 의한 열 손실이 적음
  ㉤ 복실식과 비교 시 연료압력이 가장 높고, 연료소비량이 가장 낮음

③ 복실식
  ㉠ 예연소실식
    • 실린더 헤드에 주 연소실과 예연소실이 형성되어 있으며 예연소실이 작음
    • 분사 개시 압력이 낮음(100~120kgf/cm^2)
    • 시동 보조장치인 예열 플러그가 필요함
    • 사용 연료 변화에 둔감함
  ㉡ 와류실식
    • 압축행정 시 강한 와류가 발생하므로 평균 유효 압력이 높음
    • 분사 개시 압력이 낮음(100~140kgf/cm^2)
    • 엔진의 회전속도 범위가 넓어 고속운전이 가능함
    • 연료 소비율이 적음
    • 실린더 헤드의 구조가 복잡하며, 연소실 표면적이 커 열효율이 낮음
    • 저속에서 노킹이 발생하기 쉬움
  ㉢ 공기실식
    • 연소가 완만하여 작동이 정숙함
    • 연료가 주 연소실에 분사됨
    • 분사 시기가 기관에 영향을 줌
    • 연료 소비율이 큼

6. 기계식 디젤기관 연료장치

① **연료공급 순서**: 연료탱크 → 공급펌프 → 연료필터(연료 여과기) → 분사펌프 → 분사노즐

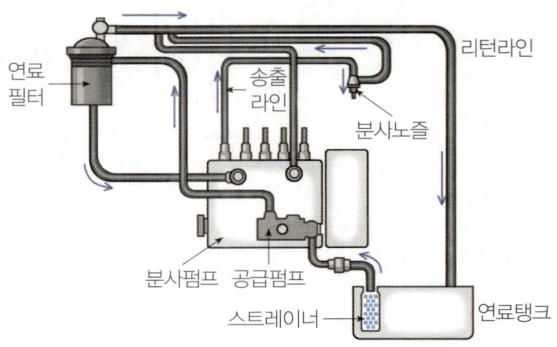

연료의 압력: 분사펌프와 분사노즐 사이가 가장 높음

② **공급펌프**: 분사펌프 내의 캠에 의해 구동되는 플런저펌프로, 연료탱크의 연료를 흡입해 분사펌프까지 공급한다.
  ㉠ 프라이밍펌프: 연료공급 라인 내의 공기빼기 작업 및 연료를 수동으로 공급할 때 사용하며, 분사노즐은 고압이므로 프라이밍펌프로 공기빼기를 할 수 없음(분사노즐은 **크랭킹**을 하며 공기빼기 작업을 함)
  ㉡ 공기빼기 순서: 연료공급펌프 → 연료필터 → 연료분사펌프 → 분사노즐

용어	크랭킹: 엔진이 기동 전동기에 의해 회전하는 상태

③ **연료필터(연료 여과기)**: 연료 속의 이물질, 수분 등을 여과하며, 오버플로 밸브가 장착되어 있다.
  ㉠ **오버플로 밸브**의 기능: 연료압력이 규정 이상 상승하는 것을 방지하며, 연료공급 라인 내 공기를 자동으로 배출하고, 연료공급 시 소음을 방지함

④ **분사펌프**: 공급펌프로부터 공급된 연료를 분사펌프 엘리먼트가 가압하여 분사노즐에 공급한다. 디젤기관에만 있는 부품으로, 분사펌프 내 캠축에 의해 구동된다.
  ㉠ 주요 구성품
   • 분사펌프 엘리먼트: 플런저, 플런저 배럴, 제어 피니언으로 구성되어 있음
   • 조속기(거버너): 기관 상태에 따라 연료분사량을 조정하는 장치로, 기계식(기관 회전 속도에 따라 조정)과 공기식(기관 부하 정도에 따라 조정) 등이 있음
   • 타이머: 기관 회전 속도에 따라 연료 분사 시기를 자동으로 조정하는 장치
   • 딜리버리 밸브: 연료를 한쪽으로 흐르게 하는 체크 밸브의 일종으로, 역류 방지, **후적** 방지, 잔압 유지의 기능을 함
  ㉡ **분사펌프의 윤활**: 플런저와 플런저 배럴 사이의 윤활은 경유로 함

용어	후적: 분사노즐에서 분사 후 노즐 팁에 연료가 맺혀 연소실에 떨어지는 것. 후적이 생기면 배압이 발생하고 엔진의 출력이 저하되며, 후기 연소 기간에 연소되므로 엔진이 과열됨

⑤ **분사노즐**: 분사펌프로부터 공급받은 고압의 연료를 연소실에 분사하는 것으로, 개방형과 밀폐형(폐지형)이 있다. 밀폐형은 구멍형, 핀틀형, 스로틀형 등으로 구분한다.
  ㉠ 구멍형 분사노즐
   • 분사 압력이 높아 무화가 잘 됨
   • 시동이 쉬움
   • 연료 소비율이 적음
   • 분공 가공이 어려움
   • 분공이 막히기 쉬움
   • 분사압력이 높아 노즐 수명이 짧음
  ㉡ 핀틀형 분사노즐
   • 분사 개시 시 니들 밸브가 상승하여 분공이 열리며 분사됨
   • 분사압력이 비교적 낮음
  ㉢ 스로틀형 분사노즐
   • 핀틀형의 개량형
   • 분사 개시 시 소량의 연료를 분사한 후 다량의 연료를 분사하여 디젤 노크를 방지함

• 디젤기관 작동 중 기관이 정지하는 원인
① 연료공급펌프의 작동 불량
② 연료공급 라인 내 공기 유입
③ 연료필터의 막힘
④ 연료의 누설
• 디젤기관 **연료분사의 3대 요건**
① 안개화(무화)가 좋아야 함
② 관통력이 커야 함
③ 분포(분산)가 골고루 이루어져야 함

7. 전자제어 디젤기관(커먼레일 시스템)

① 기관 상태에 따라 연료분사 압력과 분사 시간, 분사 순서를 제어하기 위해 각종 센서와 액추에이터를 장착한 전자화 형식의 디젤기관이다.

② 특징
  ㉠ 배출가스 내 유해가스(매연) 절감
  ㉡ 출력 향상 및 연료 소비율 감소
  ㉢ 소음 및 진동 감소
  ㉣ 거버너, 타이머 등의 부가장치 불필요

③ 주요 구성품의 기능
  ㉠ **공기 유량 센서(AFS)**: 흡입 공기량을 감지하여 EGR 밸브(배기가스 재순환 밸브)를 제어하는 신호로 사용하며, 핫 와이어(열선) 또는 핫필름(열막) 방식을 사용함
  ㉡ **압력제어 밸브**: 고압펌프에 장착되며 커먼레일에 공급되는 유량으로 압력을 제어함
  ㉢ **압력조절(제한) 밸브**: 커먼레일에 장착되며 인젝터에 공급되는 연료의 압력을 조절함
  ㉣ **커먼레일**: 고압펌프로부터 공급받은 고압의 연료를 저장하고 인젝터에 분배함
  ㉤ **부스터 센서(맵 센서)**: 흡기다기관의 공기압력을 감지함
  ㉥ **연료압력 센서**: 커먼레일에 장착되며 제어되는 연료압력을 감지하여 연료분사량 및 분사 시기를 제어함
  ㉦ **연료온도 센서**: 연료의 온도에 따른 연료량을 증감하는 보정신호로 사용함
  ㉧ **수온 센서**: 기관의 온도에 따른 연료량을 증감하는 보정신호로 사용함
  ㉨ **전자제어유닛(ECU)**: 각종 센서로부터 입력값을 받아 인젝터로 출력값을 내보내는 역할을 함
  ㉩ **크랭크각 센서**: 크랭크축의 위치 및 기관 회전 속도를 감지하며, 연료분사 시기와 분사 순서를 결정함
  ㉪ **인젝터(연료분사노즐)**: 고압의 연료를 연소실에 분사함

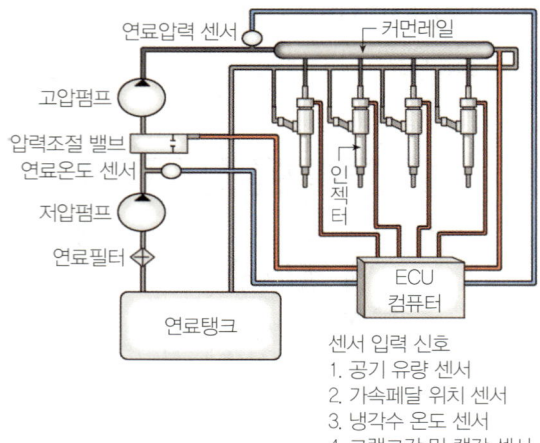

④ 연료계통의 분류와 연료공급 순서
  ㉠ 연료계통의 분류
    • 저압계통: 연료탱크, 연료필터, 저압펌프로 구성
    • 고압계통: 고압펌프, 커먼레일, 인젝터로 구성
  ㉡ **연료공급 순서**: 연료탱크 → 연료필터 → 저압펌프 → 고압펌프 → 커먼레일 → 인젝터

⑤ 엔진 자기진단기능: ECU(전자제어장치)가 엔진의 상태, 연료소비율, 배기가스 점화장치 등의 상태를 감시하고 이상을 자체 진단하며, 결함 발생 시 계기판에 경고등을 점등시켜 운전자에게 알려준다.

> • 커먼레일기관의 컴퓨터(ECU) 입·출력 요소
>   ① 연료장치 입력 요소: 각종 센서 및 스위치 신호
>   ② 연료장치 출력 요소: 각종 액추에이터(작동기)
> • 전자식(커먼레일) 디젤엔진의 고압펌프는 캠축에 의해 구동됨

5 흡·배기장치

1. 흡기장치

① 공기청정기의 기능: 흡입 공기 내 이물질과 수분 등을 여과하고 흡기 소음을 감소시키며 역화를 방지한다.

② 공기청정기의 종류

건식	• 공기청정기 내부에 여과 엘리먼트가 설치됨 • 구조가 간단하여 설치·분해·조립이 간편함 • 종이 또는 여과포 등을 사용해 작은 입자의 이물질도 여과가 가능함 • 엔진 회전수 변동에도 안정된 청정 효율을 얻을 수 있음

원심식	여과망 주위에 원심 날개를 설치하여 흡입 공기가 유입되면서 발생한 원심력에 의해 작은 이물질이 여과되고 깨끗한 공기가 유입됨
습식	• 위쪽에는 여과 엘리먼트가 설치되고, 아래쪽에는 오일팬이 설치됨 • 유입된 공기 중 큰 이물질은 유면을 통해 분리되고, 가벼워진 공기가 급격히 위로 상승하여 여과 엘리먼트를 통과하며 작은 이물질 등이 여과됨 • 기관 회전 속도가 빠를수록 청정효율 향상 • 엔진오일을 사용함 • 먼지가 많이 발생하는 공사장 등에서 쓰이는 장비에 사용됨

③ 공기청정기의 정비
  ㉠ 공기청정기 엘리먼트가 막히면 순간적으로 흡입 공기량이 적어져 검은색 배기가스가 배출됨
  ㉡ 공기청정기 효율이 저하되면 출력 저하, 배기가스 내 유해가스 증가, 연료 소비율 증가, 엔진 과열, 실린더 마모 촉진 등의 현상이 발생함

2. 배기장치(배기관 및 소음기)

① 배기가스가 배출될 때 발생하는 소음을 절감하고, 유해 물질을 정화한다.
② 소음기에 카본이 퇴적되면 엔진이 과열될 수 있으며 출력이 떨어진다.
③ 소음기가 손상되어 구멍이 생기면 배기음이 커진다.

> 디젤기관 배기가스가 검은색인 경우
> ① 내용: 불완전 연소로 인한 탄소 입자가 검은색으로 나옴
> ② 원인: 공기청정기의 막힘, 압축압력 낮음, 분사노즐의 불량 등

3. 과급장치

① 과급기(터보장치)
  ㉠ 디젤기관에서 흡입 공기량을 증대시켜 체적효율을 향상시키기 위한 일종의 공기압축기
  ㉡ 과급기 부착 시 장점
    • 기관 출력과 회전력을 증대시킴
    • 연비를 향상시킴
    • 노킹을 방지함
    • 평균유효압력을 증대시킴
    • 압축온도의 상승으로 착화 지연 시간이 짧아짐
② 종류
  ㉠ 터보차저(배기터빈)방식: 배기가스가 배출될 때의 에너지(압력)로 터빈을 회전시키면 동일 선상 축에 연결되어 있는 흡기 측 펌프가 회전하여 흡입 공기를 압축한 후 연소실로 공급하는 방식임
    • 주요 구성품
      – 펌프: 원심식 펌프를 이용
      – 디퓨져: 터빈 날개 뒤쪽에 있으며, 흡입 공기의 속도에너지를 압력에너지로 바꾸는 장치
      – 인터쿨러: 공기를 압축하는 과정에서 열이 발생하여 공기의 밀도가 낮아지게 되는데, 이때 뜨거워진 공기를 냉각시켜 공기의 밀도를 증대시킨 후 연소실로 공급하는 장치
    • 배기터빈의 윤활: 배기터빈 과급기의 윤활을 위해 엔진오일이 공급됨

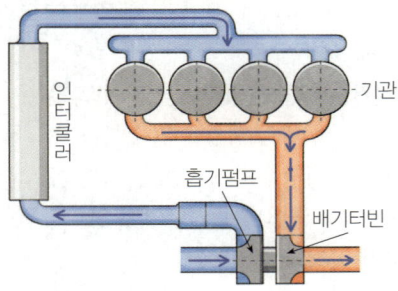

▲ 터보차저방식

  ㉡ 슈퍼차저방식: 기관 크랭크축 풀리 또는 전동 모터를 이용하여 압축기를 직접 구동하는 방식으로, 기관 상태에 따라 컴퓨터에 의해 가변적으로 구동하는 방식임

6 냉각장치

1. 개요

기관 냉각장치는 기관의 정상 작동 온도를 80~90℃로 유지하기 위한 일련의 장치이며, 기관의 온도는 실린더 헤드의 물 재킷부의 온도로 표시한다.

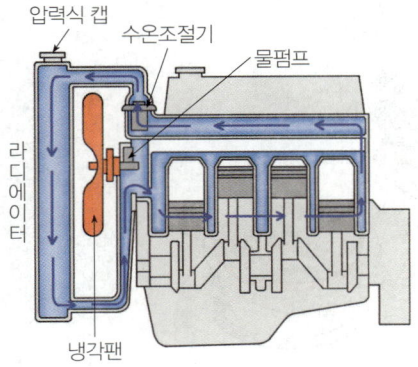

▲ 기관 냉각계통

2. 냉각방식의 종류

① **공랭식**: 기관으로 유입 또는 송풍되는 공기로 냉각 핀을 냉각하는 방식으로, 자연 통풍식, 강제 통풍식 등이 있다.
② **수냉식**: 오일 또는 냉각수로 냉각하는 방식으로, 자연 순환식, 강제 순환식, 압력 순환식, 밀봉 압력식 등이 있다.

3. 수냉식 냉각장치의 구성품 및 기능

① **물(워터) 재킷**: 냉각수가 순환하는 통로이다.
② **라디에이터(방열기)**
  ㉠ 고온의 냉각수를 냉각·저장하며, 냉각수가 흐르는 방향에 따라 다운플로 형식과 크로스플로 형식으로 구분됨
  ㉡ 방열기 보조탱크(리저버탱크)의 역할
   • 냉각수의 체적 팽창을 흡수함
   • 장기간 냉각수의 보충이 필요 없음
   • 오버플로되어도 증기만 배출함
  ㉢ 라디에이터의 구비조건
   • 단위 면적당 방열량이 클 것
   • 공기 흐름 저항이 작을 것
   • 냉각수 유동이 용이할 것
   • 가볍고 작으며 강도가 클 것
③ **압력식 캡(가압식 캡, 라디에이터 캡)**
  ㉠ 스프링 장력을 이용하여 냉각계통의 압력을 $0.4 \sim 1.1 kgf/cm^2$로 유지하여 냉각수의 비등점을 112℃로 상승시켜 냉각 효율의 범위를 넓게 사용하게 함
  ㉡ 구성: 압력 밸브 및 스프링, 진공 밸브
  ㉢ 장점
   • 방열기를 작게 할 수 있음
   • 냉각수의 비등점을 높일 수 있음
   • 냉각장치의 효율을 높일 수 있음

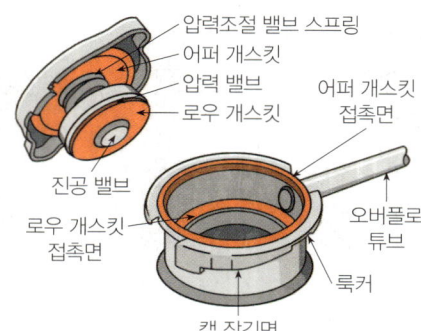

> 압력식 캡의 압력 스프링 작동 불량 시 발생하는 현상
> ① 냉각수 비등점이 낮아짐
> ② 기관 과열 현상이 발생함

④ **물펌프(워터펌프)**: 원심식 펌프를 사용하며, 크랭크축과 구동벨트로 연동하여 회전하면서 냉각수를 순환시킨다. 물펌프 불량시 엔진이 과열된다.
⑤ **냉각팬**: 라디에이터 냉각핀을 냉각하여 냉각 효율을 증대시킨다.
  ㉠ 유체 커플링식, 팬 클러치식: 내부에 실리콘 오일이 봉입되어 있으며, 이 오일의 유체 저항을 이용하여 팬의 회전 속도를 조절함
  ㉡ 전동 모터식: 냉각수 온도에 따라 전동 모터에 전류를 공급하여 팬을 회전시킴
⑥ **수온 조절기(서모스탯)**: 라디에이터로 유입되는 냉각수의 양을 조절하고 온도를 일정하게 유지한다.
  ㉠ 펠릿형: 내부에 왁스와 고무가 봉입
  ㉡ 벨로즈형: 내부에 에테르 또는 알코올이 봉입
⑦ **냉각수 및 부동액**
  ㉠ 냉각수: 냉각수로는 연수(수돗물)를 사용함
  ㉡ 부동액: 겨울철에 냉각수의 동파를 방지하기 위한 혼합액으로, 계절에 따라 혼합 비율을 다르게 함
   • 반영구 부동액: 글리세린, 메탄올
   • 영구 부동액: 에틸렌 글리콜

4. 냉각장치의 정비

㉠ **기관의 과열**
  ㉠ 원인
   • 라디에이터 코어 막힘률이 20% 이상인 경우
   • 수온조절기가 닫힌 채 고장 난 경우
   • 물펌프가 고장 나거나 냉각팬이 파손된 경우
   • 냉각수가 부족한 경우
   • 팬벨트 장력이 느슨한 경우
   • 물 재킷 내의 물때 형성
  ㉡ 과열이 기관에 미치는 영향
   • 실린더 헤드의 변형
   • 기관 각부 손상 및 기관 출력 저하
   • 배기가스 내 유해가스 증가
   • 연료 소비율 증대
   • 점도 저하로 인한 유막의 파괴
   • 과열로 인한 부품의 변형 발생
   • 조기 점화나 노킹으로 인한 출력 저하 발생
   • 금속의 빠른 산화와 변형 발생

② 기관의 과냉
　㉠ 원인: 수온조절기가 열린 채 고장 난 경우
　㉡ 과냉이 기관에 미치는 영향
　　• 피스톤 및 실린더 마모 증대
　　• 배기가스 내 유해가스 증대
　　• 연료 소비율 증대

7 윤활장치

1. 개요
각 작동부의 마찰 및 마모를 방지하기 위해 윤활유를 공급하는 일련의 장치이다.

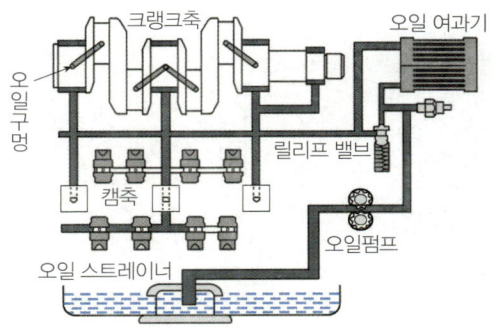

2. 윤활유의 기능
① **마찰 및 마모 방지**: 실린더와 피스톤 사이의 마찰 및 마모를 방지한다.
② **기밀(밀봉) 작용**: 유막을 형성하여 실린더와 피스톤 사이의 기밀을 유지한다.
③ **냉각 작용**: 마찰로 인해 발생한 열을 흡수한 윤활유는 오일팬으로 순환하여 냉각한다.
④ **세척 작용**: 기관 내를 순환하며 연소생성물(카본) 등을 흡수하여 여과기로 보낸다.
⑤ **응력 분산 작용**: 마찰을 방지해 응력을 분산시킨다.
⑥ **방청 작용**: 엔진의 부식을 방지한다.

3. 윤활유의 구비조건
① 점도지수가 커야 한다.
② 인화점 및 착화점이 높아야 한다.
③ 응고점이 낮아야 한다.
④ 비중과 점도가 적당해야 한다.
⑤ 강인한 유막을 형성해야 한다.
⑥ 기포 발생 및 **카본** 생성이 적어야 한다.
⑦ 열전도가 양호해야 한다.
⑧ 산화에 대한 저항이 커야 한다.

> **용어**
> • **점도지수**: 온도 변화에 따라 오일의 점도가 변화하는 정도를 나타내는 지수로, 점도지수가 높을수록 온도 변화에 따른 점도 변화가 작음
> • **점도**: 오일의 끈적끈적한 정도
> • **카본**: 불완전 연소로 인해 생기는 탄소 물질로, 기관의 엔진오일에 가장 많이 포함되는 이물질임

4. 윤활방식의 종류
① **비산식**: 커넥팅로드 대단부 또는 크랭크축에 주걱을 설치하여 오일팬의 오일을 비산시켜 윤활하는 방식이다.
② **압송식**: 오일펌프를 이용하여 오일팬의 오일을 흡입·가압한 후 윤활하는 방식이다.
③ **비산 압송식**: 비산식과 압송식을 혼용한 방식이다.

5. 압송식 윤활장치의 구성품과 기능
① 오일팬
　㉠ 엔진오일이 저장된 용기로, 오일의 방열작용을 함
　㉡ 섬프: 등판길을 주행할 때에도 오일이 충분히 고여 있도록 만든 용기
　㉢ 드레인 플러그: 오일을 배출
② 오일펌프
　㉠ 오일 스트레이너를 통해 오일을 흡입·가압한 뒤 각 윤활부에 압송함
　㉡ 구조에 따라 로터리 펌프, 기어 펌프, 플런저 펌프, 베인 펌프 등이 있음
③ 오일 스트레이너: 오일팬의 오일을 흡입하는 관으로, 여과망이 설치되어 큰 이물질을 여과한다.
④ 오일 여과기(오일필터)
　㉠ 여과기 엘리먼트를 통하여 작은 이물질을 여과함
　㉡ 오일의 여과방식
　　• 전류식: 오일펌프로부터 흡입된 오일 전부를 여과기를 통해 여과한 후 작동부로 공급함
　　• 분류식: 오일펌프로부터 흡입된 오일 일부는 여과기를 거쳐 여과한 후 오일팬으로 공급하고, 일부는 여과하지 않은 채로 작동부로 공급함
　　• 샨트식: 전류식과 분류식의 혼용으로 오일펌프로부터 흡입된 오일 일부를 여과하여 공급하고, 일부는 여과하지 않은 채로 공급함

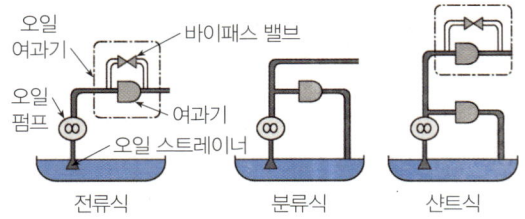

ⓒ **바이패스 밸브**: 오일 여과기가 막혔을 때, 각 윤활부로 오일이 공급될 수 있도록 하는 밸브
⑤ 오일 냉각기: 오일의 온도를 항상 정상 작동 온도인 70~80℃로 유지하기 위한 장치이다.

6. 윤활유의 분류

① SAE 분류: 윤활유의 점도에 따른 분류로, 번호가 클수록 점도가 크다.

봄, 가을	여름	겨울	사계절(다급)
SAE 30	SAE 40	SAE 20	• 가솔린기관: 10W-30 • 디젤기관: 20W-40

② API 분류: 윤활유의 사용(운전) 조건에 따른 분류이다.

구분	가장 좋은 조건	중간 조건	가혹한 조건
가솔린기관	ML	MM	MS
디젤기관	DG	DM	DS

③ SAE 신분류
  ㉠ 가솔린기관: SA, SB, SC~SJ
  ㉡ 디젤기관: CA, CB, CC~CF

7. 윤활유 장치의 정비

① 유압이 높아지는 원인
  ㉠ 오일의 점도가 높을 때
  ㉡ 윤활회로 일부가 막혔을 때
  ㉢ 유압조절 밸브의 스프링 장력이 클 때
  ㉣ 오일필터가 막혔을 때
② 유압이 낮아지는 원인
  ㉠ 크랭크축 메인 베어링의 오일간극이 클 때
  ㉡ 오일펌프가 마모되었을 때
  ㉢ 윤활회로 오일이 누출되었을 때
  ㉣ 오일의 양이 부족할 때
  ㉤ 유압조절 밸브 스프링의 장력이 작을 때
  ㉥ 연료가 희석되었을 때(오일점도가 낮을 때)
  ㉦ 오일펌프가 고장 났을 때
  ㉧ 오일파이프가 파손되었을 때

③ **오일 소비 증대의 원인**
  ㉠ 연소에 의한 경우
    • 실린더와 피스톤 사이의 간극이 클 때
    • 밸브 가이드 고무가 파손되어 오일이 연소실로 유입될 때
  ㉡ 누설에 의한 경우
    • 로커암 개스킷이나 오일팬 개스킷 등이 파손되었을 때
④ 오일 압력 경고등이 점등되는 경우
  ㉠ 오일이 부족할 때
  ㉡ 윤활계통(오일필터, 오일라인)이 막혔을 때
  ㉢ 오일 드레인 플러그가 열렸을 때
  ㉣ 오일펌프가 고장 났을 때

기관 오일(윤활유)이 전달되는 곳
① 피스톤과 피스톤 링
② 크랭크축과 캠축
③ 습식 공기청정기 및 터보차저
④ 분사펌프 및 실린더 헤드

CHAPTER 01 적중예상 기출복원문제

1 엔진

⚠ 빈출

01 열기관에 대한 설명으로 옳은 것은?

① 열에너지를 기계적 에너지로 바꾸어 주는 장치이다.
② 열에너지를 전기적 에너지로 바꾸어 주는 장치이다.
③ 열에너지를 구동력으로 바꾸어 주는 장치이다.
④ 열에너지를 압축에너지로 바꾸어 주는 장치이다.

해설 열기관은 동력발생장치로, 열에너지를 기계적 에너지로 바꾸는 장치이다.

02 내연기관의 구성품이 아닌 것은?

① 실린더 헤드 ② 실린더 블록
③ 크랭크 케이스 ④ 플라이휠

해설 플라이휠은 기관 구성품 외의 장치이다.

⚠ 빈출

03 디젤기관에서 피스톤이 상사점에서 하사점으로 이동한 거리를 나타내는 것은?

① 행정 ② 내경
③ 피스톤 길이 ④ 실린더 길이

해설 행정이란 피스톤이 실린더 상사점에서 하사점 또는 하사점에서 상사점으로 이동한 거리를 말한다.

04 행정체적에 대한 설명으로 옳은 것은?

① 배기량과 다른 뜻이다.
② 피스톤이 이동한 거리의 체적이다.
③ 피스톤 전체 길이의 체적이다.
④ 연소실 체적과 같다.

해설 행정체적은 배기량이라고도 하며, 피스톤이 실린더 내에서 이동한 거리의 체적이다.

2 내연기관의 기계학적 분류

⚠ 빈출

05 4행정기관의 행정 순서로 옳은 것은?

① 압축 → 폭발 → 배기 → 흡입
② 폭발 → 배기 → 흡입 → 압축
③ 배기 → 흡입 → 압축 → 폭발
④ 흡입 → 압축 → 폭발 → 배기

해설 4행정기관의 행정 순서는 '흡입 → 압축 → 폭발 → 배기'이다.

⚠ 빈출

06 4행정 1사이클기관에서 1사이클을 완성하면 크랭크축은 몇 회전을 하는가?

① 1회전 ② 2회전
③ 3회전 ④ 4회전

해설 4행정 1사이클기관은 크랭크축 2회전(720°)에 1사이클을 완성하는 기관이다.

⚠ 빈출

07 4행정기관에서 흡입 및 배기 밸브가 모두 닫혀 있는 행정은?

① 흡입, 배기 ② 흡입, 폭발
③ 압축, 폭발 ④ 압축, 흡입

해설 4행정기관에서 흡입 및 배기 밸브의 양 밸브가 모두 닫혀 있는 행정은 압축행정과 폭발행정이다.
① 흡입행정과 배기행정은 한쪽 밸브는 닫혀 있고 다른 한쪽 밸브는 열려 있는 행정이다.

정답 01 ① 02 ④ 03 ① 04 ② 05 ④ 06 ② 07 ③

08 압축행정의 밸브 열림에 대한 설명으로 옳은 것은?

① 배기 밸브가 열려 있다.
② 흡입 밸브가 열려 있다.
③ 모든 밸브가 열려 있다.
④ 모든 밸브가 닫혀 있다.

해설 압축행정 시에는 흡입 및 배기 밸브가 모두 닫혀 있다.

⚠️빈출
09 열기관에서 연소실로 흡입된 혼합기 또는 공기를 압축하는 이유로 옳은 것은?

① 혼합기 또는 공기를 건조시키기 위해
② 혼합기 또는 공기를 팽창시키기 위해
③ 혼합기 또는 공기 내의 이물질을 분리하기 위해
④ 완전 연소를 유도하여 폭발압력을 높이기 위해

해설 열기관에서 흡입된 혼합기 또는 공기를 압축하는 것은 와류를 증가시켜 완전 연소가 되도록 함으로써 폭발압력을 높이고 동력을 증대시키기 위해서이다.

⚠️빈출
10 블로다운 현상에 대한 설명으로 옳은 것은?

① 배기행정 초에 자체 압력에 의해 연소가스가 배출되는 현상이다.
② 배기행정 중에 자체 압력에 의해 연소가스가 배출되는 현상이다.
③ 배기행정 말에 자체 압력에 의해 연소가스가 배출되는 현상이다.
④ 실린더와 피스톤 사이의 간극이 클 때 미연소가스가 실린더 벽을 타고 크랭크 케이스로 새는 현상이다.

해설 블로다운 현상은 배기행정 초에 폭발행정 시 발생한 자체 압력에 의해 연소가스가 배출되는 현상이다.
④ 블로바이 현상에 대한 설명이다.

⚠️빈출
11 디젤기관의 연소 방식으로 옳은 것은?

① 자기자화 방식
② 자기착화 방식
③ 전기적 연소 방식
④ 전기적 불꽃연소 방식

해설 디젤기관에 사용되는 경유는 휘발성이 없어 불꽃연소가 불가능하다. 따라서 공기를 압축할 때 발생하는 압축열에 연료를 미세하게 분사하여 착화시키는 자기착화 방식을 사용한다.

3 기관의 주요부(엔진본체)

12 실린더 헤드에 설치되어 있지 않은 것은?

① 핀저널　　② 연소실
③ 물재킷　　④ 흡·배기 밸브

해설 핀저널(크랭크 핀)은 크랭크축의 구성요소로, 커넥팅로드와 연결되는 부분이다.

⚠️빈출
13 실린더 헤드의 재질로 알루미늄 합금을 사용하는 이유는?

① 열 발산이 느리기 때문에
② 열 전도성이 좋기 때문에
③ 값이 싸기 때문에
④ 내부식성이 크기 때문에

해설 실린더 헤드의 재질로는 주철과 알루미늄 합금을 사용한다. 이 중 알루미늄 합금을 주로 사용하는 이유는 열 전도성이 좋고 무게가 가볍기 때문이다. 그러나 알루미늄 합금은 내부식성과 내구성이 좋지 않은 단점이 있다.

14 기관에서 압축가스가 누설되어 압축압력이 저하될 수 있는 원인으로 가장 옳은 것은?

① 흡기 매니폴트 개스킷 불량
② 실린더 헤드 개스킷 불량
③ 라디에이터의 막힘
④ 워터펌프 불량

해설 실린더 헤드 개스킷이 손상되면 압축압력과 폭발압력이 낮아지고 엔진오일과 냉각수가 혼합되며 누유 및 누수가 발생한다.

15 밸브 간극이 클 때 나타나는 현상이 아닌 것은?

① 출력이 저하된다.
② 기관이 과열된다.
③ 기계적 소음이 발생한다.
④ 밸브 열림이 커 흡·배기 작용이 불량해진다.

해설 밸브 간극이 크면 밸브 열림이 작아 흡·배기 작용이 불량해진다. 이로 인해 출력이 저하되고, 기관 과열 및 기계적 소음이 발생한다.

정답　08 ④　09 ④　10 ①　11 ②　12 ①　13 ②　14 ②　15 ④

⚠️빈출
16 밸브 간극에 대한 설명으로 틀린 것은?

① 밸브 스템 엔드와 로커암과의 거리이다.
② 밸브 스템 엔드와 태핏과의 거리이다.
③ 밸브 태핏과 로커암과의 거리이다.
④ 열팽창을 고려하여 둔다.

해설 밸브 간극은 밸브 스템 엔드와 로커암과의 거리 또는 태핏과 밸브 스템 엔드와의 거리를 말한다. 이는 열팽창을 고려하여 둔다.

17 밸브 간극이 작을 때 나타나는 현상이 아닌 것은?

① 밸브 닫힘이 불량해진다.
② 기밀 유지가 확실해진다.
③ 기관 출력이 저하된다.
④ 역화 및 실화, 후화가 발생한다.

해설 밸브 간극이 작으면 밸브 닫힘이 불량해지고 기밀 유지가 되지 않아 기관 출력이 저하되며, 역화 및 실화, 후화 현상이 발생한다.

⚠️빈출
18 밸브 오버랩에 대한 설명으로 옳은 것은?

① 흡입 밸브 열림 시간이 긴 것을 말한다.
② 배기 밸브 열림 시간이 긴 것을 말한다.
③ 흡·배기 밸브를 겹쳐 만든 것이다.
④ 흡·배기 밸브가 동시에 열리는 구간을 말한다.

해설 기관은 흡입 및 배기 밸브 열림 시간을 길게 두어 체적효율과 기관 출력을 증대시킨다. 이때 흡·배기 밸브가 동시에 열리는 구간이 발생하는데, 이를 밸브 오버랩이라고 한다.

⚠️빈출
19 밸브 오버랩이 기관에 미치는 영향으로 옳은 것은?

① 기관이 과열한다.
② 기관이 과냉한다.
③ 연료소비율이 감소한다.
④ 체적효율이 증대되어 기관 출력이 증대된다.

해설 밸브 오버랩을 두면 기관의 체적효율이 증대되어 기관 출력이 증대되나, 연료소비율은 증가한다.

20 밸브 스프링의 기능으로 옳은 것은?

① 로커암의 작동을 돕는다.
② 밸브가 빠르게 닫히도록 한다.
③ 밸브의 열림 위치를 바르게 한다.
④ 흡입 밸브 및 배기 밸브가 시트에 밀착되도록 한다.

해설 밸브 스프링은 밸브가 닫힐 때 스프링 장력을 이용하여 시트에 밀착되도록 한다.

21 밸브 스프링 장력이 약할 때 나타나는 현상으로 옳지 않은 것은?

① 압축압력이 샌다.
② 출력이 저하된다.
③ 연료소비율이 증가한다.
④ 연소실 내 기밀 유지가 잘 된다.

해설 밸브 스프링 장력이 약하면 기밀 유지가 어려워져 압축압력이 새고, 출력 저하 및 연료소비율 증가 현상이 발생한다.

22 밸브 스프링 장력이 강할 때 나타나는 현상으로 옳은 것은?

① 기관이 과냉한다.
② 동력 소모가 커진다.
③ 출력이 증가한다.
④ 흡기 및 배기 효율이 증가한다.

해설 밸브 스프링 장력이 강하면 동력 소모가 크고 흡기 및 배기 효율이 감소하여 출력 저하 및 기관 과열 현상이 발생한다.

⚠️빈출
23 기관 연소실의 구비조건이 아닌 것은?

① 노킹 발생이 없어야 한다.
② 평균유효압력이 높아야 한다.
③ 압축행정 끝에 강한 와류가 일어나야 한다.
④ 분사된 연료를 가능한 한 긴 시간에 걸쳐 연소시켜야 한다.

해설 연소실은 분사된 연료를 가능한 한 짧은 시간 내에 완전 연소시켜야 한다.

정답 16 ③ 17 ② 18 ④ 19 ④ 20 ④ 21 ④ 22 ② 23 ④

24 실린더 블록에 대한 설명으로 옳은 것은?

① 기관 상부에 위치한다.
② 연소실이 형성되어 있다.
③ 기관의 기초 구조물이다.
④ 오일이 담겨져 있다.

해설 실린더 블록은 실린더 헤드와 오일팬 사이에 설치되며, 이는 기관의 기초 구조물이다.
①② 기관 상부에 위치하는 것은 실린더 헤드로, 헤드 밑면에 연소실이 형성되어 있다.
④ 오일이 담겨져 있는 것은 오일팬이다.

빈출
25 실린더 라이너에 대한 설명으로 옳지 않은 것은?

① 건식과 습식이 있다.
② 건식은 냉각수와 직접 접촉한다.
③ 습식은 고무 실링이 장착되어 있다.
④ 습식은 냉각효율이 좋다.

해설 실린더 라이너에는 건식과 습식이 있으며, 습식 라이너는 냉각수와 직접 접촉하기 때문에 냉각효율이 좋다.

26 습식 라이너에 설치된 고무 실링에 대한 설명으로 옳지 않은 것은?

① 상하에 2~3개의 고무 실링이 설치된다.
② 고무 실링이 파손되면 냉각수가 누출된다.
③ 냉각수 누출과 관계없으며 진동을 방지한다.
④ 고무 실링의 삽입 시 비눗물 등을 도포한다.

해설 습식 라이너에는 상하에 2~3개의 고무 실링이 장착되어 냉각수 누출을 방지한다. 또한 고무 실링 삽입 시에는 비눗물을 도포하고 삽입해야 한다.

27 실린더 내경과 행정의 길이에 의한 실린더 분류가 아닌 것은?

① 정방형 기관
② 언더 스퀘어 기관
③ 단행정 기관
④ V형 기관

해설 실린더 내경과 행정의 길이에 의한 실린더 분류에는 장행정 기관(언더 스퀘어), 정방형 기관(스퀘어), 단행정 기관(오버 스퀘어)이 있다.

빈출
28 피스톤 간극을 두는 이유로 옳은 것은?

① 열팽창을 고려하여 둔다.
② 실린더와 밀착을 강하게 하기 위해 둔다.
③ 블로바이 현상이 일어나게 하기 위해 둔다.
④ 블로다운 현상이 일어나게 하기 위해 둔다.

해설 피스톤 간극 또는 실린더 간극은 열팽창을 고려하여 둔다.

29 단행정 기관에 대한 설명으로 옳지 않은 것은?

① 피스톤이 과열되기 쉽다.
② 실린더 내경이 행정의 길이보다 작은 기관이다.
③ 실린더 내경이 행정의 길이보다 긴 기관이다.
④ 피스톤의 평균 속도를 올리지 않고도 기관 회전 속도를 높일 수 있다.

해설 실린더 내경이 행정의 길이보다 작은 기관은 장행정 기관(언더 스퀘어)이다. 단행정 기관은 실린더 내경이 행정의 길이보다 긴 기관(오버 스퀘어)이다.

빈출
30 피스톤 간극이 클 때 일어나는 현상으로 옳지 않은 것은?

① 블로바이 현상이 일어난다.
② 연료소비량이 증대된다.
③ 피스톤 슬랩 현상이 발생한다.
④ 압축압력이 저하되어 기관 출력이 상승한다.

해설 피스톤의 간극이 클 경우 압축압력 저하로 인해 기관의 출력이 저하된다.

빈출
31 피스톤 간극이 작을 때 일어나는 현상으로 옳지 않은 것은?

① 피스톤 소결이 일어난다.
② 실린더 마모가 증대된다.
③ 기관이 과열된다.
④ 출력이 증대된다.

해설 피스톤 간극이 작을 경우 피스톤 소결 현상, 실린더 마모 증대, 마찰열에 의한 기관 과열 현상이 발생한다.

정답 24 ③ 25 ② 26 ③ 27 ④ 28 ① 29 ② 30 ④ 31 ④

32 피스톤 링의 작용이 아닌 것은?

① 기밀 작용　　② 열전도 작용
③ 열차단 작용　　④ 오일제어 작용

해설 피스톤 링의 3대 작용은 밀봉(기밀) 작용, 열전도(냉각) 작용, 오일제어 작용이다.

33 크랭크축에 대한 설명으로 옳은 것은?

① 메인저널과 핀저널이 있다.
② 윤활은 별도의 장치를 이용한다.
③ 크랭크 암은 평형추를 장착하는 부분이다.
④ 피스톤의 왕복운동을 직선왕복운동으로 바꾸는 장치이다.

해설 ② 크랭크축 내부에는 윤활을 위한 오일 구멍이 형성되어 있어, 이를 통해 윤활유를 공급한다.
③ 크랭크 암은 메인저널과 핀저널의 연결 부분이다.
④ 크랭크축은 피스톤의 직선왕복운동을 회전운동으로 바꾸는 장치이다.

34 6기통 우수식 연료분사 순서는?

① 1-3-5-6-2-4
② 1-5-3-2-6-4
③ 1-5-3-6-2-4
④ 1-6-5-4-3-2

해설 6기통 우수식 연료분사 순서는 1-5-3-6-2-4이며, 좌수식 연료분사 순서는 1-4-2-6-3-5이다.

4 디젤기관(연료장치)

35 디젤기관의 장점이 아닌 것은?

① 열효율이 높고 연료소비율이 작다.
② 유해가스 배출이 적다.
③ 저속에서 큰 회전력이 발생한다.
④ 사용 연료 취급이 어렵다.

해설 디젤기관에서 사용하는 연료는 인화점 및 발화점이 높기 때문에 취급이 용이하다는 장점이 있다.

36 디젤기관의 단점이 아닌 것은?

① 폭발압력이 작아 출력이 작게 발생한다.
② 기관 작동 시 진동과 소음이 크다.
③ 기관 출력당 무게가 무겁다.
④ 고압 발생 연료장치가 필요하다.

해설 디젤기관은 폭발압력이 커 기관 구성품의 내구성이 커야 하는 단점이 있다.

37 디젤기관의 출력 저하 원인이 아닌 것은?

① 예열 플러그가 불량한 경우
② 피스톤 링이 마모된 경우
③ 실린더가 마모된 경우
④ 피스톤 이음부를 일직선으로 배치한 경우

해설 디젤기관의 예열 플러그가 불량하면 시동이 잘 되지 않는데, 이는 디젤기관의 출력 저하 원인에 해당하지 않는다.

38 디젤기관에서 흡입행정 시 연소실 내로 흡입하는 것은?

① 공기　　② 가솔린
③ 혼합기　　④ 경유

해설 디젤기관은 순수한 공기만을 연소실 내로 흡입하여 고압으로 압축한다.

39 디젤연료의 착화성을 정량적으로 나타내는 수치는?

① 옥탄가　　② 헵탄가
③ 세탄가　　④ 나프탈린가

해설 세탄가는 디젤연료의 착화성을 정량적으로 나타내는 수치로, 세탄가가 높을수록 노킹을 방지할 수 있다.

40 디젤기관에서 압축행정 시 발생하는 압축열의 온도는?

① 350~450℃　　② 450~600℃
③ 600~700℃　　④ 700~900℃

해설 디젤기관에서 흡입된 공기를 압축하면 압축열의 온도가 450~600℃까지 상승한다.

정답 32 ③ 33 ① 34 ③ 35 ④ 36 ① 37 ① 38 ① 39 ③ 40 ②

41 디젤기관의 연소에 대한 설명으로 옳지 않은 것은?

① 흡입한 공기를 압축하면 압축열은 450~600℃가 된다.
② 압축행정이 끝나기 전에 연료가 분사된다.
③ 연료가 분사될 때 공기는 와류를 일으키면 안 된다.
④ 연료는 가열된 공기 표면에 착화한다.

해설 디젤기관의 연소 과정에서 공기를 압축한 뒤 연료가 분사될 때 와류 작용이 일어나야 완전 연소가 된다.

42 디젤기관의 연소 과정이 아닌 것은?

① 착화 지연 기간   ② 화염 전파 기간
③ 직접 연소 기간   ④ 전기 연소 기간

해설 디젤기관의 연소 과정은 '착화 지연 기간 → 화염 전파 기간 → 직접 연소 기간 → 후기 연소 기간'이다.

43 디젤 노크에 영향을 미치는 연소 과정은?

① 착화 지연 기간   ② 화염 전파 기간
③ 직접 연소 기간   ④ 후기 연소 기간

해설 디젤 노크는 디젤기관의 연소 과정 중 착화 지연 기간이 길 때 발생한다.

44 디젤 노크의 발생 원인이 아닌 것은?

① 압축압력이 낮을 때
② 기관의 온도가 높을 때
③ 세탄가가 낮은 연료를 사용하였을 때
④ 기관 회전 속도가 낮을 때

해설 기관의 온도가 낮을 때 디젤 노크가 발생한다. 따라서 기관의 온도를 높이는 것은 디젤 노크 방지책에 해당한다.

45 디젤 연소실의 종류에 대한 설명으로 옳지 않은 것은?

① 단실식과 복실식이 있다.
② 단실식에는 직접분사실식이 있다.
③ 예연소실식은 복실식이다.
④ 공기실식은 단실식이다.

해설 디젤 연소실의 종류에는 단실식과 복실식이 있다. 단실식에는 직접분사실식이 있고, 복실식에는 예연소실식, 와류실식, 공기실식 등이 있다.

46 연료압력이 가장 높고 연료소비량이 가장 낮은 연소실 형식은?

① 공기실식   ② 와류실식
③ 예연소실식   ④ 직접분사실식

해설 직접분사실식은 연료압력 및 열효율이 가장 높고, 연료소비량이 가장 낮은 연소실 형식이다.
① 공기실식은 연료소비량이 높은 연소실 형식이다.
②③ 와류실식, 예연소실식은 연료압력이 낮은 연소실 형식이다.

47 연료공급펌프의 기능으로 적절한 것은?

① 공기빼기 작업을 한다.
② 수동으로 연료를 공급할 수 있다.
③ 연료탱크로부터 연료를 흡입하여 분사펌프에 공급한다.
④ 연료를 고압으로 압축한다.

해설 연료공급펌프는 기관이 작동하면 연료탱크로부터 연료를 흡입하여 분사펌프에 공급하는 역할을 한다.

48 기계식 디젤기관의 연료공급 순서는?

① 연료탱크 → 공급펌프 → 연료필터 → 분사펌프 → 분사노즐
② 연료탱크 → 공급펌프 → 분사펌프 → 연료필터 → 분사노즐
③ 연료탱크 → 분사펌프 → 연료필터 → 공급펌프 → 분사노즐
④ 연료탱크 → 연료필터 → 공급펌프 → 분사펌프 → 분사노즐

해설 기계식 디젤기관의 연료공급 순서는 '연료탱크 → 공급펌프 → 연료필터 → 분사펌프 → 분사노즐' 순이다.

정답 41 ③ 42 ④ 43 ① 44 ② 45 ④ 46 ④ 47 ③ 48 ①

49 다음 중 기계식 디젤 연료분사장치에서 연료의 압력이 가장 높은 곳은?

① 연료탱크와 공급펌프 사이
② 공급펌프와 연료필터 사이
③ 연료필터와 분사펌프 사이
④ 분사펌프와 분사노즐 사이

⚠빈출
50 프라이밍펌프를 사용할 때는?

① 기관을 작동시킬 때
② 기관을 정지시킬 때
③ 연료공급을 증가시킬 때
④ 연료를 수동으로 공급하거나 공기빼기 작업을 할 때

해설 프라이밍펌프는 연료를 수동으로 공급할 때, 연료공급 라인 내의 공기빼기 작업을 할 때 사용한다.

⚠빈출
51 연료공급 라인 내에 공기가 유입되었을 때의 공기빼기 작업 순서로 옳은 것은?

① 연료공급펌프 → 분사노즐 → 연료분사펌프 → 연료 여과기
② 연료공급펌프 → 연료분사펌프 → 분사노즐 → 연료 여과기
③ 연료공급펌프 → 연료분사펌프 → 연료 여과기 → 분사노즐
④ 연료공급펌프 → 연료 여과기 → 연료분사펌프 → 분사노즐

해설 디젤기관 연료장치에서 공기빼기 순서는 '연료공급펌프 → 연료 여과기 → 연료분사펌프 → 분사노즐' 순으로 한다.

52 연료필터에 설치되어 있는 오버플로 밸브의 기능이 아닌 것은?

① 연료를 가열하는 역할을 한다.
② 연료압력이 규정 이상으로 상승하는 것을 방지한다.
③ 연료공급 라인 내 공기를 자동으로 배출시킨다.
④ 연료공급 시 발생하는 소음을 방지한다.

해설 연료필터에 설치된 오버플로 밸브는 연료압력이 규정 이상으로 상승하는 것을 방지하며, 연료공급 라인 내 공기를 자동으로 배출하고, 연료공급 시 발생하는 소음을 방지한다.

53 디젤기관 분사펌프의 기능으로 옳은 것은?

① 연료를 탱크로부터 분사노즐로 송출한다.
② 연료를 고압으로 압축하여 분사노즐로 송출한다.
③ 연료를 탱크로 리턴시킨다.
④ 연료의 압력을 조절한다.

해설 디젤기관 분사펌프는 연료를 고압으로 압축하여 분사노즐로 송출하는 기능을 한다.
③ 리턴라인에 대한 설명이다.
④ 압력조절 밸브(압력제한 밸브)에 대한 설명이다.

⚠빈출
54 거버너에 대한 설명으로 옳은 것은?

① 기관 상태에 따라 연료분사량을 조정한다.
② 기관 상태에 따라 연료분사압력을 조정한다.
③ 기관 부하 정도에 따라 작동하는 것은 기계식 거버너이다.
④ 기관 회전 속도에 따라 작동하는 것은 공기식 거버너이다.

해설 거버너(조속기)는 기관 상태에 따라 연료분사량을 조정하는 장치이다.
③ 기관 부하 정도에 따라 작동하는 것은 공기식 거버너이다.
④ 기관 회전 속도에 따라 작동하는 것은 기계식 거버너이다.

55 분사펌프에 설치된 딜리버리 밸브의 기능이 아닌 것은?

① 연료의 역류 방지   ② 잔압 유지
③ 연료의 후적 방지   ④ 연료의 압송

해설 분사펌프의 딜리버리 밸브는 연료의 역류 및 후적을 방지하고 잔압을 유지시켜 준다.

56 디젤기관 분사노즐의 종류가 아닌 것은?

① 인젝터형   ② 구멍형
③ 핀틀형   ④ 스로틀형

해설 디젤기관 분사노즐의 종류에는 개방형과 밀폐형(폐지형)이 있으며, 밀폐형에는 구멍형, 핀틀형, 스로틀형 등이 있다.

정답 49 ④ 50 ④ 51 ① 52 ① 53 ② 54 ① 55 ④ 56 ①

57 디젤기관 분사노즐의 종류 중 연료분사압력이 높아 시동이 양호한 형식은?

① 스로틀형　　② 구멍형
③ 핀틀형　　　④ 핀틀 개량형

해설 디젤기관 분사노즐의 종류 중 연료분사압력이 가장 높은 형식은 구멍형이다.
①④ 핀틀 개량형이 스로틀형이다. 분사개시 시 소량의 연료를 분사한 후 다량의 연료를 분사하는 노즐이다.
③ 핀틀형은 분사압력이 비교적 낮은 분사노즐이다.

58 디젤기관 연료분사의 3대 요건에 해당하지 않는 것은? [빈출]

① 안개화(무화)가 좋아야 한다.
② 분포가 골고루 이루어져야 한다.
③ 관통력이 커야 한다.
④ 흡입력이 커야 한다.

해설 디젤기관 연료분사의 3대 요건은 무화, 관통력, 분포가 좋아야 한다는 것이다.

59 디젤기관 작동 시 갑자기 기관이 정지하는 원인에 해당하지 않는 것은? [빈출]

① 연료공급압력이 높다.
② 연료분사가 불량하다.
③ 연료분사시기가 불량하다.
④ 연료공급 라인 내에 공기가 유입되었다.

해설 디젤기관 작동 시 기관이 정지하는 원인은 연료장치의 문제 또는 기관의 기계적 결함으로 나뉜다. 연료공급 라인 내에 공기가 유입되었을 때, 연료분사가 불량할 때, 연료분사시기가 불량할 때, 연료공급 라인이 막혔을 때와 같은 연료장치의 문제는 디젤기관 작동 시 기관이 정지하는 원인에 해당한다.

60 커먼레일 디젤기관의 도입 목적이 아닌 것은?

① 배출가스 내 유해가스(매연) 절감을 위해
② 연료소비율 감소 및 출력 증대를 위해
③ 진동 및 소음을 감소시키기 위해
④ 제작 원가 절감을 위해

해설 커먼레일 디젤기관은 ①②③ 등의 도입 목적 달성을 위해 전자제어유닛을 추가하였으며, 부품강도 및 정밀가공의 이유로 제작 원가가 높다.

61 커먼레일 디젤기관에서 사용하는 압력제한 밸브에 대한 설명으로 옳은 것은?

① 인젝터에 공급되는 연료의 양을 조절한다.
② 인젝터에 공급되는 연료의 압력을 조절한다.
③ 고압의 연료를 저장하고 조절한다.
④ 고압펌프에 공급되는 연료의 양을 조절한다.

해설 압력제한(조절) 밸브는 커먼레일에 장착되며, 인젝터에 공급되는 연료의 압력을 조절한다.

62 커먼레일 디젤기관의 컴퓨터(ECU) 입력요소에 해당하지 않는 것은? [빈출]

① 흡기온도 및 흡기량 센서
② 크랭크각 센서 및 캠각 센서
③ 연료압력 센서, 부스터압력 센서
④ 인젝터, 연료압력조절 밸브, EGR 밸브

해설 인젝터, 연료압력조절 밸브, EGR 밸브는 커먼레일 디젤기관의 컴퓨터(ECU) 출력요소에 해당한다.

63 커먼레일 디젤기관의 연료계통 중 고압계통인 것은? [빈출]

① 저압펌프　　② 인젝터
③ 연료필터　　④ 연료온도 센서

해설 커먼레일 디젤기관의 연료계통 중 고압계통에는 인젝터, 고압펌프, 커먼레일이 있다.
①③ 저압펌프와 연료필터는 커먼레일 디젤기관의 연료계통 중 저압계통에 해당한다.
④ 연료온도 센서는 연료의 온도에 따른 연료량을 증감하는 보정신호로 사용된다.

64 커먼레일 디젤기관에서 공기 유량 센서(AFS)에 사용되는 형식은? [빈출]

① 열막 방식　　② 칼만 와류 방식
③ 베인 방식　　④ 맵센서 방식

해설 커먼레일 디젤기관에서 사용하는 공기 유량 센서 형식은 열막(필름) 또는 열선(핫 와이어) 방식이다.

정답 57 ② 58 ④ 59 ① 60 ④ 61 ② 62 ④ 63 ② 64 ①

65 엔진의 작동상태, 연료소비율, 배기가스 점화장치 등의 상태를 감시하고, 결함 발생 시 계기판에 경고등을 점등시켜주는 기능은?

① 자기진단기능 ② 자동운전기능
③ 냉각기능 ④ 윤활기능

해설 ECU(전자제어장치)는 엔진의 상태, 연료소비율, 배기가스 점화장치 등의 상태를 감시하고 이상을 자체 진단한다. 결함 발생 시 계기판에 경고등을 점등시켜 운전자에게 알려주는 기능을 자기진단기능이라 한다.

66 전자식(커먼레일) 디젤엔진의 고압펌프 구동에 사용되는 것으로 옳은 것은?

① 오일펌프 ② 캠축
③ 인젝터 ④ 로커암

해설 전자식(커먼레일) 디젤엔진의 고압펌프는 캠축에 의해 구동된다.

5 흡·배기장치

⚠️빈출
67 공기청정기의 기능에 대한 설명으로 옳지 않은 것은?

① 흡기소음을 감소시킨다.
② 역화를 방지한다.
③ 공기 중 이물질을 여과한다.
④ 흡입공기의 압력을 조절한다.

해설 공기청정기의 기능에는 흡기소음 감소, 역화 방지, 이물질 여과 등이 있다.

68 건식 공기청정기의 특징이 아닌 것은?

① 구조가 간단하고 설치 및 분해조립이 간편하다.
② 기관 회전 속도가 변해도 안정되게 공기청정 효율을 얻을 수 있다.
③ 오염된 여과망을 물로 세척하여 사용할 수 있다.
④ 작은 이물질도 여과할 수 있다.

해설 건식 공기청정기의 엘리먼트(여과망)는 물 등으로 세척하여 사용할 수 없고, 압축공기(에어건)를 이용하여 청소해야 한다.

⚠️빈출
69 습식 공기청정기에서 사용하는 오일은?

① 엔진오일 ② 미션오일
③ 기어오일 ④ 파워 스티어링오일

해설 습식 공기청정기에 사용하는 오일은 엔진오일이다.

⚠️빈출
70 습식 공기청정기를 주로 사용하는 곳은?

① 공기가 깨끗한 장소
② 먼지가 많이 발생하는 장소
③ 습기가 많은 장소
④ 온도가 높은 장소

해설 습식 공기청정기는 먼지가 많이 발생하는 공사장 등의 작업장에서 쓰이는 건설기계에 사용한다.

⚠️빈출
71 디젤기관에 과급기를 설치하는 주된 목적으로 옳은 것은?

① 기관의 수명을 연장하기 위해
② 기관 오일의 오염을 방지하기 위해
③ 기관 공회전 속도를 증대하기 위해
④ 기관 출력 및 회전력 증대를 위해

해설 디젤기관에 과급기를 설치하는 주된 목적으로는 기관 출력 및 회전력 증대, 연비 향상, 노킹 방지, 평균유효압력 증대 등이 있다.

72 터보차저 방식의 터빈 날개를 회전시키는 것은?

① 크랭크축 ② 캠축
③ 흡입공기 ④ 배기가스

해설 터보차저는 배기터빈 방식으로, 배기가스가 배출되는 에너지(압력)를 이용하여 터빈을 회전시켜 공기를 압축한다.

정답 65 ① 66 ② 67 ④ 68 ③ 69 ① 70 ② 71 ④ 72 ④

⚠ 빈출

73 과급기 구성요소 중 인터쿨러의 기능으로 옳은 것은?

① 고온의 흡입공기를 냉각시킨다.
② 고온의 배기가스를 냉각시킨다.
③ 기관의 냉각수를 냉각시킨다.
④ 과급기에서 압축된 공기를 냉각시킨다.

> **해설** 과급기에서 공기를 압축하면 고온이 발생하여 공기의 밀도가 낮아진다. 이 상태에서 연소실로 공급되면 체적효율이 저하되므로 인터쿨러를 통해 공기를 냉각시켜 공기의 밀도를 상승시킴으로써 체적효율을 증대시킨다.

6 냉각장치

⚠ 빈출

74 냉각장치의 냉각수가 줄어드는 원인에 따른 정비방법으로 옳지 않은 것은?

① 워터펌프 불량: 조정
② 라디에이터 캡 불량: 부품 교환
③ 히터 혹은 라디에이터 호스 불량: 수리 및 부품 교환
④ 서머 스타트 하우징 불량: 개스킷 및 하우징 교체

> **해설** 워터펌프 불량으로 냉각수가 줄어들 경우에는 개스킷 및 워터펌프를 교환해야 한다.

⚠ 빈출

75 기관의 정상 작동 온도로 옳은 것은?

① 65~90℃   ② 75~100℃
③ 85~110℃   ④ 95~120℃

> **해설** 기관의 정상 작동 온도는 일반적으로 65~90℃이다.

⚠ 빈출

76 라디에이터의 구비조건으로 옳지 않은 것은?

① 단위면적당 방열량이 클 것
② 가볍고 작으며 강도가 클 것
③ 냉각수 흐름저항이 클 것
④ 공기 흐름저항이 작을 것

> **해설** 냉각수 흐름저항이 작아 유동이 용이한 것이 라디에이터의 구비조건에 해당한다.

⚠ 빈출

77 라디에이터 캡에 대한 설명으로 옳지 않은 것은?

① 스프링 장력이 약해지면 기관이 과열된다.
② 냉각계통 내의 압력을 2~3kgf/cm² 로 유지한다.
③ 냉각수 비등점을 112℃로 유지한다.
④ 냉각효율을 높일 수 있다.

> **해설** 라디에이터 캡(압력식 캡)은 냉각수 비등점을 112℃로 유지하기 위해 내부의 압력을 0.4~1.1kgf/cm² 로 유지한다.

78 물펌프에 사용되는 펌프의 종류는?

① 사류식   ② 가압식
③ 축류식   ④ 원심식

> **해설** 물펌프는 원심식 펌프를 사용한다.

⚠ 빈출

79 수온조절기의 기능으로 옳은 것은?

① 냉각수의 온도를 100℃로 유지한다.
② 냉각수가 냉각되어 있으면 가열한다.
③ 고온의 냉각수를 배출한다.
④ 라디에이터로 유입되는 냉각수의 양을 조절하고 냉각수의 온도를 일정하게 유지한다.

> **해설** 수온조절기는 냉각수가 실린더 헤드에서 라디에이터로 유입되는 곳에 설치되며, 라디에이터로 유입되는 냉각수의 양을 조절하고 냉각수의 온도를 일정하게 유지하는 역할을 한다.

⚠ 빈출

80 수온조절기 중 내부에 왁스가 봉입되어 있는 형식은?

① 펠릿형   ② 벨로즈형
③ 서모스탯형   ④ 코일형

> **해설** 수온조절기 중 펠릿형은 내부에 왁스와 고무가 봉입되어 있는 형식이다.
> ② 벨로즈형은 수온조절기 중 내부에 에테르, 알코올 등이 봉입되어 있는 형식이다.

정답 73 ④ 74 ① 75 ① 76 ③ 77 ② 78 ④ 79 ④ 80 ①

⚠빈출
81 기관 냉각수로 적합한 것은?

① 수돗물　② 빗물
③ 시냇물　④ 우물물

해설 냉각수로는 이물질이 포함되지 않은 연수인 증류수, 수돗물 등을 사용하는 것이 적합하다.

⚠빈출
82 현재 디젤기관에 가장 많이 사용되는 부동액은?

① 에틸렌 글리콜　② 글리세린
③ 메탄올　④ 에탄올

해설 부동액에는 영구 부동액과 반영구 부동액이 있다. 현재 디젤기관에는 영구 부동액인 에틸렌 글리콜이 사용된다.
②③ 글리세린과 메탄올은 반영구 부동액이다.

⚠빈출
83 기관이 과열되는 원인이 아닌 것은?

① 냉각수의 양이 부족한 경우
② 라디에이터 캡이 불량한 경우
③ 수온조절기 열림 온도가 높은 경우
④ 라디에이터 코어 막힘이 없는 경우

해설 라디에이터 코어 막힘률이 20% 이상일 경우 기관이 과열되는 원인이 된다. 이외에도 물펌프의 고장, 냉각팬 파손, 수온조절기가 닫힌 채 고장 난 경우 기관이 과열된다.

⚠빈출
84 냉각장치의 소음 발생 원인이 아닌 것은?

① 냉각팬의 조립 불량
② 베어링의 파손
③ 수온조절기의 불량
④ 팬벨트의 헐거움

해설 수온조절기의 불량은 엔진이 과열 또는 과냉하는 원인에 해당한다.

85 다음 중 피스톤의 고착 원인에 해당하지 않는 것은?

① 윤활유 부족　② 냉각수 부족
③ 발전기의 고장　④ 물펌프의 고장

해설 피스톤이 고착되는 원인은 엔진의 과열 때문이며, ①②④ 이외에도 수온조절기(서모스탯)가 닫힌 채 고장 난 경우, 라디에이터 코어의 막힘, 냉각팬의 파손 등이 피스톤 고착의 원인이 된다.

86 다음 중 라디에이터의 구성품이 아닌 것은?

① 물재킷　② 코어
③ 냉각핀　④ 압력식 캡

해설 물재킷은 실린더 블록에 설치되어 있으며 냉각수가 흐르는 통로를 말한다.

7 윤활장치
⚠빈출
87 윤활유의 기능이 아닌 것은?

① 기밀 작용　② 냉각 작용
③ 방청 작용　④ 응력 집중 작용

해설 ①②③ 이외에도 윤활유의 기능에는 마찰 및 마모 방지, 세척 작용, 응력 분산 작용 등이 있다.

88 윤활 방식의 종류가 아닌 것은?

① 비산식　② 압송식
③ 비산 압송식　④ 송출식

해설 윤활 방식에는 비산식, 압송식, 비산 압송식이 있다.

정답 81 ① 82 ① 83 ④ 84 ③ 85 ③ 86 ① 87 ④ 88 ④

⚠ 빈출
89 압송식 윤활장치의 구성품 중 오일펌프의 종류가 아닌 것은?

① 니들식　② 기어식
③ 플런저식　④ 베인식

해설 오일펌프의 종류에는 기어식, 플런저식, 베인식, 로터리식 등이 있다.

90 오일팬의 오일을 흡입하는 관은?

① 오일펌프　② 오일 스트레이너
③ 오일필터　④ 압력조절 밸브

해설 오일팬의 오일을 흡입하는 관은 오일 스트레이너로, 여과 망이 설치되어 큰 이물질을 여과하는 역할을 한다.
① 오일펌프는 오일을 윤활부로 송출하는 기능을 한다.
③ 오일필터는 작은 이물질을 여과하는 기능을 한다.
④ 압력조절 밸브는 커먼레일에 장착되어 인젝터에 공급되는 연료의 압력을 조절한다.

⚠ 빈출
91 오일의 여과 방식에 따른 분류가 아닌 것은?

① 전류식　② 반류식
③ 분류식　④ 샨트식

해설 오일의 여과 방식에 따른 분류에는 전류식, 분류식, 샨트식이 있다.

⚠ 빈출
92 윤활유의 분류 방법 중 SAE 분류의 기준은?

① 점도에 따른 분류
② 사용 조건에 따른 분류
③ 사용 시간에 따른 분류
④ 유성에 따른 분류

해설 윤활유의 분류 방법 중 SAE 분류는 오일의 점도를 기준으로 분류하는 방법이다.
② 사용 조건에 따른 분류는 API 분류와 SAE 신분류가 해당한다.

93 오일 압력조절 밸브의 스프링 장력이 클 때 유압의 변화는?

① 낮아진다.
② 높아진다.
③ 낮아졌다가 높아진다.
④ 변화가 없다.

해설 오일 압력조절 밸브는 스프링의 장력으로 압력을 조절한다. 스프링의 장력이 크면 유압이 높아지고, 장력이 작으면 유압이 낮아진다.

⚠ 빈출
94 유압이 높아지는 원인이 아닌 것은?

① 점도가 낮을 때
② 유압조절 밸브 스프링 장력이 클 때
③ 오일필터가 막혔을 때
④ 윤활장치 회로 일부가 막혔을 때

해설 윤활유의 점도가 높을수록 유압이 높아진다.

⚠ 빈출
95 오일 소비 증대의 가장 큰 원인은?

① 짧은 오일 교환 주기
② 오일의 연소와 누설
③ 오일의 증발
④ 엔진의 과열

해설 오일 소비 증대의 가장 큰 원인은 오일의 연소와 누설이다.

96 기관의 윤활유 사용 방법에 대한 설명으로 옳은 것은?

① 여름용은 겨울용보다 SAE번호가 큰 윤활유를 사용한다.
② 겨울에는 여름보다 SAE번호가 큰 윤활유를 사용한다.
③ 계절과 관계없이 사용하는 윤활유 SAE번호는 일정하다.
④ 계절과 윤활유 SAE번호는 관계가 없다.

해설 SAE 분류는 윤활유의 점도에 따른 분류이며 번호가 클수록 점도가 높다. 윤활유의 점도는 온도가 높을수록 낮아지므로 여름용은 겨울용보다 SAE번호가 큰 윤활유를 사용한다.

정답 89 ① 90 ② 91 ② 92 ① 93 ② 94 ① 95 ② 96 ①

CHAPTER 02 전기장치

1 전기의 기초

1. 전기 일반
① **전압**: 도체 내에서 전류를 흐르게 하는 전기적 압력을 말하며(힘, 세기), 단위로는 'V(볼트)', 기호로는 'E'를 사용한다.
② **전류**: 도체 내에서 전자의 이동, 즉 전기의 흐름(양)을 말하며, 단위로는 'A(암페어)', 기호로는 'I'를 사용한다. 전류의 3대 작용에는 발열 작용, 자기 작용, 화학 작용이 있다.
③ **저항**: 도체 내에서 전류의 흐름을 방해하는 요소를 말하며, 단위로는 'Ω(옴)', 기호로는 'R'을 사용한다.
  ㉠ 물질의 고유저항: 모든 물질이 스스로 가지고 있는 저항을 말하며, 온도, 단면적, 재질, 형상에 따라 변화함
  ㉡ 접촉저항
   - 두 도체 사이의 접촉 상태에 따라 발생 하는 저항을 말하며, 접촉이 불량할수록 증가함.
   - 건설기계는 주로 축전지 단자에서 접촉저항이 많이 발생함
  ㉢ 합성저항
   - 직렬 연결: $R = R_1 + R_2 + R_3 + \cdots + R_n$
   - 병렬 연결: $\dfrac{1}{R} = \dfrac{1}{R_1} + \dfrac{1}{R_2} + \dfrac{1}{R_3} + \cdots + \dfrac{1}{R_n}$
④ **전력**: 단위 시간 동안에 전기장치에 공급되는 전기에너지를 말하며, 단위로는 'W(와트)', 기호로는 'P'를 사용한다.

- P(전력) = E(전압) × I(전류)
- P(전력) = I(전류)^2 × R(저항)
- P(전력) = $\dfrac{E(전압)^2}{R(저항)}$

2. 옴의 법칙
도체에 흐르는 전류는 전압에 비례하고, 저항에 반비례한다는 법칙이다.

$$I(전류) = \dfrac{E(전압)}{R(저항)}$$

3. 전기의 접속
① **직렬접속**
  ㉠ 두 개 이상의 저항을 일렬로 연결하는 것으로, 저항의 총합은 각 저항의 합과 같음
  ㉡ 동일한 축전기를 직렬 연결하면, 전압은 개수의 배가 되지만 전류는 일정함
  ㉢ 예시: 1.5V인 1A 건전지 2개를 직렬접속하면 3V 1A 건전지가 됨
② **병렬접속**
  ㉠ 두 개 이상의 저항을 두 개 이상의 전선을 통해 연결하는 것으로, 저항의 총합은 각 저항 역수들의 합의 역수와 같음
  ㉡ 동일한 축전지를 병렬 연결하면, 전압은 일정하지만 전류는 개수의 배가 됨
  ㉢ 예시: 1.5V인 1A 건전지 2개를 병렬접속하면 1.5V 2A 건전지가 됨

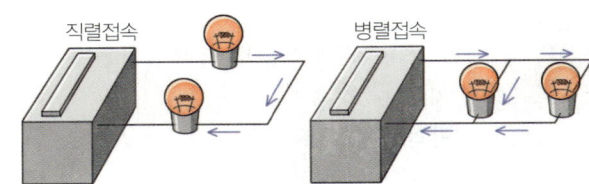
직렬접속 / 병렬접속

4. 직류와 교류
① **직류전기**: 시간의 흐름과 관계없이 전압과 전류가 일정한 값을 유지하고, 그 방향이 일정한 전기를 말한다.
② **교류전기**: 시간의 흐름에 따라 전압과 전류가 시시각각 변화하고, 그 방향이 정방향과 역방향으로 반복되는 전기를 말한다.

5. 다이오드
① 전류를 한 방향으로만 흐르게 하고 역방향으로는 흐르지 못하게 하는 **정류** 특성을 갖는다.
② 교류를 직류로 변환시킬 때 많이 이용된다.

> 용어 **정류**: 교류를 직류로 변환하는 것

2 축전지(배터리)

1. 건설기계에서의 축전지
① 축전지는 전류의 3대 작용 중 화학 작용을 이용하여 화학적 에너지를 전기적 에너지로 변환하는 장치이다.
② 건설기계의 축전지는 모두 납산 축전지이다. 납산 축전지 중 MF 축전지는 증류수 보충이 필요 없는 무보수 축전지라는 특징을 갖는다.
③ 역할
  ㉠ 기관 시동 시, 기동 전동기에 전기적 부하를 담당함
  ㉡ 전기적 에너지를 화학적 에너지로 바꾸어 저장하며 전기가 필요할 경우 전기적 에너지로 바꾸어 공급함
  ㉢ 발전기 고장 시 일시적으로 필요한 전원을 공급함
  ㉣ 건설기계 작동 시 필요한 전기적 부하와 발전기에서 출력되는 전기와의 불평형을 조정함

2. 납산 축전지의 구조
① 극판: 양(+)극판과 음(−)극판으로 되어 있다.
  ㉠ 양(+)극판: 작용 물질은 화학 반응성이 풍부한 과산화납(PbO_2)으로 되어 있음
  ㉡ 음(−)극판: 작용 물질은 순수한 납인 해면상납(Pb)으로 되어 있음
② 격리판: 양(+)극판과 음(−)극판의 단락을 방지하기 위한 장치이다.
  ㉠ 격리판의 구비조건
    • 비전도성이어야 함
    • 전해액 확산이 잘 되도록 다공성이어야 함
    • 극판에 유해한 물질을 내뿜지 않아야 함
    • 전해액에 부식되지 않아야 함
③ 셀: 양(+)극판과 음(−)극판이 설치되는 하나의 방을 말한다.
④ 전해액: 양(+)극판 및 음(−)극판의 작용 물질과 화학 작용을 일으키는 물질로, 묽은 황산($2H_2SO_4$)을 사용한다. 전해액 면이 낮아지면 증류수를 보충해 주어야 하며, 전해액 측정은 비중계로 한다.
⑤ 터미널(단자): 테이퍼 형태의 (+)터미널과 (−)터미널이 있다. 각 셀에 설치되어 있는 양(+)극판을 모두 직렬로 연결하여 (+)터미널에 접속하고 음(−)극판을 모두 직렬로 연결하여 (−)터미널에 접속한다.
⑥ 용기: 극판과 전해액을 보관, '합성수지' 또는 '에보나이트' 등의 재질로 제작된다.

단자 기둥 식별 방법

구분	양극 기둥	음극 기둥
단자 직경	굵음	가늚
부호 표시	+	−
색깔 표시	적색	흑색
문자 표시	P	N

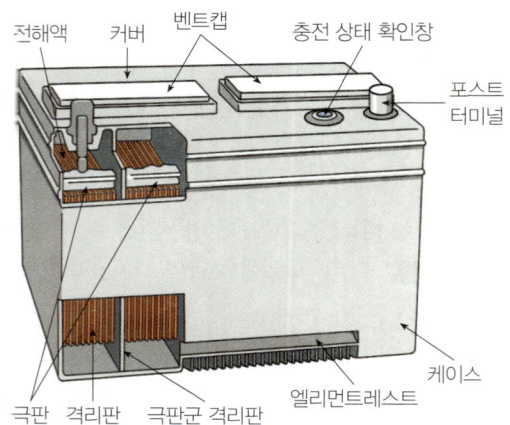

▲ 납산 축전지의 구조

3. 납산 축전지의 특징
① 셀당 기전력은 2.1V이다.
② 12V 축전지는 6개의 셀이 직렬로 접속되어 있다.
③ 양(+)극판이 음(−)극판보다 더 활성적이므로 화학적 평형을 고려하여 각 셀에 양(+)극판을 설치할 때 음(−)극판을 한 장 더 설치한다.

4. 납산 축전지의 충·방전 화학 작용

$$PbO_2 + 2H_2SO_4 + Pb \underset{충전}{\overset{방전}{\rightleftarrows}} PbSO_4 + 2H_2O + PbSO_4$$

〈완전 충전〉 과산화납 묽은 황산 납 〈완전 방전〉 황산납 물 황산납

① 화학적 표기
  ㉠ 양(+)극판: PbO_2(과산화납)
  ㉡ 음(−)극판: Pb(해면상납)
  ㉢ 전해액: $2H_2SO_4$(묽은 황산)
② 축전지의 방전
  ㉠ 양(+)극판 및 음(−)극판: 모두 $PbSO_4$(황산납)로 변함
  ㉡ 전해액: $2H_2O$(물)만 남음
③ 축전지의 충전
  ㉠ 양(+)극판에서는 산소, 음(−)극판에서는 수소를 발생시킴
  ㉡ 황산납 및 전해액이 원래 상태로 환원됨

> **전해액 만드는 방법**
> ① 질그릇 또는 합성수지 등 비전도성 그릇에 증류수를 부음
> ② 증류수에 황산을 조금씩 넣으면서 유리 막대 등으로 잘 저어 줌
> ③ 이때 비중을 측정하여 1.260~1.280/20℃가 되는지 확인함

5. 축전지 용량

① 의미: 완전 충전된 축전지를 일정한 전류로 연속적으로 방전하였을 때 **방전 종지 전압**까지 사용할 수 있는 전기량을 뜻한다.

> **용어**
> • 방전 종지 전압: 배터리가 일정한 전압 이하로 방전되면 방전을 멈추는데, 이때 방전을 멈추는 전압을 말함
> • 셀당 방전 종지 전압: 1.7~1.8V

② **용량 표시**: A(방전 전류)×h(방전 시간)=Ah
③ 축전지 전해액의 용량이 증가하는 경우
 ㉠ 전해액의 온도가 높을수록 증가함
 ㉡ 극판의 크기가 클수록 증가함
 ㉢ 극판이 많을수록 증가함
 ㉣ 전해액의 비중이 높을수록 증가함

6. 축전지 자기 방전

① 의미: 축전지를 사용하지 않아도 자연적으로 방전되어 용량이 감소하는 현상을 말한다.
② 자기 방전의 원인
 ㉠ 전해액 속의 불순물에 의한 국부 전지의 형성
 ㉡ 극판 작용 물질의 탈락에 의한 단락·파손
 ㉢ 음극판 작용 물질과 황산과의 화학 작용에 따른 전류 누설(구조상 부득이한 경우)
 ㉣ 축전지 케이스 상단 표면의 먼지, 습기 등에 의한 국부 전지의 형성
③ 장기간 보관 시 충전 기간: 축전지를 사용하지 않고 장기간 보관할 때에는 극판이 자기 방전으로 인해 황산납으로 변하므로 15~30일마다 충전을 해야 한다.

7. 축전지 충전 방법

① 보 충전
 ㉠ 정전류 충전: 처음부터 끝까지 일정한 전류로 충전
  • 최소 충전: 축전지 용량의 5%로 충전
  • 표준 충전: 축전지 용량의 10%로 충전
  • 최대 충전: 축전지 용량의 20%로 충전
 ㉡ 정전압 충전: 처음부터 끝까지 일정한 전압으로 충전
 ㉢ 단별 전류 충전: 처음에는 큰 전류로 충전하다가 단계적으로 전류를 감소시키며 충전
② 급속 충전
 ㉠ 의미: 시간적 여유가 없을 때 단시간(30분 이내)에 충전
 ㉡ 급속 충전 시 주의사항
  • 충전전류는 용량의 50%로 함
  • 건설기계에 설치된 축전지를 충전할 경우에는 발전기의 실리콘 다이오드 파손 방지를 위해 반드시 (+) 및 (-)단자를 탈거하고 충전해야 함
  • 충전 중에는 수소가스가 발생하므로 통풍이 잘 되는 장소에서 충전해야 함
  • 충전 중 축전지 전해액의 온도가 45℃ 이상이 되지 않도록 주의해야 함

8. 축전지 취급 방법

① 축전지 교환 방법
 ㉠ 탈거 시: '(-)단자 → (+)단자' 순으로 탈거 진행
 ㉡ 접속 시: '(+)단자 → (-)단자' 순으로 접속 진행
② 축전지 충전 시 주의사항
 ㉠ 건설기계에 설치된 상태로 충전할 때에는 반드시 (+) 및 (-)단자를 탈거하고 충전해야 함
 ㉡ 완전 방전 상태로 오랫동안 방치하면 극판이 **영구황산납**이 되어 사용하지 못하게 되므로 25% 정도 방전되었을 때에는 충전해야 함

> **용어**
> 영구황산납(sulfation, 설페이션): 축전지 극판이 황산납 결정체가 되는 것으로, 축전지를 방전된 상태로 장기간 방치하거나 전해액 부족으로 극판이 노출된 경우 등으로 발생함

 ㉢ 축전지를 청소할 때에는 전해액의 묽은 황산을 중화시키기 위해 알칼리성인 소다와 물을 사용해야 함
 ㉣ 단자에 부식이 발생한 경우 부식물을 청소하고 단자에 소량의 그리스를 도포해야 함
 ㉤ MF 축전지가 아닌 축전지는 전해액이 자연 감소하므로 증류수를 보충해야 함

3 시동장치의 구조와 기능

1. 시동장치(시동 전동기, 기동 전동기, 스타트 모터)
건설기계기관을 시동하기 위한 전동장치로, 전동기의 피니언 기어가 플라이휠 링 기어에 접속하여 기관 크랭크축을 회전시켜 기관을 시동시킨다.

2. 시동 전동기의 작동 원리와 종류
① 작동 원리: '**플레밍의 왼손 법칙**'에 의해 작동한다.

> 용어 플레밍의 왼손 법칙: 자력선 내의 도체에 전류가 흐를 때 도체에 작용하는 힘의 방향을 나타내는 법칙

② 종류
  ㉠ 직권식 전동기: 전기자 코일과 계자 코일이 직렬로 접속된 형식으로, 초기 회전력이 커 기동 전동기에 사용함
  ㉡ 분권식 전동기: 전기자 코일과 계자 코일이 병렬로 접속된 형식으로, 회전 속도가 일정하여 송풍기 등에 사용함
  ㉢ 복권식 전동기: 전기자 코일과 계자 코일이 직·병렬로 접속된 형식으로, 회전 속도가 일정하고 회전력이 커 와이퍼 모터 등에 사용함

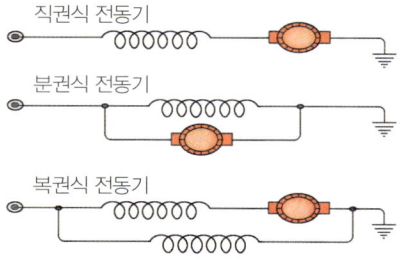

▲ 시동 전동기의 종류

3. 시동 전동기의 동력 전달 방식에 따른 분류
① 벤딕스 형식: 전기자의 고속회전 시 피니언 기어의 관성을 이용한 형식이다.
② 피니언 섭동 형식: 전자석 스위치를 이용하여 피니언 기어를 섭동시키는 형식이다.
③ 전기자 섭동 형식: 전기자 및 피니언 기어가 직접 동력을 전달하는 형식이다.

4. 피니언 섭동식 직권 전동기의 구조
① 전기자: **회전하는 부분 전체**를 말하며 전기자 축, 전기자 코일, 전기자 철심, 정류자로 구성된다.
  ㉠ 전기자 철심: 얇은(0.3~1.0mm) 규소강판을 여러 겹으로 겹쳐 절연 설치한 것으로, 전기자 코일을 지지하고 맴돌이전류를 감소시켜 자력선이 잘 통하도록 함
  ㉡ 정류자: 동 합금의 편(片)으로 각 전기자 코일과 접속되어 있으며, **브러시로부터 공급된 전류를 전기자 코일에 일정한 방향으로 흐르도록 함**. 편과 편 사이에 절연체가 **언더 컷**으로 설치됨

> 용어
> · 브러시: 전류를 공급하며, 3분의 1 이상 마모되면 교환해야 함
> · 언더 컷: 정류자 편 사이에 절연체(운모)를 설치할 때 정류자 편보다 0.5~0.8mm 아래에 설치하는 것

② 계철: **고정되는 부분**을 말하며, 계자 코일, 계자 철심, 원통으로 구성된다.
  ㉠ 계자 코일: 브러시로부터 전류를 공급받음
  ㉡ 계자 철심: 계자 코일의 전류 흐름에 따라 자석(N극, S극)이 됨
  ㉢ 원통: 기동 전동기의 기초 구조물로, 계자 코일과 계자 철심을 지지함
③ 전자석 스위치: 전기자 피니언 기어를 플라이휠 링 기어에 섭동시키며, 전기자 및 계자 코일에 큰 전류를 전달하는 역할을 한다. 풀인 코일, 홀드인 코일, 플런저, 리턴 스프링으로 구성된다.
  ㉠ 풀인 코일: 필드 단자 및 브러시와 직렬접속을 함
  ㉡ 홀드인 코일: 몸체에 접속(접지)하는 역할을 함
④ **오버러닝 클러치**: 엔진 시동 후 피니언이 링 기어와 맞물려 있으면 전기자가 파손되는데, 이를 방지하기 위해 엔진의 회전력이 전기자에 전달되지 않도록 하는 장치이다.

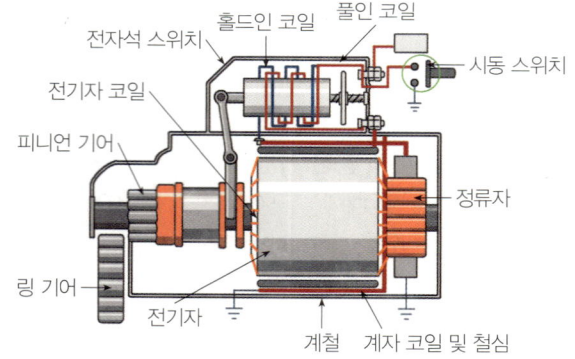

▲ 피니언 섭동식 직권 전동기의 구조

> · 기관 시동 시 전류의 흐름: 축전지 → 계자 코일 → 브러시 → 정류자 → 전기자 코일 → 정류자 → 브러시 → 차체 접지

- 건설기계기관 시동 시 시동 전동기가 작동되지 않는 원인
  ① 축전지의 과방전
  ② 축전지 단자 및 접지의 접속 불량, 배선의 단선
  ③ 전동기 구성품의 작동 불량
- 기동 전동기 관련 테스트
  ① 기동 전동기 무부하시험: 기동 전동기를 기관에서 떼어낸 상태에서 행하는 시험으로, 전기자 회전 속도를 점검함
  ② 기동 전동기 부하시험: 기동 전동기가 기관에 설치된 상태에서 행하는 시험으로, 전기자 정지 회전력을 점검함
  ③ 그로울러 테스터기: 기동 전동기 전기자 코일의 단선, 단락, 접지를 시험하는 테스터기

4 충전장치의 구조와 기능

1. 충전장치

건설기계에서 필요한 전기를 생산·공급하고 축전지를 충전하는 장치이며, 크랭크축과 구동벨트로 연동하여 작동한다.

2. 충전장치의 작동 원리와 종류

① 작동 원리: 충전장치인 발전기는 '플레밍의 오른손 법칙'과 '렌츠의 법칙'에 의해 유도기전력, 즉 교류를 발생시킨다.

> - 플레밍의 오른손 법칙: 자계 내에서 도체를 운동시키면 도체에서는 유도기전력이 발생한다는 법칙
> - 렌츠의 법칙: 유도기전력의 방향은 코일 내의 자속의 변화를 방해하려는 방향으로 발생한다는 법칙

② 종류
  ㉠ 직류발전기: 자계가 고정되고 도체가 회전하는 형식으로, 초기에 잔류자기를 이용하여 유도기전력이 발생하는 자여자식 발전기
  ㉡ 교류발전기: 도체가 고정되고 자계가 회전하는 형식으로, 외부로부터 전원을 공급받아 자계를 형성하는 타여자식 발전기

3. 교류발전기

① 구조 및 기능
  ㉠ 스테이터: 3상 코일이 철심에 고정되는 부분으로, 3상 코일인 스테이터 코일이 로터 철심의 자기장을 자르면서 전기(유도 전기=교류)가 발생함
  ㉡ 로터: 양 철심 안쪽에 코일이 감겨 있으며 풀리에 의해 회전하는 부분으로, 슬립링을 통해 공급된 전류로 코일이 자기장을 형성하면 철심은 자석이 됨. 즉, 로터는 교류발전기에 전류가 흐를 때 전자석이 됨
  ㉢ 슬립링: 로터 코일에 전류를 공급함
  ㉣ 브러시: 슬립링에 접속하여 로터 코일에 전류를 공급함
  ㉤ 실리콘 다이오드: 다이오드의 한쪽으로만 전류를 흐르게 하는 특성을 이용하여 스테이터 코일에서 유도된 교류전기를 직류로 정류시킴. 또한 기관 정지 시 축전지로부터 역류를 방지하며, (+)다이오드 3개, (-)다이오드 3개가 장착됨
  ㉥ 히트싱크: 실리콘 다이오드가 정류할 때 발생하는 열을 냉각시키기 위한 것으로, 실리콘 다이오드가 장착되어 있음
  ㉦ 전압조정기: 로터 코일에 공급되는 전류를 조정하여 설정 전압이 13.5~14.5V가 되도록 함

> - 전자석: 전류가 흐르면 자기화되고, 전류를 끊으면 원래의 상태로 돌아가는 자석
> - 정류: 교류전기를 직류전기로 바꾸는 것

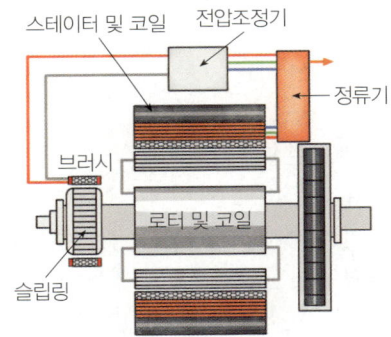

▲ 교류발전기의 구조

② 특징
  ㉠ 소형이고 경량이며 발생 출력이 큼
  ㉡ 정류기는 실리콘 다이오드를 사용하여 정류하므로 정류 특성이 우수함
  ㉢ 전류조정이 가능하므로 전류조정기가 필요 없고, 전압조정기만 필요함
  ㉣ 정류자가 없고 슬립링을 이용하므로 크랭크축과의 회전비(풀리비)를 크게 할 수 있으며, 브러시의 수명이 긺
  ㉤ 3상 결선으로 저속에서도 충전이 탁월함

③ 발전기 충전이 되지 않는 원인
  ㉠ 스테이터 코일 또는 로터 코일의 단선
  ㉡ 전압조정기의 불량
  ㉢ 다이오드의 단락

5 디젤기관 시동 보조장치

1. 시동 보조장치의 필요성
디젤기관은 자기착화 방식으로 연소한다. 따라서 냉간 시동 시 흡입되는 공기 또는 연소실 내에 유입된 공기를 가열하여 시동을 용이하게 하는 장치가 필요하다. 이러한 장치를 시동 보조장치라고 한다.

2. 시동 보조장치의 종류
① 흡기 가열식: 흡기 다기관에 가열장치를 설치하여 흡입공기를 가열하는 형식으로, 흡기 히터식과 히트 레인지식이 있다.
② 예열 플러그식: 연소실에 이미 유입된 공기를 직접 가열하는 형식이다.
  ㉠ 코일형: 히트 코일이 노출된 형식으로 직렬접속함
  ㉡ 실드형: 히트 코일을 보호 튜브로 감싸는 형식으로 병렬접속함

3. 디젤 예열 플러그
① 예열 플러그의 단선
  ㉠ 원인
    • 예열 시간이 길 때
    • 과대 전류가 흐를 때
    • 엔진 과열 상태에서 계속해서 작동시킬 때
    • 규정 형식이 아닌 것을 사용하였을 때
  ㉡ 디젤기관 예열 플러그를 병렬로 연결하면 실린더 예열 플러그 중 하나가 단선되어도 해당 실린더 예열 플러그 외에 나머지 실린더 예열 플러그는 작동됨
② 예열 플러그 오염의 원인: 불완전 연소 및 노킹

6 등화 및 계기장치의 구조와 기능

1. 등화장치
① 조명등: 전조등, 미등, 안개등, 후진등, 실내등 등
② 외부 표시등: 차폭등, 번호등 등

2. 전조등
① 전조등의 3요소: 렌즈, 반사경, 필라멘트
② 종류
  ㉠ 실드 빔 형식
    • 렌즈, 반사경, 필라멘트가 일체로 된 형식
    • 기후 변화에도 반사경이 흐려지지 않으나 필라멘트가 단선되면 전조등 전체를 교환해야 함
  ㉡ 세미 실드 빔 형식
    • 렌즈, 반사경이 일체로 되어 있고 필라멘트는 전구를 사용함
    • 기후 변화에 따라 반사경이 흐려질 수 있으나 필라멘트(전구)가 단선되어도 전구만 교환하면 됨
③ 전조등 회로: 복선식 및 병렬접속이며, 전조등 스위치와 디머 스위치(감광 스위치)로 구성되어 있다.

3. 방향지시등
① 기능: 전구가 점멸하도록 플래셔 유닛을 사용한다.
② 방향지시등 작동 불량
  ㉠ 현상: 점멸 횟수가 다르게 나타남
  ㉡ 원인
    • 좌우 전구의 용량이 다를 때
    • 접지가 불량할 때
    • 전구 중 하나가 단선되었을 때

7 퓨즈

1. 퓨즈의 접속
퓨즈는 전기 회로에 직렬로 접속되어 있다.

2. 퓨즈의 특징
① 기능: **과대 전류**에 의해 배선 및 전장품이 파손되는 것을 방지한다. 가는 구리선 등으로 대용해서는 안 된다.

> **용어**
> **과대 전류**: 배선 및 전장품에 흐를 수 있는 허용 전류 이상을 말함. 과대 전류가 흐르면 배선 주위뿐만 아니라 전장품에 열이 발생하기 때문에 배선 및 전장품이 파손됨

② 성분: 납, 주석, 창연의 합금이다.
③ 용량: 정격용량을 사용하며 'A'로 표시한다.

적중예상 기출복원문제

1 기초전기

01 시간의 흐름과 관계없이 전압과 전류가 항상 일정한 방향으로 흐르는 전기는?

① 교류전기 ② 직류전기
③ 정전기   ④ 동전기

해설 직류전기는 시간의 흐름과 관계없이 전압과 전류가 항상 일정한 방향으로 흐르는 전기이다.
① 교류전기는 시간의 흐름에 따라 전압과 전류가 시시각각 변하는 전기이다.

⚠️빈출

02 전류의 3대 작용이 아닌 것은?

① 발열 작용 ② 화학 작용
③ 자기 작용 ④ 전류 작용

해설 전류의 3대 작용에는 발열 작용, 화학 작용, 자기 작용이 있다.

03 도체 내에서 전류의 흐름을 방해하는 것은?

① 전압 ② 저항
③ 전류 ④ 전기

해설 도체 내에서 전류의 흐름을 방해하는 요소를 저항이라 하며, 단위로는 'Ω(옴)'을 사용한다.
① 전압은 도체 내에서 전류를 흐르게 하는 전기적 압력(힘, 세기)을 말한다.
③ 전류는 도체 내에서의 전기의 흐름(양)을 말한다.

04 저항의 종류 중 물질 스스로 가지고 있는 저항은?

① 고유저항 ② 자기저항
③ 접촉저항 ④ 형상저항

해설 모든 물질이 스스로 가지고 있는 저항을 물질의 고유저항이라고 한다.
③ 접촉저항은 두 도체 사이의 접촉 상태에 따라 발생하는 저항을 말한다.

05 접촉저항은 두 도체 사이의 접촉 상태에 따라 발생하는데, 건설기계 전기장치 중 접촉저항이 주로 발생하는 곳은?

① 축전지 단자   ② 발전기 단자
③ 전조등 스위치 ④ 시동 스위치

해설 접촉저항은 두 도체의 접촉이 불량할 경우 발생이 증가하며, 건설기계에서 접촉저항이 많이 발생하는 곳은 축전지 단자이다.

2 축전지(배터리)

06 축전지에 대한 설명으로 옳은 것은?

① 전기적 에너지를 열에너지로 변환하는 장치이다.
② 화학적 에너지를 자기에너지로 변환하는 장치이다.
③ 전기적 에너지를 화학적 에너지로 변환하는 장치이다.
④ 화학적 에너지를 전기적 에너지로 변환하는 장치이다.

해설 축전지는 전류의 3대 작용 중 화학 작용을 이용하여 화학적 에너지를 전기적 에너지로 변환하는 장치이다.

07 축전지에 이용되는 전류의 작용은?

① 자기 작용 ② 발열 작용
③ 정류 작용 ④ 화학 작용

해설 전류의 3대 작용에는 자기 작용, 발열 작용, 화학 작용이 있으며, 이 중 축전지는 전류의 화학 작용을 이용한다.

⚠️빈출

08 건설기계에서 축전지의 역할이 아닌 것은?

① 기관 시동 시 전기적 부하를 담당한다.
② 발전기 고장 시 일시적으로 전기를 공급한다.
③ 전조등만을 점등하기 위한 장치이다.
④ 전기적 부하와 발전기에서 출력되는 전기와의 불평형을 조정한다.

해설 건설기계에서 축전지의 주된 역할은 시동 시 전기적 부하를 담당하는 것이다. 축전지는 전조등만을 점등하기 위한 장치가 아니다.

정답 01 ② 02 ④ 03 ② 04 ① 05 ① 06 ④ 07 ④ 08 ③

09 축전지 극판에 대한 설명으로 옳지 않은 것은?

① 양(+)극판 작용 물질은 과산화납이다.
② 양(+)극판 작용 물질은 해면상납이다.
③ 음(-)극판 작용 물질은 해면상납이다.
④ 양(+)극판 작용 물질은 화학 반응성이 풍부하다.

해설 축전지 양(+)극판 작용 물질은 화학 반응성이 풍부한 과산화납으로 되어 있다. 해면상납은 음(-)극판 작용 물질이다.

10 격리판의 구비조건이 아닌 것은?

① 다공성이어야 한다.
② 내구성이 있어야 한다.
③ 비전도성이어야 한다.
④ 전해액이 확산되지 않아야 한다.

해설 축전지 격리판은 전해액 확산이 잘 되도록 다공성을 갖춰야 한다.
①②③ 이외에 극판에 유해한 물질을 내뿜지 않아야 하는 것도 축전지 격리판의 구비조건에 해당한다.

11 축전지 단자 기둥 식별 방법에 대한 옳은 설명을 [보기]에서 모두 고른 것은?

┌ 보기 ┐
ㄱ. 부식이 많이 발생하는 곳이 음극이다.
ㄴ. 양극은 적색, 음극은 흑색으로 표시한다.
ㄷ. 양극은 (+), 음극은 (-)로 표시한다.
ㄹ. 단자직경은 양극이 음극보다 굵다.

① ㄱ, ㄷ, ㄹ   ② ㄴ, ㄷ, ㄹ
③ ㄷ, ㄹ   ④ ㄱ, ㄴ, ㄷ, ㄹ

해설 축전지 단자 기둥 식별 방법 중 하나는 부식 정도로 식별하는 것이다. 양극 단자 기둥은 양극판이 과산화납으로 되어 있기 때문에 쉽게 산화가 되어 음극 단자 기둥보다 부식이 많이 발생한다.

12 12V 납산 축전지는 몇 개의 셀로 구성되어 있는가?

① 6개의 셀이 직렬로 접속되어 있다.
② 6개의 셀이 병렬로 접속되어 있다.
③ 12개의 셀이 직렬로 접속되어 있다.
④ 12개의 셀이 병렬로 접속되어 있다.

해설 납산 축전지는 셀당 기전력이 2.1V로, 12V 축전지는 6개의 셀이 직렬로 접속되어 있다.

⚠️빈출
13 다음 설명 중 옳지 않은 것은?

① 직렬접속은 전압을 높이고자 할 때의 접속법이다.
② 직렬접속은 전압이 변화하고 전류는 일정하다.
③ 병렬접속은 전압이 변화하고 전류는 일정하다.
④ 병렬접속은 전압이 일정하고 전류는 변화한다.

해설 병렬접속 시에는 전압이 일정하고 전류는 접속 개수의 배가 된다. 반면, 직렬접속 시에는 전류가 일정하고 전압은 접속 개수의 배가 된다.

14 12V인 50A 축전지 2개를 병렬로 접속하였을 때, 이에 대한 설명으로 옳은 것은?

① 전압은 12V, 용량은 50Ah이다.
② 전압은 12V, 용량은 100Ah이다.
③ 전압은 24V, 용량은 50Ah이다.
④ 전압은 24V, 용량은 100Ah이다.

해설 병렬접속은 전압이 일정하고 전류는 접속 개수의 배가 된다. 12V인 50A 축전지 2개를 병렬로 접속하면 전압은 12V, 용량은 100Ah가 된다.

15 납산 축전지 극판의 화학적 평형을 고려한 설치에 대한 설명으로 옳은 것은?

① 양(+)극판을 1장 더 설치한다.
② 양(+)극판을 2장 더 설치한다.
③ 음(-)극판을 1장 더 설치한다.
④ 음(-)극판을 2장 더 설치한다.

해설 축전지 양(+)극판은 음(-)극판보다 활성화가 크기 때문에 화학적 평형을 고려하여 음(-)극판을 1장 더 설치한다.

⚠️빈출
16 건설기계에 사용하는 납산 축전지에 대한 설명으로 옳은 것은?

① 셀당 기전력이 2.1V이다.
② 방전되면 충전이 되지 않는 1차 전지이다.
③ 전류의 자기작용을 이용하여 전기를 발생시킨다.
④ 24V 축전지는 6개의 셀로 구성되어 있다.

해설 납산 축전지는 셀당 기전력이 2.1V이다.
④ 24V 축전지는 12개의 셀로 구성되어 있다.

정답 09 ② 10 ④ 11 ② 12 ① 13 ③ 14 ② 15 ③ 16 ①

17 납산 축전지의 충전 및 방전에 대한 설명으로 옳지 않은 것은?

① 양극판의 과산화납(PbO_2)은 방전 시 황산납($PbSO_4$)으로 변한다.
② 음극판의 해면상납(Pb)은 방전 시 황산납($PbSO_4$)으로 변한다.
③ 양극판의 과산화납(PbO_2)은 충전 시 황산납($PbSO_4$)으로 변한다.
④ 음극판의 황산납($PbSO_4$)은 충전 시 해면상납(Pb)으로 변한다.

해설 양극판의 과산화납(PbO_2)은 방전 시 황산납($PbSO_4$)으로 변하며, 충전 시에는 황산납($PbSO_4$)이 다시 과산화납(PbO_2)으로 변한다.

18 납산 축전지의 전해액을 만드는 방법에 대한 설명으로 옳지 않은 것은?

① 비전도성 그릇을 준비한다.
② 증류수를 그릇에 담고 황산을 조금씩 부어 젓는다.
③ 황산을 그릇에 담고 증류수를 조금씩 부어 젓는다.
④ 비중은 1.260~1.280/20℃ 정도가 되도록 한다.

해설 전해액을 만들 때에는 반드시 비전도성 그릇에 물(또는 증류수)을 먼저 붓고 황산을 조금씩 부어야 한다.

19 축전지 용량에 대한 설명으로 옳지 않은 것은?

① 극판의 크기가 클수록 용량이 증가한다.
② 극판이 많을수록 용량이 증가한다.
③ 전해액의 비중이 높을수록 용량이 증가한다.
④ 온도가 낮을수록 용량이 증가한다.

해설 축전지 용량은 온도가 높을수록 증가한다.

20 12V, 100Ah의 축전지를 10A로 연속해서 방전하였을 때, 사용가능 시간은?

① 5시간 ② 6시간
③ 8시간 ④ 10시간

해설 Ah는 시간당 사용할 수 있는 전류의 양을 나타낸다. 100Ah의 축전지를 10A로 연속해서 방전할 경우에는 10시간 동안 사용이 가능하다.

21 방전 종지 전압에 관한 설명으로 옳은 것은?

① 어떤 전류 이하로 방전해서는 안 되는 전류를 말한다.
② 어떤 전압 이상으로 방전해서는 안 되는 전압을 말한다.
③ 어떤 전류 이상으로 방전해서는 안 되는 전류를 말한다.
④ 어떤 전압 이하로 방전될 경우 방전을 멈추는 전압을 말한다.

해설 방전 종지 전압은 어떤 전압 이하로 방전될 경우 방전을 멈추는 전압을 말하며, 납산 축전지의 셀당 방전 종지 전압은 1.7~1.8V이다.

22 납산 축전지의 셀당 방전 종지 전압은 몇 V인가?

① 1.7~1.8V ② 3.5~4.5V
③ 6.5~7.5V ④ 9.5~10.5V

해설 납산 축전지의 셀당 방전 종지 전압은 1.7~1.8V이다.

23 축전지 전해액의 온도가 상승할 때 비중의 변화는?

① 올라간다. ② 내려간다.
③ 변화가 없다. ④ 내려가다가 올라간다.

해설 축전지 전해액의 온도가 상승하면 활성화가 빠르게 되고 전기 발생이 많아져 황산이 극판으로 이동하므로 축전지 전해액의 비중은 내려간다.

24 축전지 자기 방전의 원인이 아닌 것은?

① 구조상 부득이할 때
② 전해액 속에 불순물이 없을 때
③ 극판 작용 물질 탈락에 의한 단락·파손이 발생할 때
④ 축전지 표면에 먼지, 습기 등이 많이 쌓여 있을 때

해설 전해액 속의 불순물, 축전지 케이스 상단 표면의 먼지, 습기 등에 의한 국부 전지의 형성이 축전지 자기 방전의 원인에 해당한다.

정답 17 ③ 18 ③ 19 ④ 20 ④ 21 ④ 22 ① 23 ② 24 ②

25 축전지 충전 방법이 아닌 것은?

① 보 충전 ② 급속 충전
③ 정전류 충전 ④ 일반 충전

해설 축전지 충전 방법에는 보 충전 및 급속 충전 방법이 있으며, 보 충전 방법은 정전류 충전, 정전압 충전, 단별 전류 충전 방법으로 나뉜다.

26 정전류 충전 방법에 대한 설명으로 옳지 않은 것은?

① 처음부터 끝까지 일정한 전류로 충전하는 것이다.
② 최소 충전은 축전지 용량의 10%로 충전한다.
③ 표준 충전은 축전지 용량의 10%로 충전한다.
④ 최대 충전은 축전지 용량의 20%로 충전한다.

해설 정전류 충전 방법은 처음부터 끝까지 일정한 전류로 충전하는 것이다. 최소 충전은 축전지 용량의 5%, 표준 충전은 10%, 최대 충전은 20%로 충전한다.

27 축전지를 방전상태로 장기간 방치할 때 축전지 극판이 황산납으로 변하는 현상을 무엇이라 하는가?

① 설페이션 ② 베이퍼록
③ 페이드 ④ 케비테이션

3 시동장치의 구조와 기능

28 굴착기에서 시동장치가 회전시키는 기관의 구성품은?

① 플라이휠 ② 발전기
③ 에어컨 컴프레셔 ④ 오일펌프

해설 시동장치는 전동기의 피니언 기어가 기관의 플라이휠 링 기어에 접속하여 기관 크랭크축을 회전시켜 기관을 시동시킨다.

29 시동장치에 사용하는 전동기에 이용된 원리는?

① 렌츠의 법칙
② 옴의 법칙
③ 플레밍의 오른손 법칙
④ 플레밍의 왼손 법칙

해설 시동 전동기는 자력선 내의 도체에 전류가 흐를 때 도체에 작용하는 힘의 방향을 나타내는 법칙인 플레밍의 왼손 법칙에 의해 작동한다.

30 전동기의 종류 중 전기자 코일과 계자 코일이 직렬로 접속되어 있는 형식은?

① 3상 전동기 ② 직권식 전동기
③ 분권식 전동기 ④ 복권식 전동기

해설 전기자 코일과 계자 코일이 직렬로 접속되어 있으면 직권식이고, 병렬로 연결되어 있으면 분권식, 직·병렬로 연결되어 있으면 복권식이다.

31 굴착기 시동장치에 직류 직권식 전동기를 사용하는 이유로 옳은 것은?

① 초기 회전력이 크기 때문이다.
② 회전 속도가 일정하기 때문이다.
③ 회전 속도가 일정하고 회전력이 크기 때문이다.
④ 초기 회전 속도가 일정하고 부하에 따라 변화하기 때문이다.

해설 직권식 전동기는 회전 속도가 일정하지 않지만 초기 회전력이 크기 때문에 초기에 큰 회전력이 필요한 기동 전동기에 많이 사용한다.

32 전동기의 회전력 전달방식에 따른 종류가 아닌 것은?

① 밴딕스식 ② 전기자 섭동식
③ 피니언 섭동식 ④ 전자석 섭동식

해설 전동기는 회전력을 전달하는 방식에 따라 밴딕스식, 피니언 섭동식, 전기자 섭동식으로 분류한다.

정답 25 ④ 26 ② 27 ① 28 ① 29 ④ 30 ② 31 ① 32 ④

33 피니언 섭동식 전동기의 구성품 중 전기자 코일을 지지하고 맴돌이전류를 감소시켜 자력선이 잘 통하도록 하는 것은?

① 전기자 축 ② 전기자 철심
③ 정류자 ④ 브러시

해설 전기자 철심은 전기자 코일을 지지하고 맴돌이전류를 감소시켜 자력선이 잘 통하도록 한다.

34 기동 전동기에서 전류를 받아 자력선을 형성하는 부분은?

① 계자 코일 ② 정류자
③ 브러시 ④ 오버러닝 클러치

해설 기동 전동기에서 전류를 받아 자력선을 형성하는 부분은 계자 코일과 전기자 코일이다.

35 피니언 섭동식 전동기의 구성품 중 정류자에 대한 설명으로 옳지 않은 것은?

① 브러시와 접촉하여 전기자 코일에 전류를 공급한다.
② 정류자는 여러 개의 편으로 전기자 코일과 접속되어 있다.
③ 정류자는 계철에 고정되어 있다.
④ 정류자 편과 편 사이에는 절연체가 언더 컷으로 설치되어 있다.

해설 피니언 섭동식 전동기의 정류자는 전기자 축에 고정되어 있으며, 브러시와 접촉하여 전기자 코일에 전류를 공급한다.

36 피니언 섭동식에 사용하는 전자석 스위치에 설치되어 있는 코일은 몇 개인가?

① 1개 ② 2개
③ 3개 ④ 4개

해설 전자석 스위치에는 2개의 코일, 즉 풀인 코일과 홀드인 코일이 설치되어 있다.

37 굴착기 시동 시 시동 전동기가 작동하지 않을 때 점검해야 할 사항이 아닌 것은?

① 축전지 ② 시동 스위치
③ 분사펌프 ④ 시동 전동기

해설 굴착기 시동 시 전동기가 작동하지 않을 때에는 축전지, 시동 스위치(점화 스위치), 배선 접속 상태, 접지 상태, 시동 전동기 등을 점검한다. 시동 전동기는 작동하나 시동이 되지 않을 때에는 연료장치 등을 점검한다.

38 엔진의 회전력이 기동 전동기에 전달되지 않도록 하는 장치는?

① 오버러닝 클러치 ② 전기자 코일
③ 전자석 스위치 ④ 계자 코일

해설 오버러닝 클러치는 엔진 시동 후 피니언이 링 기어와 맞물려 있으면 전기자가 파손되는데, 이를 방지하기 위해 엔진의 회전력이 전기자에 전달되지 않도록 하는 장치이다.

4 충전장치의 구조와 기능

39 굴착기에 사용하는 충전장치가 구동되는 요인은?

① 기관 크랭크축과 구동벨트
② 기관 캠축과 구동벨트
③ 기관 플라이휠과 구동벨트
④ 기관 시동장치와 구동벨트

해설 충전장치는 기관 크랭크축 풀리와 구동벨트로 연결되어 작동된다.

40 다음 (   ) 안에 들어갈 내용으로 옳은 것은?

> 충전장치는 (   )과 (   )을 이용하여 유도기전력을 발생시킨다.

① 옴의 법칙, 플레밍의 오른손 법칙
② 옴의 법칙, 플레밍의 왼손 법칙
③ 플레밍의 왼손 법칙, 플레밍의 오른손 법칙
④ 플레밍의 오른손 법칙, 렌츠의 법칙

해설 충전장치는 플레밍의 오른손 법칙과 렌츠의 법칙을 이용하여 유도기전력을 발생시킨다.

정답 33 ② 34 ① 35 ③ 36 ② 37 ③ 38 ① 39 ① 40 ④

41 플레밍의 오른손 법칙에 대한 설명으로 옳은 것은?

① 자계 내에서 도체에 전류를 흐르게 하면 도체가 운동을 한다.
② 자계 내에서 도체에 전류를 흐르게 하면 도체가 자석이 된다.
③ 자계 내에서 도체를 운동시키면 도체에서는 유도기전력이 발생한다.
④ 자계 내에서 도체를 운동시키면 도체에서는 직류 전기가 발생한다.

해설 플레밍의 오른손 법칙은 자계 내에서 도체를 운동시키면 도체에서는 유도기전력이 발생한다는 법칙이다.

42 교류발전기 구성품 중 자석이 되는 부분은?

① 스테이터   ② 로터
③ 슬립링   ④ 스테이터 철심

해설 교류발전기는 로터가 자석이 되어 회전하게 되며, 직류발전기는 계자가 자석이 되는 부분으로 고정되어 있다.

⚠️빈출
43 교류발전기에서 유도 전기가 발생하는 구성품은?

① 스테이터 코일   ② 로터 코일
③ 계자 코일   ④ 전압조정기

해설 교류발전기에서 전기가 발생하는 곳은 스테이터 코일이고, 직류발전기에서 전기가 발생하는 곳은 전기자 코일이다.

⚠️빈출
44 교류발전기에 필요한 조정기는?

① 전류조정기   ② 컷 아웃 릴레이
③ 전압조정기   ④ 전압·전류조정기

해설 교류발전기는 전압조정기만 필요하며, 직류발전기는 전압·전류조정기 및 컷 아웃 릴레이가 필요하다.

⚠️빈출
45 교류발전기 정류기에 사용되는 다이오드는 몇 개인가?

① 3개   ② 4개
③ 5개   ④ 6개

해설 교류발전기는 3상 결선을 사용하므로 총 6개의 다이오드가 사용된다.

⚠️빈출
46 교류발전기에서 사용하는 실리콘 다이오드의 기능은?

① 전압을 조정한다.
② 교류를 직류로 정류하고 역류를 방지한다.
③ 여자 전류를 조정한다.
④ 발전량을 조정한다.

해설 교류발전기의 정류기는 실리콘 다이오드를 사용하여 교류를 직류로 정류하며, 기관이 정지하였을 때 축전지로부터 역류를 방지한다.

47 굴착기에서 사용되는 발전기가 출력 제어 시 조정하는 것은?

① 기관 회전 속도
② 로터 코일의 공급 전류
③ 스테이터 발생 전류
④ 로터 철심의 위치

해설 발전기에서 발생하는 출력을 제어하기 위해서는 로터의 전류를 조정하여 자석의 세기를 조정한다.

48 교류발전기의 특징으로 옳지 않은 것은?

① 소형이고 경량이며 발생 출력이 크다.
② 저속에서도 충전 능력이 탁월하다.
③ 전압조정기만 필요하다.
④ 정류자와 브러시를 통해 정류를 한다.

해설 교류발전기는 정류자와 실리콘 다이오드를 사용하여 정류를 한다. 정류자와 브러시를 통해 정류를 하는 것은 직류발전기이다.

정답 41 ③ 42 ② 43 ① 44 ③ 45 ④ 46 ② 47 ② 48 ④

⚠빈출
49 교류발전기의 특징으로 옳지 않은 것은?

① 소형이고 경량이며 발생 출력이 크다.
② 정류자와 브러시를 이용하여 정류하므로 정류 특성이 우수하고 전류를 조정해야 한다.
③ 전압조정기가 필요하다.
④ 정류자가 없어 크랭크축과의 회전비(풀리비)를 크게 할 수 있으며 브러시의 수명이 길다.

해설 교류발전기는 정류기로 실리콘 다이오드를 이용하여 정류하므로 정류 특성이 우수하고 전류조정기가 필요 없다. 정류자와 브러시를 이용하여 정류하는 것은 직류발전기이다.

⚠빈출
50 굴착기 충전장치에서 발전이 되지 않는 원인이 아닌 것은?

① 구동벨트 장력이 너무 강하다.
② 스테이터 코일이 단선되었다.
③ 로터 코일이 단선되었다.
④ 전압조정기가 불량하다.

해설 충전장치는 구동벨트 장력이 느슨할 때 발전이 되지 않는다. 참고로, 구동벨트 장력이 너무 강하면 발전기뿐만 아니라 물펌프, 에어컨 컴프레셔 등의 베어링이 쉽게 손상된다.

5 디젤기관 시동 보조장치

⚠빈출
51 디젤기관 예열장치 중 연소실의 공기를 직접 가열하는 방식은?

① 흡기 히터식   ② 히트 레인지식
③ 예열 플러그식 ④ 히트 가열식

해설 연소실 내의 공기를 직접 가열하는 방식은 예열 플러그식이다.
①② 흡기 히터식과 히트 레인지식은 흡기다기관에 유입된 공기를 가열하는 형식에 해당한다.

52 기계식 디젤기관에서 예열 플러그를 사용하는 연소실이 아닌 것은?

① 예연소실식   ② 공기실식
③ 와류실식   ④ 직접분사실식

해설 직접분사실식 연소실은 흡기 히터식을 사용한다.

53 디젤기관의 시동 보조장치가 아닌 것은?

① 히트레인지   ② 감압장치
③ 과급기   ④ 예열 플러그

해설 과급기는 기관의 출력을 증대시키기 위한 목적으로 외기를 압축하여 공급하는 일종의 압축기이며, 터보차저와 슈퍼차저가 있다.

⚠빈출
54 예열 플러그의 종류에 대한 설명으로 옳지 않은 것은?

① 실드형 예열 플러그는 히트 코일이 보호 튜브 내에 설치되어 있다.
② 코일형 예열 플러그는 히트 코일이 내부에 설치되어 있다.
③ 실드형 예열 플러그는 병렬로 접속한다.
④ 코일형 예열 플러그는 직렬로 접속한다.

해설 코일형 예열 플러그는 히트 코일이 노출되어 있어 가열 시간이 짧다.

⚠빈출
55 6기통 디젤기관에 실드형 예열 플러그를 장착하여 사용하던 중 3번 실린더 예열 플러그가 단선되었다. 이때 나타나는 현상으로 옳은 것은?

① 3번 실린더 예열 플러그만 작동되지 않는다.
② 1번, 2번, 3번 실린더 예열 플러그가 작동되지 않는다.
③ 3번, 4번, 5번, 6번 실린더 예열 플러그가 작동되지 않는다.
④ 4번, 5번, 6번 실린더 예열 플러그가 작동되지 않는다.

해설 실드형은 병렬로 접속하므로 3번 실린더 예열 플러그만 작동되지 않고, 나머지 실린더 예열 플러그는 작동된다.

56 예열 플러그가 15~20초에서 완전히 가열되었을 경우, 이에 대한 설명으로 옳은 것은?

① 정상상태이다.
② 단락되었다.
③ 접지되었다.
④ 다른 플러그가 모두 단선되었다.

해설 예열 플러그가 15~20초에서 완전히 가열될 경우, 이는 정상상태이다.

정답 49 ② 50 ① 51 ③ 52 ④ 53 ③ 54 ④ 55 ① 56 ①

57 예열 플러그가 자주 단선되는 원인이 아닌 것은?

① 작동시간이 너무 길다.
② 공급 전류가 너무 크다.
③ 예열 플러그 릴레이가 불량하다.
④ 예열 플러그 설치가 불량하다.

> 해설 예열 플러그 릴레이는 예열 플러그와 시동 전동기에 전류 공급을 제어하는데, 릴레이 작동이 불량하면 예열 플러그에 전류가 공급되지 않아 작동이 되지 않는다.

6 등화 및 계기장치의 구조와 기능

58 등화장치 중 조명등에 해당하지 않는 것은?

① 번호등   ② 전조등
③ 실내등   ④ 안개등

> 해설 번호등은 외부 표시등에 해당한다.

59 전조등의 3요소가 아닌 것은?

① 렌즈   ② 반사경
③ 필라멘트 ④ 소켓

> 해설 전조등의 3요소는 렌즈, 반사경, 필라멘트이다.

60 전조등의 종류 중 세미 실드 빔 형식에 대한 설명으로 옳지 않은 것은?

① 렌즈와 반사경이 일체로 된 형식이다.
② 렌즈와 반사경 및 전구가 일체로 된 형식이다.
③ 필라멘트 대신에 전구를 사용한다.
④ 기후 변화에 따라 반사경이 흐려질 수 있다.

> 해설 세미 실드 빔 형식은 렌즈와 반사경이 일체로 되어 있고, 필라멘트 대신에 전구를 사용하여 전구가 단선되더라도 전구만 교환하면 된다. 그러나 기후 변화에 따라 반사경이 흐려지기 쉽다.

61 전조등의 형식 중 렌즈와 반사경, 필라멘트가 일체로 되어 있으며, 기후 변화에도 반사경이 흐려지지 않는 것은?

① 실드 빔 형식   ② 세미 실드 빔 형식
③ 비교환 형식   ④ 교환 형식

> 해설 실드 빔 형식은 렌즈, 반사경, 필라멘트가 일체로 되어 있으며, 내부에 불활성가스가 봉입되어 있어 기후 변화에도 반사경이 흐려지지 않는다.

62 전조등 회로의 연결 방법으로 옳은 것은?

① 단선 – 병렬   ② 단선 – 직렬
③ 복선 – 병렬   ④ 복선 – 직렬

> 해설 전조등은 전류 소모가 커 복선식으로 접속하며, 안전을 위해 병렬로 연결한다.

63 굴착기의 방향지시등을 작동시켰더니 한쪽은 정상으로 작동하고 다른 한쪽은 빠르게 점멸했다. 이때 예상되는 고장 원인 중 하나는?

① 플래셔 유닛의 고장이다.
② 다기능 스위치의 불량이다.
③ 퓨즈의 단선이다.
④ 한쪽 앞뒤 전구 중 하나가 단선되었다.

> 해설 방향지시등 한쪽 전구의 점멸 속도가 빠른 원인은 한쪽 앞뒤 전구 중 하나가 단선되었거나 용량이 다르기 때문이다.

7 퓨즈

64 건설기계 전기장치에 사용하는 퓨즈에 대한 설명으로 옳지 않은 것은?

① 전기 회로에 직렬로 접속되어 있다.
② 전기 회로에 병렬로 접속되어 있다.
③ 과대 전류가 흐르면 단선되어 배선과 전장품을 보호한다.
④ 납, 주석, 창연의 합금으로 되어 있다.

> 해설 퓨즈는 전기 회로에 직렬로 접속되어 과대 전류에 의해 배선 및 전장품이 손상되는 것을 방지하며, 납, 주석, 창연의 합금으로 되어 있다.

정답 57 ③ 58 ① 59 ④ 60 ② 61 ① 62 ③ 63 ④ 64 ②

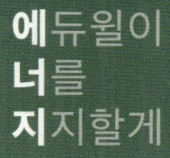

모든 것은 꿈에서 시작된다.

꿈 없이 가능한 일은 없다.

먼저 꿈을 가져라.

오랫동안 꿈을 그리는 사람은

마침내 그 꿈을 닮아간다.

– 앙드레 말로

CHAPTER 03 전·후진 주행장치

1 조향장치의 구조와 기능

1. 개요
① **정의**: 조향장치는 건설기계가 주행 중 선회하고자 하는 방향으로 전환시키는 일련의 장치이다.
② **원리**: 조향의 원리는 **애커먼장토식의 원리**(마름모꼴 원리)를 이용한다.

> **용어** 애커먼장토식의 원리: 킹핀과 타이로드 엔드의 중심을 연결하는 선의 연장선이 뒤 차축의 중심에서 만나게 되면, 선회 시 선회하는 바깥쪽 바퀴보다 안쪽 바퀴 조향각이 더 커지는 원리

③ **조향장치의 구비조건**
㉠ 주행 중 발생되는 충격에 조향 조작이 영향을 받지 않아야 함
㉡ 조작과 방향 변환이 쉽게 이루어져야 함
㉢ 고속으로 선회 시 조향핸들이 안정적이어야 함
㉣ 회전 반지름이 작아 좁은 곳에서도 방향 전환이 되어야 함
㉤ 조향핸들 회전 각도와 바퀴의 선회 각도 차이가 작아야 함
㉥ 수명이 길고 정비가 편리해야 함

2. 조향장치의 구성품
조향핸들 및 축, 조향 기어 박스, 링키지(피트먼 암, 드래그 링크), 타이로드, 조향 너클 등으로 구성되어 있다.
① **조향 기어 박스**: 박스 내부에는 조향 기어가 설치되어 있으며, 감속비를 이용하여 조향 조작력을 증대시킨다. 조향 기어의 종류에는 웜 섹터형, 볼 너트형, 래크와 피니언형 등이 있다.
② **피트먼 암**: 조향 기어의 종류 중 볼 너트 형식에서 조향 기어로부터 전달된 조향 조작력을 드래그 링크에 전달하는 역할을 한다.
③ **드래그 링크**: 피트먼 암과 너클 암을 연결하는 로드이다.
④ **타이로드**: 너클 암의 회전운동을 받아 좌우 바퀴 조향 너클을 움직여 바퀴가 조향하도록 한다. 또한 타이로드 길이를 조정하여 토를 조정할 수 있다.

> **벨 크랭크**: 동력 실린더의 직선운동을 회전운동으로 바꾸고, 타이로드에 직선운동을 시키는 장치

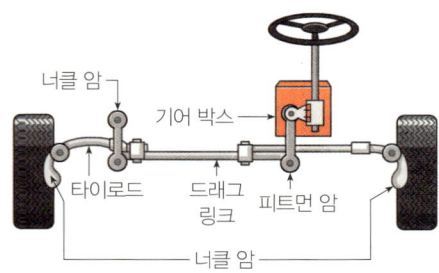

3. 조향장치의 정비
㉠ 조향핸들 조작이 무거운 원인
  ㉠ 타이어 공기압이 낮을 때
  ㉡ 조향 기어의 백래시가 작을 때
  ㉢ 조향 기어 박스에 기어오일이 부족할 때
  ㉣ 바퀴 정렬이 불량할 때
  ㉤ 타이어의 마모가 심할 때
  ㉥ 오일펌프 작동이 불량할 때
  ㉦ 유압계통 내 공기가 많이 유입될 때
㉡ 조향핸들이 한쪽으로 쏠리는 원인
  ㉠ 한쪽 타이어 공기압이 낮을 때
  ㉡ 바퀴 정렬이 불량할 때
  ㉢ 허브 베어링 마모가 심할 때

4. 동력 조향장치
① **정의**: 조향 조작력을 작게 하기 위해 유압의 힘을 이용한 장치이다.
② **유압식 동력 조향장치 설치 시 장점**
  ㉠ 작은 조향 조작력으로도 조향 조작을 할 수 있음
  ㉡ 조향 기어비를 조향 조작력에 관계없이 설정할 수 있음
  ㉢ 굴곡진 노면으로부터 충격을 흡수하여 충격이 조향핸들에 전달되는 것을 방지할 수 있음
  ㉣ 바퀴의 시미 현상을 일부 감소시킬 수 있음
③ **작동부 유압 실린더 형식**: 복동실린더 더블로드형 (복동 양로드형)

5. 조향바퀴 정렬

① 정의: 조향바퀴 정렬(앞바퀴 또는 뒷바퀴 정렬)은 각 바퀴가 차체나 노면에 대해 일정한 각도 및 방향을 두고 설치되는 것을 말한다.

② 바퀴 정렬의 요소

　㉠ 캠버: 바퀴를 앞에서 보았을 때 바퀴 중심선이 수직선에 대해 바깥쪽(정의 캠버) 혹은 안쪽(부의 캠버)으로 기울어진 것
　　• 필요성: 조향 조작 시 조향 조작력을 가볍게 하고 수직 하중에 의한 차축 휨을 방지함

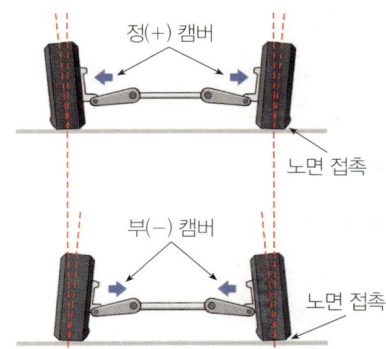

　㉡ 토: 바퀴를 위에서 보았을 때 앞쪽이 뒤쪽보다 좁은 것(토 인) 또는 넓은 것(토 아웃)
　　• 토 인의 필요성: 바퀴를 평행하게 회전하게 하며 옆 방향 미끌림(사이드 슬립)을 방지하고, 링키지 마모나 캠버에 의한 토 아웃을 방지함
　　• 토 조정 방법: 타이로드 길이를 가감하여 조정함

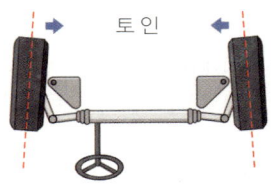

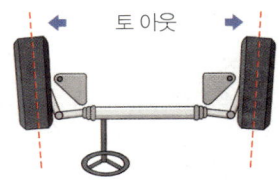

　㉢ 캐스터: 바퀴를 옆에서 보았을 때 킹핀 중심선이 수직선에 대해 앞(부 캐스터) 또는 뒤(정 캐스터)로 기울어진 것
　　• 필요성: 바퀴에 방향성을 주며 킹핀 경사각과 함께 복원력을 부여함

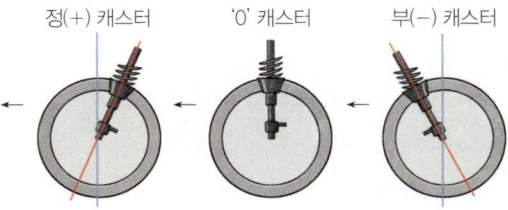

　㉣ 킹핀 경사각: 바퀴를 앞에서 보았을 때 킹핀 중심선이 수직선에 대해 안쪽으로 기울어진 것
　　• 필요성: 캠버와 함께 조향 조작력을 작게(가볍게) 하며 바퀴의 시미 현상을 방지하고, 캐스터와 함께 복원력을 부여함

③ 바퀴 정렬의 필요성

　㉠ 조향핸들 조작을 작은 힘으로도(가볍게) 할 수 있도록 함
　㉡ 조향핸들 조작을 확실하게 하고 안전성을 줌
　㉢ 조향핸들 조작 후 조향바퀴에 복원성을 부여함
　㉣ 선회 시 옆 방향 미끌림(사이드 슬립)을 방지하고 타이어의 마모를 감소시킴

2 동력전달장치의 구조와 기능

1. 개요

① 동력전달장치의 구성요소: 클러치(수동변속기를 장착한 경우), 변속기(또는 트랜스 액슬), 드라이브 라인, 종감속 기어, 차동장치, 차축 및 구동 바퀴 등

② 동력전달 순서: 기관 → 클러치 또는 토크컨버터 → 변속기 → 드라이브 라인 → 종감속 장치 및 차동장치 → 액슬축 → 바퀴

2. 클러치

① 정의: 기관과 수동변속기 사이에 설치되어 기관의 동력을 변속기에 전달 또는 차단한다. 클러치 페달을 밟으면 플라이휠과 클러치판이 떨어져 동력이 차단되고, 클러치 페달을 떼면 동력이 전달된다.

② 필요성

　㉠ 기관 시동 시 무부하 상태로 두기 위하여
　㉡ 변속기의 기어 변속을 위해 일시적으로 기관의 동력을 차단하기 위하여(클러치 연결 상태에서 기어 변속 시 기어가 손상될 수 있음)
　㉢ 관성 주행을 위하여

③ 구비조건
- ㉠ 회전 관성이 작고, 회전 부분의 평형이 좋아야 함
- ㉡ 과열되지 않아야 함
- ㉢ 구조가 간단하고 고장이 적어야 함
- ㉣ 동력 차단이 신속히 이루어져야 하고, 충격 완화를 위해 동력 전달이 서서히 이루어져야 함
- ㉤ 접속 후에는 미끄러짐이 없어야 함
- ㉥ 고장과 진동, 소음이 적고 수명이 길어야 함

④ 종류
- ㉠ 마찰 클러치
- ㉡ 유체 클러치
- ㉢ 전자 클러치

3. 마찰 클러치의 주요 구조 및 기능

① 클러치판(디스크, 클러치 라이닝): 기관 플라이휠과 압력판 사이에 설치되며 기관의 동력을 변속기 입력축을 통해 변속기에 전달한다.
- ㉠ 구비조건
  - 내마멸성, 내열성이 클 것
  - 온도에 의한 변화가 적고, 내식성이 클 것
  - 알맞은 마찰계수를 갖출 것
- ㉡ 구성
  - 허브: 스플라인으로 되어 있으며 변속기 입력축이 접속되는 부분
  - 비틀림 코일 스프링: 클러치판이 회전하는 플라이휠에 접속할 때 발생하는 회전 충격을 흡수함
  - 쿠션 스프링: 클러치판이 플라이휠에 접속할 때 축 방향 충격에 의한 페이싱(라이닝)의 변형 또는 파손을 방지함
- ㉢ 클러치판의 마모로 인해 발생하는 현상
  - 동력전달 효율 감소로 인한 연료소비량 증가
  - 견인력 감소
  - 차체 속도 저하

② 압력판: 클러치 스프링 장력을 이용하여 클러치판을 플라이휠에 압착하는 역할을 한다.

③ 릴리스 레버: 압력판과 접속되어 있으며, 릴리스 베어링 작동에 의해 압력판을 뒤로 밀려나게 한다.

④ 릴리스 베어링: 릴리스 포크에 장착되어 있으며, 클러치 페달을 작동시키면 회전하는 릴리스 레버에 접속하여 레버가 작동하게 한다.

⑤ 클러치 페달의 자유유격(간극)
- ㉠ 의미: 클러치 페달을 밟았을 때 릴리스 베어링이 릴리스 레버에 닿을 때까지 페달이 움직인 거리
- ㉡ 자유유격을 두는 이유: 클러치가 미끄러지는 것을 방지하기 위해
- ㉢ 자유유격이 큰 경우: 동력차단이 불량해짐
- ㉣ 자유유격이 작은 경우: 클러치가 미끄러짐

⑥ 클러치가 미끄러지는 원인
- ㉠ 클러치 페달의 자유간극이 작은 경우
- ㉡ 클러치 압력판 또는 클러치판이 마모된 경우
- ㉢ 클러치판에 오일이 부착된 경우
- ㉣ 클러치 스프링의 장력이 작은 경우

4. 유체클러치

① 마찰 클러치와 달리 오일을 사용하여 엔진의 회전력을 전달하며, 자동 변속기에 많이 쓰인다.

② 펌프 임펠러, 터빈 러너, 가이드링(유체의 와류 감소)으로 구성된다.

5. 토크컨버터

① 토크 컨버터는 유체 클러치로부터 개발되었으며 펌프와 터빈 사이에 스테이터라는 부품을 추가하여 엔진의 토크를 증폭시키는 장치이다.

② 구성
- ㉠ 펌프 임펠러: 크랭크축과 연결되어 엔진과 같은 회전수로 회전하며 유체에너지를 발생시킴
- ㉡ 터빈 러너: 변속기 입력축과 연결되어 있으며, 펌프 임펠러의 유체 에너지를 회전력으로 변환함
- ㉢ 스테이터: 오일의 방향을 바꾸어 터빈 러너의 회전력을 증대시킴

③ 스테이터에 의한 터빈 러너가 토크 변환율을 2~3배 증대시킴

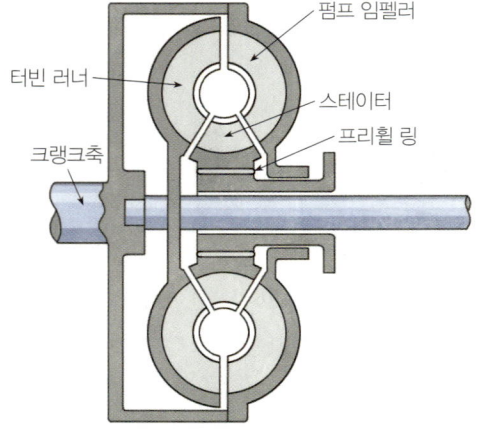

6. 자동변속기

① 변속기의 필요성
  ㉠ 기관의 회전력 증대를 위해
  ㉡ 기관 시동 시 무부하 상태로 두기 위해
  ㉢ 건설기계의 후진을 위해

② 자동변속기의 특징
  ㉠ 조종자가 기어 변속을 하지 않아도 자동으로 변속이 됨
  ㉡ 기어 변속 중 기관이 정지되는 일이 없으므로 안전운전이 가능함
  ㉢ 저속에서 구동력이 큼
  ㉣ 자동변속기 오일이 충격 완화 작용을 하여 기관에 전달하는 충격이 적어 기관 수명이 길어짐

③ 구성
  ㉠ 전·후진 클러치: 방향전환 레버의 스위치 작동에 따라 유압이 클러치 피스톤에 전달되면 클러치가 접속하여 토크컨버터의 회전력을 유성 기어에 전달하거나 차단함
  ㉡ 밸브 보디: 솔레노이드 작동에 따라 유로를 형성하고 유압을 공급함
  ㉢ 유성 기어: 자동변속기는 기어 변속을 위해 유성 기어를 사용하고, 선 기어, 유성 기어 및 유성 기어 캐리어, 링 기어로 구성되어 변속비를 형성함

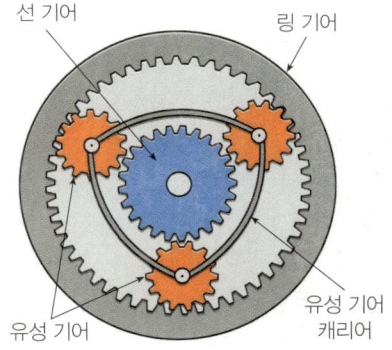
▲ 유성 기어의 구성

> **자동변속기 과열의 원인**
> - 메인 압력이 높은 경우
> - 오일이 규정된 양보다 적은 경우
> - 오일 점도가 높은 경우
> - 변속기 오일 쿨러가 막힌 경우
> - 과부하에 걸린 경우

7. 수동변속기

① 수동변속기 이상소음의 원인
  ㉠ 변속 기어의 백래시 과다
  ㉡ 변속기의 오일 부족
  ㉢ 변속기 베어링의 마모

② 주행 중 수동변속기 기어가 빠지는 원인
  ㉠ 기어가 덜 물렸을 때
  ㉡ 기어의 마모가 심할 때
  ㉢ 변속기 록장치(록킹볼)가 불량할 때
  ㉣ 로크 스프링의 장력이 약할 때

> **용어** 로크 스프링: 기어가 빠지지 않게 고정시켜 주는 록킹볼을 밀어 주는 코일 스프링의 일종

8. 드라이브 라인

① 정의: 변속기에서 증대된 회전력을 종감속 장치까지 전달하기 위한 일련의 장치들로, 슬립 이음, 자재 이음, 추진축 등으로 구성되어 있다.

② 구성
  ㉠ 슬립 이음: 길이 변화에 대응하기 위한 이음이며, 변속기 출력축과 추진축에 스플라인으로 구성되어 있음
  ㉡ 자재 이음: 각도 변화에 대응하기 위한 이음이며, 추진축 앞뒤에 설치됨
   • 등속 조인트
    - 기능: 앞차축으로 사용되는 조인트로, 구동축과 일직선상이 아닌 피동축 사이에 설치되어 회전각속도의 변화 없이 동력을 전달하는 자재 이음
    - 종류: 제파형, 트랙터형, 버필드형, 더블옵셋형 등
  ㉢ 추진축: 변속기로부터 변환된 회전력을 종감속 장치에 전달하며, 고속으로 회전하므로 속이 빈 강관으로 되어 있음. 회전 시 동적·정적평형을 유지하기 위한 평형추(밸런스 웨이트)가 장착되어 있음

▲ 드라이브 라인의 구성

9. 종감속 장치

① 정의: 바퀴의 **구동력**을 증대시키고 회전력을 직각 방향으로 전달하기 위한 장치로, 스파이럴 베벨 기어 형식의 피니언 기어와 링 기어로 구성되어 있다.

> **용어** 구동력: 바퀴를 굴리기 위한 힘

② 종감속비
  ㉠ 정의: 기관 출력, 중량, 등판능력, 가속 성능에 따라 결정되며, 종감속비는 편마모를 방지하기 위해 나누어 떨어지지 않는 값으로 한다.

$$종감속비 = \frac{링\ 기어\ 잇수}{피니언\ 기어\ 잇수}$$

  ㉡ 종감속비가 클 경우 발생하는 현상
    • 가속성능과 등판능력이 향상됨
    • 고속성능이 저하됨

③ 종감속 기어
  ㉠ 특징: 링 기어 중심선 아래에 구동 피니언 기어를 설치한 형식인 하이포이드 기어를 사용
  ㉡ 하이포이드 기어의 특징
    • 구동 피니언 기어를 링 기어 중심 아래에 설치함으로써 추진축 높이를 낮출 수 있어 차체 중심이 낮아짐
    • 구동 피니언 기어를 크게 할 수 있어 기어의 강도가 증대됨
    • 기어 물림률이 커 회전이 정숙함
    • 기어가 미끄럼 접촉을 하며 회전하기 때문에 압력이 커 특수 기어오일을 사용해야 함
    • 제작이 어려움

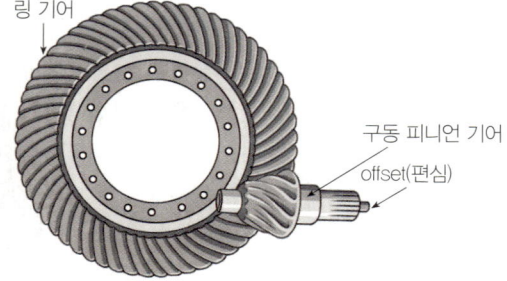

▲ 하이포이드 기어의 구성

10. 차동장치

① 정의: 건설기계가 선회 시 조향하지 않는 바퀴가 선회하는 경우, 안쪽 바퀴와 바깥쪽 바퀴의 회전수를 다르게 하여(바깥쪽 바퀴의 회전 속도를 증대시킨다) 미끄럼 없이 원활하게 선회하도록 하는 장치이다.
② 원리: 랙과 피니언의 원리를 이용한다.
③ 구성: 차동 사이드 기어, 차동 피니언 기어, 피니언 기어축, 차동 기어 케이스 등
④ 차동장치 동력전달 순서: 구동 피니언 기어 → 링 기어 → 차동 기어 케이스 → (차동 피니언 기어 → 차동 사이드 기어) → 차축

3 제동장치의 구조와 기능

1. 제동장치

제동장치는 주행하는 건설기계를 감속 또는 정지시키거나 주차 상태를 유지하는 장치로, ==운동에너지를 열에너지로 바꾸어 제동력을 발생==시킨다.

2. 유압식 제동장치

① 원리: 파스칼의 원리를 이용하여 유압을 발생시킨다.
② 특징
  ㉠ 모든 바퀴에 제동력이 고르게 작용함
  ㉡ 작동 시 마찰 손실이 적음
  ㉢ 제동 시 페달 조작력이 작아도 됨
  ㉣ 유압회로가 파손되면 오일이 누출되어 제동 기능이 상실됨
  ㉤ 유압회로 내에 공기가 유입되면 제동력이 감소함
③ 구비조건
  ㉠ 건설기계 중량과 속도에 대해 충분한 제동 성능을 갖추어야 함
  ㉡ 작동이 확실하고 그 효과가 커야 함
  ㉢ 제동장치에 대한 신뢰성과 내구성이 커야 함
  ㉣ 점검과 정비가 쉬워야 함
④ 주요 구성품
  ㉠ **마스터 실린더**: 탠덤 마스터 실린더를 사용함
    • 1차 피스톤 컵: 유압이 발생함
    • 2차 피스톤 컵: 오일 누출을 방지함
    • 체크 밸브: 제동이 해제되었을 때 유압라인 내에 잔압을 유지하여 재제동성을 향상시키고, **베이퍼록 현상**과 오일의 역류를 방지함

ⓒ **진공 부스터(하이드로 백)**: 진공 배력 장치로, 대기압과 진공의 압력차를 이용하여 마스터 실린더 푸시로드에 힘을 배가시킴. 진공 배력 장치는 부품이 고장 나더라도 브레이크는 작동함

ⓒ **휠 브레이크**: 건식과 습식이 있음. 건식은 슈 라이닝이 회전하는 드럼을 제압하여 제동력이 발생하게 하며, 습식은 몇 장의 클러치가 유압 피스톤에 압착되어 회전하는 브레이크 드럼을 제동시키는 형식임

> **용어** 베이퍼록 현상: 유압라인 내에 마찰열 또는 압력 변화에 의해 오일이 비등하여 기포가 발생하면 그 기포에 의해 오일의 흐름이 방해받아 제동력이 저하되는 현상

⑤ 브레이크 작동 시 차가 한쪽으로 쏠리는 원인
  ㉠ 타이어 좌우 공기압이 다른 경우
  ㉡ 드럼슈에 그리스나 오일이 붙은 경우
  ㉢ 드럼이 변형된 경우

- 브레이크 드럼이 갖추어야 할 조건
  ① 내마멸성이 커야 함
  ② 정적·동적 평형이 좋아야 함
  ③ 열발산이 잘 되어야 함
  ④ 재질이 단단하고 가벼워야 함
- 브레이크 오일
  ① 알코올과 피마자유를 합성하여 만듦
  ② 브레이크 장치 수리 시 고무재질의 부품을 세척할 때 알코올과 함께 사용됨
  ③ 브레이크오일의 구비조건
    ㉠ 비등점이 높을 것
    ㉡ 팽창계수가 낮을 것
    ㉢ 비압축성일 것
    ㉣ 내부마찰이 적고, 윤활성이 좋을 것

3. 공기브레이크

① 캠은 공기브레이크의 챔버에서 브레이크슈를 직접 작동한다.
② 압축공기를 이용한 제동장치이며, 큰 제동력을 얻을 수 있어 대형건설기계에 적합하다.

4 주행장치의 구조와 기능

1. 차축(액슬축)

① 종감속 장치 및 차동장치로부터 전달받은 회전력을 바퀴에 전달한다.

② 액슬축의 한쪽 끝은 차동장치의 차동 사이드 기어에, 다른 한쪽은 바퀴에 접속되어 있다.

2. 타이어

① 기능: 노면으로부터 충격을 흡수하고 제동력, 구동력, 견인력을 확보한다.
② 구성
  ㉠ 트레드: 노면과 접촉하는 부분으로 내부의 열을 방산하고, 구동력·견인력·제동력·배수·조향성·안정성을 위해 필요함
  ㉡ 브레이커: 트레드와 카커스 사이에 설치되어 노면의 충격을 흡수하고 트레드와 카커스가 분리되는 것을 방지함
  ㉢ 카커스: 직물에 고무를 피복한 것을 여러 겹의 층으로 설치한 것으로 타이어의 골격을 이루는 부분임. 한 겹을 플라이(ply)라고 하며, 공기압에 따라 플라이 수가 다름
  ㉣ 사이드 월: 타이어의 모든 정보가 표시되는 부분
  ㉤ 비드: 림과 접촉하는 부분으로, 변형에 의해 공기압이 새는 것을 방지하고 림에서 이탈되는 것을 방지하기 위해 내부에 강선을 삽입함

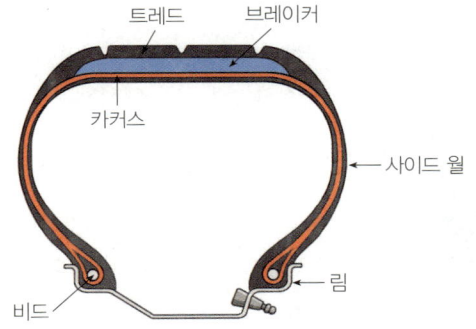

③ 타이어 호칭 치수
  ㉠ 저압 타이어: 타이어 폭(Inch)−타이어 내경(Inch)−플라이 수
  ㉡ 고압 타이어: 타이어 외경(Inch)×타이어 폭(Inch)−플라이 수
④ 튜브리스 타이어
  ㉠ 타이어 펑크 시 수리가 편리함
  ㉡ 펑크 발생 시 공기가 쉽게 새지 않음
  ㉢ 고속으로 주행하여도 발열이 적음
⑤ 타이어 접지압

$$\frac{공차\ 상태의\ 무게(kgf)}{접지\ 면적(cm^2)}$$

CHAPTER 03 적중예상 기출복원문제

1 조향장치의 구조와 기능

⚠️빈출

01 건설기계에 사용하는 조향장치에 적용되는 원리는?

① 애커먼장토식의 원리
② 평행사변형의 원리
③ 베르누이의 원리
④ 파스칼의 원리

해설 조향장치는 선회 시 바깥쪽 바퀴와 안쪽 바퀴와의 조향각에 차이를 두어 원활한 선회를 하기 위해 '애커먼장토식의 원리'를 이용한다.

02 조향장치의 구비조건이 아닌 것은?

① 주행 중 노면으로부터 발생되는 충격이 조향 조작에 영향을 주지 않을 것
② 조작이 쉽고 방향 변환이 쉽게 이루어질 것
③ 회전 반지름이 작아 좁은 골목에서도 방향 전환이 쉽게 이루어질 것
④ 조향핸들 회전 각도와 바퀴 선회 각도 차이가 클 것

해설 조향핸들 회전 각도와 바퀴 선회 각도 차이가 작은 것이 조향장치의 구비조건에 해당한다.

03 조향 조작력 전달 순서로 옳은 것은?

① 조향핸들 → 조향 기어 → 조향축 → 피트먼 암 → 드래그 링크 → 타이로드 → 바퀴
② 조향핸들 → 조향 기어 → 조향축 → 피트먼 암 → 타이로드 → 드래그 링크 → 바퀴
③ 조향핸들 → 조향축 → 조향 기어 → 피트먼 암 → 드래그 링크 → 타이로드 → 바퀴
④ 조향핸들 → 조향축 → 조향 기어 → 드래그 링크 → 피트먼 암 → 타이로드 → 바퀴

해설 조향 조작력 전달 순서는 '조향핸들 → 조향축 → 조향 기어 → 피트먼 암 → 드래그 링크 → 타이로드 → 너클 암 → 바퀴' 순이다.

04 조향장치 구성품이 아닌 것은?

① 조향축
② 조향 기어 박스
③ 조향바퀴
④ 링키지

해설 조향장치 구성품으로는 조향핸들 및 조향축, 조향 기어 박스, 링키지, 타이로드, 조향 너클 등이 있다.

⚠️빈출

05 조향장치 구성품이 아닌 것은?

① 드라이브 라인
② 조향 기어
③ 드래그 링크
④ 피트먼 암

해설 드라이브 라인은 동력전달장치의 구성품이다.

06 굴착기의 조향핸들이 무거운 직접적인 원인에 해당하지 않는 것은?

㉠ 바퀴의 마모가 심할 때
㉡ 바퀴 정렬이 불량할 때
㉢ 조향 기어 백래시가 작을 때
④ 타이어 공기압을 규정 압력 이상으로 주입하였을 때

해설 타이어 공기압을 규정 압력 이상으로 주입하면 타이어 공기 압이 높아진다. 조향핸들은 타이어 공기압이 낮을 때 무거워진다.
①②③ 이외에도 조향 기어 박스에 기어오일이 부족할 때, 오일 펌프 작동이 불량할 때 등이 조향핸들이 무거운 원인에 해당한다.

정답 01 ① 02 ④ 03 ③ 04 ③ 05 ① 06 ④

⚠️빈출

07 굴착기 동력 조향장치에서 조향 조작이 무거워지는 원인이 아닌 것은?

① 오일이 부족하다.
② 공급 유압이 높다.
③ 유압라인 내 공기가 침입하였다.
④ 조향바퀴 공기압이 낮다.

해설 굴착기 동력 조향장치는 공급 유압이 낮을 때 조향 조작이 무거워진다.
①③④ 이외에 오일펌프 작동이 불량할 때 등이 조향 조작이 무거워지는 원인에 해당한다.

08 굴착기의 조향핸들이 한쪽으로 쏠리는 원인에 해당하는 것을 [보기]에서 모두 고른 것은?

| 보기 |
ㄱ. 타이어 공기압이 한쪽만 낮을 때
ㄴ. 바퀴 정렬이 불량할 때
ㄷ. 허브 베어링 마모가 심할 때
ㄹ. 조향 기어 백래시가 작을 때

① ㄱ, ㄴ, ㄷ
② ㄱ, ㄴ, ㄹ
③ ㄱ, ㄷ, ㄹ
④ ㄴ, ㄷ, ㄹ

해설 조향 기어 백래시가 작은 경우는 조향핸들이 무거운 원인에 해당한다.

⚠️빈출

09 굴착기에 유압식 동력 조향장치를 설치하였을 때의 장점으로 옳지 않은 것은?

① 조향 기어비를 조향 조작력에 관계없이 설정할 수 있다.
② 작은 조향 조작력으로도 조향 조작을 할 수 있다.
③ 바퀴의 시미 현상을 감소시킬 수 있다.
④ 구조가 간단하여 사용이 용이하다.

해설 유압식 동력 조향장치는 구조가 복잡하고, 유압장치가 고장 나면 작동이 불량해지는 단점이 있다.

⚠️빈출

10 굴착기에 사용하는 동력 조향장치의 작동부에 사용하는 유압 실린더는?

① 단로드 단동식
② 단로드 복동식
③ 양로드 단동식
④ 양로드 복동식

해설 굴착기에 사용하는 조향장치 유압 실린더는 좌우 바퀴를 제어하기 위해 양로드 복동식을 사용한다.

11 굴착기 조향장치 구성품 중 벨 크랭크에 대한 설명으로 옳은 것은?

① 동력 실린더의 직선운동을 회전운동으로 바꾸고 타이로드에 직선운동을 시키는 장치
② 동력 실린더의 회전운동을 직선운동으로 바꾸고 타이로드에 회전운동을 시키는 장치
③ 타이로드의 직선운동을 회전운동으로 바꾸고 동력 실린더에 직선운동을 시키는 장치
④ 타이로드의 회전운동을 직선운동으로 바꾸고 동력 실린더에 회전운동을 시키는 장치

해설 벨 크랭크는 동력 실린더의 직선운동을 회전운동으로 바꾸고 타이로드에 직선운동을 시키는 장치이다.

⚠️빈출

12 조향바퀴 정렬의 필요성에 대한 설명으로 옳지 않은 것은?

① 조향핸들 조작을 작은 힘으로도 할 수 있게 한다.
② 조향핸들 조작을 확실하게 하고 안전성을 준다.
③ 조향핸들 조작 후 조향바퀴에 복원력이 발생하는 것을 방지한다.
④ 선회 시 옆 방향 미끄럼을 방지하고 타이어의 마모를 감소시킨다.

해설 조향핸들 조작 후 조향바퀴에 복원력을 발생하게 하는 것이 조향바퀴 정렬의 필요성에 해당한다.

정답 07 ② 08 ① 09 ④ 10 ④ 11 ① 12 ③

13 바퀴 정렬의 요소가 아닌 것은?

① 캠버   ② 캐스터
③ 토   ④ 조향 너클각

해설 바퀴 정렬의 요소에는 캠버, 토, 캐스터, 킹핀 경사각 등이 있다.

14 조향바퀴 정렬요소 중 캠버에 대한 설명으로 옳은 것은?

① 바퀴를 앞에서 보았을 때 위쪽이 바깥쪽으로 벌어진 것을 정의 캠버라고 한다.
② 바퀴 접지 면적을 크게 하여 조향 조작력을 작게 한다.
③ 차축에 수직 하중이 작용하면 부의 캠버가 된다.
④ 토에 의한 벌어짐을 방지한다.

해설 바퀴를 앞에서 보았을 때 위쪽이 바깥쪽으로 벌어진 것을 정의 캠버, 안쪽으로 기울어진 것을 부의 캠버라고 한다.
④ 캠버는 수직 하중에 의한 차축의 휨을 방지한다.

15 바퀴를 위에서 보았을 때 앞쪽이 뒤쪽보다 좁은 것을 무엇이라고 하는가?

① 캠버   ② 캐스터
③ 토 인   ④ 토 아웃

해설 토 인은 바퀴를 위에서 보았을 때 앞쪽이 뒤쪽보다 좁은 것을 말한다. 토 인은 바퀴를 평행하게 회전시키며 캠버와 링키지 마모에 의한 토 아웃을 방지한다.

16 조향바퀴의 토가 불량일 때 조정하는 것은?

① 타이로드 길이   ② 링키지 길이
③ 조향 기어 박스   ④ 조향핸들 유격

해설 조향바퀴의 토가 불량일 때에는 타이로드 길이로 조정한다.

17 캐스터에 대한 설명으로 옳지 않은 것은?

① 바퀴를 옆에서 보았을 때 킹핀이 수직선에 대해 일정한 각을 두고 기울어진 것을 말한다.
② 조향 시 조향핸들에 복원력을 부여한다.
③ 바퀴에 방향성을 준다.
④ 캠버와 함께 안전성을 준다.

해설 캐스터는 조향핸들에 킹핀 경사각과 함께 복원력을 부여한다.

18 킹핀 경사각에 대한 설명으로 옳은 것은?

① 바퀴를 앞에서 보았을 때 킹핀 중심선이 수직선에 대해 안쪽으로 기울어진 것을 말한다.
② 바퀴가 회전할 때 트램핑 현상을 방지한다.
③ 바퀴에 방향성을 준다.
④ 캐스터와 함께 안전성을 준다.

해설 킹핀 경사각은 바퀴를 앞에서 보았을 때 킹핀 중심선이 수직선에 대해 안쪽으로 기울어진 것을 말한다.
④ 킹핀 경사각은 캐스터와 함께 복원력을 준다.

2 동력전달장치의 구조와 기능

19 엔진에서 나온 동력을 구동륜까지 전달하는 장치는?

① 기관장치   ② 동력전달장치
③ 전기장치   ④ 유압장치

해설 엔진에서 나온 동력은 동력전달장치(클러치, 변속기, 드라이브 라인, 종감속 기어 및 차동 기어장치, 액슬축)에 의해 구동륜까지 전달된다.

정답 13 ④ 14 ① 15 ③ 16 ① 17 ④ 18 ① 19 ②

⚠️ 빈출

20 기관의 동력을 바퀴까지 전달하는 순서로 옳은 것은?

① 기관 → 클러치 → 변속기 → 종감속 장치 및 차동장치 → 드라이브 라인 → 바퀴
② 기관 → 클러치 → 변속기 → 드라이브 라인 → 종감속 장치 및 차동장치 → 바퀴
③ 기관 → 클러치 → 드라이브 라인 → 변속기 → 종감속 장치 및 차동장치 → 바퀴
④ 기관 → 클러치 → 드라이브 라인 → 종감속 장치 및 차동장치 → 변속기 → 바퀴

해설 기관의 동력전달 순서는 '기관 → 클러치 → 변속기 → 드라이브 라인 → 종감속 장치 및 차동장치 → 바퀴' 순이다.

21 동력전달장치의 구성품이 아닌 것은?

① 플라이휠 ② 변속기
③ 드라이브 라인 ④ 차동장치

해설 동력전달장치의 구성품에는 클러치(수동변속기를 장착한 경우), 변속기(또는 트랜스 액슬), 드라이브 라인, 종감속 기어, 차동장치, 차축 및 구동 바퀴 등이 있다.

22 굴착기 동력전달 계통에서 최종적으로 구동력을 증가시키는 것은?

① 트랙모터 ② 종감속 기어
③ 스프로킷 ④ 변속기

해설 동력전달장치에서 최종적으로 구동력을 증가시키는 것은 종감속 기어로, 종감속 기어는 링 기어와 피니언 기어로 이루어져 있다.

23 클러치에 대한 설명으로 옳지 않은 것은?

① 클러치는 기관의 동력을 전달 및 차단하는 역할을 한다.
② 클러치는 기관과 수동변속기 사이에 설치된다.
③ 클러치는 수동변속기에만 장착된다.
④ 클러치의 종류에는 마찰 클러치와 유체 클러치 등이 있다.

해설 수동변속기뿐만 아니라 자동변속기에도 유체 클러치의 개량형인 토크컨버터가 설치된다.

24 클러치의 필요성에 대한 설명으로 옳지 않은 것은?

① 기관 시동 시 무부하 상태로 두기 위하여
② 변속기의 기어 변속 시 일시적으로 기관 동력을 차단하기 위하여
③ 기관 회전력 증대를 위하여
④ 관성 주행을 위하여

해설 기관 회전력 증대를 위하여 두는 것은 변속기이다.

25 클러치판에 설치되어 있는 비틀림 코일 스프링의 기능에 대한 설명으로 옳은 것은?

① 클러치판의 흔들림을 방지한다.
② 클러치판의 파손을 방지한다.
③ 플라이휠의 압착을 확실하게 한다.
④ 플라이휠에 접속 시 회전 충격을 흡수한다.

해설 클러치판에 설치되어 있는 비틀림 코일 스프링은 회전하는 플라이휠에 접속할 때 발생하는 회전 충격을 흡수하는 기능을 한다.

26 클러치판에 설치되어 있는 쿠션 스프링이 하는 역할은?

① 클러치판이 회전할 때 진동을 흡수한다.
② 클러치판을 플라이휠에 밀착시킨다.
③ 클러치판이 미끄러지는 것을 방지한다.
④ 플라이휠에 접속 시 축 방향 충격에 의한 페이싱의 변형이나 파손을 방지한다.

해설 클러치판에 설치되어 있는 쿠션 스프링은 회전하는 플라이휠에 접속할 때 발생하는 축 방향 충격에 의한 페이싱(라이닝)의 변형·파손·마모를 방지한다.

정답 20 ② 21 ① 22 ② 23 ③ 24 ③ 25 ④ 26 ④

27 건설기계에서 사용하는 자동변속기 구성품 중 유성 기어에 동력을 전달 또는 차단하는 기능을 하는 것은?

① 밸브 보디 ② 전·후진 클러치
③ 압력판 ④ 유성 기어

해설 ① 밸브 보디는 솔레노이드 작동에 따라 유로를 형성하고 유압을 공급하는 역할을 한다.
④ 유성 기어는 기어 변속을 위해 사용된다.

⚠빈출
28 토크컨버터에 대한 설명으로 옳지 않은 것은?

① 토크 변환율은 2~3 : 1이다.
② 오일을 매체로 하여 클러치 역할을 한다.
③ 펌프 임펠러, 터빈 러너, 가이드링으로 구성되어 있다.
④ 펌프는 크랭크축과 연결되고 터빈은 변속기 입력축과 연결된다.

해설 토크컨버터는 펌프 임펠러, 터빈 러너, 스테이터로 구성되어 있다. 가이드링은 유체 클러치의 구성품이다.

⚠빈출
29 토크컨버터의 구성품 중 스테이터의 기능에 대한 설명으로 옳은 것은?

① 터빈을 회전시킨다.
② 펌프를 회전시킨다.
③ 변속기 입력축에 회전력을 전달한다.
④ 오일의 흐름 방향을 바꾸어 터빈 러너의 회전력을 증대시킨다.

해설 스테이터는 터빈으로부터 오는 오일의 흐름 방향을 바꾸어 터빈 러너의 회전력을 증대시키는 역할을 한다.
③ 터빈 러너의 기능에 대한 설명이다.

⚠빈출
30 유성 기어 세트의 구성이 아닌 것은?

① 링 기어 ② 유성 기어
③ 캐리어 ④ 피니언 기어

해설 피니언 기어는 종감속 장치의 구성품 중 하나이다.
①②③ 유성 기어 세트는 선 기어를 중심으로 유성 기어 및 캐리어, 링 기어로 구성되어 있다.

⚠빈출
31 자동변속기를 사용하는 굴착기의 운전 방법으로 옳은 것은?

① 클러치 페달을 밟고 기어를 전진 위치로 하고 가속 페달을 서서히 밟는다.
② 클러치 페달을 밟고 기어를 후진 위치로 하고 가속 페달을 신속히 밟는다.
③ 전·후진 레버를 전진 위치로 하고 가속 페달을 서서히 밟는다.
④ 전·후진 레버를 후진 위치로 하고 가속 페달을 신속히 밟는다.

해설 자동변속기를 사용하는 굴착기는 클러치 페달이 없으므로 브레이크 페달을 밟고 전진 또는 후진 위치로 레버를 위치시킨 후 가속 페달을 서서히 밟는다.

32 드라이브 라인의 구성품이 아닌 것은?

① 종감속 장치 ② 슬립 이음
③ 추진축 ④ 자재 이음

해설 종감속 장치는 동력전달장치 중 일부로, 드라이브 라인의 구성품에 해당하지 않는다. 드라이브 라인의 구성품으로는 슬립 이음, 추진축, 자재 이음이 있다.

⚠빈출
33 드라이브 라인의 추진축에 대한 설명으로 옳지 않은 것은?

① 속이 빈 강관으로 되어 있다.
② 앞뒤로 자재 이음이 설치된다.
③ 동적·정적평형을 유지하기 위한 밸런스 웨이트가 장착되어 있다.
④ 고속으로 회전하므로 속이 꽉 찬 강재로 만들어진다.

해설 추진축은 고속으로 회전하므로 속이 빈 강관으로 되어 있다. 그리고 동적·정적평형을 유지하기 위해 밸런스 웨이트(평형추)가 장착되어 있고, 동력 상쇄가 되지 않도록 앞과 뒤에 자재 이음이 설치된다.

정답 27 ② 28 ③ 29 ④ 30 ④ 31 ③ 32 ① 33 ④

34 드라이브 라인의 자재 이음을 설치하여 대응하는 것은?

① 길이 변화
② 길이 및 각도 변화
③ 각도 변화
④ 선회 길이 변화

해설 자재 이음은 각도 변화에 대응하기 위해 설치하는 것으로, 자재 이음의 종류에는 훅 이음, 등속자재 이음, 트랙터 이음 등이 있다.
① 길이 변화에 대응하기 위해 설치하는 것은 슬립 이음이다.

35 드라이브 라인의 구성품 중 길이 변화에 대응하기 위해 설치하는 것은?

① 자재 이음
② 슬립 이음
③ 훅 이음
④ 추진축

해설 ① 자재 이음은 각도 변화에 대응하기 위한 이음이다.

36 조향장치의 킹핀과 추진축 자재 이음에 주유하는 것은?

① 엔진오일
② 유압유
③ 기어오일
④ 그리스

해설 조향장치의 킹핀, 추진축 자재 이음, 틸트핀, 롤러 등에는 그리스를 주유한다.
① 체인에는 엔진오일을 주유한다.

37 엔진의 동력을 변속비와 관계없이 항상 일정하게 감속시켜 구동력을 증대시키는 장치는?

① 변속기
② 동력 인출장치
③ 차동장치
④ 종감속 장치

해설 종감속 장치는 엔진의 동력을 변속비와 관계없이 항상 일정하게 감속시켜 구동력을 증대시키는 장치이다.
③ 차동장치는 건설기계가 선회할 때 안쪽 바퀴와 바깥쪽 바퀴의 회전수를 다르게 하여 미끄럼 없이 원활하게 선회하도록 하는 장치이다.

38 종감속 장치에 사용하는 기어 중 링 기어 중심 아래에 피니언 기어를 설치한 형식은?

① 하이포이드 기어
② 웜 기어
③ 헬리컬 기어
④ 스퍼 기어

해설 하이포이드 기어는 링 기어 중심 아래에 구동 피니언 기어를 설치한 것이다.

39 종감속비에 대한 설명으로 옳지 않은 것은?

① 편마모를 방지하기 위해 나누어 떨어지지 않는 값으로 한다.
② 편마모를 방지하기 위해 나누어 떨어지는 값으로 한다.
③ 피니언 기어 잇수와 링 기어 잇수로 구할 수 있다.
④ 건설기계는 감속비를 크게 둔다.

해설 종감속비는 편마모를 방지하기 위해 나누어 떨어지지 않는 값으로 하며, 건설기계 등과 같이 구동력이 크게 필요한 곳에는 감속비를 크게 둔다.

40 차동장치의 작동 원리에 해당하는 것은?

① 애커먼장토식의 원리
② 마름모꼴 원리
③ 랙과 피니언의 원리
④ 기어비의 원리

해설 차동장치는 랙과 피니언의 원리를 이용한다.
①② 애커먼장토식의 원리는 마름모꼴 원리라고도 하며, 건설기계 조향장치에 사용되는 원리이다.

41 차동장치 구성품 중 액슬축과 직접 접촉하는 것은?

① 피니언 축
② 차동 기어 케이스
③ 차동 사이드 기어
④ 차동 피니언 기어

해설 차동장치 구성품 중 액슬축과 직접 접촉하는 것은 차동 사이드 기어이다.

정답 34 ③ 35 ② 36 ④ 37 ④ 38 ① 39 ② 40 ③ 41 ③

3 제동장치의 구조와 기능

⚠️빈출
42 다음 (   )에 들어갈 내용을 순서대로 연결한 것은?

> 제동장치의 제동 원리는 (   )를 (   )로 바꾸어 제동력을 얻는 것이다.

① 운동에너지, 열에너지
② 운동에너지, 마찰에너지
③ 열에너지, 마찰에너지
④ 열에너지, 유체에너지

해설 제동장치의 제동 원리는 운동에너지를 열에너지로 바꾸어 제동력을 얻는 것이다.

⚠️빈출
43 제동장치 중 유압식 제동장치가 이용하는 원리는?

① 애커먼장토식의 원리
② 파스칼의 원리
③ 베르누이의 원리
④ 유체의 원리

해설 유압식 제동장치는 유체의 비압축성과 파스칼의 원리를 이용한 장치이다.
① 애커먼장토식의 원리는 마름모꼴 원리라고도 하며, 건설기계 조향장치에 사용되는 원리이다.

⚠️빈출
44 굴착기에 사용되는 유압식 제동장치의 구성품 중 마스터 실린더에 대한 설명으로 옳지 <u>않은</u> 것은?

① 탠덤 마스터 실린더를 사용한다.
② 1차 피스톤 컵 및 2차 피스톤 컵으로 구성되어 있다.
③ 1차 피스톤 컵은 오일 누출을 방지하고, 2차 피스톤 컵은 유압을 발생시킨다.
④ 체크 밸브를 설치하여 잔압을 유지하고 재제동성을 향상시켜 베이퍼록을 방지한다.

해설 마스터 실린더의 1차 피스톤 컵은 유압을 발생시키고, 2차 피스톤 컵은 오일 누출을 방지한다.

45 진공 부스터에 대한 설명으로 옳은 것은?

① 마스터 실린더 푸시로드 및 피스톤에 가하는 힘을 배가시키는 장치이다.
② 진공과 공기압의 차이를 이용한다.
③ 브레이크 페달을 밟으면 공기 밸브는 닫히고 진공 밸브는 열린다.
④ 브레이크 페달을 놓으면 공기 밸브는 열리고 진공 밸브는 닫힌다.

해설 ② 진공 부스터는 진공(부압)과 대기압의 차이를 이용한다.
③④ 브레이크 페달을 밟으면 공기 밸브는 열리고 진공 밸브는 닫히며, 페달을 놓으면 공기 밸브는 닫히고 진공 밸브는 열린다.

⚠️빈출
46 굴착기의 브레이크 페달을 밟았을 때 한쪽으로 쏠리는 원인이 <u>아닌</u> 것은?

① 좌우 타이어의 공기압이 다르다.
② 한쪽 드럼과 라이닝 간극이 크다.
③ 한쪽 휠 실린더에서 오일 누출이 있다.
④ 첵 밸브 작동이 불량하다.

해설 첵 밸브(체크 밸브)의 작동이 불량하면 유압라인 내에 잔압이 유지되지 않는다. 이는 브레이크의 제동력과는 관련 없다.

⚠️빈출
47 브레이크를 밟았을 때 차가 한쪽 방향으로 쏠리는 원인과 거리가 먼 것은?

① 브레이크 오일 회로에 공기가 혼입되었을 때
② 타이어의 좌우 공기압이 다를 때
③ 드럼슈에 그리스나 오일이 붙었을 때
④ 드럼이 변형되었을 때

해설 브레이크 오일 회로에 공기가 혼입되면 오일 흐름을 방해하여 브레이크 작동이 잘 되지 않는다.

⚠️빈출
48 공기 브레이크에서 브레이크슈를 직접 작동시키는 것은?

① 릴레이 밸브   ② 브레이크 페달
③ 캠   ④ 유압

해설 공기 브레이크에서 브레이크슈를 직접 작동시키는 것은 캠이다.

정답 42 ① 43 ② 44 ③ 45 ① 46 ④ 47 ① 48 ③

49 브레이크액 구비조건으로 잘못된 것은?

① 비등점이 낮아야 한다.
② 열팽창계수가 낮아야 한다.
③ 내부식성이 있어야 한다.
④ 비압축성이어야 한다.

해설 브레이크액은 베이퍼록 현상을 방지하기 위해 비등점이 높아야 한다.

4 주행장치의 구조와 기능

50 타이어의 구조 중 타이어의 골격을 이루는 것은?

① 트레드　　② 브레이커
③ 카커스　　④ 사이드 월

해설 ① 트레드는 노면과 접촉하는 부분이다.
② 브레이커는 노면의 충격을 흡수하는 역할을 한다.
④ 사이드 월은 타이어의 모든 정보가 표시되는 부분이다.

51 카커스 코드층은 무엇으로 표시하는가?

① 브레이커　　② 플라이 수
③ 트레드　　　④ 비드

해설 카커스는 직물을 고무로 감싼 코드층으로, 플라이(Ply) 수로 표시한다.

52 타이어의 모든 정보를 기록하는 곳은?

① 트레드　　② 카커스
③ 사이드 월　④ 브레이커

해설 ① 트레드는 노면과 접촉하는 부분이다.
② 카커스는 타이어의 골격을 이루는 부분이다.
④ 브레이커는 노면의 충격을 흡수하고, 트레드와 카커스가 분리되는 것을 방지하는 역할을 한다.

53 타이어에서 트레드의 필요성으로 옳은 것을 [보기]에서 모두 고른 것은?

| 보기 |
| ㄱ. 제동력, 구동력, 견인력 확보를 위하여
| ㄴ. 배수를 위하여
| ㄷ. 내부 열의 방산을 위하여
| ㄹ. 조향성, 안정성 확보를 위하여
| ㅁ. 편평률을 위하여

① ㄱ, ㄴ, ㅁ　　② ㄱ, ㄴ, ㄷ, ㄹ
③ ㄱ, ㄴ, ㄷ, ㅁ　④ ㄴ, ㄷ, ㄹ, ㅁ

해설 타이어 트레드는 노면과 접촉하는 부분으로 내부의 열을 방산하고, 배수, 조향성, 안정성, 제동력, 구동력, 견인력 확보를 위해 필요하다.

54 고압 타이어의 호칭 치수 중 (　)에 들어갈 내용으로 옳은 것은?

(　) × 타이어 외경(inch) − 플라이 수

① 타이어 폭　　② 타이어 내경
③ 림 직경　　　④ 타이어 높이

해설 고압 타이어의 호칭 치수는 '타이어 폭(inch) × 타이어 외경(inch) − 플라이 수'로 표시한다.

55 타이어의 호칭 치수를 다음과 같이 표시하였을 때, 타이어의 종류로 옳은 것은?

11.00 − 20 − 12PR

① 고압 타이어　　② 저압 타이어
③ 초저압 타이어　④ 레이디얼 타이어

해설 저압 타이어의 호칭 치수는 '타이어 폭(inch) − 타이어 내경(inch) − 플라이 수'로 표시한다.

정답 49 ① 50 ③ 51 ② 52 ③ 53 ② 54 ① 55 ②

CHAPTER 04 유압일반

1 개요

1. 유압장치의 정의 및 장단점
① 정의: 유체에너지를 기계적 에너지로 바꾸는 장치이다.
② 장점
  ㉠ 속도 제어가 용이함
  ㉡ 힘의 연속적 제어가 용이함
  ㉢ 힘의 증대와 감소가 용이함
  ㉣ 운동 방향 제어가 용이하고 무단변속이 가능함
  ㉤ 전기적 조합이 간단하고 원격조작이 가능함
  ㉥ 응답성이 빠르고 에너지 축적이 가능함
  ㉦ 조작이 간단하고 과부하에 대한 안전장치 조합이 가능함
  ㉧ 윤활성, 내마모성, 방청성이 좋음
  ㉨ 작은 동력으로도 큰 힘을 낼 수 있음
  ㉩ 동력전달을 원활히 할 수 있음
③ 단점
  ㉠ 배관 등 이음에서 누설이 쉬움
  ㉡ 작동유 점도 변화에 따라 정밀한 속도 유지 및 위치 제어가 곤란하고 효율이 변함
  ㉢ 회로 구성이 어렵고, 구조가 복잡함
  ㉣ 작동유의 공기 유입에 따른 동작 불량, 이물질 혼입에 따른 고장이 발생함
  ㉤ 검출 점검 및 보수 관리가 어려움
  ㉥ 폐유에 의해 주변 환경이 오염될 수 있음
  ㉦ 공기가 혼입되기 쉬움

2. 파스칼의 원리
① 유압장치는 작은 힘으로 큰 힘을 얻기 위해 파스칼의 원리를 이용한다.
② 내용
  ㉠ 유압은 면에 대해 직각으로 작용함
  ㉡ 유압은 모든 방향으로 동일하게 작용함
  ㉢ 밀폐된 용기 속 유체의 가해진 압력은 유체 전체에 동일한 세기로 전달된다.

- 압력의 단위: psi, kgf/cm², kPa, mmHg, bar, atm
- 유압: $\dfrac{\text{힘(kgf)}}{\text{단면적(cm}^2\text{)}}$

3. 유압장치의 구성
① 유압발생부: 유압펌프
② 유압제어부: 각종 제어 밸브
③ 유압구동부: 유압 실린더, 유압모터

4. 유압장치 작동유 공급 순서
탱크 → 유압펌프(유압발생부) → 메인컨트롤 밸브(유압제어부) → 고압관 → 작동기(유압구동부)

2 유압펌프의 구조와 기능(발생부)

1. 유압펌프의 정의
유압펌프는 전동기 또는 내연기관에 의해 발생한 기계적 에너지를 유체에너지로 바꾸는 장치로, 유압장치의 동력원이며 엔진의 플라이휠에 의해 구동된다.

2. 유압펌프의 종류
유압펌프는 회전형 펌프(기어펌프, 베인펌프)와 왕복형 펌프[플런저펌프(피스톤펌프)]로 구분할 수 있다.
① 기어펌프
  ㉠ 특징
    • 구조가 간단하고 소형이며 경량임
    • 고장이 적고 가혹한 조건에 적합함
    • 고속회전이 가능하고 흡입력이 큼
    • **폐입 현상**이 발생하기 쉬움
    • 다루기 쉽고 가격이 저렴함
    • 소음이 비교적 큼
    • 정용량형 펌프임
    • 피스톤펌프에 비해 효율이 떨어짐
    • 유압작동유의 오염에 비교적 강함
  ㉡ 종류: 외접식, 내접식, 트로코이드식 등

> **용어** 폐입 현상(폐쇄 현상, 봉입 현상): 토출된 유체 일부를 흡입구 측으로 되돌려 축동력이 증가하고 기어 및 하우징의 마모를 촉진시키는 현상으로, 측판에 탈출홈을 설치하여 폐입 현상을 방지할 수 있음

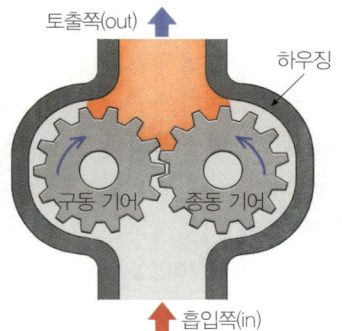

▲ 기어펌프(외접식)의 구조

② 베인펌프

㉠ 특징
- 구조가 간단하고 수명이 긺
- 고속 회전이 가능함
- 수리와 관리가 용이함
- 맥동과 소음 및 진동이 적음
- 많은 양의 송출에 적합함
- 캠링, 로터, 날개(베인)로 구성되어 있음

㉡ 종류: 정용량형, 가변용량형

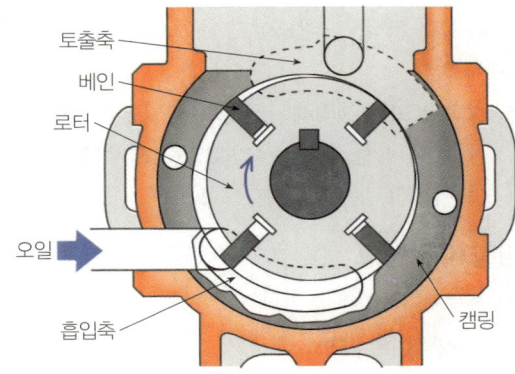

▲ 베인펌프의 구조

③ 플런저펌프(피스톤펌프)

㉠ 특징
- 고압에 적합하나, 흡입 능력이 낮음
- **가변용량형**에 적합함
- 구조가 복잡하며 가격이 비쌈
- 오염된 오일에 민감함
- 최고 토출압력, 평균효율이 가장 높아 고압 대출력에 사용됨
- 토출량의 변화 범위가 큼

㉡ 종류
- 액시얼 피스톤펌프: 플런저(피스톤) 운동 방향이 실린더 블록 중심선과 같은 방향인 펌프로, 사판식과 사축식이 있음
  - 사판식: 경사된 판에 피스톤 헤드가 접촉하고 피스톤의 왕복운동으로 흡입 및 토출 작용을 함. 회전경사판의 각도로 펌프 토출용량을 조절함
  - 사축식: 구동축 플랜지에 피스톤을 연결하여 흡입 및 토출 작용을 함
- 레이디얼 피스톤펌프: 플런저(피스톤)는 운동 방향 중심선에서 직각인 평면에 방사상으로 나열되어 있어 구조가 복잡하나, 고압, 대용량, 고속 가변형에 적합함

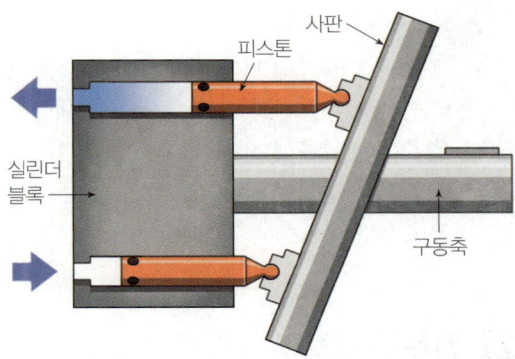

▲ 사판식 피스톤펌프

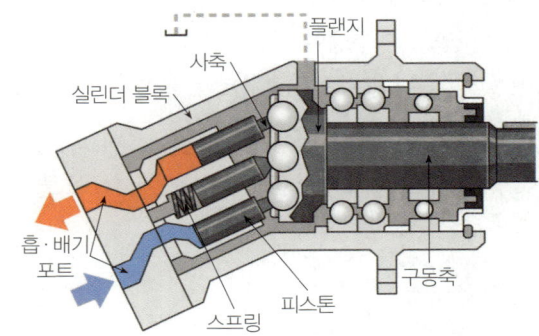

▲ 사축식 피스톤펌프

3. 유압펌프의 크기

① 주어진 압력 및 **토출량**으로 표시한다.
② 토출량은 **GPM**(Gallon Per Minute) 또는 **LPM**(Liter Per Minute)으로 표시하며, 이는 분당 토출량을 의미한다.

> **용어** 토출량: 펌프가 단위시간당 토출하는 액체의 체적

4. 유압펌프의 정비

① 펌프가 오일을 토출하지 못하는 원인
  ㉠ 유압유의 점도가 높을 때
  ㉡ 펌프의 회전수가 적을 때
  ㉢ 오일 스트레이너가 막혀 오일을 흡입하지 못할 때
  ㉣ 펌프가 역회전할 때
  ㉤ 흡입관 또는 회로 내에 공기가 유입될 때

② 펌프에서 소음이 발생하는 원인
  ㉠ 유압유의 점도가 높을 때
  ㉡ 펌프의 회전 속도가 빠를 때
  ㉢ 스트레이너가 막혀 흡입 오일의 양이 적을 때
  ㉣ 펌프 베어링의 마모가 심할 때
  ㉤ 흡입관 또는 회로 내에 공기가 유입될 때
  ㉥ 펌프 회전축의 편심 오차가 심할 때

③ 토출량 부족의 원인
  ㉠ 펌프 구성품에 과다 마모 또는 파손이 있을 때
  ㉡ 캐비테이션 현상(공동 현상)이 발생할 때
  ㉢ 오일 스트레이너로부터 공기가 유입될 때
  ㉣ 오일의 점도가 낮을 때
  ㉤ 오일 공급량이 부족할 때

3 컨트롤 밸브의 구조와 기능(제어부)

1. 컨트롤 밸브

① **정의**: 액추에이터가 일을 하는 조건과 목적에 맞게 오일의 압력, 방향, 유량을 제어하는 요소를 말한다.

> **용어**
> **액추에이터**: 유체에너지를 기계적 에너지로 변환하는 장치로, 직선운동을 하는 유압 실린더, 회전운동을 하는 유압모터가 있음

② 종류
  ㉠ 압력제어 밸브: 유압으로 일의 크기를 제어함
  ㉡ 유량제어 밸브: 유량으로 일의 속도를 제어함
  ㉢ 방향제어 밸브: 유압의 흐름 방향을 제어함으로써 일의 방향을 제어함

2. 압력제어 밸브 – 상시 개방형

① 감압 밸브(리듀싱 밸브): 주회로 압력보다 낮은 압력으로 작동체를 작동시키고자 하는 분기회로에 사용하는 상시 오픈형 밸브이다.

3. 압력제어 밸브 – 상시 폐쇄형

① 릴리프 밸브: 회로압력을 일정하게 하거나 최고 압력을 제한하여 장치를 보호하는 밸브로, 릴리프 밸브의 설정압력이 높으면 고압호스가 파열된다.
  ㉠ 설치 위치: 유압펌프와 방향전환 밸브 사이
  ㉡ 크래킹압력: 릴리프 밸브를 통해 유압유가 흐르기 시작하는 압력

② 언로드 밸브(무부하 밸브): 회로 내 압력이 설정값에 도달하면 펌프의 전유량을 탱크로 되돌려 펌프를 무부하 상태로 만드는 밸브이다.

③ 시퀀스 밸브(순차밸브): 회로 압력에 의해 2개 이상 작동체의 회로에 작동 순서를 부여하는 밸브이다.

④ 카운터 밸런스 밸브: 배압 밸브 또는 푸트 밸브라고도 한다. 한쪽 방향 흐름에 배압을 발생시키기 위한 밸브로, 실린더가 중력에 의해 자유로이 제어속도 이상으로 낙하하는 것을 방지하는 밸브이다.

4. 유량제어 밸브

① 교축 밸브(스로틀 밸브): 관로의 직경을 변경하여 유량을 제어하는 밸브로, 오리피스 형식과 쵸크 형식이 있다.

② 분류 밸브: 유량을 제어 및 분배하는 밸브이다.

③ 집류 밸브: 2개 이상의 유압회로로부터 유량을 일정한 비율로 집합하는 밸브이다.

④ 서보 밸브: 유량을 제어하는 밸브로, 밸브 조작 방식에는 수동 조작, 기계적 조작, 솔레노이드 조작, 파일럿 조작, 솔레노이드 제어 파일럿 조작 방식 등이 있다.

⑤ 감속 밸브(디셀러레이션 밸브): 일반적으로 캠(cam)에 의해 작동되는 유압 밸브로, 액추에이터의 속도를 서서히 감속시킨다.

5. 방향제어 밸브

① 종류
  ㉠ 방향전환 밸브
    • 스풀 밸브이며, 슬리브에 설치된 포트를 개폐하여 흐름 방향을 변환시킴
    • 스풀에 대한 측압이 평형을 이루어 가볍게 조작할 수 있고, 고압 및 대용량 흐름 변환에 적합함
  ㉡ 체크 밸브(첵 밸브): 유체의 역방향 흐름을 저지하는 밸브
  ㉢ 셔틀 밸브: 3포트 밸브이며, 자신의 압력에 의해 내부 볼의 움직임에 따라 자동으로 관로를 선택하는 형식

② 작동 방식
- ㉠ 수동식
- ㉡ 전자식(솔레노이드식)
- ㉢ 유압파일럿식
- ㉣ 비례제어식

6. 유압기기의 이상 현상

① 실린더 숨돌리기 현상: 유입된 공기의 압축 및 팽창 차에 따라 동작이 불안정하고 작동이 지연되는 현상으로, 압력이 낮거나 공급량이 적을수록 많이 발생한다.
② 캐비테이션 현상(공동 현상): 유입된 공기량이 많으면 펌프 또는 밸브를 통과하는 앞과 뒤의 큰 압력 변화에 따라 기포가 과포화 상태가 되는데, 이때 기포가 분리되면서 오일 속에 공동부가 생기는 현상이다. 용적 효율이 저하되고 큰 충격음과 진동이 발생한다.
③ 채터링 현상: 릴리프 밸브 스프링의 장력 저하로 발생하며, 볼(포핏 밸브)이 밸브 시트를 때려 소음이 발생한다.
④ 열화 촉진 현상: 유입된 공기가 압축되는 과정에서 발생하는 열에 의하여 오일의 온도가 상승하는 현상이다.
⑤ 서지압력: 과도하게 발생하는 이상 압력의 최댓값으로, 유량제어 밸브의 가변 오리피스를 급격히 닫거나 방향제어 밸브의 유로를 급격히 전환하는 경우 또는 고속 실린더를 급정지시킬 경우에 발생한다.

> 유압장치 밸브의 부품 세척유: 유압장치에 사용하는 밸브 부품의 세척유로는 인화점 및 발화점이 높아 취급이 용이하고 부식 방지 효과가 높은 경유를 주로 사용함

4 유압 실린더 및 유압모터(구동부)

1. 유압 실린더

① 정의: 유압을 직선운동(직선왕복운동)으로 바꾸는 장치이며, 실린더 하우징, 피스톤, 피스톤 로드, 피스톤 실로 구성되어 있다.

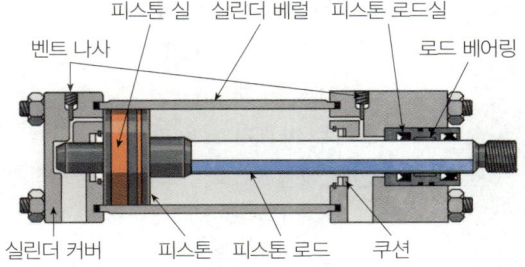

▲ 유압 실린더의 구조

② 종류
- ㉠ 단동 실린더: 피스톤 한쪽에만 유압이 걸리고 제어하는 것으로, 힘의 방향이 단방향인 형식
- ㉡ 복동 실린더
  - 피스톤 양쪽에 유압이 걸리고 그 유압에 의해 제어되며, 힘의 방향이 교대로 바뀌는 형식
  - 로드가 하나인 싱글(단)로드와 두 개인 더블(양)로드 형식으로 분류됨
  - 단로드 형식은 팽창 시에는 속도가 약간 느리나 많은 힘을 전달하고, 수축 시에는 속도가 약간 빠르나 전달력이 적은 특징이 있음
- ㉢ 다단 실린더(텔레스코픽 실린더): 실린더 내부에 또 다른 실린더가 내장되어 있고 압력 유체가 유입되면 차례로 실린더가 나오도록 만들어진 구조의 실린더 형식

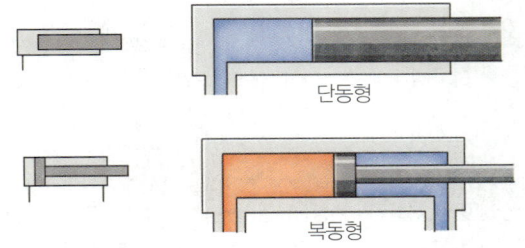

▲ 유압 실린더의 종류

③ 지지 방식에 따른 분류
- ㉠ 푸트형: 양단에 브라킷으로 장착하는 형식
- ㉡ 플랜지형: 실린더 방향과 직각인 면에 플랜지로 장착하는 형식
- ㉢ 클레비스형: 실린더가 자유롭게 회전하도록 핀으로 장착하는 형식

④ 유압 실린더의 안전장치: 피스톤 행정 끝부분에서 속도를 낮추고 충격에 의한 손상을 방지하기 위한 장치로 실린더 완충장치(쿠션장치)를 둠

⑤ 유압 실린더의 정비
- ㉠ 과도한 자연 하강(cylinder drift) 현상의 원인
  - 실린더 내의 피스톤 실 마모가 있을 때

- 컨트롤 밸브 스풀 마모가 있을 때
- 릴리프 밸브 조정이 불량할 때
- 작동압력이 낮을 때
- 실린더 내부 마모가 있을 때

ⓒ 유압 실린더 작동 속도가 느리거나 불규칙한 원인
- 회로 내 유량이 부족할 때
- 피스톤 링의 마모가 클 때
- 유압유의 점도가 높을 때
- 회로 내에 공기가 유입되었을 때

ⓒ 피스톤 로드에서 누유가 발생하는 원인
- 패킹에 이물질이 끼었을 때
- 피스톤 로드에 흠집이 있을 때
- **더스트 실**의 과다한 비틀림이 있을 때
- 피스톤 로드의 크롬 도금이 벗겨졌을 때

② 실린더 나사산에 누유가 발생하는 원인
- O링이 파손되었을 때

⑩ 피스톤 로드가 자연적으로 수축하는 원인
- 튜브 안쪽 표면에 흠집이 있을 때
- 피스톤 실에 이물질이 있을 때

ⓑ 유압 실린더 교환 후 조치해야 할 사항
- 공기빼기 작업
- 누유 여부 점검
- 시운전하며 작동 상태 점검

> **용어**
> **더스트 실**: 피스톤 로드는 실린더 튜브의 안과 밖을 이동하기 때문에 오염물이 튜브 안으로 유입되는 것을 방지하기 위해 피스톤 로드에 더스트 실(와이퍼 실)을 설치함

> **실린더 숨돌리기 현상**: 유압라인 내 공기 혼입으로 액추에이터의 작동이 순간적으로 멈칫하는 현상으로, 실린더 숨돌리기 현상이 발생할 경우 피스톤 작동이 불안정해지고 작동 지연 현상 및 서지압이 발생함

2. 유압모터

① 정의: ==회전운동==을 하는 유압장치로, 유압모터의 회전력은 유압작동유의 압력에 의해 결정된다.

② 유압모터의 장점
  ㉠ 시동, 정비, 역회전, 변속, 가속 등을 간단히 수행함
  ㉡ 토크에 대한 관성 모멘트가 작아 고속 추종성이 좋음
  ㉢ 동일 출력일 경우 다른 형식에 비해 소형, 경량임
  ㉣ 비교적 광범위한 무단변속을 얻을 수 있음

③ 유압모터의 단점
  ㉠ 먼지나 공기가 유입되지 않게 유지 보수를 해야 함
  ㉡ 작동유의 점도 변화에 영향을 받으며, 누출 시 작업 성능에 지장이 있음

④ 종류
  ㉠ 기어모터
   - 토크가 일정함
   - 베인 및 피스톤 형식에 비해 구조가 간단함
   - 가격이 저렴하고 고장 발생이 적음
   - 일반적으로 평 기어를 사용하지만, 헬리컬 기어도 사용함
   - 소형이고 경량임
   - 약 70% 정도의 효율을 가짐
  ㉡ 베인모터
   - 출력 토크가 일정함
   - 역전 및 무단변속기 등 가혹한 조건에서 사용하기 적합함
  ㉢ 피스톤(플런저)모터
   - 고속이고 고압을 요구하는 장치에 사용함
   - 다른 형식에 비해 구조가 복잡하고 대형임
   - 축 방향, 반지름 방향 모터로 분류가 가능함

⑤ ==유압모터 작동 시 소음 및 진동이 발생하는 원인==
  ㉠ 회로 내에 공기가 유입되었을 때
  ㉡ 모터 내부 부품의 마모가 심할 때
  ㉢ 모터 체결이 불량할 때

⑥ 유압모터 주행감속기 오일 교환 시 주의사항
  ㉠ 오일 배출 시: 배출(드레인) 플러그를 6시 방향으로 위치시킴
  ㉡ 오일 주입 시: 배출(드레인) 플러그를 9시 방향으로 위치시킴

5 유압탱크의 기능과 구조

1. 기능

① 유압장치 회로 내의 유압유를 저장하고, 계통 내의 필요한 유량을 확보하는 역할을 한다.
② 탱크 외벽의 방열에 의해 적정온도를 유지한다.
③ 각 장치에서 발생한 열을 흡수하며, 높아진 유압유 온도를 탱크 벽을 통해 냉각시킨다.
④ 탱크 내부에 설치된 배플(격리판)에 의해 기포를 제거·방지한다.

⑤ 스트레이너 설치로 회로 내 불순물 혼입을 방지하여 작동유 수명을 연장하는 역할을 한다.
⑥ 탱크 바닥 면을 경사지게 하여 유압유를 사용하는 과정에서 생성되는 이물질을 침전(분리)시킨다.
⑦ 탱크 내부와 외부의 온도 차에 의해 발생하여 바닥에 고이는 수분(응축수 등)은 드레인 플러그(배출구 마개)를 통해 제거한다.
⑧ 펌프, 모터, 밸브를 설치하기 위해 견고한 구조여야 하며 소음을 감소시키는 역할도 한다.

2. 구조

① 흡입관 및 복귀관: 유압유의 효과적인 순환을 위해 서로 멀리 떨어지게 설치하며, 두 관로 사이에 배플(격리판)을 설치한다. 흡입관 한쪽 끝단에는 1차 여과기인 스트레이너가 설치된다.
② 배플 및 기포 제거기: 배플은 복귀되는 유압유와 공급되는 유압유를 분리시키고 유압유가 배플 벽을 타고 흐르도록 함으로써 냉각 및 기포 분리, 이물질 제거를 돕는다. 기포 제거기는 매쉬 스크린으로 되어 있다.
③ **드레인 플러그**: 탱크 내 고인 침전물 제거 및 오일 교환을 위한 배출구이다.
④ **유면계**: 외부에서 유량을 확인하기 위한 장치이다.
⑤ 공기 여과기: 탱크 유면에 항상 대기압이 작용하도록 통기구멍을 설치하는데, 이곳에 설치하는 여과기가 공기 여과기이다.
⑥ 스트레이너: 큰 이물질을 여과하는 1차 필터이다.

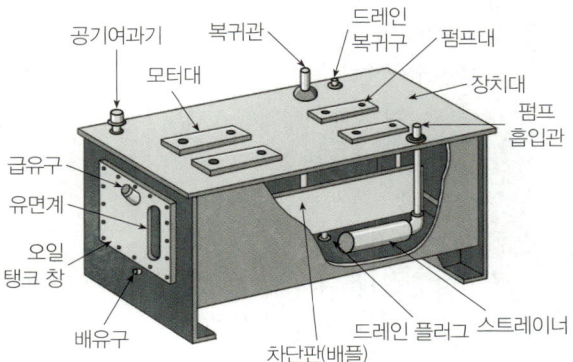

▲ 유압탱크의 구조

6 유압유

1. 기능

① 유압장치 내의 열을 흡수한다.
② 유체에너지인 동력을 전달한다.
③ 필요요소 사이를 밀봉한다.
④ 움직이는 기계요소의 마모를 방지한다.

2. 선정 기준

유압유는 펌프 형식, 사용 압력, 사용 온도 범위, 회로의 저항, 내화성의 필요 여부 등에 따라 선정해야 한다.

3. 구비조건

① 강인한 유막을 형성할 것
② 적당한 점도와 유동성이 있을 것
③ 비압축성이고 비중이 적당할 것
④ 인화점 및 발화점이 높을 것
⑤ 온도에 의한 점도 변화가 작을 것(점도지수가 큼)
⑥ 내부식성(방청성)이 크고 윤활성이 있을 것
⑦ 기포 발생이 적고 실 재료와 적합성이 있을 것
⑧ 물, 공기, 먼지와 신속하게 분리되는 성질이 있을 것
⑨ 체적탄성계수가 크고 밀도가 작을 것
⑩ 불활성이며 무취 및 비독성, 비휘발성일 것

유압유 점도에 따른 영향
① 유압유 점도가 높을 때
 • 유압회로 내 마찰의 증가
 • 유압유의 온도 상승
 • 유압장치의 작동 불량
 • 유압회로 내 압력 손실 증대
 • 동력 소비량의 증가
 • 유압의 압력 상승
② 유압유 점도가 낮을 때
 • 유압회로 내부 및 외부의 오일 누출 증대
 • 펌프의 작동 소음 증대
 • 공동 현상 발생
 • 윤활부의 마모 증대
 • 펌프 효율 및 응답 속도 저하

---

4. 적정 온도와 열화

① 작동유 사용의 적정 온도와 위험 온도
 ㉠ 난기운전 시 온도: 30℃ 이상
 ㉡ 적정 온도: 40~60℃
 ㉢ 최고 사용 온도: 80℃ 이하
 ㉣ 위험 온도: 100℃ 이상

② 유압유 온도 상승의 원인
  ㉠ 유압유가 부족하거나 노화되었을 때
  ㉡ 유압유 점도가 부적당할 때
  ㉢ 릴리프 밸브 작동이 과도할 때
  ㉣ 유압펌프 효율이 불량할 때
  ㉤ 오일 냉각기의 냉각핀 오손 또는 냉각팬 작동이 불량일 때
  ㉥ 유압펌프 내 누설이 증가할 때
  ㉦ 밸브 누유가 많고 무부하 시간이 짧을 때
  ㉧ 유압회로 내에 공동 현상이 발생할 때
  ㉨ 유압모터 내에 내부마찰이 발생할 때

③ 유압유 온도 상승 시 발생하는 현상
  ㉠ 유압유 점도가 낮아짐
  ㉡ 릴리프 밸브 작동이 불량해짐
  ㉢ 기계적인 마모가 촉진됨
  ㉣ 유압유의 산화가 촉진됨
  ㉤ 유압기기의 작동이 불량해짐
  ㉥ 펌프의 효율이 저하됨
  ㉦ 유압유의 누유가 증가함

④ 유압유 열화 점검 방법
  ㉠ 색깔 변화 및 수분 함유 여부 확인
  ㉡ 침전물 유무 및 점도 상태 확인
  ㉢ 흔들었을 때 거품 발생 여부 및 냄새 확인 등

> **유압장치 내 이물질 발생의 원인**
> ① 산화생성물에 의한 침전물(슬러지) 생성
> ② 조립 및 수리 과정에서 이물질 혼입

5. 유압장치의 정비

① 유량 부족의 원인
  ㉠ 펌프의 토출량이 부족할 때
  ㉡ 릴리프 밸브가 고장 난 때
  ㉢ 밸브, 실린더 등 내부에서 누유가 발생한 때
  ㉣ 유압회로 내 누유가 발생한 때
  ㉤ 오일탱크 내 오일이 부족한 때
  ㉥ 유량조절 밸브의 조정 또는 작동이 불량할 때
  ㉦ 어큐뮬레이터 내의 봉입가스가 누설된 때

② 유압이 상승하지 않는 원인
  ㉠ 유압펌프가 마모된 때
  ㉡ 오일이 부족하거나 누출된 때
  ㉢ 릴리프 밸브 작동이 불량할 때
  ㉣ 오일의 점도가 낮을 때

③ 유압장치의 작동이 느린 원인
  ㉠ 유압유 온도가 낮을 때
  ㉡ 유압유 점도가 너무 클 때
  ㉢ 오일 공급이 불충분할 때
  ㉣ 유압장치 내에 공기가 유입되었을 때
  ㉤ 펌프의 마모가 심할 때
  ㉥ 유압유 흡입 통로 또는 여과기가 막혔을 때
  ㉦ 오일의 누출이 있는 등 유량 조절이 불량할 때

④ 유압유에 수분이 발생하는 원인과 영향
  ㉠ 수분 발생의 원인: 공기의 유입 및 혼입
  ㉡ 수분 발생 시 영향
    • 윤활성의 저하
    • 방청성의 저하
    • 산화와 열화의 촉진
    • 내마모성의 저하
  ㉢ 현장에서 수분 함유 여부 판정 방법: 가열한 철판 위에 유압유를 떨어뜨려 유압유가 사방으로 튀면 수분이 함유되어 있는 것임

⑤ 유압유 기포 발생의 원인과 영향
  ㉠ 기포 발생의 원인
    • 오일탱크와 펌프 사이로 공기가 유입되었을 때
    • 오일이 부족할 때
    • 펌프 흡입 측 오일 실 파손 등
  ㉡ 기포 발생 시 영향
    • 체적효율이 감소함
    • 저압부의 기포가 과포화 상태가 됨
    • 최고압력이 발생하여 급격한 압력파가 발생함
    • 장치 내에 국부적인 고압이 발생하여 소음과 진동이 발생함
    • 공동 현상(캐비테이션 현상), 실린더 숨돌리기 현상, 유압유의 열화 촉진 현상 등이 발생함
    • 오일탱크에서 오버플로가 발생함

⑥ 유압유 첨가제
  ㉠ **유성 향상제**: 금속 간 마찰을 방지하기 위해 마찰계수를 저하시키고자 첨가함
  ㉡ **산화 방지제**: 금속 표면이 부식되는 것을 방지하기 위해 첨가함
  ㉢ 그 외에도 유압유 첨가제로 소포제, 유동점 강하제, 점도지수 향상제 등을 사용함

7 기타 부속장치

1. 어큐뮬레이터(축압기)
① 기능
  ㉠ 유압유의 압력에너지를 저장함
  ㉡ 펌프의 맥동압력(충격압력)을 흡수하여 일정하게 유지시킴
  ㉢ 비상시 보조 유압원으로 사용함
  ㉣ 압력을 보상함(압력이 점진적으로 증대함)
② 종류
  ㉠ 스프링형
  ㉡ 기체 압축형: 기체 압축형 어큐뮬레이터에는 질소를 사용함
  ㉢ 기체와 기름 분리형: 피스톤, 블래더, 다이어프램으로 구분함

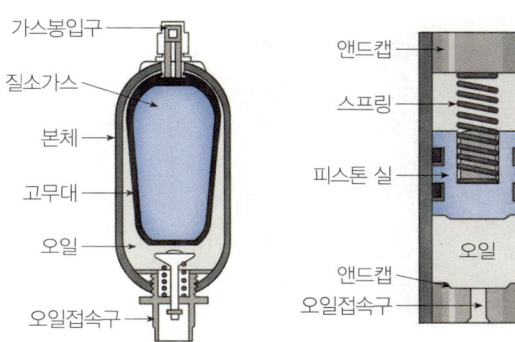

▲ 어큐뮬레이터의 구성

2. 오일 여과기(필터)
① 기능: 작동유의 불순물을 여과한다.
② 여과 방식에 따른 분류
  ㉠ 분류식: 오일 일부는 여과하지 않고 작동부로 공급하고, 일부는 여과 후 탱크로 유입시키는 형식
  ㉡ 전류식: 오일 전부를 여과한 후 작동부로 공급하는 형식으로, 릴리프 밸브가 설치되어 있음
③ 종류
  ㉠ 관로용 필터: 압력, 리턴, 라인
  ㉡ 라인 필터: 흡입관, 압력관, 복귀관

3. 배관
① 기능: 펌프와 밸브 및 실린더를 연결하여 동력(유압)을 전달한다.
② 종류
  ㉠ 금속관: 움직이지 않는 부분에 사용하며, 가스관, 강관, 구리관, 알루미늄관, 스테인리스관 등이 있음
  ㉡ 비금속관(고무호스): 움직이는 부분에 사용하며, 직물 브레이드, 단일 와이어 브레이드, 이중 와이어 브레이드, 나선 와이어 브레이드 등이 있음. 이 중 고압용으로는 나선 와이어 브레이드가 사용됨
③ 배관 이음: 관을 연결하는 부분으로, 조립 후 진동, 충격 등에 의한 오일 누출에 주의해야 한다. 플레어 이음과 슬리브 이음이 있다.

> 유니온 이음(union joint): 배관을 회전시킬 수 없을 때 육각 너트를 회전시키는 것만으로 접속 또는 분리가 가능한 이음으로, 유압호스 연결 시 가장 많이 사용하는 이음

4. 오일 실(오일 시일)
① 기능: 기기의 오일 누출을 방지한다.
② 기능에 따른 분류
  ㉠ 운동용 실: 축 또는 로드 실, 패킹 등이 사용됨
  ㉡ 고정용 실: 개스킷이 사용됨
③ 패킹(실)
  ㉠ 구비조건
    • 마찰계수가 적을 것
    • 내마모성이 클 것
    • 체결력이 있을 것
  ㉡ 종류
    • 성형 패킹: V형, U형, L형, J형
    • O링: 천연고무·합성고무 또는 합성수지로 만든 원형단면 둥근고리로, 밀봉부의 홈에 끼워서 기밀성, 수밀성을 유지함

5. 오일 냉각기(오일 쿨러)
① 기능: 유압유 작동 시 발생하는 마찰열을 냉각시켜 점도의 저하, 윤활제의 분해 등을 방지하고, 유압유의 온도를 항상 정상 작동온도인 80℃로 유지한다.
② 설치 위치: 릴리프 밸브의 복귀 측 또는 회로의 복귀 측에 설치한다.
③ 구비조건
  ㉠ 촉매 작용이 없을 것
  ㉡ 오일 흐름에 저항이 적을 것
  ㉢ 온도 조정이 적을 것
④ 유압유의 온도가 과도하게 상승할 때 나타나는 현상
  ㉠ 작동유 점도가 낮아져 유압기기 작동이 불량해짐
  ㉡ 유압유의 열화 및 산화가 촉진됨
  ㉢ 점도 저하로 인해 누유가 발생하기 쉬우며, 펌프 효율이 저하됨
  ㉣ 기계적 마찰이 증가함

8 유압기호 및 유압회로

1. 유압기호

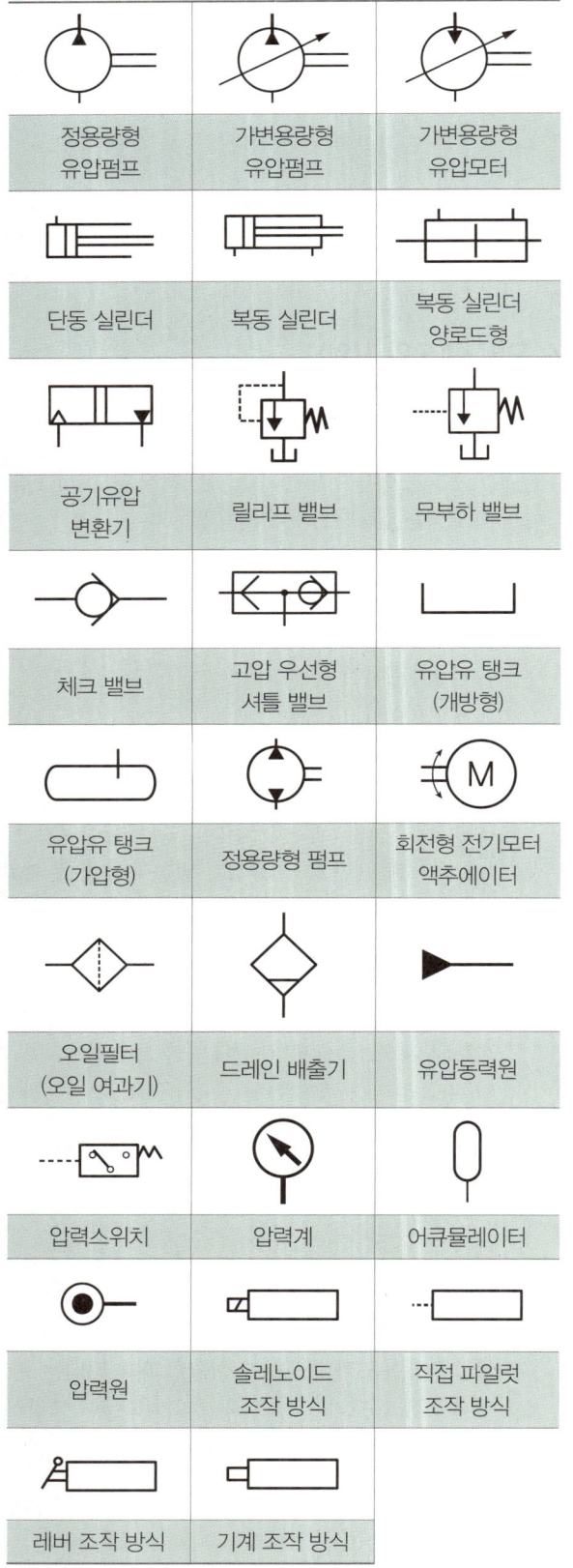

2. 유압회로

① 종류
- ㉠ 그림 회로도: 구성기기 외관을 그림으로 표시함
- ㉡ 단면 회로도: 기기 내부와 동작의 단면을 표시함
- ㉢ 조합 회로도: 그림 회로도와 단면 회로도를 활용하여 복합적으로 표시함
- ㉣ 기호 회로도: 구성기기를 기호로 표시함

② 속도제어 회로: 유압 실린더의 속도를 제어하는 회로를 말한다.
- ㉠ 미터인 회로: 유압 실린더에 유입되는 유압유를 조절하며, 유량제어 밸브와 실린더에 직렬로 연결함
- ㉡ 미터아웃 회로: 유압 실린더에서 나오는 유압유를 조절함
- ㉢ 블리드오프 회로: 유량조절 밸브 바이패스 회로에 설치되며, 유압 실린더에 공급되는 유압유 외의 유압유를 탱크로 복귀시키는 회로. 유량제어 밸브와 실린더가 병렬로 연결되어 있음

1 개요

01 유압장치에 대한 설명으로 옳은 것은?

① 유압장치는 유체에너지를 유압에너지로 바꾸는 장치이다.
② 유압장치는 유체에너지를 기계적 에너지로 바꾸는 장치이다.
③ 유압장치는 수차를 이용한 장치이다.
④ 유압장치는 직선왕복운동을 하는 장치이다.

해설 유압장치는 유체에너지를 기계적 에너지로 바꾸는 장치이다.

02 유압장치의 특징으로 옳지 않은 것은?

① 속도 제어가 어렵다.
② 힘의 연속적 제어가 용이하다.
③ 힘을 증대할 뿐만 아니라 감소할 수도 있다.
④ 운동 방향 제어가 용이하다.

해설 유압장치는 속도 제어가 용이하다는 장점이 있다.

03 유압장치의 장점에 해당하지 않는 것은?

① 무단변속이 가능하다.
② 응답성이 빠르고 에너지 저장이 가능하다.
③ 직선운동 시 충격과 진동이 적다.
④ 윤활성, 내마모성, 방청성이 좋다.

해설 유압장치는 직선운동을 하는 유압 실린더 끝단에서 충격 및 진동이 있어 쿠션기구 등을 사용한다.

04 유압장치에 대한 설명으로 옳지 않은 것은?

① 응답성이 빠르고 에너지 축적이 가능하다.
② 작동유에 공기 및 먼지가 유입되어도 고장 나지 않는다.
③ 배관 또는 이음부에서 누유가 발생할 수 있다.
④ 속도제어가 용이하다.

해설 작동유에 공기 및 먼지가 유입되면 유압장치에 고장이 발생한다.

05 유압 액추에이터에 대한 설명으로 옳은 것은?

① 유체에너지를 축적하는 장치이다.
② 유체에너지를 생성하는 장치이다.
③ 유체에너지를 기계적 에너지로 변환하는 장치이다.
④ 기계적 에너지를 유체에너지로 변환하는 장치이다.

해설 유압 액추에이터는 작동기로 유압 실린더와 유압모터가 있으며, 펌프에서 발생한 유체에너지(유압에너지)를 기계적 에너지(직선 또는 회전운동)로 변환하는 장치이다.

06 유압장치에 이용하는 유체 일반에 대한 설명으로 옳지 않은 것은?

① 유체는 압축성이 있다.
② 유체는 비압축성이 있다.
③ 유체는 힘을 전달한다.
④ 유체는 동력을 전달한다.

해설 유체는 비압축성이 있으며 힘(동력)을 전달한다.

07 유압장치의 원리로 옳은 것은?

① 파스칼의 원리
② 베르누이의 원리
③ 보일 샤를의 원리
④ 패러데이의 원리

해설 유압장치는 작은 힘으로 큰 힘을 얻기 위해 파스칼의 원리를 이용한다.

08 파스칼의 원리에 대한 설명으로 옳지 않은 것은?

① 유체의 압력은 면에 대해 직각으로 작용한다.
② 각 점의 압력은 모든 방향으로 동일하게 작용한다.
③ 밀폐된 용기 속 유체의 일부에 가해진 압력은 동시에 유체의 각 부에 같은 세기로 전달된다.
④ 힘은 증대되기만 한다.

해설 힘은 증대될뿐만 아니라 감소될 수도 있다.

정답 01 ② 02 ① 03 ③ 04 ② 05 ③ 06 ① 07 ① 08 ④

⚠️ 빈출

09 유압장치의 구성품이 아닌 것은?

① 오일탱크 ② 유압펌프
③ 기관 ④ 액추에이터

해설 유압장치의 구성품에는 오일탱크, 유압펌프, 압력제어 밸브, 유량제어 밸브, 액추에이터, 파이프 및 호스가 있다.

⚠️ 빈출

10 유압장치 작동유 공급순서로 옳은 것은?

① 탱크 → 유압펌프 → 메인컨트롤 밸브 → 작동기 → 고압관
② 탱크 → 유압펌프 → 메인컨트롤 밸브 → 고압관 → 작동기
③ 탱크 → 메인컨트롤 밸브 → 유압펌프 → 작동기 → 고압관
④ 탱크 → 메인컨트롤 밸브 → 유압펌프 → 고압관 → 작동기

해설 유압장치 작동유 공급순서는 '탱크 → 유압펌프(유압발생부) → 메인컨트롤 밸브(유압제어부) → 고압관 → 작동기(유압구동부)' 순이다.

2 유압펌프의 구조와 기능(발생부)

11 유압펌프에 대한 설명으로 옳지 않은 것은?

① 기관 또는 전동기의 동력을 유압에너지로 전환하는 장치이다.
② 유압에너지를 회전운동으로 바꾸는 장치이다.
③ 유압유에 힘을 가하는 장치이다.
④ 유압펌프의 종류에는 기어식, 베인식, 피스톤식 등이 있다.

해설 유압에너지를 회전운동으로 바꾸는 장치는 유압모터이다.

⚠️ 빈출

12 유압펌프의 종류가 아닌 것은?

① 기어식 ② 액시얼식
③ 진공펌프식 ④ 베인식

해설 유압펌프의 종류에는 기어식, 베인식, 플런저식(피스톤식) 등이 있다. 플런저식은 액시얼식, 레이디얼식으로 구분한다.

⚠️ 빈출

13 기어식 유압펌프에 대한 설명으로 옳은 것은?

① 정용량형 펌프이다.
② 고속회전에 부적합하다.
③ 폐입 현상이 잘 일어나지 않는다.
④ 고장이 적으나 가혹한 조건에 맞지 않는다.

해설 기어식 유압펌프는 가변용량형이 없기 때문에 정용량형 펌프라고도 한다.
② 고속회전이 가능하다.
③ 흡입력이 크고 폐입 현상이 일어나기 쉽다.
④ 고장이 적고 가혹한 조건에 적합하다.

⚠️ 빈출

14 기어펌프에 대한 설명으로 옳지 않은 것은?

① 소형이며 구조가 간단하다.
② 초고압에는 사용이 어렵다.
③ 대용량 펌프로 적당하다.
④ 가혹한 조건에 잘 견딘다.

해설 기어펌프는 소형이며 구조가 간단하다는 장점이 있지만, 대용량 펌프로는 사용이 곤란하다는 단점이 있다.

⚠️ 빈출

15 폐입 현상에 대한 설명으로 옳지 않은 것은?

① 토출된 유체 일부를 흡입구 측으로 되돌리는 현상이다.
② 폐입 현상이 발생하면 기어의 마모가 심해진다.
③ 측판에 탈출홈을 설치하여 방지한다.
④ 폐입 현상이 발생하면 축동력이 감소한다.

해설 폐입 현상은 토출된 유체 일부를 흡입구 측으로 되돌리는 현상을 말한다. 폐입 현상이 발생하면 축동력이 증가한다.

16 캠링, 로터, 날개로 구성되어 있으며 구조가 간단하고 수명이 길며, 고속회전에 적합한 유압펌프는?

① 기어식 ② 베인식
③ 플런저식 ④ 사판식

해설 베인식 유압펌프는 캠링, 로터, 날개(베인)로 구성되어 있으며, 구조가 간단하고 수명이 길며, 고속회전이 가능할뿐만 아니라 맥동과 소음, 진동이 적은 특징이 있다.

정답 09 ③ 10 ② 11 ② 12 ③ 13 ① 14 ③ 15 ④ 16 ②

⚠️빈출
17 액시얼 피스톤펌프에 대한 설명으로 옳지 <u>않은</u> 것은?

① 사판식과 사축식이 있다.
② 플런저가 운동 방향 중심선에서 직각인 평면에 방사상으로 나열되어 있다.
③ 플런저 운동 방향이 실린더 블록 중심선과 같은 방향으로 되어 있는 형식이다.
④ 구조가 복잡하다.

해설 플런저가 운동 방향 중심선에서 직각인 평면에 방사상으로 나열되어 있는 형식은 레이디얼 피스톤펌프이다.

⚠️빈출
18 액시얼 피스톤펌프 중 사판식의 사판이 하는 역할은?

① 유압을 토출시킨다.
② 유압을 흡입한다.
③ 피스톤 헤드와 접촉하여 피스톤이 왕복운동을 하게 한다.
④ 구동축을 운동시킨다.

해설 사판식의 사판은 피스톤을 왕복운동시키고, 유량을 조절하는 역할을 한다.
①② 사판식의 피스톤이 하는 역할이다.
④ 유압펌프 입력축이 하는 역할이다.

⚠️빈출
19 유압기기의 용어 중 GPM 또는 LPM이 의미하는 것은?

① 분당 토출량　　② 시간당 토출량
③ 유체 흐름 저항　④ 유체 압력 단위

해설 GPM(Gallon Per Minute) 또는 LPM(Liter Per Minute)은 유압펌프의 분당 토출량을 의미한다.

⚠️빈출
20 유압펌프의 크기를 나타내는 방법으로 옳은 것은?

① 유압펌프의 회전 속도로 표시한다.
② 유압펌프에 주어진 압력 및 토출량으로 표시한다.
③ 유압펌프에서 토출되는 압력으로 표시한다.
④ 유압펌프에서 흡입하는 오일의 양으로 표시한다.

해설 유압펌프의 크기는 주어진 압력 및 토출량으로 표시한다. 이때 토출량이란 펌프가 단위시간당 토출하는 액체의 체적을 말한다.

⚠️빈출
21 토출량에 대한 설명으로 옳은 것은?

① 초당 토출하는 액체의 압력을 말한다.
② 분당 토출하는 액체의 압력을 말한다.
③ 단위시간당 토출하는 액체의 체적을 말한다.
④ 단위시간당 토출하는 액체의 압력을 말한다.

해설 토출량은 펌프에서 단위시간당 토출하는 액체의 체적을 말한다. 유압펌프의 크기는 주어진 압력과 토출량으로 표시한다.

22 유압펌프에서 회전수가 일정할 때 토출량을 변화시킬 수 있는 형식은?

① 정용량형　　② 정압력형
③ 가변압력형　④ 가변용량형

해설 유압펌프에서 회전수가 일정할 때 토출량을 변화시킬 수 있는 형식은 가변용량형이다.
① 정용량형은 유압펌프에서 회전수가 일정할 때 일정하게 토출하는 형식이다.

⚠️빈출
23 굴착기에 사용하는 유압펌프가 오일을 토출하지 못하는 원인을 [보기]에서 모두 고른 것은?

┤보기├
ㄱ. 유압유의 점도가 낮다.
ㄴ. 펌프의 회전수가 적다.
ㄷ. 오일 스트레이너가 막혀 오일을 흡입하지 못한다.
ㄹ. 펌프가 역회전한다.
ㅁ. 흡입관 또는 회로 내에 공기가 유입되었다.

① ㄱ, ㄴ, ㄷ　　② ㄱ, ㄴ, ㄹ, ㅁ
③ ㄱ, ㄷ, ㄹ, ㅁ　④ ㄴ, ㄷ, ㄹ, ㅁ

해설 ㄱ. 유압유의 점도가 높을 때 유압펌프가 오일을 토출하지 못한다.

⚠️빈출
24 유압펌프에서 소음이 발생하는 원인이 <u>아닌</u> 것은?

① 유압유의 점도가 높을 때
② 펌프의 회전 속도가 느릴 때
③ 흡입 오일의 양이 적을 때
④ 흡입관 또는 회로 내로 공기가 유입될 때

해설 펌프의 회전 속도가 빠를 때 유압펌프에서 소음이 발생한다. ①③④ 외에 펌프 베어링의 마모가 심할 때, 펌프 회전축 편심 오차가 심할 때 등의 경우에도 유압펌프에서 소음이 발생한다.

정답　17 ②　18 ③　19 ①　20 ②　21 ③　22 ④　23 ④　24 ②

25 유압펌프의 소음 발생 원인으로 옳지 <u>않은</u> 것은?

① 펌프의 속도가 너무 빠르다.
② 펌프 축의 센터와 원동기 축의 센터가 일치한다.
③ 펌프 흡입관에 공기가 흡입된다.
④ 흡입되는 작동유 속에 기포가 있다.

해설 펌프 축의 센터와 원동기 축의 센터가 일치하지 않을 때 유압펌프에서 소음이 발생한다.

26 유압펌프의 유압이 낮아지는 원인으로 옳은 것은?

① 유압탱크 내 오일의 양이 과다할 때
② 펌프의 회전 속도가 빠를 때
③ 펌프의 마모가 심할 때
④ 펌프 흡입관이 클 때

해설 유압펌프에서 토출 유압이 낮아지는 원인에는 유압탱크 내 오일의 양이 적을 때, 펌프의 마모가 심할 때, 펌프의 회전 속도가 느릴 때, 펌프 흡입관이 막혔을 때 등이 있다.

3 컨트롤 밸브의 구조와 기능(제어부)

⚠️빈출

27 유압장치에서 사용하는 컨트롤 밸브의 기능이 옳지 <u>않은</u> 것은?

① 압력제어 밸브 – 일의 크기를 제어한다.
② 유량제어 밸브 – 일의 속도를 제어한다.
③ 속도제어 밸브 – 일의 속도를 제어한다.
④ 방향제어 밸브 – 일의 방향을 제어한다.

해설 일의 속도를 제어하는 것은 컨트롤 밸브 중 유량제어 밸브의 기능이다.

⚠️빈출

28 압력제어 밸브의 종류가 <u>아닌</u> 것은?

① 릴리프 밸브   ② 감압 밸브
③ 언로드 밸브   ④ 교축 밸브

해설 압력제어 밸브의 종류에는 릴리프 밸브, 감압 밸브, 언로드 밸브, 시퀀스 밸브, 카운터 밸런스 밸브 등이 있다. 교축 밸브(스로틀 밸브)는 유량제어 밸브에 해당한다.

⚠️빈출

29 유압회로 내 압력이 과도하게 상승하는 것을 방지하는 밸브는?

① 카운터 밸런스 밸브   ② 릴리프 밸브
③ 시퀀스 밸브   ④ 감압 밸브

해설 ① 카운터 밸런스 밸브는 제어속도 이상으로 낙하하는 것을 방지하는 밸브이다.
③ 시퀀스 밸브는 각 회로에 작동 순서를 부여하는 밸브이다.
④ 감압 밸브는 주회로보다 낮은 압력으로 작동체를 작동시키고자 하는 분기회로에 사용하는 밸브이다.

⚠️빈출

30 크래킹압력에 대한 설명으로 옳은 것은?

① 밸브를 통하지 않고 직접 유압유가 흐르는 압력
② 밸브가 완전히 열려 오일이 자유롭게 흐르는 압력
③ 밸브를 통해 유압유가 흐르기 시작하는 압력
④ 오일이 자유롭게 흐르는 압력과 흐르기 시작하는 압력의 차이

해설 크래킹압력이란 릴리프 밸브를 통해 유압유가 흐르기 시작하는 압력이다.
② 전개압력에 대한 설명이다.
④ 오버라이드압력에 대한 설명이다.

⚠️빈출

31 릴리프 밸브를 설치하는 위치는?

① 유압펌프와 방향전환 밸브 사이
② 유압탱크와 유압펌프 사이
③ 방향전환 밸브와 유압 실린더 사이
④ 유압탱크와 유압 실린더 사이

해설 릴리프 밸브의 설치 위치는 유압펌프와 방향전환 밸브 사이이다.

⚠️빈출

32 감압 밸브를 사용하는 곳은?

① 주회로에서 높은 압력을 유지하는 곳
② 주회로에서 낮은 압력을 유지하는 곳
③ 분기회로에서 높은 압력을 유지하는 곳
④ 분기회로에서 2차 측 압력을 낮게 유지하는 곳

해설 감압 밸브는 분기회로에서 2차 측 압력을 낮게 유지하는 곳에 사용한다.

정답 25 ② 26 ③ 27 ① 28 ④ 29 ② 30 ③ 31 ① 32 ④

33 리듀싱 밸브(감압 밸브)에 대한 설명으로 옳지 <u>않은</u> 것은?

① 상시 폐쇄 상태로 되어 있다.
② 유압장치에서 회로 일부의 압력을 릴리프 밸브의 설정압력 이하로 하고 싶을 때 사용한다.
③ 출구의 압력이 감압 밸브의 설정압력보다 높아지면 밸브가 작동하여 유로를 닫는다.
④ 입구의 주회로에서 출구의 감압회로로 유압유가 흐른다.

해설 리듀싱 밸브(감압 밸브)는 회로 일부의 압력을 릴리프 밸브의 설정압력 이하로 제어할 때 사용하며, 입구의 주회로에서 출구의 감압회로로 유압유가 흐른다. 또한 상시 개방 상태로 되어 있으며, 출구의 압력이 감압 밸브 설정압력보다 높아지면 밸브가 작동하여 유로를 닫는다.

34 평상시 닫혀 있다가 일정 조건이 되면 열려 작동하는 밸브가 <u>아닌</u> 것은?

① 리듀싱 밸브   ② 시퀀스 밸브
③ 언로드 밸브   ④ 릴리프 밸브

해설 리듀싱 밸브는 일정 조건 없이 작동체의 작동을 위해 압력을 낮추는 상시 개방형 밸브이다.
②③④ 시퀀스 밸브, 언로드 밸브, 릴리프 밸브 등은 평상시 닫혀 있다가 일정 조건이 되면 작동하는 상시 폐쇄형 밸브이다.

35 유압회로 내 압력이 설정값에 도달하면 펌프의 전유량을 탱크로 되돌려 펌프를 무부하 상태로 만드는 밸브는?

① 언로드 밸브   ② 릴리프 밸브
③ 리듀싱 밸브   ④ 시퀀스 밸브

해설 언로드 밸브를 무부하 밸브라고도 한다. 언로드 밸브는 유압회로 내 압력이 설정값에 도달하면 펌프의 전유량을 탱크로 되돌려 펌프를 무부하 상태로 만드는 밸브이다.

36 유압 실린더와 유압모터 등 2개 이상의 작동체를 사용하는 분기회로에서 순차적으로 작동시키는 밸브는?

① 교축 밸브   ② 시퀀스 밸브
③ 체크 밸브   ④ 릴리프 밸브

해설 ① 교축 밸브는 관로의 직경을 변경하여 유량을 제어하는 밸브이다.
③ 체크 밸브는 유체의 역방향 흐름을 저지하는 밸브이다.
④ 릴리프 밸브는 회로 압력을 일정하게 하거나 최고압력을 제한하여 장치를 보호하는 밸브이다.

37 카운터 밸런스 밸브에 대한 설명으로 옳지 <u>않은</u> 것은?

① 배압 밸브 또는 푸트 밸브라고도 한다.
② 한쪽 방향 흐름에 배압을 발생시키는 밸브이다.
③ 일의 순서를 결정하는 밸브이다.
④ 유압 실린더가 중력에 의해 자유낙하하는 것을 방지하는 밸브이다.

해설 카운터 밸런스 밸브는 배압 밸브 또는 푸트 밸브라고도 하며, 한쪽 방향 흐름에 배압을 발생시키기 위한 밸브로, 실린더가 중력에 의해 자유로이 제어속도 이상으로 낙하하는 것을 방지한다.

38 유체를 한쪽으로만 흐르게 하고 역방향 흐름을 저지하는 밸브는?

① 체크 밸브   ② 서지 밸브
③ 서보 밸브   ④ 파일럿 밸브

해설 유체의 역방향 흐름을 저지하는 밸브는 체크 밸브이다.
③ 서보 밸브는 유량제어 밸브 중 하나이다. 조작 방식에는 수동 조작, 기계적 조작, 솔레노이드 조작 등이 있다.

39 유압회로에서 방향제어 밸브의 기능으로 옳지 <u>않은</u> 것은?

① 유압 실린더 및 유압모터의 작동 방향을 바꾸는 데 사용한다.
② 유체의 흐름 방향을 변화시킨다.
③ 액추에이터의 작동 속도를 제어한다.
④ 유체가 한쪽으로만 흐르도록 한다.

해설 액추에이터의 작동 속도를 제어하는 것은 유량제어 밸브의 기능에 해당한다.

40 굴착기 운전 중 유압유는 정상이나 포크의 상승 속도가 현저히 저하되었을 때 점검해야 하는 밸브는?

① 압력제어 밸브   ② 방향제어 밸브
③ 릴리프 밸브   ④ 유량제어 밸브

해설 ① 압력제어 밸브는 일의 크기를 제어하는 밸브이다.
② 방향제어 밸브는 일의 방향을 제어하는 밸브이다.
③ 릴리프 밸브는 회로압력을 일정하게 하거나 최고압력을 제한하여 장치를 보호하는 밸브이다.

정답 33 ① 34 ① 35 ① 36 ② 37 ③ 38 ① 39 ③ 40 ④

41 스풀 밸브에 대한 설명으로 옳은 것은?

① 슬리브에 설치된 포트에 의해 유체 흐름 방향을 변환하는 밸브이다.
② 자체 압력에 의해 내부 볼 움직임에 따라 자동으로 관로를 선택하는 밸브이다.
③ 유량을 제어 및 배분하는 밸브이다.
④ 2개 이상 회로로부터 유량을 일정 비율로 집합하는 밸브이다.

해설 스풀 밸브는 원통형 슬리브로 면에 내접하여 축 방향으로 이동함으로써 포트를 개폐하여 오일의 흐름 방향을 바꾸는 밸브이다.
② 셔틀 밸브, ③ 분류 밸브, ④ 집류 밸브에 대한 설명이다.

42 교축 밸브에 대한 설명으로 옳지 않은 것은?

① 스로틀 밸브이다.
② 관로의 직경을 변경하여 유량을 제어한다.
③ 오리피스형과 쵸크형이 있다.
④ 2개 이상의 회로에서 관로를 교차하여 제어한다.

해설 2개 이상의 회로에서 관로를 교차하여 제어하는 것은 포핏형 프레필 밸브이다.

43 다음 설명에 해당하는 유압 밸브는?

> 기계장치(캠)에 의해 스풀을 작동시켜 액추에이터의 작동 속도를 서서히 감속시킨다.

① 스풀 밸브
② 디셀레이션 밸브
③ 카운터 밸런스 밸브
④ 프레필 밸브

해설 디셀레이션 밸브(감속 밸브)는 기계장치(캠)에 의해 스풀을 작동시켜 유로를 서서히 개폐함으로써 액추에이터의 발진, 정지, 감속 변환 등에 따른 충격을 감소하고자 작동 속도를 서서히 감속시킬 때 사용된다.

44 유압장치에서 실린더 숨돌리기 현상이란?

① 유입된 공기의 압축과 팽창 차이에 따라 동작이 불안정하고 작동이 지연되는 것
② 공급되는 유압이 일시적으로 멈추는 것
③ 제어 밸브 작동이 지연되는 것
④ 액추에이터에 유입되는 유압이 일시적으로 낮아지는 것

해설 실린더 숨돌리기 현상은 유입된 공기의 압축과 팽창 차이에 따라 동작이 불안정하고 작동이 지연되는 것으로, 유압유의 부족, 유압온도의 급격한 상승, 제어 밸브의 작동 불량으로 발생한다.

45 다음 설명에 해당하는 유압기기의 이상 현상은?

> 공동 현상이라고도 하며, 유입된 공기량이 많으면 펌프 또는 밸브를 통과하는 앞과 뒤의 큰 압력 변화에 따라 기포가 과포화 상태가 되고, 이때 기포가 분리되면서 오일 속에 공동부가 생기는 현상이다. 용적 효율이 저하되고 큰 충격음과 진동이 발생한다.

① 실린더 숨돌리기 현상
② 서지압력
③ 캐비테이션 현상
④ 채터링 현상

해설 ① 실린더 숨돌리기 현상은 유입된 공기의 압축 및 팽창 차에 따라 동작이 불안정하고 작동이 지연되는 현상이다.
② 서지압력은 과도적으로 발생하는 이상 압력의 최댓값으로, 유량제어 밸브의 가변 오피리스를 급격히 닫거나 방향제어 밸브의 유로를 급격히 전환할 경우 또는 고속 실린더를 급정지할 경우 발생하는 현상이다.
④ 채터링 현상은 릴리프 밸브 스프링 장력 저하로 인해 발생하며, 볼이 시트를 때려 소음이 발생한다.

46 릴리프 밸브에서 발생하는 이상 현상 중 채터링 현상에 대한 설명으로 옳은 것은?

① 압력차에 따라 유압이 고이는 것
② 릴리프 밸브 스프링이 유압을 제어하는 것
③ 압력차에 의해 볼이 밸브 시트를 때려 소음이 발생하는 것
④ 릴리프 밸브 내 유압이 저하되는 것

해설 채터링 현상은 릴리프 밸브 내 압력차에 의해 볼이 밸브 시트를 때려 소음이 발생하는 현상을 말한다.

47 유압장치에서 발생하는 서지압력에 대한 설명으로 옳지 않은 것은?

① 과도하게 발생하는 이상 압력의 최댓값이다.
② 국부적인 압력을 말한다.
③ 유량제어 밸브 및 방향제어 밸브에서 발생한다.
④ 고속 실린더를 급정지시킬 때 발생한다.

해설 유압장치의 서지압력은 과도하게 발생하는 이상 압력의 최댓값으로, 유량제어 밸브의 가변 오리피스를 급격히 닫거나 방향제어 밸브의 유로를 급격히 전환하는 경우 또는 고속 실린더를 급정지시킬 경우 발생한다.

정답 41 ① 42 ④ 43 ② 44 ① 45 ③ 46 ③ 47 ②

4 유압 실린더 및 유압모터(구동부)

48 유압 실린더의 구성품이 아닌 것은?

① 실린더 하우징 ② 피스톤
③ 로드 ④ 투스

해설 투스는 굴착기 버킷의 구성품이다.

49 유압 실린더에서 피스톤 로드에 있는 먼지 또는 오염 물질 등이 실린더로 혼입되는 것을 방지하는 것은?

① 실린더 커버 ② 더스트 실
③ 밸브 ④ 필터

해설 피스톤 로드는 실린더 튜브의 안과 밖을 이동하기 때문에 오염물이 튜브 안으로 유입되는 것을 방지하기 위해 더스트 실(와이퍼 실)을 설치한다.

50 유압 실린더와 유압모터의 특징이 옳게 연결된 것은?

① 유압 실린더 – 회전운동
② 유압 실린더 – 직선운동, 회전운동
③ 유압모터 – 회전운동
④ 유압모터 – 직선운동

해설 유압 실린더는 유압을 직선운동으로 바꾸는 장치이고, 유압모터는 유압을 회전운동으로 바꾸는 장치이다.

51 유압 실린더의 종류가 아닌 것은?

① 단동식 ② 복동식
③ 단동 더블로드식 ④ 복동 더블로드식

해설 유압 실린더의 종류에는 단동식과 복동식이 있으며, 복동식에는 싱글로드 형식과 더블로드 형식이 있다.

52 타이어식 굴착기 조향장치에 사용하는 유압 실린더의 종류는?

① 단동 더블로드 형식
② 단동 싱글로드 형식
③ 복동 더블로드 형식
④ 복동 싱글로드 형식

해설 타이어식 굴착기 조향장치는 바퀴가 좌우로 회전해야 하므로 복동식 더블로드 형식의 유압 실린더를 사용한다.
①② 싱글로드와 더블로드 형식으로 분류되는 것은 복동 실린더이다.

53 유압 실린더 지지 방식에 따른 분류가 아닌 것은?

① 카운터 밸런스형 ② 푸트형
③ 플랜지형 ④ 클레비스형

해설 유압 실린더는 지지 방식에 따라 푸트형, 플랜지형, 클레비스형으로 분류된다.

54 양단에 브라킷으로 장착하는 형식의 유압 실린더는?

① 클레비스형 ② 플랜지형
③ 푸트형 ④ 브라킷형

해설 ① 클레비스형은 실린더가 자유롭게 회전하도록 핀으로 장착하는 형식의 유압 실린더이다.
② 플랜지형은 실린더 방향과 직각인 면에 플랜지로 장착하는 형식의 유압 실린더이다.

55 유압 실린더의 안전장치로, 피스톤 행정 끝부분에서 속도를 낮추고 충격에 의한 손상을 방지하는 것은?

① 피스톤 실 ② 피스톤 로드실
③ 쿠션장치 ④ 더스트 실

해설 유압 실린더 내에 설치되어 있는 쿠션장치는 피스톤 행정 끝부분에서 속도를 낮추고 충격에 의한 손상을 방지하는 유압 실린더의 안전장치이다.

정답 48 ④ 49 ② 50 ③ 51 ③ 52 ③ 53 ① 54 ③ 55 ③

56 유압 실린더의 숨돌리기 현상이 발생했을 때 나타날 수 있는 현상이 아닌 것은?

① 작동지연 현상이 나타난다.
② 서지압이 발생한다.
③ 오일의 공급이 과대해진다.
④ 피스톤 작동이 불안정해진다.

해설 실린더 숨돌리기 현상은 유압라인 내 공기의 혼입으로 인한 공기의 압축 및 팽창 차에 따라 액추에이터의 작동이 불안정하고 지연되는 현상을 말한다. 오일의 공급이 과대해지는 것과는 관련이 없다.

57 유압모터의 장점이 아닌 것은?

① 변속이 용이하다.
② 역회전이 불가능하다.
③ 제동이 용이하다.
④ 고속회전이 좋다.

해설 유압모터는 변속·가속·제동이 용이하고, 역회전이 가능하며, 고속회전이 좋은 장점이 있다.

58 유압모터의 단점으로 옳지 않은 것은?

① 작동 시 작동유 점도 변화에 영향을 받는다.
② 제어 밸브를 장착할 수 없다.
③ 먼지나 공기가 유입되지 않게 유지 보수해야 한다.
④ 작동유가 인화하기 쉽다.

해설 유압모터는 작동 시 작동유 점도 변화에 영향을 받으며, 먼지나 공기가 유입되지 않게 유지 보수해야 하고, 작동유가 인화하기 쉽다는 단점이 있다.

59 유압모터의 특징으로 옳지 않은 것은?

① 관성력이 크다.
② 자동 원격 조작이 가능하다.
③ 무단 변속이 가능하다.
④ 구조가 간단하다.

해설 유압모터는 관성력이 작아서 전동모터에 비해 급속 정지가 쉽다는 특징이 있다.

⚠빈출
60 유압모터의 종류에 해당하지 않는 것은?

① 기어식 ② 베인식
③ 피스톤식 ④ 원심식

해설 유압모터의 종류에는 기어식, 베인식, 플런저식(피스톤식)이 있다.

⚠빈출
61 유압모터 작동 시 소음과 진동이 발생하는 원인이 아닌 것은?

① 유압유 점도가 낮을 때
② 회로 내에 공기가 유입되었을 때
③ 모터 내부의 부품 마모가 심할 때
④ 모터 고정볼트의 체결이 느슨할 때

해설 유압모터 작동 시 소음과 진동이 발생하는 원인에는 회로 내에 공기가 유입되었을 때, 모터 내부의 부품 마모가 심할 때, 모터 고정볼트의 체결이 느슨할 때 등이 있다.

5 유압탱크의 기능과 구조

⚠빈출
62 유압탱크의 구성품이 아닌 것은?

① 흡입관 및 복귀관 ② 배플
③ 드레인 플러그 ④ 오일 여과기

해설 유압탱크의 구성품에는 흡입관 및 복귀관, 배플, 드레인 플러그, 유면계, 공기 여과기 등이 있다.

⚠빈출
63 유압탱크의 구비조건에 해당하지 않는 것은?

㉠ 적당한 크기의 주유구 및 스트레이너를 설치해야 한다.
㉡ 오일 냉각을 위한 쿨러를 설치해야 한다.
㉢ 오일에 이물질이 혼입되지 않도록 밀폐되어야 한다.
㉣ 플러그 및 유면계를 설치해야 한다.

해설 오일 쿨러는 유압탱크와 별개의 구성품이다.

정답 56 ③ 57 ② 58 ② 59 ① 60 ④ 61 ① 62 ④ 63 ②

64 유압장치에서 불순물을 제거하기 위해서 사용하는 부품은?

① 여과기, 어큐뮬레이터
② 배플, 필터
③ 드레인 플러그, 필터
④ 오일 여과기, 스트레이너

해설 유압장치에서 유압유의 불순물을 제거하기 위한 장치에는 오일 스트레이너의 여과망, 오일 여과기(필터) 등이 있다.

67 유압유 열화 점검 방법이 아닌 것은?

① 불이 붙는 정도 확인
② 색깔 변화 및 수분 함유 여부 확인
③ 침전물 유무 및 점도 확인
④ 흔들었을 때 거품 발생 여부 확인

해설 ②③④ 이외에도 냄새 확인 등으로 유압유의 열화를 점검할 수 있다.

6 유압유

65 유압유의 기능을 [보기]에서 모두 고른 것은?

| 보기 |
| ㄱ. 열을 흡수한다. |
| ㄴ. 동력을 전달한다. |
| ㄷ. 열화를 방지한다. |
| ㄹ. 밀봉 작용을 한다. |
| ㅁ. 마모를 방지한다. |

① ㄱ, ㄷ, ㅁ
② ㄱ, ㄴ, ㄹ, ㅁ
③ ㄴ, ㄷ, ㄹ
④ ㄴ, ㄷ, ㄹ, ㅁ

해설 유압유의 기능에는 열 흡수, 동력 전달, 밀봉 작용, 마모 방지 등이 있다.

68 서로 다른 두 종류의 유압유를 혼합하였을 때 나타나는 현상으로 옳은 것은?

① 유압유의 성능이 월등히 좋아진다.
② 열화 현상이 촉진된다.
③ 서로 보완 가능한 유압유의 혼합은 권장한다.
④ 점도가 달라지나 사용에는 지장이 없다.

해설 유압유에 점도가 다른 오일을 혼합하여 사용할 경우 열화 현상이 촉진된다. 이외에도 작동유에 수분과 공기가 침입했을 때, 고형 물질과 혼합되었을 때, 작동유가 과열되었을 때 등이 유압유 열화 현상 촉진의 원인에 해당한다.

66 유압유의 구비조건으로 옳지 않은 것은?

① 강인한 유막을 형성해야 한다.
② 비압축성이어야 한다.
③ 점도지수가 커야 한다.
④ 인화점 및 발화점이 낮아야 한다.

해설 유압유는 인화점 및 발화점이 높아야 한다.
①②③ 이외에도 적당한 점도를 가질 것, 내부식성이 있을 것, 불활성일 것 등이 유압유의 구비조건에 해당한다.

69 유압이 상승하지 않는 원인이 아닌 것은?

① 유압펌프의 과다 마모
② 오일 부족
③ 릴리프 밸브 스프링 장력이 클 때
④ 릴리프 밸브 스프링 장력이 작을 때

해설 유압펌프의 과다 마모, 오일 부족, 릴리프 밸브 스프링 장력이 작을 때, 오일의 점도가 낮을 때 유압이 상승하지 않는다.

정답 64 ④ 65 ② 66 ④ 67 ① 68 ② 69 ③

70 작동유 사용의 적정 온도가 아닌 것은?

① 난기운전 시 온도: 30℃ 이상
② 냉간운전 시 온도: 0℃
③ 적정 온도: 40~60℃
④ 최고 사용 온도: 80℃ 이하

해설 작동유 사용의 적정 온도
- 난기운전 시 온도: 30℃ 이상
- 적정 온도: 40~60℃
- 최고 사용 온도: 80℃ 이하
- 위험 온도: 100℃ 이상

71 유압유의 온도가 상승하는 원인으로 옳은 것은?

① 유압유가 과다 또는 노화되었을 때
② 유압펌프 효율이 과다할 때
③ 무부하 시간이 길 때
④ 릴리프 밸브 작동이 과도할 때

해설 릴리프 밸브 작동이 과도할 때, 유압유가 부족하거나 노화되었을 때, 밸브 누유가 많고 무부하 시간이 짧을 때 유압유의 온도가 상승한다.

72 유압유의 점도가 낮을 때 나타나는 현상을 [보기]에서 모두 고른 것은?

보기
ㄱ. 펌프의 효율이 저하된다.
ㄴ. 오일의 누설이 증가된다.
ㄷ. 유압회로 내의 압력이 저하된다.
ㄹ. 시동 시 저항이 증가한다.

① ㄱ, ㄴ, ㄷ
② ㄱ, ㄴ, ㄹ
③ ㄱ, ㄷ, ㄹ
④ ㄴ, ㄷ, ㄹ

해설 유압유 점도가 낮을 때 시동 시 저항은 감소한다. ㄱㄴㄷ 이외에도 유압유의 점도가 낮을 경우 공동 현상, 응답 속도 저하, 윤활부 마모 증대 등의 현상이 발생한다.

73 유압장치에서 이물질이 생성되는 원인이 아닌 것은?

① 산화생성물에 의한 슬러지 생성
② 수리 과정에서 이물질 혼입
③ 조립 과정에서 이물질 혼입
④ 엔진에서 피스톤과 실린더 마찰에 의한 금속가루 혼입

해설 엔진과 유압장치는 별개의 장치로, 엔진에서의 이물질 혼입은 유압장치에서 이물질이 생성되는 원인에 해당하지 않는다.

74 유압펌프의 내부 누설과 반비례하여 증가하는 것은?

① 유압유의 오염도
② 유압유의 압력
③ 유압유의 온도
④ 유압유의 점도

해설 유압펌프 내부의 오일 누설은 토출량 부족의 원인으로, 유압유의 점도가 낮을수록 누설이 증가한다.

75 유압유의 첨가제 중 금속 간 마찰을 방지하기 위해 마찰계수를 저하시키고자 사용하는 것은?

① 유성 향상제
② 산화 방지제
③ 유동점 강하제
④ 점도지수 향상제

해설 유성 향상제는 유압유 첨가제의 일종으로, 금속 간 마찰을 방지하기 위해 마찰계수를 저하시키고자 첨가한다.
② 산화 방지제는 금속 표면이 부식되는 것을 방지하기 위해 첨가한다.
③④ 유동점 강하제와 점도지수 향상제는 유압유 첨가제의 일종이며, 이외에도 유압유 첨가제로 소포제 등을 사용한다.

정답 70 ② 71 ④ 72 ① 73 ④ 74 ④ 75 ①

7 기타 부속장치

⚠빈출

76 유압장치의 어큐뮬레이터의 기능으로 옳은 것은?

① 유압유의 압력에너지를 저장한다.
② 불순물을 여과한다.
③ 유량을 확보한다.
④ 유압유를 탱크로 복귀시킨다.

해설 유압장치의 어큐뮬레이터의 기능
- 유압유의 압력에너지를 저장한다.
- 펌프의 맥동압력을 흡수하여 일정하게 유지시킨다.
- 비상시 보조 유압원으로 사용된다.
- 압력을 보상한다.

⚠빈출

77 유압장치의 어큐뮬레이터의 종류 중 기체형에 사용하는 가스는?

① 산소　　　② 아르곤
③ 질소　　　④ 이산화탄소

해설 유압장치 어큐뮬레이터의 기체형(기체 압축형)에 사용하는 가스는 불활성가스인 질소이다.

78 유압장치에 사용하는 오일 실의 종류 중 O링이 갖추어야 하는 조건은?

① 체결력이 작을 것
② 압축변형이 적을 것
③ 작동 시 마모가 클 것
④ 오일의 입출입이 가능할 것

해설 O링의 구비조건
- 내압성과 내열성이 클 것
- 탄성이 양호하고 압축변형이 적을 것
- 피로 강도가 크고 비중이 적을 것
- 설치하기가 쉬울 것
- 정밀가공면을 손상시키지 않을 것

⚠빈출

79 유압회로에서 유압유 온도를 알맞게 유지하기 위해 오일을 냉각하는 부품은?

① 오일 쿨러　　　② 방향제어 밸브
③ 어큐뮬레이터　　④ 유압 밸브

해설 ① 오일 쿨러(오일 냉각기)는 유압유의 온도를 항상 정상 작동 온도인 80℃로 유지하기 위한 장치이다.
② 방향제어 밸브는 유압의 흐름 방향을 제어하여 일의 방향을 제어하는 장치이다.
③ 어큐뮬레이터는 축압기라고도 하며, 유압유의 압력에너지를 저장하는 장치로 비상시 보조 유압원으로도 사용한다.

⚠빈출

80 유압유의 양은 정상이나 오일이 과열된다면 먼저 점검해야 하는 곳은?

① 오일필터　　　② 오일 쿨러
③ 유압호스　　　④ 컨트롤 밸브

해설 유압유의 양은 정상이나 오일이 과열된다면 오일을 냉각시키는 오일 쿨러부터 점검해야 한다.

81 유압장치에서 내구성이 강하고 작동 및 움직임이 있는 곳에 사용하기 적합한 호스는?

① 강파이프 호스
② 플렉시블 호스
③ 그리스파이프 호스
④ PVC 호스

해설 플렉시블 호스는 굽히기 쉽게 만들어진 호스로, 움직임이 있는 곳에 사용하기 적합하다.

정답 76 ① 77 ③ 78 ② 79 ① 80 ② 81 ②

⚠️ 빈출
82 유압장치의 일상점검사항이 아닌 것은?

① 소음 및 호스의 누유 여부 점검
② 오일 누설 여부 점검
③ 오일탱크의 유량 점검
④ 릴리프 밸브의 작동 점검

해설 릴리프 밸브의 작동 점검은 운전 중 점검사항에 해당한다.

8 유압기호 및 유압회로
⚠️ 빈출
83 다음 유압기호가 나타내는 것은?

① 컨트롤 밸브   ② 유압유 탱크
③ 유압 실린더   ④ 유압모터

해설 유압유 탱크 중 개방형의 유압기호이다.

⚠️ 빈출
84 유압기호 중 체크 밸브를 나타내는 것은?

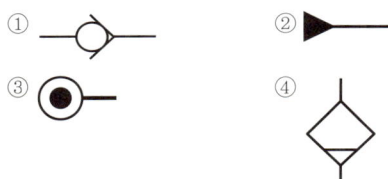

해설 ② 유압동력원, ③ 압력원, ④ 드레인 배출기의 유압기호이다.

⚠️ 빈출
85 유압장치에 사용하는 가변용량형 유압펌프의 기호는?

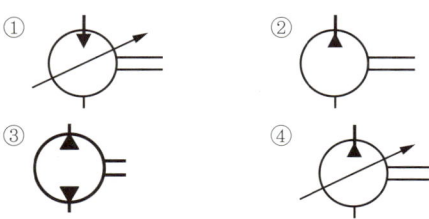

해설 ① 가변용량형 유압모터의 유압기호이다.
②③ 정용량형 유압펌프를 나타낸다. 다만, ③은 토출 포트가 2곳인 경우이다.

⚠️ 빈출
86 유압기호 중 오일 여과기를 나타내는 것은?

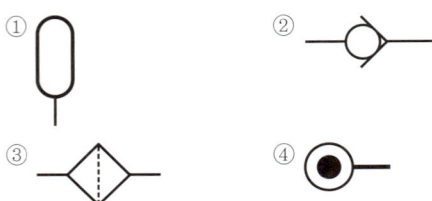

해설 ① 어큐뮬레이터, ② 체크 밸브, ④ 압력원의 유압기호이다.

⚠️ 빈출
87 다음 유압기호가 나타내는 것은?

① 유압유 탱크   ② 단동 실린더
③ 유압원   ④ 어큐뮬레이터

해설 어큐뮬레이터의 유압기호이다.

⚠️ 빈출
88 다음 유압기호가 나타내는 것은?

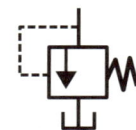

① 무부하 밸브   ② 부하 밸브
③ 릴리프 밸브   ④ 체크 밸브

해설 릴리프 밸브의 유압기호이다.

⚠️ 빈출
89 다음 유압기호가 나타내는 것은?

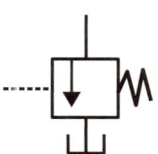

① 무부하 밸브   ② 시퀀스 밸브
③ 안전 밸브   ④ 압력조절 밸브

해설 무부하 밸브의 유압기호이다.

⚠빈출
90 유압기호 중 복동식 양로드 실린더를 표시하는 것은?

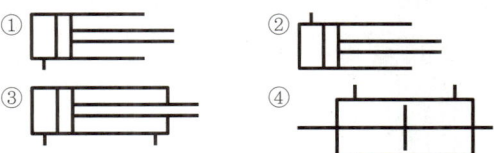

해설 ①② 단동식 실린더, ③ 복동식 단로드 실린더이다.

⚠빈출
91 유압장치의 기호 회로도에 사용하는 유압기호의 표시 방법으로 옳지 않은 것은?

① 기호에는 각 기기의 구조나 작용 압력을 표시하지 않는다.
② 각 기기의 기호는 정상 상태 또는 중립 상태를 표시한다.
③ 기호는 어떠한 경우에도 회전하여 표시하지 않는다.
④ 각 기호에는 흐름의 방향을 표시한다.

해설 유압장치에 사용하는 기호 회로도의 유압기호는 오해의 위험이 없는 경우 기호를 회전하거나 뒤집어 사용할 수 있다.

⚠빈출
92 속도제어 회로 중 미터인 회로에 대한 설명으로 옳은 것은?

① 많은 유압 실린더 또는 모터를 동시에 같은 속도로 작동시킬 때 사용하는 (교축 방식) 회로이다.
② 유압 실린더 좌우 양 포트로 동시에 유압유를 공급하여 피스톤 양쪽이 받는 힘의 차이를 이용하는 회로이다.
③ 고속으로 작동되거나 관성력이 큰 피스톤을 작동할 때 충격적인 변환 동작을 완화하여 원활히 정지시키는 회로이다.
④ 유압 실린더에 유입되는 유압유를 조절하며 유량제어 밸브와 실린더에 직렬로 연결한다.

해설 ① 동기 회로, ② 차동 회로, ③ 감속 회로에 대한 설명이다.

⚠빈출
93 유량제어 밸브와 실린더가 병렬로 연결되어 있고 유압 실린더에 공급되는 유압유 외의 유압유를 탱크로 복귀시키는 회로는?

① 미터인 회로
② 블리드오프 회로
③ 미터아웃 회로
④ 차동 회로

해설 ① 미터인 회로는 유압 실린더에 유입되는 유압유를 조절하며, 유량제어 밸브와 실린더에 직렬로 연결한다.
③ 미터아웃 회로는 유압 실린더에서 나오는 유압유를 조절한다.
④ 차동 회로는 유압 실린더 좌우 양 포트로 동시에 유압유를 공급하여 피스톤 양쪽이 받는 힘의 차이를 이용하는 회로이다.

⚠빈출
94 유압장치에 사용하는 유압회로도의 종류가 아닌 것은?

① 실제 회로도
② 그림 회로도
③ 단면 회로도
④ 조합 회로도

해설 유압장치에 사용하는 회로도의 종류에는 그림·단면·조합·기호 회로도가 있다.

⚠빈출
95 유압회로에서 속도제어 회로가 아닌 것은?

① 미터인 회로
② 미터아웃 회로
③ 블리드오프 회로
④ 오픈센터 회로

해설 속도제어 회로에는 미터인, 미터아웃, 블리드오프 회로가 있다. 방향제어 밸브 방식 중 오픈센터 방식은 존재하나, 오픈센터 회로는 없다.
① 미터인 회로는 속도제어 회로이며, 유압 실린더에 유입되는 유압유를 조절하며 유량제어 밸브와 실린더에 직렬로 연결한다.
② 미터아웃 회로는 속도제어 회로이며, 유압 실린더에서 나오는 유압유를 조절한다.
③ 블리드오프 회로는 속도제어 회로이며, 유압 실린더에 공급되는 유압유 외의 유압유를 탱크로 복귀시키는 회로이다.

정답 90 ④ 91 ③ 92 ④ 93 ② 94 ① 95 ④

CHAPTER 05 굴착기 구조 및 기능, 작업

1 굴착기 일반사항

건설공사, 토목공사, 기타 작업 현장에서 터파기, 쌓기, 깎기, 메우기 등을 하는 건설기계를 말한다.

1. 굴착기(excavator)의 구성

작업장치(전부장치), 상부회전체, 하부주행체(하부추진체)로 구성되어 있다.

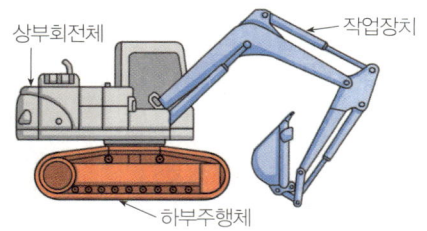

2. 굴착기의 종류

① 바퀴형식에 따른 분류
  ㉠ 무한궤도식 굴착기(크롤러 굴착기, crawler type excavator)
   • 타이어식 굴착기에 비해 작업 안정성이 높음
   • 접지면적이 넓고 접지압력이 낮아 기복이 심한 곳, 습지, 사지, 연약지반에서 작업이 용이함
   • 장거리 이동 시에는 트럭 또는 트레일러에 상차하여 이동해야 함
   • 견인력이 우수함
  ㉡ 타이어식 굴착기(휠 굴착기, wheel type excavator)
   • 주행장치가 고무 타이어로 된 형식으로 장거리 이동이 쉽고 기동성이 양호함(주행저항이 적음)
   • 기복이 심한 곳, 습지, 사지, 연약지반에서 작업이 곤란함
   • 무한궤도식 굴착기에 비하여 작업 안정성이 떨어짐
   • 작업 안전성 도모를 위해 **아우트리거**를 사용함
   • 변속 및 주행 속도가 빠름

> **용어**
> • 아우트리거: 크레인 안정 장치의 일종. 대차로부터 빔을 수평으로 돌출시키고, 그 선단에 장비한 잭으로 지지하는 역할을 함

② 버킷용량에 따른 분류: 버킷 1회에 담을 수 있는 **산적 용량**(단위: 루베)을 뜻하며, 02(0.2), 04(0.4), 10(1.0) 등으로 구분한다.

> **용어**
> • 산적 용량: 평적 용량과 덧쌓인 용적을 합한 것을 말함
> • 평적 용량: 버킷의 평적면 또는 평적 표면 아래 부분의 용량을 말함

2 작업장치(전부장치)

1. 붐, 암, 버킷의 구조

① 붐(boom): 고장력 강판을 사용한 용접 구조의 상자형으로, **푸트핀(풋핀, foot pin)**에 의해 상부회전체 프레임에 1개 또는 2개의 유압 실린더와 함께 설치되어 있다. 유압 실린더에 의해 상하운동을 한다.

> 붐 실린더의 슬로우리턴 밸브: 한쪽 관로의 흐름만 제어하고 다른 쪽의 흐름은 자유롭게 하는 밸브로, 붐을 천천히 하강시키기 위해 설치함

② 암(arm): 붐과 버킷 사이에 설치된 부분을 말하며, 암의 각도가 **80~110°**일 때 굴착력이 가장 크다.

③ 버킷
  ㉠ 직접 작업을 하는 부분으로 고장력 강판으로 제작됨
  ㉡ 버킷에 붙은 흙을 털어내고자 버킷 실린더에는 충격 방지를 위한 쿠션장치를 설치하지 않음
  ㉢ 버킷 굴착력을 높이기 위해 **투스**를 사용하며, 투스가 한계점까지 마모될 경우 교환해 줌

> **용어**
> 투스: 버킷의 굴착력을 높이기 위해 부착하는 부품이며, 고정핀을 사용하여 손쉽게 교환할 수 있음

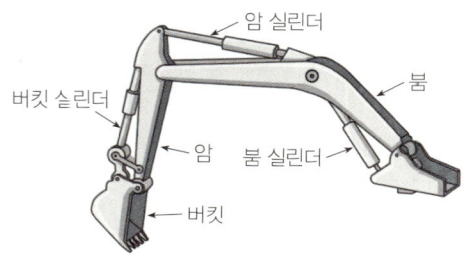

2. 붐, 암, 버킷의 작동

① 굴착기 레버는 오른쪽 1개, 왼쪽 1개로 총 2개가 있으며, 2개의 조작 레버는 동시에 작동시킬 수 있다.
② 굴착기 레버는 붐, 암, 버킷의 동작뿐만 아니라 선회동작까지 동시에 할 수 있다.
③ 붐, 암, 버킷과 선회동작의 속도 조절은 조종 레버의 움직임 정도에 따른 유량의 변화로써 작업장치의 속도를 조절할 수 있다.

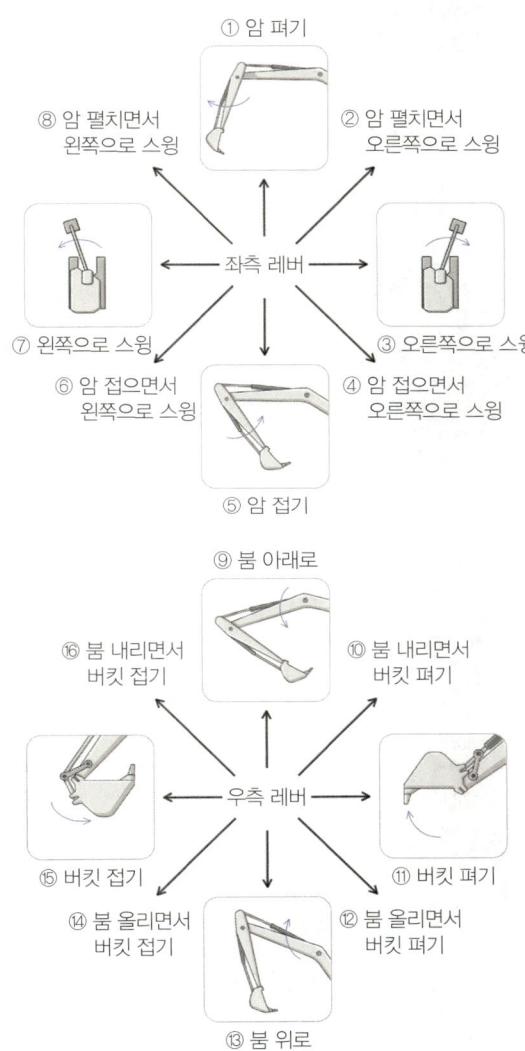

▲ 조작 레버의 작동

3. 굴착기 버킷의 종류

① 표준버킷(general bucket): 일반적인 표준 작업에 사용한다(굴착기 구입 시 기본 부착 버킷).
② 대버킷(large bucket): 굴착 재료의 비중이 가벼운 것(톱밥, 석탄, 눈 등)에 사용한다.
③ 협폭버킷(narrow bucket): 단단한 땅 또는 좁은 관로 작업에 사용한다.
④ V버킷(V-bucket): 농수로 작업(도랑 굴착 시)에 사용한다.

⑤ 디칭버킷: 버킷의 폭이 좁아 도랑파기 작업 및 배수로 작업 등에 사용한다.
⑥ 클램쉘버킷(크램셀버킷, clamshell bucket): 모래, 자갈 등의 준설 및 곡물하역 작업에 사용한다.

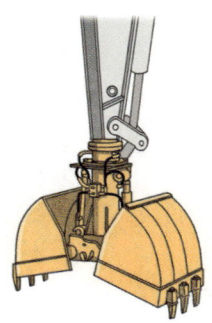

⑦ 이젝터버킷(ejector bucket): 점토흙 작업 시 부착된 점토를 탈착시키는 버킷이다.

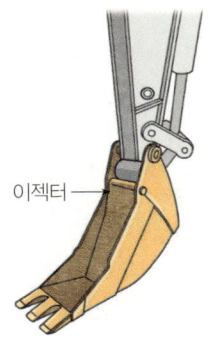

⑧ 셔블(유압셔블): 굴착 방향이 백호와 반대이며, 굴착기 자리보다 높은 데 있는 흙을 굴착하기에 적당한 장비이다.

> 용어 백호: 일반적인 굴착기 형식으로 굴착 방향이 조종사 쪽으로 당기는 방향(셔블과 반대)이며, 기계가 서 있는 지면보다 낮은 장소의 굴착에 적당함

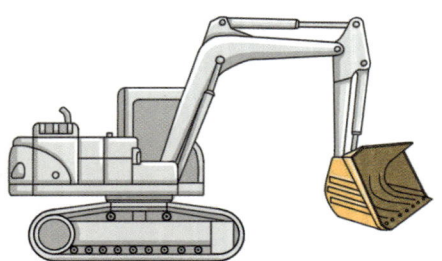

4. 굴착기 선택장치의 종류

① 브레이커: 치즐의 머리부에 있는 유압식 왕복 해머로, 연속적으로 타격을 가해 암석, 콘크리트 등을 파쇄하는 장치이다. 유압식 해머라고도 한다.

> 용어 치즐: 브레이커 작업에서 암석이나 콘크리트를 직접 타격하는 부품

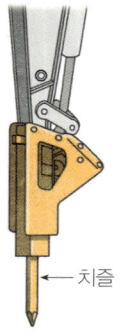
―치즐

② 리퍼: 연암 구간 절삭 작업, 아스콘, 콘크리트 제거 등에 사용하는 장치이다.

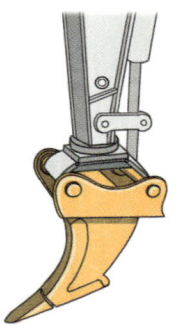

③ 우드그래플: 집게를 이용하여 원목 등을 집어 운반 및 하역하는 장치이다.

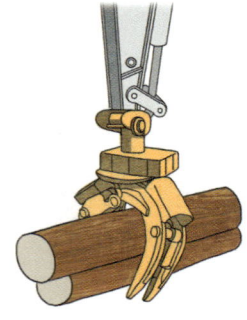

④ 콤팩터: 지반 다짐이 필요할 때 사용하는 장치이다.

⑤ 크러셔: 2개의 집게로 작업 대상물을 집고, 집게를 조여 물체를 부수는 장치이다.

⑥ 하베스터: 나무를 베고 가지를 자르거나 정해진 길이로 토막내기 작업을 수행할 수 있는 장비이다.

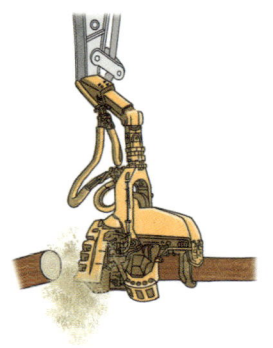

⑦ 어스오거: 기둥 박기를 위해 구멍을 파거나 유압모터를 사용하여 스크류를 돌려 전신주를 박을 때 사용하는 장치이다.

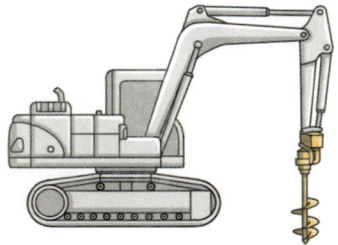

⑧ 파일드라이버: 공사장에서 주로 흙막이 공사를 위해 **파일**을 박거나 뺄 때 사용하는 장치이다.

<small>용어</small> 파일(pile): 건축, 토목의 기초 공사를 하는 데 박는 말뚝

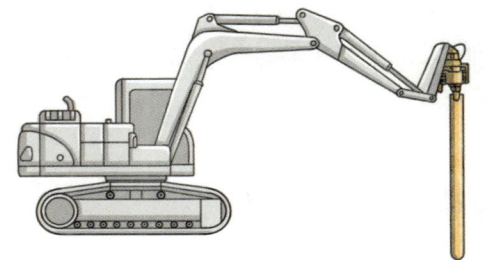

⑨ 로터리 붐: 붐의 중간에 유압모터를 두어 붐을 360° 회전하게 만드는 장치이다.

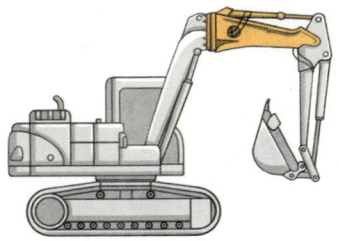

⑩ 펠러번처: 나무를 베는 장치로 임목을 벌도해 일정한 장소에 모아 쌓기가 가능하다.

5. 작업용 연결장치(퀵 커플러)

① 굴착기의 선택장치를 신속하게 분리, 결합할 수 있는 장치이다.

② 안전기준
  ㉠ 버킷 잠금장치는 이중 잠금으로 할 것
  ㉡ 유압 잠금장치가 해제된 경우 조종사가 알 수 있을 정도로 충분한 크기의 경고음이 발생되는 장치를 설치할 것
  ㉢ 퀵 커플러 유압회로에 과전류가 발생할 경우 전원을 차단할 수 있어야 하며, 작동 스위치는 조종사의 조작에 의해서만 작동되는 구조일 것

6. 붐 선회(붐스윙)장치

① 붐 각도를 조절할 수 있다.
② 좁은 공간에서 작업이 용이하다.
③ 상부를 회전시키지 않고도 파낸 흙을 옆으로 옮길 수 있다.
④ 붐은 좌우 각각 60°, 전체 120°까지 회전시킬 수 있다.

3 상부회전체

1. 개요

기관, 조종석, 유압탱크, 유압펌프, 연료탱크, 선회장치(스윙모터) 등으로 구성되며, 360° 회전이 가능하다.

2. 스윙모터(선회모터)와 감속 기어

① 스윙모터(선회모터)로는 보통 피스톤모터를 사용하며, 펌프로부터 공급받은 유압에 의해 선회감속기(스윙감속기)를 회전시킨다.
② 선회감속기는 선회 피니언 기어를 회전시키고, 선회 피니언 기어는 선회 링 기어를 회전시켜 굴착기가 선회한다.
③ 선회감속기는 유성 기어장치(링 기어, 선 기어, 유성 기어, 유성 기어 캐리어)로 되어 있다.

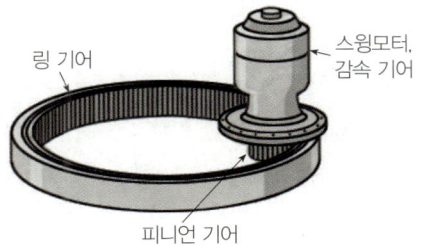

3. 센터조인트(스위블조인트, 터닝조인트)

① 굴착기의 상부회전체 중심부에 설치되어 유압펌프에서 공급되는 작동유를 하부주행체(주행모터)로 공급해 주는 부품이다.

② 상부회전체가 회전하더라도 호스, 파이프 등이 꼬이지 않고 원활히 송유하는 일을 하는 배관의 일부이다.
③ 압력 상태에서도 선회가 가능하며, 하중 및 유압 변동에 견딜 수 있는 구조여야 한다.

4. 카운터웨이트
작업 중 뒷 부분이 들리지 않도록 하는 평형추이다.

4 하부주행체(하부추진체)

1. 타이어식 굴착기 하부
① 주행모터(유압모터), 변속기, 드라이브 라인, 종감속 기어 및 차동 기어부, 액슬축(차축), 주행감속 기어(유성 기어장치), 배토판(블레이드)으로 구성된다.
② <mark>배토판(블레이드)</mark>: 토사를 굴착하여 밀면서 운반하는 강철제의 판이다.

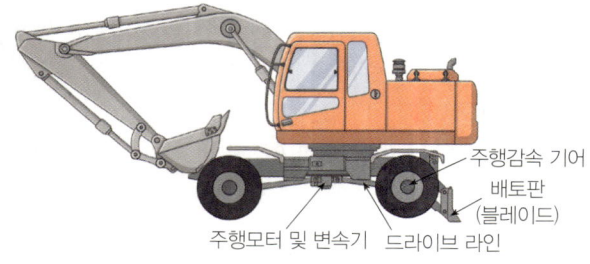

2. 타이어식 굴착기 주행
① 주행 시 동력전달 순서
  ㉠ 엔진 → 유압펌프 → 컨트롤 밸브(액셀레이터 페달) → 센터조인트 → 주행모터 → 변속기 → 드라이브 라인 → 종감속 기어 및 차동 기어장치 → 액슬축 → 주행감속 기어 → 바퀴
  ㉡ 타이어식 굴착기에서 주행모터는 변속기를 구동시킴

2. <mark>타이어식 굴착기 주행</mark>
㉠ 전진 주행: 전·후진 레버를 앞으로 밀면 버킷 거치대 또는 아웃트리거 방향으로 주행함
㉡ 후진 주행: 전·후진 레버를 뒤로 당기면 배토판 방향으로 주행함
㉢ 균형 실린더: 앞차축(조향륜)에만 설치되며 주행 시 지면 상태에 따라 요동치게 하는 일종의 현가장치 역할을 함(작업 시에는 균형 실린더를 반드시 고정해야 함)

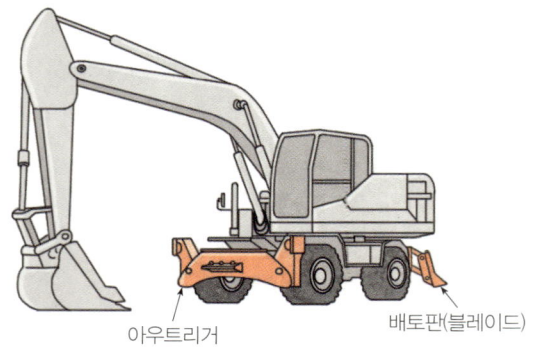

3. 무한궤도식 굴착기 하부

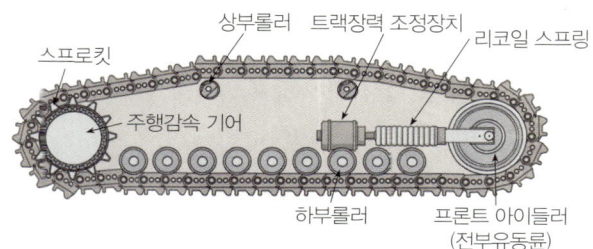

① 프론트 아이들러(전부유동륜)
  ㉠ 트랙프레임에 설치되어 트랙 앞부분의 공간을 확보하고 트랙의 장력을 조정하면서 트랙의 진행 방향을 유도함
  ㉡ 아이들러는 스스로 구동하는 것이 아니라 트랙이 회전할 때 함께 회전함
② <mark>스프로킷</mark>
  ㉠ <mark>최종감속 기어(주행감속 기어)의 동력을 트랙으로 전달함</mark>
  ㉡ 트랙장력이 과대해지거나 이완되면 스프로킷의 마모가 심해짐

③ 주행모터
  ㉠ 좌우 트랙에 각 1개씩 총 2개의 주행모터가 있음
  ㉡ 센터조인트로부터 유압을 받아 회전함
  ㉢ 무한궤도식 굴착기의 주행 및 조향의 기능을 함
④ 트랙장력 조정장치(트랙 어저스터, track adjuster)
  ㉠ 그리스 주입식: 장력조정용 실린더에 그리스를 주입하여 조정함
  ㉡ 너트식: 조정나사를 돌려 조정함
⑤ 상부롤러(캐리어롤러)
  ㉠ 상부롤러는 트랙프레임에 1~2개 정도가 설치됨
  ㉡ 프론트 아이들러(전부유동륜)와 스프로킷 사이의 트랙이 늘어나 처지는 것을 방지함
  ㉢ 트랙의 회전을 바르게 유지하는 작용을 함
  ㉣ 싱글플랜지(single flange)형을 사용함
⑥ 하부롤러(트랙롤러)
  ㉠ 하부롤러는 트랙프레임에 3~4개 정도가 설치됨
  ㉡ 굴착기의 전체 중량을 지지함
  ㉢ 트랙의 회전을 바르게 유지함
  ㉣ 싱글플랜지(single flange)형과 더블플랜지(double flange)형을 사용함. 싱글플랜지와 더블플랜지는 하나 건너 하나씩 들어가며, 전부유동륜과 스프로킷 쪽은 싱글플랜지형을 사용함

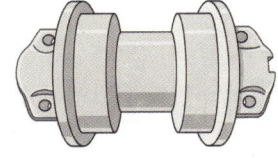
▲ 싱글플랜지형

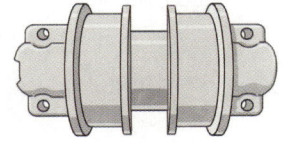
▲ 더블플랜지형

⑦ 트랙
  ㉠ 구성: 슈(shoe), 링크(link), 핀(pin), 부싱(bushing), 슈볼트 등
    • 슈: 링크에 볼트와 너트로 고정하고 링크 사이에는 부싱과 핀을 끼워서 고정함
      - 단일돌기 슈: 견인력이 좋음
      - 이중돌기 슈, 3중돌기 슈: 회전 성능이 좋음
      - 스노 슈: 눈 등이 잘 빠져 나올 수 있도록 구멍이 뚫려 있음
      - 암반용 슈: 슈의 강도를 높인 암반 작업용 슈
      - 평활 슈: 슈를 편평하게 만들어 도로의 노면 파괴를 방지함
      - 습지용 슈: 슈의 단면을 삼각형이나 원호형으로 만들어 연약한 지반이나 습지에 적합함
      - 고무 슈
      - 반이중돌기 슈
    • 링크: 2개가 1조(set)로 되어 있음
    • 핀&부싱: 트랙 슈와 슈를 연결하는 부품
    • 링크는 슈에 볼트로 고정되어 있고, 부싱과 핀이 링크와 링크를 연결해 줌
    • 트랙의 링크 수가 38조(set)이면 트랙 핀, 부싱, 슈의 개수도 38개임

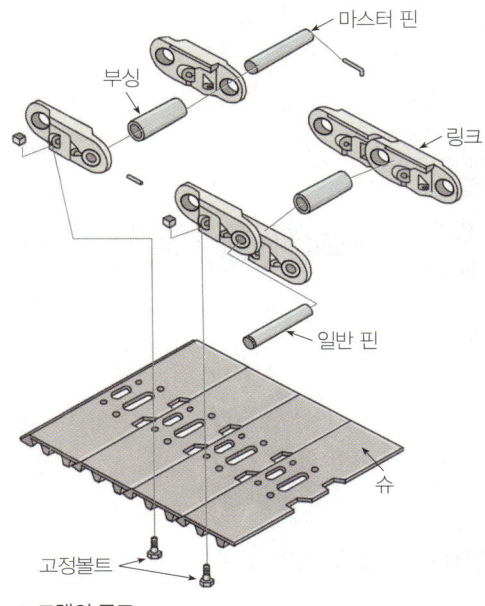
▲ 트랙의 구조

  ㉡ 종류: 메탈트랙, 고무트랙
  ㉢ 트랙장력 조정 방법
    • 그리스 주입식: 트랙프레임의 그리스 실린더에 그리스를 주입하는 방법
    • 너트식: 조정 너트를 돌려 조정하는 방법
    • 그리스를 주입하거나 너트를 돌리면 전부유동륜이 이동하여 트랙장력이 조정됨
  ㉣ 트랙 분리 방법
    • 트랙을 쉽게 분리하기 위해 마스터 핀을 사용함
    • 마스터 핀은 1~2개 정도 있으며, 부싱이 짧아 핀이 돌출되어 있음
    • 마스터 핀을 뽑을 때에는 프레스로 밀어내거나 해머로 가이드 핀을 대고 쳐서 뽑음
  ㉤ 트랙이 벗겨지는 원인
    • 고속 주행 중 급선회하였을 때
    • 전부유동륜, 스프로킷의 중심이 맞지 않을 때
    • 트랙의 정렬이 불량할 때
    • 트랙의 팽팽한 정도가 너무 클 때(트랙의 유격이 너무 클 때)
    • 리코일 스프링의 장력이 부족할 때

- 경사지에서 작업할 때
- 상부롤러가 파손되었을 때

ⓑ 트랙장력이 과다할 때(팽팽할 때) 나타나는 현상: 아이들러, 스프로킷, 상부롤러, 하부롤러 등이 마모됨

⑧ 리코일 스프링

㉠ 주행 시 전부유동륜에서 오는 충격을 완화시켜 하부주행체의 파손을 방지하고 트랙이 원활하게 회전하도록 해 줌

㉡ 서징(surging) 현상을 방지하기 위해 2중 스프링으로 되어 있음

▲ 리코일 스프링

⑨ 균형 스프링 형식

㉠ 강판을 겹친 판 스프링으로, 그 양쪽 끝이 트랙 프레임에 얹혀 있음

㉡ 종류에는 빔형, 스프링형, 평형이 있음

4. 무한궤도식 굴착기의 주행

① 주행 시 동력전달 순서: 기관 → 유압펌프 → 컨트롤 밸브(전·후진 레버) → 센터조인트 → 주행모터(유압모터) → 주행감속 기어 → 트랙

② 주행감속 기어: 유성 기어, 선 기어, 링 기어, 캐리어로 구성되어 있다.

③ 무한궤도식 굴착기 주행

㉠ 전·후진 주행: 주행 레버를 동시에 앞뒤로 하여 전·후진함. 속도는 레버 또는 페달의 조작량에 따라 조절할 수 있고, 좌우의 양을 조절함에 따라 완만한 방향전환도 가능함

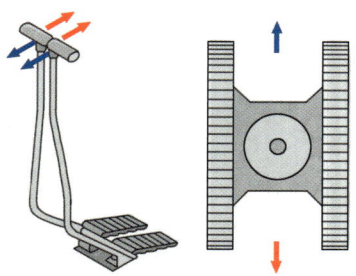

㉡ 피봇회전: 한쪽의 트랙만 구동시켜 방향을 전환하는 것으로, 어느 한쪽의 레버 또는 페달만 작동시킴

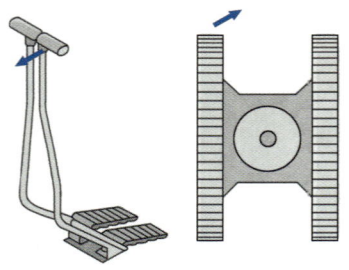

㉢ 스핀회전: 좌우의 트랙을 서로 역으로 구동시켜 제자리에서 방향을 전환하는 것으로, 양쪽의 레버 또는 페달을 역으로 동시에 작동시킴

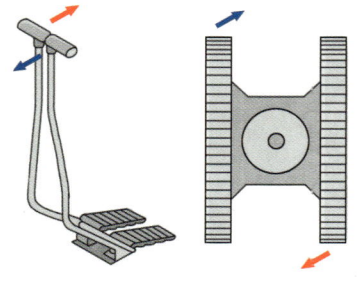

㉣ 장비의 견인: 연약 지반에서 자력으로 탈출하기 곤란할 때에는 아래의 요령으로 견인을 실시
- 와이어로프를 걸고 다른 장비로 견인함
- 와이어로프는 반드시 프레임 부분에 걸고 크레인 등으로 당길 경우, 굴착기는 주행 레버를 견인방향으로 밀면서 탈출함

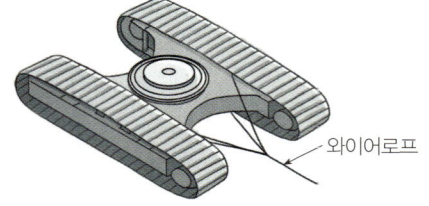

5 굴착기 작업 및 주행

1. 굴착기의 기본 작업 순서

① 굴착 → 붐 상승 → 스윙 → 적재 → 스윙 → 굴착
② 굴착을 위해서는 붐, 암, 버킷 레버를 유기적으로 조작해야 하며, 스윙 레버는 굴착 작업과는 직접적인 관련이 없다.

2. 무한궤도 굴착기를 트레일러에 상차하는 경우

① 가능한 한 평탄한 노면에서 상하차한다.
② 충분한 길이, 폭, 강도 및 구배를 확보한 경사대를 사용하고, 경사대는 10~15° 이내로 설치한다.

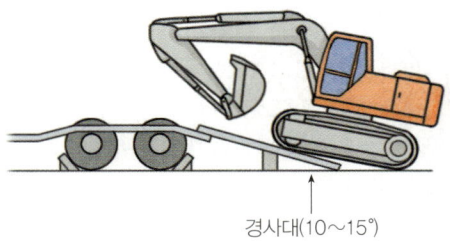

▲ 굴착기 상차

③ 트레일러 운반 시 작업장치를 뒤쪽으로 한다.
④ 선회고정장치를 잠금 모드로 하여 상부회전체가 회전이 되지 않게 한다.
⑤ 굴착기를 로프 또는 와이어로 결박한다.
⑥ 상차대 없이 직접 상차하는 방법도 이용되고 있지만, 전복의 위험이 있으므로 주의해야 한다.
⑦ 트레일러가 움직이지 않도록 고임목을 설치한다.

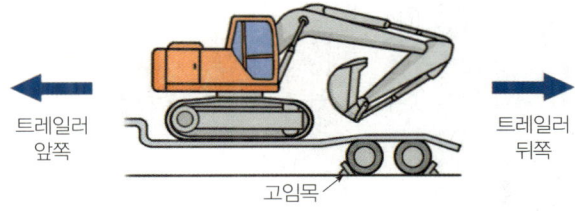

▲ 굴착기 운반 시 작업 장치 방향

3. 굴착기를 크레인으로 들어 올릴 경우

① 굴착기 중량에 맞는 크레인을 사용해야 함
② 와이어는 충분한 강도가 있어야 함
③ 배관 등에 와이어가 닿지 않도록 주의해야 함
④ 굴착기가 수평을 유지하도록 와이어를 묶어야 함

4. 굴착기 작업 방법

① 작업 전 붐, 암, 버킷 핀 부싱, 선회베어링, 베토판 연결부 핀 부싱, 드라이브 라인의 유니버설 조인트에 그리스를 주입한다.

참고 트랙에는 그리스를 주입하지 않음

용어 유니버설 조인트: 두 축이 비교적 떨어진 위치에 있는 경우나 두 축의 각도(편각)가 큰 경우에 이 두 축을 연결하기 위해 사용되는 축이음(커플링)의 일종.

② 스윙하면서 버킷으로 암석을 부딪쳐 파쇄하거나 선회관성을 이용하여 평탄 작업을 하지 않아야 한다 (회전관성을 이용하면 선회 피니언 기어와 선회 링기어가 손상될 수 있다).
③ 굴착하면서 주행하지 않는다.
④ 작업을 중지할 때에는 파낸 모서리로부터 장비를 이동시킨다.
⑤ 견고한 땅을 굴착하는 경우 버킷 투스를 이용하여 지면을 얇게 여러 번 긁어가며 굴착한다.
⑥ 땅을 깊이 팔 때에는 붐의 호스나 버킷 실린더의 호스가 지면에 닿지 않도록 한다.
⑦ 장비의 흔들림을 방지하고자 작업 시에는 실린더의 행정 끝에서 약간 여유를 남기도록 운전한다.
⑧ 굴착기가 작업장에서 이동 및 선회하는 경우, 경고음 또는 경적을 울리는 등의 조치를 해야 한다.
⑨ 굴착기 작업 중 운전자가 하차할 경우
　㉠ 버킷을 땅에 완전히 내려야 함
　㉡ 엔진을 정지함
　㉢ 엔진 정지 후 가속 레버를 최소로 놓아야 함
　㉣ 타이어식인 경우 경사지에서 고임목을 설치함

5. 굴착기 주행 방법

① 굴착기로 하천을 주행할 경우
　㉠ 타이어식 굴착기는 액슬 중심선 이상이 잠기지 않게 함
　㉡ 무한궤도식 굴착기는 주행모터 중심선 이상이 잠기지 않게 함
　㉢ 하천 주행을 마친 후 새로운 그리스를 주입함
② 굴착기 주행 시 주의사항
　㉠ 급출발 및 급정지를 하지 않아야 함
　㉡ 지면이 고르지 못한 구간 및 암반 지대를 통과할 때에는 엔진회전수를 낮게 하여 저속으로 통과함
　㉢ 장거리 이동 시 선회고정장치를 고정함
　㉣ 주행모터가 돌이나 요철 등에 부딪치지 않도록 주의해야 함
　㉤ 작업장에서 이동 및 선회 시 안전을 위해 경적을 울려 작업장 주변 사람들에게 알려야 함

CHAPTER 05 적중예상 기출복원문제

1 굴착기 일반사항

⚠️ 빈출

01 굴착기의 3대 구성부품이 아닌 것은?

① 상부회전체 ② 하부주행체
③ 공압장치   ④ 작업장치

해설 굴착기는 크게 작업장치(전부장치), 상부회전체, 하부주행체(하부추진체)로 구성되어 있다.

02 타이어식 굴착기의 장점이 아닌 것은?

① 주행저항이 적다.
② 견인력이 낮다.
③ 장거리 이동이 용이하다.
④ 주행속도가 빠르다.

해설 타이어식 굴착기는 지면과의 접지면적이 좁기 때문에 견인력이 낮다는 단점이 있다.

⚠️ 빈출

03 타이어식 굴착기와 무한궤도식 굴착기의 운전 특성에 대한 설명으로 옳지 않은 것은?

① 타이어식은 장거리 이동이 쉽고 기동성이 양호하다.
② 무한궤도식은 기복이 심한 곳에서 작업이 불리하다.
③ 타이어식은 주행 속도가 빠르다.
④ 무한궤도식은 습지, 사지, 연약지반에서 작업이 용이하다.

해설 무한궤도식 굴착기는 접지면적이 넓고 접지압력이 낮아 기복이 심한 곳, 습지, 사지, 연약지반에서 작업이 용이하다. 기복이 심한 곳에서 작업이 불리한 것은 타이어식 굴착기이다.

2 작업장치(전부장치)

04 다음 설명에 해당하는 굴착기 작업장치는?

> 고장력 강판을 사용한 용접 구조의 상자형으로, 푸트 핀(foot pin)에 의해 상부회전체 프레임에 1개 또는 2개의 유압 실린더와 함께 설치되어 있다.

① 붐   ② 암
③ 버킷 ④ 트랙

해설 ② 암은 붐과 버킷 사이에 설치된 부분이다.
③ 버킷은 직접 작업을 하는 부분으로 고장력 강판으로 제작되어 있다.
④ 트랙은 슈, 링크, 핀, 부싱, 슈볼트 등으로 구성되어 있으며, 지면과 마찰되는 부분이다.

05 굴착기에서 붐에 대한 설명으로 옳지 않은 것은?

① 유압계통에 이상이 생겼을 때 붐의 속도가 느려지거나 작동이 원활하지 않다.
② 유압 실린더에 의해 상하운동을 한다.
③ 상부회전체에서 푸트핀에 의해 설치되어 있다.
④ 붐의 종류인 로터리 붐은 연결되어 있는 암이 움직일 수 없도록 고정되어 있다.

해설 로터리 붐은 붐의 중간 부분에 유압모터를 두어 붐을 360° 회전하게 만드는 장치이며, 암은 붐의 회전에 관계없이 움직일 수 있다.

06 굴착기의 붐, 암, 버킷을 움직이기 위한 레버는 몇 개인가?

① 1개 ② 2개
③ 3개 ④ 4개

해설 굴착기 조작 레버는 오른쪽 1가, 왼쪽 1개로 총 2개가 있으며, 붐, 암, 버킷동작뿐만 아니라 선회동작까지 할 수 있다.

정답 01 ③ 02 ② 03 ② 04 ① 05 ④ 06 ②

⚠️ 빈출

07 굴착기 조작 레버에 대한 설명으로 옳지 않은 것은?

① 오른쪽 레버는 버킷을 작동시킬 수 있다.
② 왼쪽 레버는 선회동작을 할 수 있다.
③ 조종석 오른쪽과 왼쪽에 각 1개씩 총 2개의 조작 레버가 있다.
④ 두 개의 레버를 동시에 작동시킬 수 없다.

해설 굴착기 조작 레버는 오른쪽 1개, 왼쪽 1개로 총 2개가 있으며, 2개의 조작 레버를 동시에 작동시킬 수 있다.

08 굴착기 버킷의 종류에 해당하지 않는 것은?

① V버킷 ② 표준버킷
③ 블레이드버킷 ④ 이젝터버킷

해설 ①②④ 이외에도 굴착기 버킷의 종류에는 셔블, 대버킷, 협폭버킷, 클램쉘버킷 등이 있다.

09 굴착기 버킷의 종류에 해당하지 않는 것은?

① 대버킷 ② 스키드포크버킷
③ 디칭버킷 ④ 클램쉘버킷

해설 스키드포크는 지게차의 장비구조에 해당된다.

10 버킷의 굴착력을 높이기 위해 부착하는 부품은?

① 치즐 ② 그래플
③ 투스 ④ 크러셔

해설 투스는 버킷의 굴착력을 높이기 위해 부착하는 부품으로, 고정핀을 사용하여 손쉽게 교환할 수 있다.

11 굴착기 버킷에 대한 설명으로 옳지 않은 것은?

① 1회 굴착 용량을 m³로 표시한다.
② 투스가 2cm까지 마모되면 뒤집어서 사용한다.
③ 굴착력을 높이기 위해 투스를 사용한다.
④ 고장력 강판으로 제작되어 있다.

해설 투스는 버킷 굴착력을 높이기 위해 사용하며, 마모 한계점까지 마모될 경우 교환해야 한다.

12 암반, 콘크리트, 아스팔트를 파괴하기 위한 굴착기의 선택장치는?

① 브레이커 ② 하베스터
③ 콤팩터 ④ 리퍼

해설 브레이커는 치즐의 머리부에 있는 유압식 왕복 해머로 연속적으로 타격을 가해 암석, 콘크리트 등을 파쇄하는 장치이다.

13 굴착기에 연결하는 선택장치 중 벌목용 장비로, 나무의 가지를 치거나 일정한 길이로 자를 수 있는 장치는?

① 브레이커 ② 리퍼
③ 하베스터 ④ 크러셔

해설 하베스터는 나무를 베고, 가지를 자르고, 정해진 길이로 나무를 토막내는 작업을 수행할 수 있는 장치이다.

⚠️ 빈출

14 장비의 위치보다 높은 곳을 굴착하는 데 사용하기 적합한 것으로 토사 및 암석을 트럭에 적재하기 쉽게 디퍼 덮개를 개폐하도록 제작된 장비는?

① 유압셔블 ② 기중기
③ 파일 드라이버 ④ 스크레이퍼

해설 유압셔블(셔블)은 장비의 위치보다 높은 곳을 굴착하는 데 적합한 장비이다.

⚠️ 빈출

15 집게를 이용하여 원목 등을 집어 운반 및 하역하는 굴착기 선택장치는?

① 브레이커 ② 우드그래플
③ 크러셔 ④ 클램쉘버킷

해설 ① 브레이커는 연속적인 타격을 가해 암석, 콘크리트 등을 파쇄하는 장치이다.
③ 크러셔는 2개의 집게로 대상물을 잡고 물체를 부수는 장치이다.
④ 클램쉘버킷은 모래, 자갈 등의 준설 및 곡물하역 작업에 사용하는 버킷이다.

정답 07 ④ 08 ③ 09 ② 10 ③ 11 ② 12 ① 13 ③ 14 ① 15 ②

16 다음 중 버킷 등의 작업장치를 신속하게 분리, 결합할 수 있는 장치는?

① 브레이커　　② 아우트리거
③ 유압셔블　　④ 퀵 커플러

해설 퀵 커플러는 작업용 연결장치로 굴착기의 선택장치(버킷 등)를 신속하게 분리, 결합할 수 있는 장치이다.

17 굴착기의 붐선회(붐 스윙)장치에 대한 설명으로 옳지 않은 것은?

① 좁은 공간에서 작업이 용이하다.
② 붐 각도를 조절할 수 있다.
③ 붐 스윙 각도는 좌우 각각 180°까지 회전이 가능하다.
④ 상부를 회전시키지 않고도 파낸 흙을 옆으로 옮길 수 있다.

해설 붐의 회전반경은 좌우 각각 60° 정도(전체 120° 정도)까지이다.

3 상부회전체

18 굴착기에서 조종석, 엔진, 조종 레버, 유압펌프 등이 설치되는 부분은?

① 작업장치　　② 상부회전체
③ 하부주행체　　④ 하부 프레임

해설 굴착기의 구성 중 상부회전체는 기관, 조종석, 유압탱크, 유압펌프, 연료탱크 등으로 구성되며 360° 회전된다.

⚠ 빈출
19 굴착기에서 선회장치의 구성품이 아닌 것은?

① 피니언 기어　　② 링 기어
③ 선회모터　　④ 아이들러

해설 아이들러는 하부주행체의 구성품이다.
①②③ 이외에도 선회장치 구성품으로는 선회감속기 등이 있다.

20 선회 피니언을 구동하여 회전시키는 굴착기 부품은?

① 선회모터　　② 구동모터
③ 붐 실린더　　④ 센터조인트

해설 선회 피니언은 선회모터에 의해 구동한다.

21 굴착기의 센터조인트의 역할로 옳은 것은?

① 전후륜 디퍼런셜 기어에 오일을 공급한다.
② 암 실린더에 오일을 공급한다.
③ 유압펌프에서 공급되는 오일을 하부 유압부품에 공급한다.
④ 붐 실린더에 오일을 공급한다.

해설 센터조인트(스위블조인트)는 굴착기의 상부회전체의 중심부에 설치되어 유압펌프에서 공급되는 작동유를 하부 유압부품(주행모터, 블레이드)에 공급해 준다. 상부회전체가 회전하더라도 호스, 파이프 등이 꼬이지 않고 원활히 송유하는 일을 하는 배관의 일부이다.

4 하부주행체(하부추진체)

22 타이어식 굴착기에서 변속기를 돌려주는 구성품은?

① 주행모터　　② 선회모터
③ 토크컨버터　　④ 유압펌프

해설 타이어식 굴착기에서 주행모터는 변속기를 구동시킨다.

23 무한궤도식 굴착기에서 주행모터는 몇 개인가?

① 1개　　② 2개
③ 3개　　④ 4개

해설 무한궤도식 굴착기에는 오른쪽과 왼쪽 각 1개씩, 총 2개의 주행모터가 주행 및 조향의 기능을 한다.

정답 16 ④　17 ③　18 ②　19 ④　20 ①　21 ③　22 ①　23 ②

24 무한궤도 및 타이어식 굴착기에서 공동으로 사용하는 것은?

① 붐, 암, 버킷, 선회모터
② 궤도, 스프로킷, 리코일 스프링
③ 차동 기어, 차축, 변속기
④ 아우트리거, 상부롤러, 주행감속기

해설 무한궤도 및 타이어식 굴착기에서 공동으로 사용하는 것은 작업장치 및 상부회전체의 구성품으로 붐, 암, 버킷, 선회모터 등이 이에 해당한다.
②③④ 하부주행체의 부품은 무한궤도식 굴착기와 타이어식 굴착기 각각 다른 형식을 사용한다. 하부주행체 구성품 중 스프로킷, 리코일 스프링, 상부롤러는 무한궤도식 굴착기와 연관 있으며 차동기어, 변속기는 타이어식 굴착기에 해당한다.

25 무한궤도식 굴착기에서 상부롤러에 대한 설명으로 옳은 것은?

① 10~12개로 구성
② 트랙 처짐 방지
③ 전방향 충격 완화
④ 트랙의 구동

해설 상부롤러는 트랙의 회전을 바르게 하고 전부유동륜과 스프로킷 사이의 트랙 처짐을 방지한다.
① 상부롤러는 1~2개가 설치된다.
③ 전방향 충격을 완화하는 것은 리코일 스프링이다.
④ 트랙을 구동하는 것은 스프로킷의 역할이다.

⚠️빈출
26 무한궤도식 굴착기에서 스프로킷에 가까운 하부롤러의 형식은?

① 옵셋형
② 플랫형
③ 싱글플랜지형
④ 더블플랜지형

해설 굴착기 하부롤러에는 싱글플랜지형과 더블플랜지형을 사용하며, 전부유동륜과 스프로킷 쪽은 싱글플랜지형을 사용한다.

27 도로를 주행할 때 포장 노면의 파손을 방지하기 위해 주로 사용하는 트랙 슈는?

① 평활 슈
② 단일돌기 슈
③ 습지용 슈
④ 스노 슈

해설 평활 슈는 슈를 편평하게 만들어 도로의 노면 파괴를 방지하는 역할을 한다. 주로 도로주행 시 포장 노면의 파손을 방지하기 위해 사용한다.

⚠️빈출
28 트랙 앞부분의 공간을 확보하고 트랙의 진행 방향을 유도하는 부품은?

① 스프로킷
② 프론트 아이들러
③ 상부롤러
④ 하부롤러

해설 프론트 아이들러(전부유동륜)는 트랙 앞부분의 공간을 확보하고 트랙의 장력을 조정하면서, 트랙의 진행 방향을 유도하는 부품이다.

29 트랙을 구성하는 부품이 아닌 것은?

① 로드
② 핀
③ 부싱
④ 링크

해설 트랙은 슈(shoe), 핀(pin), 링크(link), 부싱(bushing), 슈볼트 등으로 구성된다.

30 굴착기 트랙의 장력 조정 방법으로 옳은 것은?

① 하부롤러의 조정 방식으로 한다.
② 트랙 조정용 심(shim)을 끼어서 한다.
③ 트랙 조정용 실린더에 그리스를 주입한다.
④ 캐리어롤러의 조정 방식으로 한다.

해설 굴착기 트랙의 장력 조정은 트랙 조정용 실린더에 그리스를 주입하여 조정하는 방법과 조정 너트를 사용하는 방법이 있다.

31 무한궤도 굴착기에서 트랙이 벗겨지는 원인이 아닌 것은?

① 전부유동륜과 스프로킷의 중심이 맞지 않는다.
② 트랙장력이 팽팽하다.
③ 상부롤러가 파손되었다.
④ 리코일 스프링의 장력이 약하다.

해설 트랙장력이 팽팽하면 아이들러, 스프로킷, 상부롤러, 하부롤러 등이 마모되는 현상이 발생한다. 이는 트랙이 벗겨지는 원인과는 관련이 없다.

정답 24 ① 25 ② 26 ③ 27 ① 28 ② 29 ① 30 ③ 31 ②

32 무한궤도식 건설기계에서 트랙을 쉽게 분리하기 위해 설치한 것은?

① 슈판 ② 링크
③ 마스터 핀 ④ 부싱

해설 무한궤도식 건설기계장비의 트랙에는 부싱을 짧게 하여 핀을 돌출시킴으로써 트랙을 쉽게 탈거하기 위한 마스터 핀이 있다.

33 무한궤도식 건설기계에서 트랙의 구성품으로 옳은 것은?

① 슈, 조인트, 스프로킷, 핀, 슈볼트
② 슈, 스프로킷, 하부롤러, 상부롤러, 감속기
③ 슈, 슈볼트, 링크, 부싱, 핀
④ 스프로킷, 트랙롤러, 상부롤러, 아이롤러

해설 트랙은 슈(shoe), 슈볼트, 링크(link), 부싱(bushing), 핀(pin) 등으로 구성되어 있다.

⚠️빈출
34 트랙의 링크 수가 38조(set)이면 트랙 부싱은 몇 개인가?

① 37개 ② 38개
③ 39개 ④ 40개

해설 트랙의 링크 수가 38조(set)이면 핀, 부싱, 슈의 개수도 38개이다.

35 무한궤도식 굴착기 주행 시 전부유동륜에서 오는 충격을 흡수하는 구성품은?

① 리코일 스프링
② 프론트 아이들러
③ 트랙 어저스터
④ 스프로킷

해설 리코일 스프링은 주행 시 전부유동륜에서 오는 충격을 완화시켜 하부주행체의 파손을 방지한다.

36 무한궤도식 굴착기 균형 스프링의 종류가 아닌 것은?

① 빔형 ② 플랜지형
③ 스프링형 ④ 평형

해설 균형 스프링은 강판을 겹친 판 스프링으로 그 양쪽 끝은 트랙프레임에 얹혀 있고, 그 중앙은 트랙터 앞부분의 중량을 받는다. 종류에는 빔형, 스프링형, 평형이 있다.

37 궤도형 굴착기 하부주행체에 대한 설명으로 옳지 않은 것은?

① 스프로킷은 주행감속 기어에 의해 회전하며 트랙을 구동시킨다.
② 아이들러는 스스로 구동하는 것이 아니라 트랙이 회전하면 같이 회전한다.
③ 아이들러 및 롤러는 트랙 하부 프레임에 설치된다.
④ 트랙은 일반도로용과 고속도로용이 있다.

해설 궤도형 굴착기(무한궤도식 굴착기)에서 트랙의 종류는 크게 메탈트랙과 고무트랙으로 분류할 수 있다.

38 무한궤도식 굴착기의 유압식 하부추진체의 동력전달 순서로 옳은 것은?

① 기관 → 컨트롤 밸브 → 센터조인트 → 유압펌프 → 주행모터 → 트랙
② 기관 → 컨트롤 밸브 → 센터조인트 → 주행모터 → 유압펌프 → 트랙
③ 기관 → 센터조인트 → 유압펌프 → 주행모터 → 트랙 → 컨트롤 밸브
④ 기관 → 유압펌프 → 컨트롤 밸브 → 센터조인트 → 주행모터 → 트랙

해설 무한궤도식 굴착기의 동력전달 순서는 '기관 → 유압펌프 → 컨트롤 밸브(전·후진 레버) → 센터조인트 → 주행모터(유압모터) → 주행감속 기어 → 트랙' 순이다.

정답 32 ③ 33 ③ 34 ② 35 ① 36 ② 37 ④ 38 ④

39 굴착기 하부주행체 기구의 구성요소와 관련 없는 것은?

① 트랙프레임　　② 주행용 유압모터
③ 트랙 및 롤러　　④ 붐 실린더

해설 붐 실린더는 작업장치(전부장치)의 구성품이다.

40 굴착기의 한쪽 주행 레버만 조작하여 회전하는 것은?

① 피봇회전　　② 급회전
③ 스핀회전　　④ 원웨이회전

해설 피봇회전은 굴착기의 한쪽 트랙만 구동시켜 방향을 전환하는 것으로, 어느 한쪽의 레버 또는 페달만 작동시킨다.
③ 스핀회전은 좌우 트랙을 역으로 구동시켜 제자리에서 방향을 전환하는 것으로, 양쪽 레버 또는 페달을 역으로 동시에 작동시킨다.

⚠️빈출
41 다음 그림의 굴착기에 대한 설명으로 옳지 않은 것은?

① 상부를 회전하여 전·후진 레버를 후진으로 하면 A 방향인 배토판 방향으로 주행할 수 있다.
② 조향륜에는 균형 실린더가 있다.
③ 전·후진 레버를 후진으로 하면 A 방향인 배토판 방향으로 주행할 수 있다.
④ 주행 시 균형을 잡기 위해 아웃트리거를 내리고 주행한다.

해설 굴착기 주행 시에는 지면과 마찰이 발생하지 않도록 아웃트리거를 올리고 주행해야 한다.

42 굴착기 조정 레버 중 굴착 작업과 직접적인 관련이 없는 것은?

① 붐 레버　　② 암 레버
③ 버킷 레버　　④ 스윙 레버

해설 굴착을 위해서는 붐, 암, 버킷 레버를 유기적으로 작동해야 한다. 스윙 레버는 굴착 작업과 직접적인 관련이 없다.

5 굴착기 작업 및 주행

43 무한궤도식 굴착기 상차 시 주의사항으로 옳지 않은 것은?

① 고임목을 설치한다.
② 굴착기를 로프 또는 와이어로 결박한다.
③ 굴착기 상차를 쉽게 하기 위해 경사지에서 상차한다.
④ 선회고정장치를 잠금모드로 하여 상부회전체가 회전이 되지 않게 한다.

해설 굴착기 상하차는 가능한 한 평탄한 노면에서 진행해야 한다.

44 그리스 주입 부분이 아닌 것은?

① 붐 핀 부싱　　② 트랙
③ 암 핀 부싱　　④ 선회베어링

해설 굴착기 트랙에는 그리스를 주입하지 않는다.
①③④ 이외에도 그리스 주입 부분에는 배토판 연결부 핀 부싱, 드라이브 라인 유니버설 조인트가 있다.

정답 39 ④　40 ①　41 ④　42 ④　43 ③　44 ②

45 굴착기 운전 시 작업 안전사항으로 적절하지 <u>않은</u> 것은?

① 스윙하면서 버킷으로 암석을 부딪쳐 파쇄하는 작업을 하지 않는다.
② 안전한 작업 반경을 초과하여 하중을 이동시킨다.
③ 굴착하면서 주행하지 않는다.
④ 작업을 중지할 때에는 파낸 모서리로부터 장비를 이동시킨다.

해설 안전한 작업 반경을 초과하여 하중을 이동시키면 차체가 전복될 위험이 있으므로 작업 안전상 적절하지 않다.

46 견고한 땅을 굴착하는 방법으로 옳은 것은? ⚠️빈출

① 스윙하며 굴착한다.
② 버킷 투스로 찍어 단번에 강하게 굴착한다.
③ 버킷을 최대한 높이 들어 빠르게 지면에 내리 꽂아 굴착한다.
④ 버킷 투스를 이용하여 지면을 얇게 여러 번 긁어가며 굴착한다.

해설 견고한 땅을 굴착하는 경우 버킷 투스를 이용하여 지면을 얇게 여러 번 긁어가며 굴착한다.

47 작업장에서 굴착기의 이동 및 선회 시에 먼저 해야 할 것은?

① 굴착 작업 ② 버킷 내림
③ 경적 울림 ④ 급방향 전환

해설 작업장에서 굴착기의 이동 및 선회 시에는 안전을 위해 경고음 또는 경적을 울리는 등의 조치를 해야 한다.

48 굴착기 작업 중 운전자가 하차 시 주의해야 할 사항으로 옳지 <u>않은</u> 것은?

① 버킷을 땅에 완전히 내린다.
② 엔진을 정지시킨다.
③ 타이어식인 경우 경사지에서 고임목을 설치한다.
④ 엔진 정지 후 가속 레버를 최대로 당겨 놓는다.

해설 굴착기 작업 중 운전자는 하차 시에 엔진을 정지한 후 가속 레버를 최소로 놓아야 한다.

49 굴착기로 하천을 주행할 때의 방법으로 옳지 <u>않은</u> 것은?

① 타이어식 굴착기는 액슬 중심선 이상이 잠기지 않게 한다.
② 타이어식 굴착기는 블레이드 방향으로만 주행해야 한다.
③ 무한궤도식은 주행모터 중심선 이상이 잠기지 않게 한다.
④ 하천주행을 마친 후 새로운 그리스를 주입한다.

해설 타이어식 굴착기는 전·후진이 모두 가능하다. 블레이드 방향(후진 방향)으로만 주행해야 한다는 것은 옳지 않다.

50 굴착기의 안전 주행 방법으로 옳지 <u>않은</u> 것은?

① 급출발 및 급정지를 피한다.
② 장거리 이동 시 선회고정핀을 끼운다.
③ 지면이 고르지 못한 구간을 통과할 때에는 고속으로 빠르게 통과한다.
④ 돌이나 요철 등이 주행모터에 부딪히지 않도록 주행한다.

해설 지면이 고르지 못한 구간 및 암반 지대를 통과할 때에는 엔진 회전수를 낮게 하여 저속으로 통과해야 한다.

정답 45 ② 46 ④ 47 ③ 48 ④ 49 ② 50 ③

memo

에듀윌이
너를
지지할게
ENERGY

냉정하고 열기와 성급함이 없는 것은 훌륭한 자질이다.

– 랠프 왈도 에머슨

PART 04

최신복원

2026 적중모의고사

PART 학습방법

- 최신 기출문제를 바탕으로 재구성한 적중모의고사입니다.
- 총 60문항으로 1시간 이내에 풀어야 하며, 100점 만점에 60점 이상일 경우 합격입니다.
- 문제 풀이를 완료한 후, 모의고사 시작 페이지의 합격 개수와 맞힌 개수를 비교해 보세요.
  (합격 개수는 모의고사 출제위원이 산정한 개수로 실제 시험과는 다를 수 있습니다)

최신복원 적중모의고사 1회

01 드릴 작업의 안전수칙이 아닌 것은?
① 드릴에 말려들어가지 않게 머리가 긴 경우 뒤로 묶은 후 작업한다.
② 칩을 제거할 때에는 회전을 정지시킨 상태에서 솔로 제거한다.
③ 드릴을 끼운 후 척렌치는 그대로 둔다.
④ 일감은 견고하게 고정시키고, 손으로 잡고 구멍을 뚫지 않는다.

02 방호장치의 종류가 아닌 것은?
① 위치제한형 방호장치
② 벌집형 방호장치
③ 격리형 방호장치
④ 덮개형 방호장치

03 중량물을 들어올리거나 내릴 때 손이나 발이 중량물과 지면 사이에 끼어 발생하는 재해는?
① 협착
② 전도
③ 낙하
④ 충돌

04 재해 발생 원인 중 생리적인 원인에 해당하는 것은?
① 작업복의 부적당
② 안전장치의 불량
③ 작업자의 피로
④ 안전수칙의 미준수

05 경고표지로 사용되지 않는 것은?
① 방진 마스크 착용경고
② 낙하물경고
③ 인화성물질경고
④ 급성독성물질경고

해설

01 작업안전 ▶ 안전관리
드릴을 끼운 후 척렌치는 제거해야 한다.

02 작업안전 ▶ 안전관리
①③④ 이외에도 방호장치의 종류에는 접근거부형 방호장치가 있다.

03 작업안전 ▶ 안전관리
② 전도는 사람이 바닥 등의 장애물에 걸려 넘어지는 재해이다.
③ 낙하는 물체가 높은 곳에서 낮은 곳으로 떨어져 가해지는 재해이다.
④ 충돌은 다른 물체와 맞부딪치거나 맞섬으로써 근로자에게 생긴 신체상의 재해이다.

04 작업안전 ▶ 안전관리
①④ 재해 발생 원인 중 불안전한 행동에 해당한다.
② 재해 발생 원인 중 불안전한 환경에 해당한다.

05 작업안전 ▶ 안전관리
방진 마스크 착용은 경고표지가 아니라 지시표지이다.

| 정답 | 01 ③ 02 ② 03 ①
         04 ③ 05 ①

06 작업장에서 용접 작업의 유해 광선으로 눈에 이상이 생겼을 때 적절한 조치로 옳은 것은?

① 손으로 비빈 후 과산화수소로 치료한다.
② 냉수로 씻어 낸 냉수포를 얹은 후 병원에서 치료한다.
③ 알코올로 씻는다.
④ 뜨거운 물로 씻는다.

06 작업안전 ▶ 안전관리
용접 작업 중 유해 광선으로 눈이 충혈되었을 때에는 응급조치로 냉수포를 얹은 후 병원 진료를 받아야 한다.

07 기계 작업 중 사고 발생 시 취해야 하는 행동의 순서로 옳은 것은?

① 구조 → 운전정지 → 2차 사고 방지 → 응급처치
② 구조 → 2차 사고 방지 → 운전정지 → 응급처치
③ 운전정지 → 구조 → 응급처치 → 2차 사고 방지
④ 운전정지 → 응급처치 → 구조 → 2차 사고 방지

07 작업안전 ▶ 안전관리
사고 발생 시 기계의 운전을 중지하고 작업자 구조, 응급처치, 2차 사고 방지 순으로 대처해야 한다.

08 작업현장에서 전기기구를 취급할 때의 주의사항으로 옳지 않은 것은?

① 동력기구 사용 시 정전되었다면 전원 스위치를 끈다.
② 퓨즈가 끊어졌다고 함부로 손을 대서는 안 된다.
③ 보호덮개를 씌우지 않은 백열전등으로 된 작업등을 사용한다.
④ 안전점검사항을 확인하고 스위치를 넣는다.

08 작업안전 ▶ 안전관리
백열등은 화재 및 화상의 위험이 높기 때문에 보호덮개를 씌워 사용해야 한다.

09 타이어 트레드에 대한 설명으로 옳지 않은 것은?

① 타이어 공기압이 높으면 타이어 중앙부의 마모가 크다.
② 트레드가 마모되면 열 발산이 불량하게 된다.
③ 트레드가 마모되면 선회능력과 구동력이 저하된다.
④ 트레드가 마모되면 지면과 접촉하는 면적이 커져 마찰력이 증대되어 제동성능이 좋아진다.

09 작업안전 ▶ 작업 전·후 점검
타이어 트레드는 선회성능과 구동력을 향상시키고 옆 방향 및 전진 방향 미끄러짐을 방지한다. 트레드가 마모되면 제동 시 노면과의 마찰력이 감소하여 제동성능이 저하된다.

10 굴착기 주차 시 버킷 위치로 옳은 것은?

① 지면으로부터 30cm에 위치시킨다.
② 지면으로부터 50cm에 위치시킨다.
③ 버킷을 완전히 펴서 지면에 내려놓는다.
④ 버킷 위치는 상관없이 주차한다.

10 작업안전 ▶ 작업 전·후 점검
굴착기 주차 시에는 버킷 실린더 로드 보호를 위해 버킷을 완전히 펴서 지면에 내려놓는다.

| 정답 | 06 ② 07 ③ 08 ③ 09 ④ 10 ③

11 충전 경고등 점검을 하는 때는?

① 키 ON 및 엔진 가동 중
② 엔진 가동을 중지한 후
③ 고속으로 운행 중
④ 저속으로 운행 중

11 작업안전 ▶ 작업 전·후 점검
충전 경고등은 키 'ON' 시에 점등되고 엔진 시동 후 발전기가 작동하면 소등되므로, 키 ON 및 엔진 가동 중에 점검한다.

12 굴착기의 일상점검사항에 해당하지 않는 것은?

① 엔진오일양 점검
② 냉각수량 점검
③ 각부 누유 점검
④ 크랭크축 점검

12 작업안전 ▶ 작업 전·후 점검
크랭크축의 점검은 일상점검사항이 아니라 분해정비사항이다.

13 발전소 상호 간, 변전소 상호 간 또는 발전소와 변전소 간에 설치된 전력 선로는?

① 배전선로
② 송전선로
③ 발전선로
④ 가공선로

13 작업안전 ▶ 가스 및 전기 안전 관리
① 배전선로는 발전소와 전기수용설비, 송전선로와 전기수용설비 등을 연결하는 전선로와 이에 속하는 전기설비를 말한다.
④ 가공선로는 높은 전주나 철탑을 세우고 전선을 절연 애자로 지지하여 전력을 보내거나 통신을 할 수 있도록 공중에 설치한 선로를 말한다.

14 전력케이블이 매설되어 있음을 표시하기 위한 표지시트는 차도에서 지표면 아래 몇 cm 깊이에 설치되어 있는가?

① 10cm
② 30cm
③ 50cm
④ 100cm

14 작업안전 ▶ 가스 및 전기 안전 관리
표지시트는 차도에서 지표면 아래 30cm 깊이에 설치되어 있다.

15 작업 중 가스관이 손상된 경우의 조치 방법으로 옳지 않은 것은?

① 장비 보호를 위해 신속히 장비를 이동시킨다.
② 인부 및 주변 사람들을 신속히 대피시킨다.
③ 해당 도시가스회사 또는 가스안전공사에 연락한다.
④ 장비 가동을 즉시 멈추고 대피한다.

15 작업안전 ▶ 가스 및 전기 안전 관리
가스관이 손상된 경우 장비 이동 중 화재가 발생할 수 있으므로, 즉시 장비 시동을 멈추고 대피해야 한다.

| 정답 | 11 ① 12 ④ 13 ②
14 ② 15 ①

16 주차 및 정차가 금지되어 있지 <u>않은</u> 장소는?

① 횡단보도
② 건널목
③ 교차로
④ 경사로의 정상 부근

16 도로주행 ▶ 도로교통법
주정차 금지장소로는 교차로·횡단보도·건널목이나 보도와 차도가 구분된 도로의 보도 등이 있다.

17 도로교통법상 위반이 <u>아닌</u> 것은?

① 두 개의 차로에 걸쳐 운행한 경우
② 일방통행도로에서 도로의 중앙이나 좌측을 통행한 경우
③ 교차로에 주차를 한 경우
④ 터널 안에서 앞지르기를 한 경우

17 도로주행 ▶ 도로교통법
도로가 일방통행인 경우에는 도로의 중앙이나 좌측을 통행할 수 있다.

18 도로교통법상 고속도로를 제외한 도로에서 왼쪽 차로 통행이 가능한 것은?

① 건설기계
② 대형승합자동차
③ 중형승합자동차
④ 특수자동차

18 도로주행 ▶ 도로교통법
「도로교통법 시행규칙」[별표 9]에 따르면 차로에 따른 통행차의 기준에 의해 고속도로 외의 도로에서 왼쪽 차로를 통행할 수 있는 차종은 승용자동차 및 경형, 소형, 중형 승합자동차이다.

19 교차로 진입 방법에 대한 설명으로 옳은 것은?

① 교차로 중심 바깥쪽으로 좌회전한다.
② 좌회전 차는 미리 도로의 중앙선을 따라 서행하며 진입한다.
③ 우회전 차는 차로에 관계없이 우회전할 수 있다.
④ 좌·우회전 시에는 경음기를 사용하여 주위에 주의 신호를 한다.

19 도로주행 ▶ 도로교통법
① 교차로 중심 안쪽으로 좌회전한다.
③ 우회전하려는 경우 미리 우측 가장자리에서 서행하며 우회전해야 한다.
④ 운전자는 정당한 사유 없이 경음기를 연속적으로 사용할 수 없다.

20 비가 내려 노면이 젖어 있는 경우 최고속도에서 얼마나 감속 운행해야 하는가?

① 20/100
② 30/100
③ 40/100
④ 50/100

20 도로주행 ▶ 도로교통법
비가 내려 노면이 젖어 있거나 눈이 20mm 미만 쌓인 경우, 100분의 20을 줄인 속도로 운행한다.

| 정답 | 16 ④　17 ②　18 ③
　　　　19 ②　20 ①

21 건설기계관리법상 건설기계등록이 말소된 경우 소유자는 등록번호판을 며칠 이내에 반납하여야 하는가?

① 7일
② 10일
③ 15일
④ 30일

22 건설기계검사의 종류에 해당하는 것은?

① 임시검사
② 계속검사
③ 예비검사
④ 수시검사

23 건설기계 등록번호표의 색상 기준으로 틀린 것은?

① 수입용 – 적색 바탕에 흰색 문자
② 관용 – 흰색 바탕에 검은색 문자
③ 자가용 – 흰색 바탕에 검은색 문자
④ 대여사업용 – 주황색 바탕에 검은색 문자

24 건설기계 정비명령을 이행하지 아니한 자에 대한 벌칙은?

① 100만 원 이하의 과태료
② 300만 원 이하의 과태료
③ 1년 이하의 징역 또는 1천만 원 이하의 벌금
④ 2년 이하의 징역 또는 2천만 원 이하의 벌금

25 건설기계조종사의 적성검사에 대한 설명으로 옳은 것은?

① 적성검사는 2년마다 실시한다.
② 적성검사는 60세까지만 실시한다.
③ 적성검사는 65세 이상의 경우 3년마다 실시한다.
④ 적성검사에 합격해야 면허를 받을 수 있다.

---

21 도로주행 ▶ 건설기계관리법
건설기계소유자는 건설기계등록이 말소된 경우 등록번호판을 10일 이내에 등록지의 시·도지사에게 반납해야 한다.

22 도로주행 ▶ 건설기계관리법
건설기계검사의 종류에는 신규등록검사, 정기검사, 구조변경검사, 수시검사가 있다.

23 도로주행 ▶ 건설기계관리법
건설기계 등록번호표의 색상 기준은 비사업용(관용, 자가용)은 흰색 바탕에 검은색 문자, 대여사업용은 주황색 바탕에 검은색 문자이다.

24 도로주행 ▶ 건설기계관리법
시·도지사는 검사에 불합격한 건설기계에 대해 31일 이내의 기간을 정하여 해당 건설기계의 소유자에게 검사를 완료한 날부터 10일 이내에 정비명령을 해야 하고 이를 어긴 건설기계소유자는 1년 이하의 징역 드는 1천만 원 이하의 벌금에 처한다.

25 도로주행 ▶ 건설기계관리법
건설기계조종사 면허를 받으려는 사람은 해당 분야의 기술자격을 취득하고, 적성검사에 합격해야 한다.
①②③ 적성검사는 10년마다(65세 이상의 경우 5년마다) 실시한다.

| 정답 | 21 ② 22 ④ 23 ①
24 ③ 25 ④

26 디젤기관 착화 늦음과 관계가 없는 것은?

① 연료의 색깔
② 연료의 미립도
③ 연료의 착화성
④ 연료분사압력

26 장비구조 ▶ 엔진구조
디젤기관 착화 늦음과 관련된 사항으로는 연료의 미립도, 연료의 착화성, 연료분사압력이 있다. 연료의 색은 관련 없다.

27 디젤연료의 착화성을 정량적으로 나타내는 수치는?

① 옥탄가
② 헵탄가
③ 세탄가
④ 나프탈린가

27 장비구조 ▶ 엔진구조
세탄가는 디젤연료의 착화성을 정량적으로 나타내는 수치이다. 세탄가가 높을수록 노킹을 방지할 수 있다.

28 연소 시 발생하는 질소산화물(NOx)의 발생 원인과 가장 관련 있는 것은?

① 흡입 공기량 부족
② 높은 연소 온도
③ 연료량 부족
④ 에어클리너의 막힘

28 장비구조 ▶ 엔진구조
질소산화물은 연소 온도가 높고, 이론공연비에 가깝게 연소할 때 발생한다. 배기가스 재순환장치(EGR)를 사용하면 이를 방지할 수 있다.

29 커먼레일 디젤기관 시동이 되지 않을 경우 점검사항으로 옳지 않은 것은?

① 인젝터 점검
② 고압펌프 점검
③ 연료탱크의 연료량 점검
④ 분사펌프 딜리버리 밸브 점검

29 장비구조 ▶ 엔진구조
분사펌프 딜리버리 밸브는 기계식 디젤기관의 구성품으로, 커먼레일 디젤기관의 시동과는 관련 없다.

30 냉각장치에서 라디에이터 압력식 캡을 사용하는 이유는?

① 냉각수의 비등점을 높이기 위해
② 냉각수의 비중을 높이기 위해
③ 엔진의 온도를 높이기 위해
④ 라디에이터 구조를 간단하게 하기 위해

30 장비구조 ▶ 엔진구조
라디에이터 압력식 캡은 냉각장치 내의 압력을 $0.4 \sim 1.1 kgf/cm^2$로 유지하여 비등점(비점)을 높임으로써 냉각효율을 높인다.

| 정답 | 26 ① 27 ③ 28 ②
29 ④ 30 ①

31 디젤기관 부조(떨림) 현상의 원인으로 옳지 <u>않은</u> 것은?

① 발전기 고장
② 연료의 압송 불량
③ 분사시기 조정 불량
④ 조속기의 작동 불량

31 장비구조 ▶ 엔진구조
디젤기관 부조 현상의 원인에는 연료의 압송 불량, 분사시기 조정 불량, 조속기의 작동 불량, 연료라인 내 공기 혼입, 큰 분사량 불균율 등이 있다.

32 기관의 터보차저에 대한 설명으로 옳지 <u>않은</u> 것은?

① 고지대에서 출력 저하가 없다.
② 배기가스가 임펠러를 회전시킨다.
③ 제작 비용이 비싸며 출력이 저하된다.
④ 디퓨저에서는 공기의 속도에너지가 압력에너지로 바뀐다.

32 장비구조 ▶ 엔진구조
터보차저를 장착하면 제작 비용은 높아지지단 출력이 상승한다.

33 4행정 기관에서 많이 쓰이는 오일펌프의 종류로 짝 지어진 것은?

① 기어식, 플런저식, 나사식
② 로터리식, 기어식, 베인식
③ 로터리식, 나사식, 베인식
④ 플런저식, 기어식, 베인식

33 장비구조 ▶ 엔진구조
4행정 기관 오일펌프는 로터리식, 기어식, 베인식을 많이 사용한다.

34 기계식 디젤기관 연료분사장치에서 분사펌프를 구동하는 것은?

① 구동벨트
② 캠축
③ 인젝터
④ 커먼레일

34 장비구조 ▶ 엔진구조
① 구동벨트는 팬벨트라고도 하며, 크랭크축의 동력을 물펌프, 발전기 등에 전달하는 벨트이다.
③ 인젝터는 고압의 연료를 연소실에 분사한다.
④ 커먼레일은 고압펌프로부터 공급받은 고압의 연료를 저장하고 인젝터에 분배한다.

35 12V 납산 축전지 셀에 대한 설명으로 옳은 것은?

① 6개의 셀이 병렬로 접속되어 있다.
② 6개의 셀이 직렬로 접속되어 있다.
③ 3개의 셀이 직렬과 병렬로 혼합 접속되어 있다.
④ 6개의 셀이 직렬과 병렬로 혼합 접속되어 있다.

35 장비구조 ▶ 전기장치
12V 납산 축전지는 6개의 셀이 직렬로 접속되어 있다.

| 정답 | 31 ① 32 ③ 33 ②
34 ② 35 ②

36 직권식 기동 전동기의 계자 코일과 전기자 코일의 연결에 대한 설명으로 옳은 것은?

① 직렬로 연결되어 있다.
② 병렬로 연결되어 있다.
③ 직렬 및 병렬로 연결되어 있다.
④ 계자 코일은 병렬, 전기자 코일은 직렬로 연결된다.

36 장비구조 ▶ 전기장치
- 직권식 전동기: 직렬 연결
- 분권식 전동기: 병렬 연결
- 복권식 전동기: 직·병렬 연결

37 전기자 코일, 계자 코일, 정류자 등의 부품으로 구성되며 기관을 시동할 때 사용하는 기기는?

① 발전기
② 기동 전동기
③ 배터리
④ 변속기

37 장비구조 ▶ 전기장치
기동 전동기는 건설기계기관을 시동하기 위한 전동장치로, 전동기의 피니언 기어가 플라이휠 링 기어에 접속하여 기관 크랭크축을 회전시켜 기관을 시동시킨다.

38 전류의 자기 작용을 이용한 굴착기의 구성품은?

① 축전지
② 예열 플러그
③ 발전기
④ 시트열선

38 장비구조 ▶ 전기장치
- 자기 작용: 기동 전동기, 발전기, 인젝터
- 발열 작용: 예열 플러그, 시트열선
- 화학 작용: 축전지(배터리)

39 충전장치에 대한 설명으로 옳지 않은 것은?

① 축전지에 전기를 공급
② 에어컨장치에 전기를 공급
③ 각종 등화에 전기를 공급
④ 기동 전동기에 전기를 공급

39 장비구조 ▶ 전기장치
기동 전동기에 전기를 공급하는 장치는 배터리(축전지)이다.

40 굴착기 엔진에 사용되는 기동 전동기가 회전이 안 되거나 회전력이 약한 원인이 아닌 것은?

① 시동 스위치의 접촉 불량
② 배터리 단자의 접촉 불량
③ 배터리 전압 낮음
④ 피니언 기어의 마모

40 장비구조 ▶ 전기장치
피니언 기어가 마모되면 기동 전동기의 회전력이 플라이휠 링 기어에 전달되지 않아 기관 시동이 되지 않는다.

| 정답 | 36 ① 37 ② 38 ③ 39 ④ 40 ④

41 타이어식 굴착기 동력전달계통이 아닌 것은?

① 변속기
② 드라이브 라인
③ 엔진
④ 종감속 기어

41 장비구조 ▶ 전·후진 주행장치
엔진은 동력발생장치에 해당한다.
①②④ 이외에도 동력전달계통에는 차동 기어장치, 엑슬 축, 유성 기어장치 등이 있다.

42 타이어식 굴착기 브레이크 장치 수리 시 고무재질 부품 세척액으로 적당한 것은?

① 알코올
② 경유
③ 휘발유
④ 석유

42 장비구조 ▶ 전·후진 주행장치
타이어식 굴착기 브레이크 장치 수리 시 고무재질 부품은 브레이크 오일 또는 알코올로 세척한다.

43 타이어식 굴착기 토 인에 대한 설명으로 옳은 것은?

① 타이로드의 길이로 최대 조향각을 조절할 수 있다.
② 토 인 조정은 복스렌치로만 해야 한다.
③ 타이로드에 충격이 가해지면 토의 값이 틀어진다.
④ 타이로드 엔드볼 조인트에 유격이 생기면 셋백이 틀어진다.

43 장비구조 ▶ 전·후진 주행장치
토는 타이로드의 길이로 조정하므로 타이로드에 충격이 가해지면 토의 값이 틀어진다.
④ 셋백은 동일 차축에서 한쪽 차륜이 반대쪽 차륜보다 앞 또는 뒤로 처져 있는 정도를 말한다.

44 등속 조인트의 종류가 아닌 것은?

① 제파형
② 트랙터형
③ 버필드형
④ 후크형

44 장비구조 ▶ 전·후진 주행장치
등속 조인트의 종류에는 제파형, 트랙터형, 버필드형, 더블옵셋형 등이 있다.

45 클러치가 미끄러지는 원인이 아닌 것은?

① 클러치판에 오일이 침입한 경우
② 압력판의 스프링 장력이 약화된 경우
③ 클러치 페달의 자유간극이 과다한 경우
④ 클러치판이 마멸된 경우

45 장비구조 ▶ 전·후진 주행장치
클러치 페달의 자유간극이 작은 경우가 클러치가 미끄러지는 원인에 해당한다.

| 정답 | 41 ③ 42 ① 43 ③
        44 ④ 45 ③

46 타이어 각부에 대한 설명으로 옳은 것은?

① 트레드: 노면과 직접 접촉하는 부분이다.
② 브레이커: 직물에 고무를 피복한 것으로 타이어의 골격을 이루는 부분이다.
③ 비드: 트레드와 카커스 사이에 설치되어 노면의 충격을 흡수한다.
④ 카커스: 림과 접촉하는 부분이다.

47 유압배관을 연결하는 이음 중 가장 많이 사용하는 것은?

① 니플이음
② 소켓이음
③ 유니온이음
④ 엘보이음

48 유압장치에서 이물질이 생성되는 원인이 아닌 것은?

① 산화생성물에 의한 슬러지 생성
② 수리 과정에서 이물질 혼입
③ 조립 과정에서 이물질 혼입
④ 엔진에서 피스톤과 실린더 마찰에 의한 금속가루 혼입

49 유압장치에 공기가 혼입되면 일어나는 현상이 아닌 것은?

① 공동 현상
② 기화 현상
③ 열화 현상
④ 숨돌리기 현상

50 공동 현상(캐비테이션)의 피해 현상이 아닌 것은?

① 용적효율이 떨어진다.
② 최고압력이 발생하여 급격한 압력파가 생긴다.
③ 고압부의 기포가 과포화 상태가 된다.
④ 유압장치 내부에 국부적인 고압이 발생하여 소음과 진동이 생긴다.

---

46 장비구조 ▶ 전·후진 주행장치
② 카커스, ③ 브레이커, ④ 비드에 대한 설명이다.

47 장비구조 ▶ 유압일반
① 니플이음은 두 개의 다른 피팅을 연결하기 위해 일반적으로 각 끝에 수파이프의 나사산이 제공되는 짧은 파이프로 구성된 이음이다.
② 소켓이음은 관을 직선상에 접속하기 위해 사용하는 이음이다.
④ 엘보이음은 배관의 방향을 전환할 때 사용한다.

48 장비구조 ▶ 유압일반
엔진과 유압장치는 별개의 장치이다. 따라서 엔진에서 이물질이 혼입된 것은 유압장치에서 이물질이 생성되는 원인과는 관련이 없다.

49 장비구조 ▶ 유압일반
유압장치에 공기가 혼입되면 공동 현상, 열화 현상, 숨돌리기 현상 등이 발생한다.

50 장비구조 ▶ 유압일반
공동 현상이 발생하면 저압부의 기포가 과포화 상태가 된다.

| 정답 | 46 ① 47 ③ 48 ④ 49 ② 50 ③

51 다음 그림의 유압기호에 해당하는 것은?

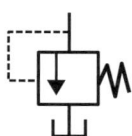

① 릴리프 밸브
② 감압 밸브
③ 체크 밸브
④ 카운터 밸런스 밸브

51 장비구조 ▶ 유압일반

제시된 유압기호는 릴리프 밸브로, 무부하 밸브와 구분해서 알아두어야 한다.

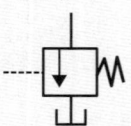

▲ 무부하 밸브(언로드 밸브)

52 유압탱크의 기능이 아닌 것은?

① 오일 스트레이너를 설치하여 이물질을 여과한다.
② 유압계통 내에 필요한 작동유를 저장한다.
③ 격판(배플 플레이트)을 설치하여 기포 발생을 방지하고 소멸시킨다.
④ 유압계통 내에 필요한 압력을 형성한다.

52 장비구조 ▶ 유압일반

유압계통 내에 필요한 압력을 형성하는 것은 유압펌프이다.

53 유압 실린더의 지지 방식이 아닌 것은?

① 유니언형
② 푸트형
③ 플랜지형
④ 트러니언형

53 장비구조 ▶ 유압일반

유압 실린더의 지지 방식에는 푸트형, 플랜지형, 트러니언형, 크레비스형이 있다.

54 회전운동을 하는 유압기기는?

① 유압 실린더
② 유압모터
③ 유압탱크
④ 유압필터

54 장비구조 ▶ 유압일반

유압기기 중 회전운동을 하는 것은 유압모터이다.
① 유압 실린더는 직선운동을 하는 유압기기이다.

55 다음 그림의 유압 실린더의 명칭은?

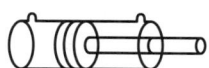

① 단동 실린더
② 단동 다단 실린더
③ 복동 실린더
④ 복동 다단 실린더

55 장비구조 ▶ 유압일반

제시된 유압 실린더는 유압을 피스톤의 양쪽으로 공급할 수 있는 복동 실린더이다.

| 정답 | 51 ① 52 ④ 53 ①
54 ② 55 ③

56 굴착기 붐 실린더의 슬로우리턴 밸브의 역할은?

① 붐이 천천히 하강하기 위해 설치한다.
② 붐이 천천히 상승하기 위해 설치한다.
③ 붐이 빠르게 하강하기 위해 설치한다.
④ 붐이 빠르게 상승하기 위해 설치한다.

57 굴착기 작업장치에 대한 설명으로 옳지 않은 것은?

① 버킷은 1회 담을 수 있는 용량을 m^3로 표시한다.
② 버킷의 용량은 산적 용량과 평적 용량이 있다.
③ 붐과 암의 최대 굴착 각도는 50~60°이다.
④ 붐은 푸트핀에 의해 상부회전체에 설치된다.

58 굴착기 브레이커 작업에서 암석이나 콘크리트를 직접 타격하는 부품은?

① 프론트헤드 ② 실린더
③ 피스톤   ④ 치즐

59 굴착기의 기본 작업 사이클로 옳은 것은?

① 굴착 → 선회 → 적재 → 선회 → 굴착
② 굴착 → 적재 → 선회 → 굴착 → 선회
③ 선회 → 굴착 → 적재 → 선회 → 굴착
④ 선회 → 적재 → 굴착 → 적재 → 선회

60 차량이 남쪽에서 북쪽으로 진행 중일 때, 그림의 표지에 대한 설명으로 옳지 않은 것은?

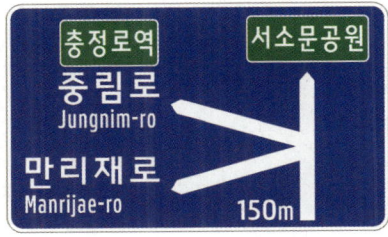

① 차량을 좌회전하는 경우 '만리재로' 또는 '중림로'로 진입할 수 있다.
② 차량을 좌회전하는 경우 '만리재로' 또는 '중림로' 도로구간의 끝지점과 만날 수 있다.
③ 차량을 직진하는 경우 '서소문공원' 방향으로 갈 수 있다.
④ 차량을 '중림로'로 좌회전하면 '충정로역' 방향으로 갈 수 있다.

---

56 장비구조 ▶ 굴착기 구조 및 기능, 작업

슬로우리턴 밸브는 한쪽 관로의 흐름만 제어하고 다른 쪽 흐름은 자유롭게 하는 밸브로, 붐이 천천히 하강하기 위해 설치한다.

57 장비구조 ▶ 굴착기 구조 및 기능, 작업

붐과 암의 최대 굴착 각도는 80~110°이다.

58 장비구조 ▶ 굴착기 구조 및 기능, 작업

치즐(정)은 브레이커 작업에서 암석이나 콘크리트를 직접 타격하는 부품이다.

59 장비구조 ▶ 굴착기 구조 및 기능, 작업

굴착기의 기본 작업 순서는 '굴착 → 붐 상승 → 선회(스윙) → 적재 → 선회(스윙) → 굴착' 순이다.

60 도로주행 ▶ 도로명주소

차량을 좌회전하는 경우 '만리재로' 또는 '중림로' 도로구간의 시작지점과 만날 수 있다.

| 정답 | 56 ① 57 ③ 58 ④ 59 ① 60 ②

최신복원 적중모의고사 2회

01 사고의 원인 중 가장 큰 부분을 차지하는 것은?
① 사회적 원인
② 개인의 성격
③ 불안전한 행동
④ 불가항력

02 조정렌치 사용 시 안전수칙으로 옳지 <u>않은</u> 것은?

> ㄱ. 잡아당기며 작업한다.
> ㄴ. 조정조에 당기는 힘이 많이 가해지도록 한다.
> ㄷ. 볼트 머리나 너트에 꼭 끼워서 작업을 한다.
> ㄹ. 조정렌치 자루에 파이프를 끼워서 작업을 한다.

① ㄱ, ㄴ
② ㄱ, ㄷ
③ ㄴ, ㄷ
④ ㄴ, ㄹ

03 작업 시 보안경 착용에 대한 설명으로 옳지 <u>않은</u> 것은?
① 가스 용접 시에는 보안경을 착용해야 한다.
② 절단하거나 깎는 작업 시에는 보안경을 착용해서는 안 된다.
③ 아크 용접 시에는 보안경을 착용해야 한다.
④ 특수 용접 시에는 보안경을 착용해야 한다.

04 산소 결핍의 우려가 있는 장소에서 착용해야 하는 마스크는?
① 방독 마스크
② 방진 마스크
③ 송기 마스크
④ 가스 마스크

05 다음 안전보건표지가 나타내는 것은?

① 출입금지
② 보행금지
③ 사용금지
④ 물체이동금지

해설

01 작업안전 ▶ 안전관리
다양한 원인이 있지만 사고를 가장 많이 발생시키는 원인은 '불안전한 행동'이다.

02 작업안전 ▶ 안전관리
ㄴ. 조정조에 힘을 주면 렌치가 벌어지거나 미끄러질 위험이 있기 때문에 '고정조' 쪽에 힘이 가해지도록 한다.
ㄹ. 파이프를 끼워 사용하면 렌치가 부러지거나 갑자기 빠질 수 있기 때문에 위험하다.

03 작업안전 ▶ 안전관리
절단하거나 깎는 작업 시 금속 파편이나 분진이 눈에 튈 위험이 있으므로 반드시 보안경을 착용해야 한다.

04 작업안전 ▶ 안전관리
①④ 유해 가스는 여과하지만 산소는 공급하지 않는다.
② 분진(먼지)을 걸러준다.

05 작업안전 ▶ 안전관리
'출입금지'를 나타내며 금지표지의 한 종류이다.

| 정답 | 01 ③ 02 ④ 03 ②
       04 ③ 05 ①

06 수공구의 보관 방법으로 적합하지 않은 것은?

① 공구는 지정된 곳에 보관한다.
② 공구는 온도와 습도가 높은 곳에 둔다.
③ 공구는 기계나 재료 등의 위에 올려놓지 않는다.
④ 공구는 잘 정리하여 종류와 수량을 정확히 파악해 둔다.

06 작업안전 ▶ 안전관리
공구는 녹 발생과 변형을 방지하기 위해 건조하고 통풍이 잘되는 곳에 보관해야 한다.

07 작업 시 안전사항으로 준수해야 할 사항 중 틀린 것은?

① 정전 시는 반드시 스위치를 끊을 것
② 딴 볼일이 있을 때는 기기 작동을 자동으로 조정하고 자리를 비울 것
③ 고장중의 기기에는 반드시 표식을 할 것
④ 대형 물건을 기중 작업할 때는 서로 신호에 의거할 것

07 작업안전 ▶ 안전관리
예기치 않은 오작동이나 사고가 발생할 수 있기 때문에 기계를 자동으로 조정해 놓고 자리를 비워서는 안 된다.

08 작업장 내의 안전한 통행을 위해 지켜야 할 사항이 아닌 것은?

① 주머니에 손을 넣고 보행하지 말 것
② 좌측 또는 우측통행 규칙을 엄수할 것
③ 물건을 든 사람과 만나면 즉시 길을 양보할 것
④ 운반차를 이용할 때에는 가능한 한 빠른 속도로 주행할 것

08 작업안전 ▶ 안전관리
작업장 내에서는 안전이 최우선이므로 운반차는 반드시 서행한다.

09 다음 중 인화성 물질이 아닌 것은?

① 가솔린
② 아세틸렌가스
③ 프로판가스
④ 산소

09 작업안전 ▶ 안전관리
인화성 물질이란 인화점이 낮아 불이 잘 붙는 물질을 말한다. 산소는 그 자체로는 인화성이 없다.

10 굴착기의 일상점검 사항이 아닌 것은?

① 엔진 오일량
② 냉각수 누출여부
③ 오일쿨러 세척
④ 유압 오일량

10 작업안전 ▶ 작업 전·후 점검
오일쿨러 세척은 정기점검 또는 정비 시 수행하는 항목으로, 일상점검 사항에는 해당하지 않는다.

| 정답 | 06 ② 7 ② 8 ④
09 ④ 10 ③

11 에어클리너가 막혔을 때 배기색과 출력으로 가장 적절한 것은?

① 배기색은 무색이며, 출력은 정상이다.
② 배기색은 흰색이며, 출력은 증가한다.
③ 배기색은 검은색이며, 출력은 저하된다.
④ 배기색은 흰색이며, 출력은 저하된다.

12 다음 중 굴착기 타이어의 관리에 대한 설명으로 옳은 것은?

① 장시간 주차 시 공기압을 빼 놓아야 한다.
② 공기압을 낮추면 승차감이 좋아지고 타이어 수명이 길어진다.
③ 공기압이 낮으면 타이어가 과열되어 손상될 수 있다.
④ 공기압은 작업 부하와 관계없이 항상 동일하게 유지해야 한다.

13 브레이크를 연속하여 자주 사용하면 브레이크 드럼이 과열되어, 마찰계수가 떨어지고 브레이크가 잘 듣지 않는 것으로 짧은 시간 내에 반복 조작이나, 내리막길을 내려갈 때 브레이크 효과가 나빠지는 현상은?

① 노킹(Knocking) ② 페이드(Fade)
③ 채팅(Chatting) ④ 수막(Hydroplaning)

14 엔진 과열의 원인이 아닌 것은?

① 히터 스위치 고장
② 수온 조절기의 고장
③ 헐거워진 냉각 팬 벨트
④ 물 통로 내의 물 때(scale)

15 도로 굴착 중 황색의 가스 보호포가 나타났다. 이때, 도시가스 배관은 그 보호포가 설치된 위치로부터 최소 몇 cm 이상 깊이에 매설되어 있는가? (단, 배관의 심도는 1.2m이다)

① 30cm ② 60cm
③ 90cm ④ 120cm

16 다음 그림이 가리키는 용어는 무엇인가?

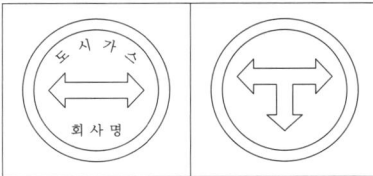

① 가스보호포 ② 라인마크
③ 배관식별표 ④ 매설표지판

17 고압전선로 주변에서 작업시 건설기계와 전선로와의 안전이격 거리에 대한 설명 중 틀린 것은?

① 애자 수가 많을수록 커진다.
② 전선이 굵을수록 커진다.
③ 전압이 높을수록 커진다.
④ 전압과 관계없이 일정하다.

18 다음 중 전선로 부근에서 작업할 때 옳지 않은 것은?

① 전선은 바람에 흔들리므로 이를 고려하여 간격을 늘려야 한다.
② 전선이 바람에 흔들리는 정도는 바람이 강할수록 많이 흔들린다.
③ 전선은 철탑 또는 전주에서 멀어질수록 많이 흔들린다.
④ 전선은 자체 무게가 있어 바람에는 흔들리지 않는다.

19 편도 4차로의 고속도로에서 건설기계는 몇 차로로 통행해야 하는가?

① 1차로 ② 2차로
③ 3차로 ④ 4차로

20 폭설로 인해 가시거리가 100m 이내인 경우 최고속도의 얼마를 감속 운행해야 하는가?

① 20/100 ② 30/100
③ 50/100 ④ 60/100

21 건설기계 등록사항을 변경할 때 제출해야 하는 서류가 아닌 것은?

① 소유권 이전 계약서
② 건설기계 검사증
③ 건설기계 변경신청서
④ 건설기계 등록증

21 도로주행 ▶ 건설기계관리법
'소유권 이전 계약서'는 소유권 이전등록 시 필요한 서류이므로, 등록사항 변경 시에는 제출하지 않는다.

22 건설기계 대여사업용 색상은 무엇인가?

① 흰색　　　　　② 주황색
③ 검은색　　　　④ 초록색

22 도로주행 ▶ 건설기계관리법
건설기계 대여사업용 색상은 주황색이다.

23 건설기계검사의 종류가 아닌 것은?

① 정기검사　　　② 수시검사
③ 신규검사　　　④ 정밀검사

23 도로주행 ▶ 건설기계관리법
정밀검사 아닌 '구조변경검사'가 해당된다.

24 구조변경검사의 범위에 해당하지 않는 것은?

① 조종장치의 형식 변경
② 건설기계의 길이, 너비, 높이변경
③ 적재함의 용량 증가를 위한 변경
④ 수상작업용 건설기계의 선체의 형식변경

24 도로주행 ▶ 건설기계관리법
건설기계의 기종변경, 육상작업용 건설기계규격의 증가 또는 적재함의 용량증가를 위한 구조변경은 해당하지 않는다.

25 건설기계조종사의 면허 적성검사 기준으로 옳지 않은 것은?

① 청력은 10m의 거리에서 60데시벨을 들을 수 있을 것
② 두 눈을 동시에 뜨고 잰 시력이 0.7이상
③ 시각은 150도 이상
④ 두 눈의 시력이 각각 0.3이상

25 도로주행 ▶ 건설기계관리법
60데시벨이 아닌, 55데시벨의 소리를 들을 수 있어야 한다.

| 정답 | 21 ① 　22 ② 　23 ④ 　24 ③ 　25 ①

26 건설기계 운전자가 조종 중 고의로 인명피해를 입히는 사고를 일으켰을 때 면허의 처분기준은?

① 면허취소
② 면허효력 정지 15일
③ 면허효력 정지 45일
④ 면허효력 정지 60일

27 차량이 남쪽에서부터 북쪽 방향으로 진행 중일 때, 다음과 같은 「3방향 도로표지판」에 대한 설명으로 틀린 것은?

① 차량을 우회전하는 경우 '새문안길'로 진입할 수 있다.
② 차량을 좌회전하는 경우 '충정로' 도로구간의 시작지점에 진입할 수 있다.
③ 차량을 우회전하는 경우 '새문안길' 도로구간의 시작지점에 진입할 수 있다.
④ 연신내역 방향으로 가려는 경우 차량을 직진한다.

28 피스톤 링의 주요 기능이 아닌 것은?

① 기밀 작용
② 완전 연소 억제작용
③ 오일제어 작용
④ 열전도 작용

29 디젤기관의 장점으로 옳지 않은 것은?

① 가속성이 좋고 운전이 정숙하다.
② 열효율이 높다.
③ 화재의 위험이 적다.
④ 연료소비율이 낮다.

30 유압펌프에서 소음이 발생하는 원인이 아닌 것은?

① 오일의 양이 적을 때
② 오일 속에 공기가 들어 있을 때
③ 오일의 점도가 너무 높을 때
④ 펌프의 속도가 느릴 때

31 기관이 과열되는 원인이 아닌 것은?

① 냉각수 부족
② 팬벨트의 장력 과다
③ 연료 분사시기의 부적당
④ 물자킷 내의 물 때 형성

31 장비구조 ▶ 엔진구조
팬벨트 장력이 느슨할 때, 냉각수 순환을 제대로 못 시키면서 기관이 과열된다.

32 전류에 대한 설명으로 옳지 않은 것은?

① 전류는 전압, 저항과 무관하다.
② 전류는 전압크기에 비례한다.
③ V=IR이다.
④ 전류는 저항크기에 반비례한다.

32 장비구조 ▶ 전기장치
전류는 전압 크기에 비례하고 저항 크기에 반비례한다.

33 축전지 전해액이 자연 감소되었을 때 보충에 가장 적합한 것은?

① 수돗물　　② 황산
③ 경수　　　④ 증류수

33 장비구조 ▶ 전기장치
증류수로 보충하며, 수돗물이나 묽은 황산을 그대로 보충하면 안 된다.

34 교류발전기에서 다이오드가 하는 역할은?

① 교류를 정류하고 역류를 방지한다.
② 교류를 정류하고 전류를 조정한다.
③ 전압을 조정하고 교류를 정류한다.
④ 여자전류를 조정하고 교류를 정류한다.

34 장비구조 ▶ 전기장치
다이오드는 전류를 한쪽 방향으로만 흐르게 하는 장치이다.

35 디젤기관의 시동 보조장치가 아닌 것은?

① 히트레인지　　② 감압장치
③ 과급기　　　　④ 예열 플러그

35 장비구조 ▶ 엔진구조
과급기는 공기를 압축하여 내연기관의 연소실로 더 많은 공기를 보내, 엔진의 출력과 효율을 높이는 장치이다.

| 정답 | 31 ②　32 ①　33 ④　34 ①　35 ③

36 마찰 클러치에 대한 설명으로 틀린 것은?

① 마찰 클러치는 수동식 변속기에 사용된다.
② 마찰 클러치 용량이 너무 적으면 클러치가 미끄러진다.
③ 마찰 클러치 용량이 너무 크면 엔진이 정지하거나 동력전달 시 충격이 일어나기 쉽다.
④ 엔진 회전력보다 마찰 클러치 용량이 적어야 한다.

36 장비구조 ▶ 전·후진 주행장치
일반적으로 엔진의 회전력보다 클러치 용량이 1.5~2.5배 정도 커야 한다.

37 조향장치의 구비조건으로 틀린 것은?

① 조향휠의 조작력은 저속 시에는 무겁고, 고속 시에는 가벼워야 한다.
② 조향 핸들의 회전과 바퀴 선회 차이가 크지 않아야 한다.
③ 선회시 저항이 적고, 선회 후 복원성이 좋아야 한다.
④ 조작이 쉽고 방향 변환이 원활해야 한다.

37 장비구조 ▶ 전·후진 주행장치
조향휠의 조작력은 저속(주차 등)에서는 가볍게, 고속(직진 주행 등)에서는 무거워야 안정성이 높아진다.

38 토크 컨버터의 오일의 흐름 방향을 바꾸어 주는 것은?

① 펌프
② 터빈
③ 변속기 축
④ 스테이터

38 장비구조 ▶ 전·후진 주행장치
토크 컨버터 내의 스테이터는 오일의 흐름 방향을 바꾸어 터빈 러너의 회전력(토크)을 증대시킨다.

39 유압장치의 설명으로 옳은 것은?

① 고장 원인을 발견하기 쉽다.
② 장치 구조가 간단하다.
③ 작은 동력원으로 큰 힘을 낼 수 있다.
④ 운동방향을 쉽게 변경할 수 없다.

39 장비구조 ▶ 유압일반
유압장치는 파스칼의 원리를 이용하여 작은 힘으로도 큰 힘을 얻을 수 있다.

40 유압 실린더와 유압모터 등 2개 이상의 작동체를 사용하는 분기회로에서 순차적으로 작동시키는 밸브는?

① 교축 밸브
② 시퀀스 밸브
③ 체크 밸브
④ 릴리프 밸브

40 장비구조 ▶ 유압일반
① 관로의 직경을 변경하여 유량을 제어하는 밸브이다.
③ 유체의 역방향 흐름을 저지하는 밸브이다.
④ 회로 압력을 일정하게 하거나 최고압력을 제한하여 장치를 보호하는 밸브이다.

| 정답 | 36 ④ 37 ① 38 ④ 39 ③ 40 ②

41 유압 실린더가 중력에 의해 자유낙하하는 것을 방지하는 밸브는?

① 카운터 밸런스 밸브
② 디셀러레이션 밸브
③ 스풀 밸브
④ 프레필 밸브

41 장비구조 ▶ 유압일반
카운터 밸런스 밸브는 배압 밸브 또는 푸트 밸브라고도 하며, 한쪽 방향 흐름에 배압을 발생시키기 위한 밸브로, 실린더가 중력에 의해 자유로이 제어속도 이상으로 낙하하는 것을 방지한다.

42 유압유의 압력에너지를 기계적 에너지로 변환시키는 것은?

① 유압펌프
② 액추에이터
③ 유압밸브
④ 어큐뮬레이터

42 장비구조 ▶ 유압일반
액추에이터에 대한 설명이며, 직선 왕복 운동을 하는 유압 실린더와 회전운동을 하는 유압모터가 해당된다.

43 굴착기 레버를 조작하였는데 액추에이터가 작동을 하지 않는 원인으로 틀린 것은?

① 유압펌프의 고장
② 유량부족
③ 릴리프 밸브의 설정압 과대
④ 흡입파이프 호스의 파손

43 장비구조 ▶ 유압일반
액추에이터가 작동하지 않는 원인은 일반적으로 유압이 전달되지 않거나 부족한 경우이다. 릴리프 밸브의 설정압이 높을 경우, 밸브가 파손될 위험은 있지만 작동은 가능하다.

44 유압모터의 장점이 될 수 없는 것은?

① 소형 경량으로서 큰 출력을 낼 수 있다.
② 공기와 먼지 등이 침투하여도 성능에는 영향이 없다.
③ 변속, 역전의 제어도 용이하다.
④ 속도나 방향의 제어가 용이하다.

44 장비구조 ▶ 유압일반
유압 모터는 공기와 먼지 등이 침투하면 성능에 큰 영향을 받는다.
• 공기 침투 시: 캐비테이션 발생, 진동·소음 증가
• 먼지 침투 시: 밸브나 기어, 베어링 마모

45 유압 실린더의 움직임이 느리거나 불규칙할 때의 원인이 아닌 것은?

① 피스톤 링이 마모되었다.
② 유압유의 점도가 너무 높다.
③ 회로 내에 공기가 혼입되고 있다.
④ 유압이 너무 높다.

45 장비구조 ▶ 유압일반
유압이 너무 낮을 때 유압 실린더의 움직임이 느리거나 불규칙하다.

| 정답 | 41 ① 42 ② 43 ③ 44 ② 45 ④

46 오일탱크 내의 구성품이 아닌 것은?

① 스트레이너
② 배플
③ 드레인 플러그
④ 압력 조절기

46 장비구조 ▶ 유압일반
압력조절기는 유압 회로에 설치되는 제어 밸브로 탱크 내부 구성품이 아니다.

47 오일탱크 내의 오일을 전부 배출시킬 때 사용하는 것은?

① 리턴 라인
② 배플
③ 드레인 플러그
④ 어큐뮬레이터

47 장비구조 ▶ 유압일반
오일 탱크 내의 오일을 전부 배출시킬 때 사용하는 마개이다.

48 유압유 점도가 높을 때 발생하는 현상은?

① 관내 마찰 손실이 작아진다.
② 동력 손실이 커진다.
③ 열 발생의 원인과는 상관 없다.
④ 유압이 낮아진다.

48 장비구조 ▶ 유압일반
유압유 점도가 높으면 관내 마찰 손실이 커지고 열 발생의 원인이 되며, 유압은 높아진다.

49 윤활장치에서 오일 여과기의 역할로 옳은 것은?

① 오일의 역순환 방지
② 오일에 필요한 방청 작용
③ 오일에 포함된 불순물 제거
④ 오일 계통에 압송 작용

49 장비구조 ▶ 유압일반
오일 내 불순물을 제거하여 기계의 마모와 고장을 방지한다.

50 유압장치의 구성품이 아닌 것은?

① 라디에이터
② 유압탱크
③ 유압모터
④ 유압펌프

50 장비구조 ▶ 유압일반
유압장치는 유압을 발생시키고 전달하는 장치로 라디에이터는 냉각장치의 구성품이다.

| 정답 | 46 ④ 47 ③ 48 ②
49 ③ 50 ①

51 다음 유압기호가 나타내는 것은?

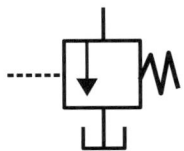

① 릴리프 밸브 ② 감압 밸브
③ 순차 밸브 ④ 무부하 밸브

52 굴착기의 3대 구성부품이 아닌 것은?

① 상부회전체 ② 하부주행체
③ 작업장치 ④ 공압장치

53 다음 중 굴착 방향이 백호와 반대이며, 지면보다 높은 데 있는 흙을 굴착하는 장치는 무엇인가?

① 협폭버킷 ② 이젝터버킷
③ 셔블 ④ 크램셸버킷

54 기둥 박기를 위해 구멍을 파거나, 스크류를 돌려 전신주를 박을 때 사용하는 장치는 무엇인가?

① 파일드라이버 ② 어스오거
③ 콤팩터 ④ 브레이커

55 유압식 굴착기에서 센터 조인트의 기능은?

① 상·하부의 연결을 기계적으로 해준다.
② 상부 회전체의 오일을 하부 주행모터에 공급한다.
③ 상부 회전체의 중심역할을 한다.
④ 엔진에 연결되어 상부 회전체에 동력을 공급한다.

56 다음 중 최종감속기어의 동력을 트랙으로 전달하는 역할을 하는 부품은?

① 스프로킷
② 트랙롤러
③ 아이들러
④ 캐리어롤러

56 장비구조 ▶ 굴착기 구조 및 기능, 작업
스프로킷에 대한 설명이다.

57 다음 중 굴착기의 트랙이 벗겨지는 원인으로 옳지 <u>않은</u> 것은?

① 주행 중 급회전하거나 급정지한 경우
② 트랙의 장력이 너무 느슨한 경우
③ 트랙롤러의 마모나 손상이 있는 경우
④ 트랙 장력을 과도하게 조인 경우

57 장비구조 ▶ 굴착기 구조 및 기능, 작업
트랙 장력을 과도하게 조이면 벗겨지지 않는다. 하지만 이 경우에는 롤러·스프로킷 등의 마모가 빨라지고, 구동 저항이 커져 부품 손상이 발생할 수 있다.

58 다음 중 굴착기 주행 시 주의사항으로 옳은 것은?

① 붐을 높이 들어 전방 시야를 확보한다.
② 버킷을 완전히 들어 올려 주행한다.
③ 장거리 이동 시 선회고정핀을 끼운다.
④ 불균형한 노면에서는 속도를 높여 빠르게 통과한다.

58 장비구조 ▶ 굴착기 구조 및 기능, 작업
이동 중 굴착기의 상부선회체가 갑작스럽게 회전하는 것을 방지하며, 장비 전체의 균형과 안정성을 유지할 수 있다.

59 다음 중 타이어식에 비해 무한궤도식 굴착기의 특성으로 옳은 것은?

① 주행속도가 빠르다.
② 노면손상이 적다.
③ 험지 주행능력이 우수하다.
④ 도로 이동이 편리하다.

59 장비구조 ▶ 굴착기 구조 및 기능, 작업
무한궤도식 굴착기는 타이어식에 비해 연약지반이나 경사지, 진흙길 등 험지에서의 주행능력이 매우 우수하다.

60 2줄걸이로 하물을 인양할 때, 인양각도가 커지면 로프에 걸리는 장력은 어떻게 되는가?

① 작아진다
② 커진다
③ 변하지 않는다
④ 0이 된다

60 장비구조 ▶ 굴착기 구조 및 기능, 작업
인양각도가 커질수록 전체 장력은 증가한다.

| 정답 | 56 ① 57 ④ 58 ③ 59 ③ 60 ②

특별제공 — 10회분 CBT 모의고사 서비스

CBT 시험 화면을 그대로 재현하였습니다. CBT 문제 풀이 서비스로 시험 실전 감각을 길러보세요.

STEP 1 QR코드 스캔 또는 URL 입력

STEP 2 로그인 & 회원가입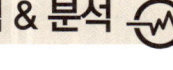

STEP 3 문제 풀이 & 채점 & 분석

* 교재에 수록된 기출복원문제를 문제은행식으로 재구성하였습니다.

문제 풀이를 완료하면, 채점에서 성적 분석까지 한번에 쫙!

QR코드는 무엇으로 스캔할까?

❶ 네이버앱 → 그린닷 → 렌즈
❷ 카카오톡 → 더보기 → 코드스캔
❸ 기타 스마트폰 내장 카메라 또는 Google play 또는 APP STORE에서 QR코드 스캔 앱 검색하여 설치

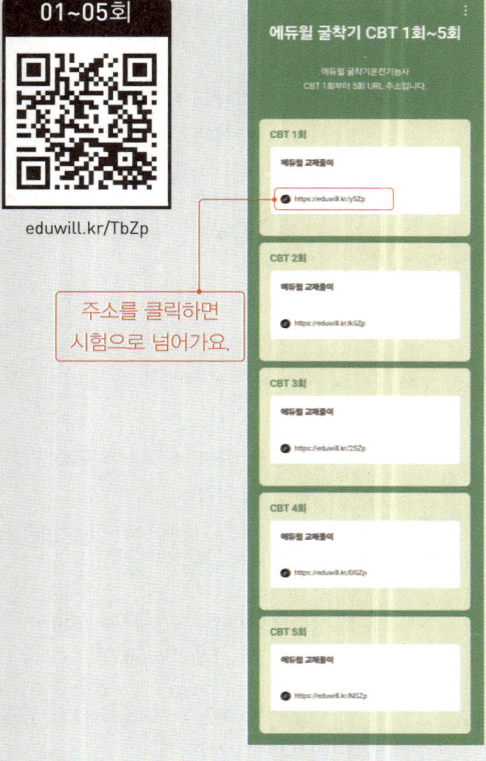

01~05회 — eduwill.kr/TbZp

주소를 클릭하면 시험으로 넘어가요.

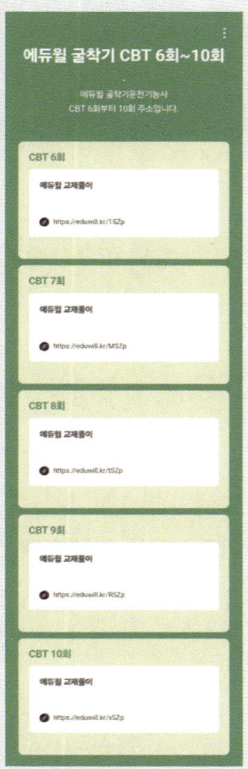

06~10회 — eduwill.kr/kbZp

PART

05

12회분

빈출복원
실전모의고사

PART 학습방법

✓ 이론에서 학습하지 않은 내용의 문제는 시험에 자주 출제되는 주요 문제는 아닙니다. 하지만 CBT 시험 특성상 출제 가능성이 있다는 점을 감안하여 한번 정독하고 넘어가시기 바랍니다.

✓ 한 회당 60문항으로 1시간 이내에 풀어야 하며, 100점 만점에 60점 이상일 경우 합격입니다.

✓ 문제 풀이를 완료한 후, 시작 페이지의 합격개수와 맞힌개수를 비교해 보세요.
(합격개수는 출제위원이 산정한 개수로 실제 시험과는 다를 수 있습니다)

제1회 빈출복원 실전모의고사

01 보안경을 사용하는 이유에 해당하지 <u>않는</u> 것은?

① 유해 약물의 침입을 막기 위하여
② 떨어지는 중량물을 피하기 위하여
③ 비산되는 칩에 의한 부상을 막기 위하여
④ 유해 광선으로부터 눈을 보호하기 위하여

02 작업 시 일반적인 안전에 대한 설명으로 적합하지 <u>않은</u> 것은?

① 장비는 사용 전에 점검한다.
② 장비 사용법은 사전에 숙지한다.
③ 장비는 취급자가 아니어도 사용한다.
④ 회전하는 물체에 손을 대지 않는다.

03 운전 및 정비 작업 시 작업복의 조건으로 옳지 <u>않은</u> 것은?

① 점퍼형으로 상의 옷자락을 여밀 수 있는 것
② 작업용구 등을 넣기 위해 주머니가 많은 것
③ 소매를 오무려 붙이도록 되어 있는 것
④ 소매로 손목까지 가릴 수 있는 것

04 토크렌치의 가장 올바른 사용법은?

① 렌치 끝을 한 손으로 잡고 돌리면서 눈은 게이지 눈금을 확인한다.
② 렌치 끝을 양손으로 잡고 돌리면서 눈은 게이지 눈금을 확인한다.
③ 왼손은 렌치 끝을 잡고 돌리고 오른손은 지지점을 누르고 게이지 눈금을 확인한다.
④ 오른손은 렌치 끝을 잡고 돌리고 왼손은 지지점을 누르고 게이지 눈금을 확인한다.

05 다음 그림과 같은 안전보건표지가 나타내는 것은?

① 보안경 착용
② 안전모 착용
③ 마스크 착용
④ 귀마개 착용

해설

01 작업안전 ▶ 안전관리

물체의 낙하 위험이 있는 작업 시에는 안전모, 안전화 등의 안전보호구를 착용해야 한다.
①③④ 보안경은 물체가 흩날릴 위험이 있거나 분진 발생이 많은 작업 및 유해 광선으로부터 눈을 보호할 목적으로 사용한다.

02 작업안전 ▶ 안전관리

작업 시 장비는 안전상 취급 가능한 자만 사용해야 한다.

03 작업안전 ▶ 안전관리

작업복에 주머니가 많을 경우 작업 과정에서 주머니 끝이 기계장치에 걸리거나 말려들어가는 사고가 발생할 수 있다. 따라서 작업복은 가급적 주머니가 많지 않은 것이 좋다.

04 작업안전 ▶ 안전관리

토크렌치는 볼트나 너트를 규정 토크로 조일 때 사용한다. 몸쪽으로 당기면서 작업해야 하기 때문에 오른손으로 렌치를 잡고 왼손은 지지점을 누르고 작업한다.

05 작업안전 ▶ 안전관리

지시표지의 일종으로, 안전모 착용을 의미한다.

| 정답 | 01 ② 02 ③ 03 ②
04 ④ 05 ②

06 무거운 짐을 옮길 때에 대한 설명으로 잘못된 것은?

① 체인블록을 이용한다.
② 인력으로 어려울 경우 장비를 활용한다.
③ 협동 작업을 할 때에는 타인과의 균형에 신경을 써야 한다.
④ 무거운 짐을 들고 놓을 때에는 척추를 올리는 자세가 안전하다.

07 다음 중 금속 화재에 해당하는 것은?

① A급 화재　　② B급 화재
③ C급 화재　　④ D급 화재

08 인력으로 운반 작업을 하는 경우에 관한 설명으로 잘못된 것은?

① 공동운반 시에는 서로 협조를 하여 작업한다.
② LPG 봄베는 굴려서 운반한다.
③ 긴 물건은 앞쪽을 위로 올려 운반한다.
④ 무리한 몸가짐으로 물건을 들지 않는다.

09 굴착기 조종석 계기판에 없는 것은?

① 진공계　　② 연료계
③ 냉각수 온도계　　④ 오일압력계

10 굴착기의 일상점검사항이 아닌 것은?

① 연료탱크 연료량　　② 엔진오일양
③ 종감속 기어 오일양　　④ 냉각수

---

06 작업안전 ▶ 안전관리
무거운 짐을 들거나 옮길 때에는 척추를 바로 세우고 낮은 자세로 옮기는 것이 안전하다.

07 작업안전 ▶ 안전관리
① A급 화재: 일반 가연물 화재
② B급 화재: 유류 화재
③ C급 화재: 전기 화재

08 작업안전 ▶ 안전관리
LPG 봄베는 폭발의 위험이 있기 때문에 굴려서 운반하지 않는다.

09 작업안전 ▶ 작업 전·후 점검
굴착기 조종석 계기판에 진공계는 없다.

10 작업안전 ▶ 작업 전·후 점검
종감속 기어 오일양은 250시간마다 점검하는 주기적인 점검 항목이다.

| 정답 | 06 ④　07 ④　08 ②
　　　　09 ①　10 ③

11 기관에 장착된 상태의 팬벨트 장력 점검 방법으로 적당한 것은?

① 엔진을 가동하여 점검
② 벨트 길이 측정 게이지로 측정
③ 벨트의 중심을 엄지손가락으로 눌러서 점검
④ 발전기의 고정 볼트를 느슨하게 하여 점검

11 작업안전 ▶ 작업 전·후 점검
팬벨트 장력은 기관이 정지된 상태에서 벨트의 중심을 엄지손가락으로 눌러 점검한다. 점검 시 팬벨트 중앙을 약 10kgf 힘으로 눌렀을 때 처지는 양이 13~20mm이면 정상이다.

12 굴착기 계기판에서 다음 경고등이 나타내는 것은?

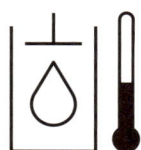

① 냉각수 온도 경고등
② 수분 유입 경고등
③ 작동유 온도 경고등
④ 오일압력 경고등

12 작업안전 ▶ 작업 전·후 점검
제시된 경고등은 작동유 온도 경고등으로, 작동유 온도가 100℃를 초과한 경우 경고등이 점등된다.

13 도시가스배관을 통해 공급되는 압력이 0.6MPa라면 이 압력은 도시가스사업법상 어느 압력에 해당하는가?

① 저압
② 중압
③ 고압
④ 최고압

13 작업안전 ▶ 가스 및 전기 안전관리
- 저압: 0.1MPa 미만의 압력
- 중압: 0.1MPa 이상 1MPa 미만의 압력
- 고압: 1MPa 이상의 압력

14 특고압 전력선 주변 작업 중 건설기계의 전력선 근접으로 감전사고가 발생하였을 때의 조치사항으로 가장 거리가 먼 것은?

① 사고 발생 후 추가적인 사고 발생이 없도록 하였다.
② 감전사고 시 외상의 인명 피해가 없으면 별도의 조치는 하지 않았다.
③ 즉시 한전사업소에 연락하여 전원을 차단시킨 후 장비를 철수하였다.
④ 전기재해는 인체에 치명적인 영향을 초래하므로 작은 사고라도 즉시 병원으로 후송하여 치료하도록 하였다.

14 작업안전 ▶ 가스 및 전기 안전관리
감전사고 시 외상이 없더라도 병원으로 후송하여 치료하도록 해야 한다.

15 높은 전주나 철탑을 세우고 전선을 절연 애자로 지지하여 전력을 보내거나 통신을 할 수 있도록 공중에 설치한 선로는?

① 배전선로
② 송전선로
③ 지중선로
④ 가공선로

15 작업안전 ▶ 가스 및 전기 안전관리
높은 전주나 철탑을 세우고 전선을 절연 애자로 지지하여 전력을 보내거나 통신을 할 수 있도록 공중에 설치한 선로는 가공선로이다.

| 정답 | 11 ③ 12 ③ 13 ② 14 ② 15 ④

16 도로교통법상에서 정의된 긴급자동차가 아닌 것은?

① 응급 전신·전화 수리공사에 사용되는 자동차
② 긴급한 경찰업무수행에 사용되는 자동차
③ 위독환자의 수혈을 위한 혈액운송차량
④ 학생 운송 전용버스

16 도로주행 ▶ 도로교통법
「도로교통법 시행령」 제2조(긴급자동차의 종류)에서 정의하는 긴급자동차에는 소방차, 구급차, 혈액운송차량, 그 밖에 대통령령으로 정하는 자동차 등이 있다.

17 교통사고 사상자가 발생하였을 경우 도로교통법상 운전자가 즉시 취해야 하는 조치로 옳은 것은?

① 증인 확보 – 정차 – 사상자 구호
② 즉시 정차 – 증인 확보 – 사상자 구호
③ 즉시 정차 – 사상자 구호 – 신고
④ 즉시 정차 – 위해 방지 – 신고

17 도로주행 ▶ 도로교통법
「도로교통법」 제54조(사고발생 시의 조치)에 따르면 교통사고 발생 시에는 즉시 차를 정차하고 사상자를 구호하는 등 필요한 조치를 한 뒤 국가경찰관서에 신고한다.

18 술에 취한 상태의 기준은 혈중 알코올 농도가 최소 몇 % 이상인 경우인가?

① 0.03%
② 0.05%
③ 0.25%
④ 1.00%

18 도로주행 ▶ 도로교통법
종전에는 술에 취한 상태의 기준이 혈중 알코올 농도 0.05%였으나, 현재는 0.03%로 개정되었다.

19 도로교통법상 앞지르기 당하는 차의 조치로 옳은 것은?

① 앞지르기할 수 있도록 좌측 차로로 변경한다.
② 일시정지하거나 서행하여 앞지르기시킨다.
③ 속도를 높여 경쟁하거나 가로막는 등 방해한다.
④ 앞지르기를 하여도 좋다는 신호를 반드시 해야 한다.

19 도로주행 ▶ 도로교통법
앞지르기 당하는 차는 도로의 우측 가장자리에 일시정지하거나 서행하여 앞지르기를 시킨다.

20 밤에 도로에서 차를 운행하는 경우 등화 방법으로 옳지 않은 것은?

① 견인되는 차: 미등, 차폭등 및 번호등
② 원동기장치자전거: 전조등 및 미등
③ 자동차: 자동차안전기준에서 정하는 전조등, 차폭등, 미등
④ 자동차등 외의 모든 차: 시·도경찰청장이 정하여 고시하는 등화

20 도로주행 ▶ 도로교통법
야간 운행 시 자동차의 등화는 자동차안전기준에서 정하는 전조등, 차폭등, 미등, 번호등과 실내조명등이다.

| 정답 | 16 ④　17 ③　18 ①　19 ②　20 ③

21 건설기계관리법상 건설기계조종사 면허의 효력정지 및 취소를 할 수 있는 자는?

① 시·도지사
② 국토교통부장관
③ 대통령
④ 시장·군수 또는 구청장

21 도로주행 ▶ 건설기계관리법
시장·군수 또는 구청장(자치구청장)이 건설기계조종사 면허의 발급, 효력정지, 취소권자이다.

22 건설기계관리법상 소형 건설기계에 포함되지 않는 것은?

① 3톤 미만 지게차
② 3톤 미만 굴착기
③ 5톤 미만 불도저
④ 덤프트럭

22 도로주행 ▶ 건설기계관리법
덤프트럭은 일반 건설기계이다. ①②③ 이외에도 소형 건설기계에는 3톤 미만 로더, 5톤 미만 천공기, 3톤 미만 타워크레인 등이 있다.

23 건설기계조종사 면허가 취소 또는 정지된 상태에서 건설기계를 조종한 자에 대한 벌칙은?

① 100만 원 이하의 벌금
② 300만 원 이하의 벌금
③ 1년 이하의 징역 또는 1,000만 원 이하의 벌금
④ 2년 이하의 징역 또는 2,000만 원 이하의 벌금

23 도로주행 ▶ 건설기계관리법
건설기계 무면허 운전에 대한 처벌은 1년 이하의 징역 또는 1,000만 원 이하의 벌금이다.

24 정기검사 신청을 받은 경우 검사대행자는 며칠 이내에 신청인에게 검사일시와 장소를 통지하여야 하는가?

① 5일
② 7일
③ 10일
④ 20일

24 도로주행 ▶ 건설기계관리법
정기검사의 신청을 받은 검사대행자는 5일 이내에 검사일시와 장소를 신청인에게 통지해야 한다.

25 건설기계의 구조변경검사 신청서에 첨부할 서류가 아닌 것은?

① 변경한 부분의 도면
② 변경한 부분의 사진
③ 변경 전·후의 주요 제원 대비표
④ 변경 전·후의 건설기계의 외관도(외관의 변경이 있는 경우에 한한다)

25 도로주행 ▶ 건설기계관리법
건설기계의 구조변경 시에는 건설기계의 주요 구조를 변경 또는 개조한 날로부터 20일 이내에 ①③④의 서류를 첨부하여 구조변경검사를 신청해야 한다.

| 정답 | 21 ④ 22 ④ 23 ③
  24 ① 25 ②

26 에어클리너가 막혔을 경우 발생하는 현상으로 옳은 것은?

① 배기색은 검은색이며, 출력은 저하된다.
② 배기색은 흰색이며, 출력은 저하된다.
③ 배기색은 흰색이며, 출력은 커진다.
④ 배기색은 무색이며, 출력은 커진다.

26 장비구조 ▶ 엔진구조
기관의 에어클리너(공기청정기)가 막히면 산소공급 불량으로 인한 불완전 연소로 인해 배기색은 검은색이 되고 출력은 저하된다.

27 부동액에 대한 설명으로 옳은 것은?

① 에틸렌 글리콜과 글리셀린은 쓴맛이 있다.
② 온도가 낮아지면 화학적 변화를 일으킨다.
③ 부동액은 냉각계통에 부식을 일으키는 특징이 있다.
④ 부동액은 계절에 따라 냉각수와 혼합비율을 다르게 한다.

27 장비구조 ▶ 엔진구조
부동액은 여름에는 '냉각수 : 부동액=7 : 3', 겨울에는 '냉각수 : 부동액=5 : 5'로, 계절에 따라 냉각수와 혼합비율을 다르게 하여 사용한다.

28 피스톤 링의 3대 작용이 아닌 것은?

① 열전도 ② 기밀 유지
③ 오일제어 ④ 응력분산

28 장비구조 ▶ 엔진구조
응력분산 작용은 엔진오일의 역할이다.
①②③ 피스톤 링의 3대 작용은 열전도(냉각) 작용, 밀봉(기밀 유지) 작용, 오일제어 작용이다.

29 엔진오일 여과기가 막히는 것을 대비해서 설치하는 것은?

① 체크 밸브 ② 릴리프 밸브
③ 바이패스 밸브 ④ 오일팬

29 장비구조 ▶ 엔진구조
엔진오일 여과기가 막혔을 때 여과기를 거치지 않고 각 윤활부로 엔진오일이 공급될 수 있도록 바이패스 밸브를 설치한다.

30 다음 중 커먼레일 디젤기관의 연료장치 구성품이 아닌 것은?

① 분사펌프 ② 커먼레일
③ 고압펌프 ④ 인젝터

30 장비구조 ▶ 엔진구조
분사펌프는 기계식 디젤기관의 연료장치 구성품이다.

| 정답 | 26 ① 27 ④ 28 ④
29 ③ 30 ①

31 엔진오일이 많이 소비되는 원인이 아닌 것은?

① 피스톤 링의 마모가 심할 때
② 실린더의 마모가 심할 때
③ 기관의 압축압력이 높을 때
④ 밸브가이드의 마모가 심할 때

31 장비구조 ▶ 엔진구조
엔진오일이 많이 소비되는 원인은 연료의 연소와 누설 때문이다. 피스톤 링, 실린더, 밸브가이드가 마모되면 엔진오일이 연소실로 유입되어 연소가 발생하고 배기색은 흰색이 된다.

32 발전기는 어떤 축에 의해 구동되는가?

① 크랭크축
② 캠축
③ 추진축
④ 변속기 입력축

32 장비구조 ▶ 엔진구조
발전기는 크랭크축에서 나오는 동력에 의해 구동되며, 벨트를 이용하여 구동시킨다.

33 과급기 케이스 내부에 설치되며 공기의 속도에너지를 압력에너지로 바꾸는 장치는?

① 인터쿨러
② 디퓨저
③ 터빈
④ 디플렉터

33 장비구조 ▶ 엔진구조
디퓨저는 과급기 케이스 내부에 설치되며 공기의 속도에너지를 압력에너지로 바꾸는 장치이다.

34 라디에이터 압력식 캡에 대한 설명으로 옳은 것은?

① 냉각장치의 내부압력이 규정보다 낮을 때 압력 밸브가 열린다.
② 냉각장치의 내부압력이 규정보다 높을 때 진공 밸브가 열린다.
③ 냉각장치의 내부압력이 부압이 되면 압력 밸브가 열린다.
④ 냉각장치의 내부압력이 부압이 되면 진공 밸브가 열린다.

34 장비구조 ▶ 엔진구조
라디에이터 압력식 캡에는 압력 밸브와 진공 밸브가 있으며, 냉각장치의 내부압력이 규정보다 높을 때 압력 밸브가 열리고, 냉각장치의 내부압력이 부압이 되면 진공 밸브가 열린다.

35 퓨즈에 대한 설명으로 옳지 않은 것은?

① 퓨즈는 정격용량을 사용한다.
② 퓨즈 용량은 A로 표시한다.
③ 퓨즈는 가는 구리선으로 대용할 수 있다.
④ 퓨즈는 표면이 산화되면 끊어지기 쉽다.

35 장비구조 ▶ 전기장치
구리선이나 정격용량 이상의 퓨즈를 사용하면 과전류로 인해 회로가 단선되거나 화재의 위험이 높다. 이에 퓨즈는 가는 구리선으로 대용하지 않는다.

| 정답 | 31 ③　32 ①　33 ②
　　　　34 ④　35 ③

36 교류(AC)발전기 실리콘 다이오드의 냉각은 무엇으로 하는가?

① 히트싱크
② 냉각 튜브
③ 냉각팬
④ 엔드 프레임에 설치된 오일장치

36 장비구조 ▶ 전기장치
교류발전기 실리콘 다이오드는 교류를 직류로 정류할 때 발생하는 열을 식히기 위해 히트싱크를 사용한다.

37 건설기계의 전기장치 중 전류의 화학 작용을 이용한 것은?

① 발전기
② 배터리
③ 기동 전동기
④ 시트열선

37 장비구조 ▶ 전기장치
전류의 3대 작용으로는 자기 작용, 화학 작용, 발열 작용이 있다. 이 중 배터리는 화학 작용을 이용한 것이다.
①③ 발전기와 기동 전동기는 전류의 자기 작용과 관련 있다.
④ 시트열선은 전류의 발열 작용과 관련 있다.

38 12V 납산 축전지 셀의 구성으로 옳은 것은?

① 2V의 셀이 6개 있다.
② 3V의 셀이 4개 있다.
③ 4V의 셀이 3개 있다.
④ 6V의 셀이 2개 있다.

38 장비구조 ▶ 전기장치
12V 납산 축전지는 2V의 셀 6개가 직렬로 연결되어 있다(셀당 기전력은 2.1V이나 시험에는 2V로 출제되는 경우도 있음에 유의해야 한다).

39 축전지 용량에 대한 설명으로 옳은 것은?

① 극판의 크기와 관계되며, 극판의 형상이나 극판의 수와는 관련이 없다.
② 전해액의 비중과 관계되며, 전해액의 온도와 전해액의 양과는 관련이 없다.
③ 격리판의 재질 및 형상과 관계되며, 격리판의 크기와는 관련이 없다.
④ 방전 전류와 방전 시간의 곱으로 나타낸다.

39 장비구조 ▶ 전기장치
축전지 용량은 극판의 크기 및 수, 전해액의 양이 많을수록 커지고, 용량 표시는 'A(방전 전류)×h(방전 시간)=Ah'로 한다.

40 건설기계장비에서 주로 사용하는 발전기로 옳은 것은?

① 와전류발전기
② 직류발전기
③ 2상 교류발전기
④ 3상 교류발전기

40 장비구조 ▶ 전기장치
건설기계장비에 주로 사용하는 발전기는 3개의 스테이터 코일이 감겨 있는 3상 교류발전기이다.

| 정답 | 36 ① 37 ② 38 ①
39 ④ 40 ④

41 변속기의 필요성과 관계가 없는 것은?

① 환향을 빠르게 한다.
② 장비의 후진 시 필요하다.
③ 기관의 회전력을 증대시킨다.
④ 시동 시 장비를 무부하 상태로 한다.

41 장비구조 ▶ 전·후진 주행장치
변속기는 클러치와 추진축 또는 클러치와 종감속 기어 사이에 설치된다. 변속기는 장비 후진, 회전력 증대, 시동 시 장비를 무부하 상태로 하기 위해 필요하다.

42 조향핸들이 무거운 원인에 해당하지 않는 것은?

① 타이어 공기압이 부족한 경우
② 조향 기어 박스의 오일양이 부족한 경우
③ 조향 기어의 백래시가 작은 경우
④ 바퀴 정렬이 잘 되어 있는 경우

42 장비구조 ▶ 전·후진 주행장치
바퀴 정렬이 잘 되어 있는 경우에는 조향핸들 조작이 가벼워진다.

43 토크컨버터에서 엔진 크랭크축과 연결되어 유체에너지를 발생시키는 것은?

① 펌프 임펠러
② 터빈 러너
③ 스테이터
④ 가이드링

43 장비구조 ▶ 전·후진 주행장치
펌프 임펠러는 크랭크축과 연결되어 항상 함께 회전하며 유체에너지를 발생시키는 장치이다.

44 타이어식 건설기계에서 전·후 주행이 되지 않을 때 점검해야 할 곳이 아닌 것은?

① 변속 장치를 점검한다.
② 타이로드 엔드를 점검한다.
③ 유니버설 조인트를 점검한다.
④ 주차 브레이크 잠김 여부를 점검한다.

44 장비구조 ▶ 전·후진 주행장치
타이로드 엔드는 조향장치의 구성품으로 주행과 관련이 없다.

45 다음 중 유성 기어장치의 주요 구성품으로 짝 지어진 것은?

① 유성 기어, 베벨 기어, 선 기어
② 유성 기어, 헬리컬 기어, 하이포이드 기어
③ 선 기어, 유성 기어, 감속 기어
④ 선 기어, 링 기어, 유성 기어, 유성 기어 캐리어

45 장비구조 ▶ 전·후진 주행장치
유성 기어장치는 선 기어, 링 기어, 유성 기어, 유성 기어 캐리어로 구성된다.

| 정답 | 41 ① 42 ④ 43 ①
44 ② 45 ④

46 마찰 클러치의 구성품이 아닌 것은?

① 오버러닝 클러치
② 압력판
③ 릴리스 베어링
④ 클러치판

46 장비구조 ▶ 전·후진 주행장치

오버러닝 클러치는 기동 전동기의 구성품에 해당한다.
②③④ 이외에도 마찰 클러치의 구성품에는 릴리스 레버, 릴리스 포크 등이 있다.

47 일반적으로 건설기계의 유압펌프는 무엇에 의해 구동되는가?

① 엔진의 플라이휠에 의해 구동된다.
② 변속기 P.T.O. 장치에 의해 구동된다.
③ 에어컨 컴프레셔에 의해 구동된다.
④ 캠축에 의해 구동된다.

47 장비구조 ▶ 유압일반

건설기계의 유압펌프는 엔진의 플라이휠과 직결되어 있어 플라이휠에 의해 구동된다.

48 유압장치에서 방향제어 밸브에 대한 설명으로 옳지 않은 것은?

① 유체의 흐름 방향을 변환한다.
② 액추에이터의 속도를 제어한다.
③ 유체의 흐름 방향을 한쪽으로만 허용한다.
④ 유압 실린더나 유압모터의 작동 방향을 바꾸는 데 사용된다.

48 장비구조 ▶ 유압일반

액추에이터의 속도제어는 유량제어 밸브의 역할이다.

49 유압유의 압력이 상승하지 않을 때 점검할 사항에 해당하지 않는 것은?

① 펌프의 토출량 점검
② 유압회로의 누유 상태 점검
③ 릴리프 밸브의 작동 상태 점검
④ 펌프 설치 고정 볼트의 강도 점검

49 장비구조 ▶ 유압일반

①②③ 이외에도 오일양 점검, 유압계 점검 등이 유압유의 압력이 상승하지 않을 때의 점검사항에 해당한다.

50 유압회로 내에서 서지압(surge pressure)의 정의로 옳은 것은?

① 과도적으로 발생하는 이상 압력의 최댓값
② 과도적으로 발생하는 이상 압력의 최솟값
③ 정상적으로 발생하는 압력의 최댓값
④ 정상적으로 발생하는 압력의 최솟값

50 장비구조 ▶ 유압일반

유압회로 내에서 서지압이란 과도적으로 발생하는 이상 압력의 최댓값을 말하며, 이는 유압 밸브를 갑자기 닫았을 경우 많이 발생한다.

| 정답 | 46 ① 47 ① 48 ②
49 ④ 50 ①

51 유압모터의 종류가 <u>아닌</u> 것은?

① 베인모터 ② 나사모터
③ 플런저모터 ④ 기어모터

51 장비구조 ▶ 유압일반
유압모터의 종류에는 베인모터, 플런저모터(피스톤모터), 기어모터가 있다.

52 유압장치에 사용되는 유압기기에 대한 설명으로 <u>틀린</u> 것은?

① 유압모터: 무한 회전운동
② 실린더: 직선운동
③ 축압기: 기기의 오일 누출 방지
④ 유압펌프: 오일의 압송

52 장비구조 ▶ 유압일반
축압기는 압력에너지를 저장하고 맥동압력을 감소시키며, 압력을 보상하는 등의 역할을 한다. 기기의 오일 누출을 방지하는 것은 오일 실의 역할이다.

53 직선왕복운동을 하는 유압기기는?

① 유압모터 ② 유압펌프
③ 유압 실린더 ④ 축압기

53 장비구조 ▶ 유압일반
유압 실린더는 직선왕복운동을 하고, 유압모터는 회전운동을 한다. 이 둘을 통칭하여 유압 액추에이터(작동기)라고 한다.

54 어큐뮬레이터(축압기)의 용도로 적합하지 <u>않은</u> 것은?

① 압력 보상 ② 유압 에너지 축적
③ 충격 흡수 ④ 릴리프 밸브 제어

54 장비구조 ▶ 유압일반
어큐뮬레이터는 주로 질소가스를 사용하는 기체 압축형을 사용하며, 유압 회로 내의 압력 보상, 유압 에너지 축적, 맥동압력(충격압력) 흡수를 위해 사용한다.

55 유압회로 내의 유압유 점도가 너무 낮을 때 생기는 현상이 <u>아닌</u> 것은?

① 시동 저항이 커진다.
② 오일 누설에 영향이 크다.
③ 회로 압력이 떨어진다.
④ 펌프 효율이 떨어진다.

55 장비구조 ▶ 유압일반
유압유의 점도가 낮을 경우 오일 누설이 많아지고, 회로 압력 및 펌프 효율이 떨어진다.

| 정답 | 51 ② 52 ③ 53 ③ 54 ④ 55 ①

56 크롤러식 굴착기에서 상부회전체의 회전에는 영향을 주지 않고 주행모터에 작동유를 공급할 수 있는 부품은?

① 컨트롤 밸브
② 센터조인트
③ 사축형 유압모터
④ 언로더 밸브

57 굴착기의 주용도로 옳은 것은?

① 토목공사에서 터파기, 쌓기, 깎기, 메우기 등을 하는 장비이다.
② 도로공사에서 평탄 및 다짐을 하는 장비이다.
③ 터널공사에서 발파를 위한 천공을 하는 장비이다.
④ 물건을 인양할 때 사용하는 장비이다.

58 무한궤도식 장비에서 캐리어롤러에 대한 설명으로 옳은 것은?

① 캐리어롤러는 10개로 구성되어 있다.
② 트랙의 장력을 조정한다.
③ 장비의 전체 중량을 지지한다.
④ 트랙을 지지한다.

59 굴착기의 상부회전체 구성품이 아닌 것은?

① 붐
② 암
③ 버킷
④ 블레이드

60 차량이 남쪽에서 북쪽으로 진행 중일 때, 그림에 대한 설명으로 옳지 않은 것은?

① 차량을 좌회전하는 경우 불광역 쪽 '통일로'의 건물번호가 작아진다.
② 차량을 좌회전하는 경우 불광역 쪽 '통일로'의 건물번호가 커진다.
③ 차량을 좌회전하는 경우 불광역 쪽 '통일로'로 진입할 수 있다.
④ 차량을 우회전하는 경우 서울역 쪽 '통일로'로 진입할 수 있다.

---

56 장비구조 ▶ 굴착기 구조 및 기능, 작업

센터조인트(스위블조인트)는 굴착기 상부회전체의 중심부에 설치되어, 유압펌프에서 공급되는 작동유를 하부주행체(주행모터)로 공급해 준다. 상부회전체가 회전하더라도 호스, 파이프 등이 꼬이지 않고 원활히 송유하는 일을 하는 배관의 일부이다.

57 장비구조 ▶ 굴착기 구조 및 기능, 작업

굴착기는 주로 토목공사에서 터파기, 쌓기, 깎기, 메우기 등을 하는 장비이다.

58 장비구조 ▶ 굴착기 구조 및 기능, 작업

캐리어롤러(상부롤러)는 트랙프레임에 1~2개가 설치되며, 트랙의 회전을 바르게 하고 트랙 처짐을 방지하는 기능을 한다.

59 장비구조 ▶ 굴착기 구조 및 기능, 작업

블레이드(배토판)는 굴착기 하부주행체의 구성품에 해당한다.

60 도로주행 ▶ 도로명주소

차량이 남쪽에서 북쪽으로 진행 중이기 때문에 불광역 쪽이 서쪽이 되고, 서울역 쪽이 동쪽이 된다. 도로 구간의 시작지점과 끝지점은 '서쪽에서 동쪽, 남쪽에서 북쪽 방향'으로 설정되므로 불광역 쪽에서 서울역 쪽으로 가면서 건물번호가 커지게 된다. 이에 차량을 좌회전하는 경우 불광역 쪽 '통일로'의 건물번호가 점차적으로 작아진다.

| 정답 | 56 ② 57 ① 58 ④ 59 ④ 60 ②

제2회 빈출복원 실전모의고사

합격개수: 36개 / 맞힌개수:

01 체인블록을 이용하여 무거운 물체를 이동시키고자 할 때 가장 안전한 방법은?

① 작업의 효율을 위해 가는 체인을 사용한다.
② 이동 시는 무조건 최단거리 코스로 빠른 시간 내에 이동해야 한다.
③ 물체를 내릴 때에는 하중 부담을 줄이기 위해 최대한 빠른 속도로 실시한다.
④ 체인이 느슨한 상태에서 급격히 잡아당기면 재해가 발생할 수 있으므로 시간적 여유를 가지고 작업한다.

02 동력전달장치의 안전수칙으로 옳지 않은 것은?

① 기어가 회전하고 있는 곳을 커버로 잘 덮어 위험을 방지한다.
② 회전하고 있는 벨트나 기어에 불필요한 점검을 하지 않는다
③ 동력전달을 빨리 하기 위해 벨트를 회전하는 풀리에 걸어 작동시킨다.
④ 동력압축기나 절단기를 운전할 때 위험을 방지하기 위해서는 안전장치를 한다.

03 운반 작업을 하는 작업장의 통로에서 통과 우선순위로 옳은 것은?

① 짐차 – 빈차 – 사람
② 빈차 – 짐차 – 사람
③ 사람 – 짐차 – 빈차
④ 사람 – 빈차 – 짐차

04 반드시 보호 안경을 끼고 작업해야 하는 때가 아닌 것은?

① 차체에서 변속기를 뗄 때
② 산소용접을 할 때
③ 그라인더를 사용할 때
④ 정밀한 조종 작업을 할 때

05 차체에 드릴 작업 시 주의사항으로 옳지 않은 것은?

① 작업 시 내부의 파이프는 관통시킨다.
② 작업 시 내부에 배선이 없는지 확인한다.
③ 작업 후에는 내부에서 드릴 날 끝으로 인해 손상된 부품이 없는지 확인한다.
④ 작업 후에는 반드시 녹의 발생을 방지하기 위해 드릴 구멍에 페인트칠을 해 둔다.

해설

01 작업안전 ▶ 안전관리
체인이 느슨한 상태에서 급격히 잡아당기지 않는다.

02 작업안전 ▶ 안전관리
작업안전을 위해 벨트를 풀리에 걸 때에는 반드시 회전이 정지된 상태에서 해야 한다.

03 작업안전 ▶ 안전관리
일반도로가 아니라 작업장의 통로이기 때문에 통과 순위는 차량이 우선이 된다. 이에 운반 작업을 하는 작업장의 통로에서 통과 우선순위는 '짐차 – 빈차 – 사람'이다.

04 작업안전 ▶ 안전관리
①③ 변속기 작업 및 그라인더 작업 시에는 일반 보안경을 착용해야 한다.
② 산소용접 시에는 차광용 보안경을 착용해야 한다.

05 작업안전 ▶ 안전관리
차체에 드릴 작업 시 내부의 파이프를 관통시켜서는 안 된다.

| 정답 | 01 ④ 02 ③ 03 ①
        04 ④ 05 ①

06 안전사항으로 옳지 않은 것은?

① 전선의 연결부는 되도록 저항을 작게 해야 한다.
② 전기장치는 반드시 접지해야 한다.
③ 퓨즈 교체 시에는 기존보다 용량이 큰 것을 사용한다.
④ 계측기는 최대 측정범위를 초과하지 않도록 해야 한다.

06 작업안전 ▶ 안전관리
퓨즈를 규정된 용량보다 큰 것을 사용하면 과전류로 인해 회로가 단선되거나 화재의 위험이 높으므로 규정된 용량의 퓨즈만 사용한다.

07 해머 작업에 대한 설명으로 옳지 않은 것은?

① 타격 범위에 장애물이 없도록 한다.
② 작업자가 서로 마주 보고 두드린다.
③ 녹이 슨 재료 사용 시 보안경을 착용한다.
④ 작게 시작하여 서서히 큰 행정으로 작업하는 것이 좋다.

07 작업안전 ▶ 안전관리
공동으로 해머 작업 시 호흡을 맞춰야 하지만, 서로 마주 보고 두드리는 것은 옳지 않다.
①③④ 이외에 해머 작업 시에는 장갑을 끼고 작업하지 않아야 하고, 작업에 알맞은 무게의 해머를 사용해야 함에 유의한다.

08 아크 용접 작업의 안전수칙으로 옳지 않은 것은?

① 차광 유리는 아크 전류의 크기에 적합한 번호를 선택한다.
② 아연 도금 강판 용접 시 발생하는 가스는 유해하지 않으므로 환기할 필요가 없다.
③ 타기 쉬운 물건인 기름, 나무 조각, 도료, 헝겊 등은 작업장 주위에 놓지 않는다.
④ 용접기의 리드단자와 케이블의 접속은 반드시 절연체로 보호한다.

08 작업안전 ▶ 안전관리
아연 도금 강판 용접 시 발생하는 가스는 인체에 치명적이지는 않지만 유해하기에 환기를 해 주어야 한다.

09 유압장치의 일일점검사항이 아닌 것은?

① 필터의 오염 여부 점검
② 탱크의 오일양 점검
③ 호스의 손상 여부 점검
④ 이음 부분의 누유 점검

09 작업안전 ▶ 작업 전·후 점검
유압장치 필터의 오염 여부 점검 및 교환은 보통 매 500시간마다 실시하는 주기적인 교환 항목이다.

10 다음 중 계기판에서 엔진오일(윤활유)의 순환 상태가 불량한 경우 점등되는 것은?

① 충전 경고등
② 에어클리너 경고등
③ 오일압력 경고등
④ 작동유온도 경고등

10 작업안전 ▶ 작업 전·후 점검
엔진오일 압력이 낮거나 압력이 발생하지 않을 경우 오일압력 경고등이 점등된다.

| 정답 | 06 ③ 07 ② 08 ② 09 ① 10 ③ |

11 굴착기의 운전을 종료했을 때 취해야 할 안전사항이 <u>아닌</u> 것은?

① 연료를 빼낸다.
② 각종 레버를 중립에 둔다.
③ 주차 브레이크를 작동시킨다.
④ 전원 스위치를 차단시킨다.

12 MF(Maintenance Free) 축전지에 대한 설명으로 옳지 <u>않은</u> 것은?

① 격자의 재질은 납과 칼슘합금이다.
② 무보수용 배터리이다.
③ 밀봉 촉매 마개를 사용한다.
④ 증류수는 매 15일마다 보충한다.

13 도시가스사업법상 도로 굴착자가 가스배관 매설 위치를 확인할 때 인력 굴착을 실시해야 하는 범위로 옳은 것은?

① 가스배관의 주위 0.5m 이내
② 가스배관의 주위 1m 이내
③ 가스배관이 육안으로 확인될 때
④ 가스배관의 보호판이 육안으로 확인되었을 때

14 굴착기가 고압전선에 근접, 접촉으로 인한 사고 유형이 <u>아닌</u> 것은?

① 화재　　② 화상
③ 휴전　　④ 감전

15 도로에서 굴착 작업 중 케이블 표지시트가 발견되었을 때 조처 방법으로 가장 적합한 것은?

① 해당 설비 관리자에게 연락 후 그 지시를 따른다.
② 케이블 표지시트를 걷어내고 계속 작업한다.
③ 시설 관리자에게 연락하지 않고 조심해서 작업한다.
④ 케이블 표지시트는 전력케이블과는 무관하다.

---

11 작업안전 ▶ 작업 전·후 점검
굴착기 운행 종료 시에는 다음 날 작업을 위해 연료를 보충해야 한다. ②③④ 이외에 굴착기 주차 시에는 고임대(고임목)를 설치하고, 실린더로드 보호를 위해 붐, 암, 버킷을 최대한 펴주어야 한다.

12 작업안전 ▶ 작업 전·후 점검
MF 축전지는 정비나 보수가 필요 없는 배터리이므로 증류수 보충을 하지 않는다.

13 작업안전 ▶ 가스 및 전기 안전 관리
도시가스배관 주위를 굴착하는 경우 도시가스배관의 주위 1m 이내 부분은 인력으로 굴착해야 한다.

14 작업안전 ▶ 가스 및 전기 안전 관리
휴전은 송전을 일시적으로 중단하는 것을 의미한다.

15 작업안전 ▶ 가스 및 전기 안전 관리
표지시트는 전력케이블을 보호하고자 매설되어 있으므로 굴착 작업 중 발견되면 임의로 작업하지 않고 해당 설비 관리자에게 연락 후 그 지시를 따라야 한다.

| 정답 | 11 ①　12 ④　13 ②　14 ③　15 ①

16 혈중 알코올 농도가 0.1%일 때의 처벌 기준은?

① 면허취소
② 면허효력정지 60일
③ 면허효력정지 90일
④ 면허효력정지 100일

17 긴급자동차의 종류에 해당하지 않는 것은?

① 혈액공급차량
② 어린이 통학 전용버스
③ 수사기관의 자동차 중 범죄수사를 위해 사용되는 자동차
④ 국군 및 주한 국제연합군용의 긴급자동차에 의해 유도되는 국군 및 주한 국제연합군의 자동차

18 최고 속도의 100분의 20을 감속하여 운행해야 하는 경우는?

① 노면이 얼어붙은 때
② 눈이 20mm 이상 쌓인 때
③ 비가 내려 노면이 젖어 있는 때
④ 폭우, 폭설, 안개 등으로 가시거리가 100m 이내인 때

19 도로교통법상 반드시 서행해야 할 장소로 지정된 곳은?

① 안전지대 우측
② 비탈길의 고갯마루 부근
③ 교통정리가 행하여지고 있는 교차로
④ 교통정리가 행하여지고 있는 횡단보도

20 출발지의 관할 경찰서장이 안전기준을 초과하여 운행할 수 있도록 허가하는 사항에 해당하지 않는 것은?

① 적재중량 ② 운행속도
③ 승차 인원 ④ 적재용량

---

16 도로주행 ▶ 도로교통법
혈중 알코올 농도 0.08% 이상이면 면허가 취소된다.

17 도로주행 ▶ 도로교통법
「도로교통법 시행령」 제2조(긴급자동차의 종류)에 근거하여 긴급자동차의 종류에는 소방차, 구급차, 혈액운송차량(혈액공급차량), 그밖에 대통령령으로 정하는 자동차 등이 있다. 어린이 통학 전용버스는 해당하지 않는다.

18 도로주행 ▶ 도로교통법
최고 속도의 100분의 20을 감속하여 운행해야 하는 경우는 비가 내려 노면이 젖어 있는 경우, 눈이 20mm 미만으로 쌓인 경우 등이다.
①②④ 최고 속도의 100분의 50을 감속하여 운행해야 하는 경우에 해당한다.

19 도로주행 ▶ 도로교통법
서행해야 하는 장소
- 교통정리를 하고 있지 아니하는 교차로
- 도로가 구부러진 부근
- 비탈길의 고갯마루 부근
- 가파른 비탈길의 내리막

20 도로주행 ▶ 도로교통법
「도로교통법」 제39조(승차 또는 적재의 방법과 제한)에 근거하여 출발지를 관할하는 경찰서장의 허가를 받은 경우에는 승차 인원, 적재중량 및 적재용량을 초과하여 운행할 수 있다. 단, 운행속도는 해당하지 않는다.

| 정답 | 16 ① 17 ② 18 ③
　　　　19 ② 20 ②

21 건설기계관리법상 등록말소 사유에 해당하지 않는 것은?

① 건설기계를 수출하는 경우
② 건설기계조종사 면허가 취소된 경우
③ 건설기계의 차대가 등록 시 차대와 다른 경우
④ 거짓 그 밖의 부정한 방법으로 등록한 경우

22 건설기계조종사 면허를 받은 자가 면허가 취소되거나 면허의 효력이 정지된 경우 그 사유가 발생한 날로부터 며칠 이내에 주소지를 관할하는 시장·군수 또는 구청장에게 면허증을 반납해야 하는가?

① 7일 ② 10일
③ 20일 ④ 30일

23 소형 또는 대형건설기계조종사 면허증 발급 신청 시 구비서류가 아닌 것은?

① 소형건설기계조종 교육이수증(소형면허 신청 시)
② 국가기술자격증 정보(대형면허 신청 시)
③ 주민등록등본
④ 신체검사서

24 건설기계관리법상 자가용 건설기계 등록번호표의 도색으로 옳은 것은?

① 주황색 바탕에 검은색 문자 ② 녹색 바탕에 황색 문자
③ 흰색 바탕에 황색 문자 ④ 흰색 바탕에 검은색 문자

25 건설기계의 좌석안전띠는 속도가 최소 몇 km/h 이상일 때 설치해야 하는가?

① 10km/h ② 30km/h
③ 40km/h ④ 50km/h

26 기관에 사용되는 오일 여과기의 점검사항으로 옳지 않은 것은?

① 여과기가 막히면 유압이 높아진다.
② 엘리먼트 청소는 압축공기를 사용한다.
③ 여과 능력이 불량하면 부품의 마모가 빠르다.
④ 작업 조건이 나쁘면 교환 시기를 빨리 한다.

26 장비구조 ▶ 엔진구조

압축공기를 이용하여 엘리먼트 청소를 하는 것은 흡기장치에 해당한다. 오일 여과기는 기관에 사용되는 엘리먼트가 오염되면 교환해야 한다.

27 정기적으로 교환해야 할 소모 부품에 해당하지 않는 것은?

① 리프트 실린더
② 작동유 필터
③ 에어클리너
④ 연료필터

27 장비구조 ▶ 엔진구조

②③④ 이외에 정기적으로 교환해야 할 소모품에는 엔진오일, 부동액, 유압작동유 등이 있다.

28 디젤엔진이 진동하는 경우에 해당하지 않는 것은?

① 분사압력이 실린더별로 차이가 있을 때
② 인젝터의 불균율이 있을 때
③ 하이텐션코드가 불량할 때
④ 4기통 엔진에서 한 개의 분사노즐이 막혔을 때

28 장비구조 ▶ 엔진구조

하이텐션코드는 가솔린기관의 고압케이블로, 디젤엔진 진동과 관련이 없다.

29 엔진오일의 압력이 낮은 원인이 아닌 것은?

① 오일 파이프의 파손
② 오일펌프의 고장
③ 오일에 다량의 연료 혼입
④ 프라이밍 펌프의 파손

29 장비구조 ▶ 엔진구조

프라이밍 펌프는 디젤기관 연료라인 내의 공기를 수동으로 빼는 장치로, 엔진오일의 압력과 관련 없다.

30 냉각장치의 라디에이터 압력식 캡에 설치되어 있는 밸브는?

① 진공 밸브와 체크 밸브
② 압력 밸브와 진공 밸브
③ 압력 밸브와 스로틀 밸브
④ 릴리프 밸브와 감압 밸브

30 장비구조 ▶ 엔진구조

라디에이터 압력식 캡은 냉각수의 비등점을 높여주는 역할을 하는 것으로, 압력 밸브와 진공 밸브가 설치되어 있다.

| 정답 | 26 ② 27 ① 28 ③ 29 ④ 30 ②

31 다음 중 실린더 내경과 행정의 길이가 같은 기관은?

① 단행정
② 장행정
③ 양방행정
④ 정방행정

31 장비구조 ▶ 엔진구조
- 단행정: 실린더 내경 > 행정
- 정방행정: 실린더 내경 = 행정
- 장행정: 실린더 내경 < 행정

32 엔진의 윤활유에 대한 설명으로 옳지 <u>않은</u> 것은?

① 점도지수가 높은 것이 좋다.
② 인화점 및 발화점이 높아야 한다.
③ 응고점이 높은 것이 좋다.
④ 적당한 점도가 있어야 한다.

32 장비구조 ▶ 엔진구조
엔진의 윤활유는 응고점이 낮아야 한다.

33 디젤기관에 과급기를 장착하는 이유는?

① 기관의 출력을 향상시키기 위해
② 기관의 냉각효율을 높이기 위해
③ 배기 소음을 줄이기 위해
④ 기관의 압축압력을 낮추기 위해

33 장비구조 ▶ 엔진구조
과급기(터보장치)는 외기를 실린더에 밀어 넣는 압축기로, 기관의 출력을 향상시키기 위해 사용한다.

34 4행정 사이클 디젤기관의 크랭크축이 4,000rpm으로 회전할 때 분사펌프 캠축의 회전수는?

① 2,000rpm
② 4,000rpm
③ 6,000rpm
④ 8,000rpm

34 장비구조 ▶ 엔진구조
크랭크축과 캠축의 회전비는 2:1이다. 크랭크축이 4,000rpm으로 회전할 때 분사펌프 캠축의 회전수는 2,000rpm이다.

35 축전지를 탈거 및 설치할 때의 순서로 옳은 것은?

① 축전지를 연결할 때에는 (+), (-)선을 함께 연결한다.
② 축전지를 연결할 때에는 절연선을 나중에 연결한다.
③ 축전지를 연결할 때에는 접지선을 나중에 연결한다.
④ 축전지를 탈거할 때에는 (+)선을 먼저 분리한다.

35 장비구조 ▶ 전기장치
축전지를 탈거할 때에는 (-)선(접지선)을 먼저 분리하고, (+)선(절연선)을 나중에 분리하며, 연결은 역순으로 진행한다.

| 정답 | 31 ④　32 ③　33 ①　34 ①　35 ③

36 건설기계에 주로 사용되는 전동기의 종류는?

① 직류분권 전동기
② 직류직권 전동기
③ 직류복권 전동기
④ 교류 전동기

36 장비구조 ▶ 전기장치
건설기계에 사용하는 기동 전동기는 전기자 코일과 계자 코일이 직렬로 연결되어 있는 직류직권 전동기이다.

37 축전지 내부의 충·방전 작용으로 옳은 것은?

① 화학 작용
② 탄성 작용
③ 물리 작용
④ 기계 작용

37 장비구조 ▶ 전기장치
축전지는 전류의 3대 작용(발열, 화학, 자기) 중 화학 작용을 이용한 것이다.

38 기관에 사용되는 시동모터가 회전이 안 되거나 회전력이 약한 원인이 <u>아닌</u> 것은?

① 시동 스위치의 접촉이 불량하다.
② 배터리 단자와 터미널의 접촉이 나쁘다.
③ 브러시가 정류자에 잘 밀착되어 있다.
④ 축전지 전압이 낮다.

38 장비구조 ▶ 전기장치
기동 전동기(시동장치)가 회전이 되지 않거나 회전력이 약한 원인 중 하나는 브러시가 1/3 이상 마모되어 정류자에 잘 밀착되지 않기 때문이다.

39 건설기계에 사용되는 12볼트(V), 80암페어(A) 축전지 2개를 병렬로 연결하면 전압과 전류는 어떻게 변하는가?

① 12볼트(V), 80암페어(A)가 된다.
② 12볼트(V), 160암페어(A)가 된다.
③ 24볼트(V), 80암페어(A)가 된다.
④ 24볼트(V), 160암페어(A)가 된다.

39 장비구조 ▶ 전기장치
배터리 2개를 병렬로 연결하면 전압은 변함이 없고, 용량은 2배가 된다. 이에 12볼트(V), 80암페어(A) 축전지 2개를 병렬로 연결할 경우 전압은 12볼트(V), 전류는 160암페어(A)가 된다.

40 축전지의 구비조건과 거리가 먼 것은?

① 축전지의 용량이 클 것
② 전기적 절연이 완전할 것
③ 가급적 크고 다루기 쉬울 것
④ 전해액의 누설 방지가 완전할 것

40 장비구조 ▶ 전기장치
축전지는 크기가 가급적 작고 다루기 쉬워야 한다.

| 정답 | 36 ② 37 ① 38 ③ 39 ② 40 ③

41 타이어에서 고무로 피복된 코드를 여러 겹으로 겹친 층에 해당하며, 타이어 골격을 이루는 부분은?

① 카커스(carcass) ② 트레드(tread)
③ 숄더(shoulder) ④ 비드(bead)

41 장비구조 ▶ 전·후진 주행장치
카커스는 고무로 피복된 코드를 여러 겹으로 겹친 층에 해당하며, 타이어의 골격을 이루는 부분이다.

42 수동변속기가 장착된 건설기계에 기어의 이중 물림을 방지하는 장치는?

① 인젝션 ② 인터쿨러
③ 인터록 ④ 인터널 기어

42 장비구조 ▶ 전·후진 주행장치
수동변속기의 기어가 빠지는 것을 방지하는 장치는 록킹볼이다. 기어의 이중 물림을 방지하는 장치는 인터록이다.

43 타이어식 건설기계장비에서 타이어 접지압을 바르게 표현한 것은?

① 공차상태의 무게(kgf)/접지길이(cm)
② 공차상태의 무게(kgf)/접지면적(cm²)
③ 작업장치의 무게/접지면적(cm²)
④ (공차상태의 무게 + 예비타이어의 무게)/접지길이(cm)

43 장비구조 ▶ 전·후진 주행장치
타이어 접지압은 '공차상태의 무게(kgf)/접지면적(cm²)'으로 나타낸다.

44 차동 기어장치에서 피니언 기어와 링 기어의 틈새를 무엇이라고 하는가?

① 런아웃 ② 백래시
③ 베이퍼록 ④ 스프레드

44 장비구조 ▶ 전·후진 주행장치
백래시란 한 쌍의 기어를 맞물렸을 때 치면(맞물리는 면) 사이에 생기는 틈새를 말한다. 백래시가 너무 작으면 윤활이 불충분해지기 쉬워 치면끼리의 마찰이 커지고, 백래시가 너무 크면 기어의 맞물림이 나빠져 기어가 파손되기 쉽다.

45 브레이크 드럼이 갖추어야 하는 조건으로 옳지 않은 것은?

① 내마멸성이 커야 한다.
② 정적·동적 평형이 좋아야 한다.
③ 재질이 단단하고 무거워야 한다.
④ 열의 발산이 잘 되어야 한다.

45 장비구조 ▶ 전·후진 주행장치
브레이크 드럼은 재질이 단단하고 가벼워야 한다.

| 정답 | 41 ① | 42 ③ | 43 ② |
| 44 ② | 45 ③ | | |

46 클러치에 대한 설명으로 옳지 않은 것은?

① 클러치 페달을 밟으면 동력이 차단된다.
② 클러치 페달을 떼면 동력이 전달된다.
③ 클러치 페달을 밟으면 플라이휠과 클러치판이 붙는다.
④ 클러치 페달을 떼면 압력판과 클러치판이 붙는다.

47 유압장치의 정상적인 작동을 위한 일상점검사항으로 옳은 것은?

① 유압 컨트롤 밸브의 세척 및 교환
② 오일양 점검 및 필터의 교환
③ 유압펌프의 점검 및 교환
④ 오일 냉각기의 점검 및 세척

48 건설기계의 작동유 탱크의 역할로 옳지 않은 것은?

① 작동유를 저장한다.
② 오일 내 이물질의 침전 작용을 한다.
③ 작동유 온도(유온)를 적정하게 유지하는 역할을 한다.
④ 유압 게이지가 설치되어 작업 중 유압 점검을 할 수 있다.

49 유압작동유의 온도가 상승하는 원인이 아닌 것은?

① 유압회로 내에 공동 현상이 발생했을 때
② 유압작동유의 점도가 높을 때
③ 유압모터 내에 내부마찰이 발생했을 때
④ 유압회로 내의 작동압력이 너무 낮을 때

50 공동 현상이라고도 하며, 소음과 진동이 발생하고 양정과 효율이 저하되는 현상은?

① 캐비테이션　　② 스트로크
③ 제로랩　　　　④ 오버랩

---

46 장비구조 ▶ 전·후진 주행장치
클러치 페달을 밟으면 플라이휠과 클러치판이 떨어져 동력이 차단된다.

47 장비구조 ▶ 유압일반
유압장치의 정상적인 작동 및 수명 연장을 위한 일상점검사항은 오일양을 점검하고 필터를 교환하는 것이다.

48 장비구조 ▶ 유압일반
①②③ 이외에 작동유 탱크는 안에 격리판이 설치되어 있어 기포를 분리시켜 주는 역할을 한다.

49 장비구조 ▶ 유압일반
①②③ 이외에 오일 쿨러의 작동이 불량할 때 유압작동유의 온도가 상승한다.

50 장비구조 ▶ 유압일반
공동 현상은 캐비테이션이라고도 하며, 유체의 압력이 급격하게 변화하여 상대적으로 압력이 낮은 곳에 공동이 생기는 현상을 말한다. 이때 공동이 높은 압력을 받아 무너지면서 강한 충격이 발생한다.

| 정답 | 46 ③　47 ②　48 ④
　　　　49 ④　50 ①

51 유압펌프의 토출량을 나타내는 단위로 옳은 것은?

① psi
② LPM
③ kPa
④ W

51 장비구조 ▶ 유압일반
유압펌프 토출량의 단위
· LPM(Liter Per Minute)
· GPM(Gallon Per Minute)

52 유압회로에서 호스의 노화 현상이 아닌 것은?

① 호스의 탄성이 거의 없는 상태로 굳어 있는 경우
② 표면에 크랙(crack)이 발생한 경우
③ 정상적인 압력 상태에서 호스가 파손된 경우
④ 액추에이터(작업장치)의 작동이 원활하지 않은 경우

52 장비구조 ▶ 유압일반
고무로 만들어진 유압호스가 노화되면 고무가 경화되어 크랙이 발생하고 정상 압력 상태에서도 호스가 파손될 수 있다. 이는 액추에이터의 작동과는 관련이 없다.

53 다음 중 상시 폐쇄형 밸브가 아닌 것은?

① 리듀싱 밸브
② 릴리프 밸브
③ 시퀀스 밸브
④ 무부하 밸브

53 장비구조 ▶ 유압일반
리듀싱 밸브는 일정 조건 없이 작동하는 상시 개방형 밸브이다.

54 유압펌프의 기능으로 옳은 것은?

① 엔진 또는 모터의 기계적 에너지를 유체에너지로 전환한다.
② 유체에너지를 동력으로 전환한다.
③ 유압회로 내의 압력을 측정한다.
④ 축압기와 동일한 역할을 한다.

54 장비구조 ▶ 유압일반
유압펌프는 유압발생장치로서, 엔진 또는 전동모터에서 발생한 기계적 에너지를 유체에너지로 전환하는 장치이다.

55 건설기계의 유압계 지침이 정상적으로 압력 상승이 되지 않았다면 그 원인으로 옳지 않은 것은?

① 오일 파이프의 파손
② 오일펌프의 고장
③ 유압계의 고장
④ 연료 파이프의 파손

55 장비구조 ▶ 유압일반
연료 파이프의 파손은 유압장치와 관련 없다.

| 정답 | 51 ② 52 ④ 53 ①
54 ① 55 ④

56 굴착기 작업장치가 아닌 것은?

① 붐
② 암
③ 버킷
④ 마스트

56 장비구조 ▶ 굴착기 구조 및 기능, 작업

마스트는 지게차의 구성품이다.

57 굴착기의 양쪽 주행 레버를 서로 교차 조작하여 회전하는 것을 무엇이라고 하는가?

① 피봇회전
② 급회전
③ 스핀회전
④ 원웨이회전

57 장비구조 ▶ 굴착기 구조 및 기능, 작업

스핀회전은 좌우의 트랙을 서로 역으로 구동시켜 제자리에서 방향 전환하는 것으로, 양쪽의 레버 또는 페달을 역으로 동시에 작동시킨다.
① 한쪽의 트랙만 구동시켜 방향 전환하는 것으로, 어느 한쪽의 레버 또는 페달만 작동시킨다.

58 굴착기를 트레일러에 상차하는 방법으로 옳지 않은 것은?

① 가급적 경사대를 사용한다.
② 트레일러로 운반 시 작업장치를 반드시 앞쪽으로 한다.
③ 경사대는 10~15° 정도 경사시키는 것이 좋다.
④ 붐을 이용하여 버킷으로 차체를 들어 올려 탑재하는 방법도 이용되지만 전복의 위험이 있어 특히 주의를 요하는 방법이다.

58 장비구조 ▶ 굴착기 구조 및 기능, 작업

트레일러로 운반 시에는 작업장치가 운전석 및 도로구조물과 접촉하지 않도록 하기 위해 작업장치를 최대한 낮춘 뒤 뒤쪽으로 해야 한다.

59 크롤러형의 굴착기를 주행 운전할 때의 주의사항으로 옳지 않은 것은?

① 주행 시 버킷의 높이는 30~50cm가 좋다.
② 가능하면 평탄지면을 택하고, 엔진은 중속이 적합하다.
③ 암반 통과 시 엔진속도는 고속이어야 한다.
④ 주행할 때 전부장치는 전방을 향하는 것이 적절하다.

59 장비구조 ▶ 굴착기 구조 및 기능, 작업

지면이 고르지 못한 구간 및 암반 지대를 통과할 때에는 저속으로 통과해야 한다.

60 차량이 남쪽에서 북쪽으로 진행 중일 때, 그림에 대한 설명으로 옳지 않은 것은?

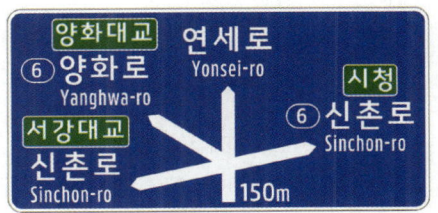

① 차량을 좌회전하면 '양화로' 또는 '신촌로' 시작지점과 만날 수 있다.
② 차량을 좌회전하면 '양화로' 또는 '신촌로'로 진입할 수 있다.
③ 차량을 직진하면 '연세로' 방향으로 갈 수 있다.
④ 차량을 우회전하면 '서강대교' 방향으로 갈 수 있다.

60 도로주행 ▶ 도로명주소

차량을 우회전하면 '시청' 방향으로 갈 수 있다.

| 정답 | 56 ④ 57 ③ 58 ②
         59 ③ 60 ④

제3회 빈출복원 실전모의고사

합격개수: 36개

01 배터리 전해액처럼 강산성 및 강알칼리 등의 액체를 취급할 때 가장 적합한 복장은?
① 면장갑 착용
② 면직으로 만든 옷 착용
③ 나일론으로 만든 옷 착용
④ 고무로 만든 옷 착용

02 해머 사용 시 주의해야 할 사항으로 옳지 않은 것은?
① 해머 사용 전 주위를 살펴본다.
② 담금질한 것은 무리하게 두들기지 않는다.
③ 해머를 사용하여 작업할 때에는 처음부터 강한 힘을 준다.
④ 대형 해머를 사용할 때에는 자기의 힘에 적합한 것으로 한다.

03 보안경을 끼고 작업해야 하는 경우에 해당하지 않는 것은?
① 산소용접 작업 시
② 그라인더 작업 시
③ 건설기계장비 일상점검 작업 시
④ 장비의 하부에서 점검·정비 작업 시

04 운반 작업 시 안전수칙으로 옳지 않은 것은?
① 무리한 자세로 장시간 운반하지 않는다.
② 화물은 될 수 있는 대로 중심을 높게 한다.
③ 정격하중을 초과하여 권상하지 않도록 한다.
④ 무거운 물건을 이동할 때 호이스트 등을 활용한다.

05 작업장에서의 옷차림에 대한 설명으로 옳지 않은 것은?
① 작업복은 단정하게 착용한다.
② 작업복은 몸에 맞는 것을 입는다.
③ 수건은 허리춤에 끼거나 목에 감는다.
④ 기름이 묻은 작업복은 가급적 입지 않는다.

해설

01 작업안전 ▶ 안전관리
강산성 및 강알칼리는 부식성이 강하기 때문에 전해액 취급 시 합성고무와 같이 내산성, 내약품성이 강한 옷을 입고 작업해야 한다.

02 작업안전 ▶ 안전관리
해머 사용 시에는 작업안전을 위해 처음부터 강한 힘을 주지 않는다. 점차적으로 강한 힘을 주다가 마지막에는 약한 힘으로 작업을 마무리한다.

03 작업안전 ▶ 안전관리
보안경은 분진, 자외선 등 기타 유해물질로부터 눈을 보호하기 위해 착용하는 것으로, 일상점검 작업 시에는 착용하지 않아도 된다.
① 산소용접 작업 시에는 차광용 보안경을 착용한다.
②④ 그라인더 및 장비하부 점검·정비 작업 시에는 일반 보안경을 착용한다.

04 작업안전 ▶ 안전관리
운반 작업 시 안정감 있는 작업을 위해 화물은 될 수 있는 대로 무게 중심을 낮게 하는 것이 좋다.
③ 운반 작업 시에는 정격하중을 초과하여 권상(捲上), 즉 들어 올리지 않도록 한다.

05 작업안전 ▶ 안전관리
작업 시 복장이 기계에 끼이는 사고가 발생할 수 있으므로 수건 등은 허리춤에 끼거나 목에 감지 말고 단정한 복장을 유지한다.

| 정답 | 01 ④ 02 ③ 03 ③ 04 ② 05 ③

06 일반 공구의 안전한 사용법으로 적합하지 않은 것은?

① 언제나 깨끗한 상태로 보관한다.
② 엔진의 헤드 볼트 작업에는 소켓렌치를 사용한다.
③ 렌치의 조정조에 잡아당기는 힘이 가해져야 한다.
④ 파이프렌치에는 연장대를 끼워서 사용하지 않는다.

07 차광용 보안경의 종류에 해당하지 않는 것은?

① 자외선용 ② 적외선용
③ 용접용   ④ 비산 방지용

08 다음 그림의 안전표지가 의미하는 것은?

① 보안경 착용   ② 안전모 착용
③ 귀마개 착용   ④ 안전복 착용

09 굴착기의 아워미터(시간계)의 설치 목적이 아닌 것은?

① 가동 시간에 맞추어 예방정비를 한다.
② 가동 시간에 맞추어 오일을 교환한다.
③ 각 부위 주유를 정기적으로 하기 위해 설치되었다.
④ 하차 만료 시간을 체크하기 위해 설치되었다.

10 굴착기 조종석 계기판에 없는 것은?

① 작동유 온도계   ② 연료계
③ 냉각수 온도계   ④ 차량속도계

11 굴착기 계기판에서 다음 경고등이 나타내는 것은?

① 충전 경고등
② 냉각수 부족 경고등
③ 수분유입 경고등
④ 에어클리너 경고등

12 굴착기 엔진 시동 전에 해야 할 가장 일반적인 점검사항은?

① 발전기
② 캠축의 휨
③ 크랭크축의 균열
④ 엔진오일 및 냉각수량

13 도로 굴착자는 되메움 공사 완료 후 도시가스배관 손상 방지를 위해 최소한 몇 개월 이상 침하 유무를 확인해야 하는가?

① 1개월
② 2개월
③ 3개월
④ 4개월

14 도시가스 관련 법령상 도시가스 제조사업소의 부지 경계에서 정압기지의 경계까지 이르는 배관을 무엇이라고 하는가?

① 강관
② 외관
③ 내관
④ 본관

15 도시가스 보호판에 대한 설명 중 옳지 <u>않은</u> 것은?

① 가스누출을 막아 준다.
② 두께가 4mm인 철판이다.
③ 배관 직상부 30cm 위에 위치해 있다.
④ 굴착 시 배관을 보호해 주는 판이다.

16 도로교통법상 모든 차의 운전자가 서행해야 하는 장소에 해당하지 <u>않는</u> 것은?

① 도로가 구부러진 부근
② 비탈길의 고갯마루 부근
③ 편도 2차로 이상의 다리 위
④ 가파른 비탈길의 내리막

16 도로주행 ▶ 도로교통법
편도 2차로 이상의 다리 위는 서행 장소에 해당하지 않는다.
①②④ 이외에 서행해야 하는 장소는 교통정리를 하고 있지 아니하는 교차로 및 시·도경찰청장이 도로에서의 위험을 방지하고 교통의 안전과 원활한 소통을 확보하기 위해 필요하다고 인정하여 안전표지로 지정한 곳 등이 있다.

17 다음 중 무면허 운전에 해당하는 것은?

① 1종 대형면허로 긴급자동차를 운전한 경우
② 1종 보통면허로 12톤 화물자동차를 운전한 경우
③ 2종 보통면허로 원동기장치자전거를 운전한 경우
④ 면허증을 휴대하지 않고 자동차를 운전한 경우

17 도로주행 ▶ 도로교통법
1종 보통면허로 운전할 수 있는 차종은 승용자동차, 12톤 미만 화물자동차, 승차정원 15명 이하의 승합자동차 등이다.

18 다음 ( )에 들어갈 내용으로 옳은 것은?

> 신호등이 ( )일 경우 차마는 정지선이나 횡단보도가 있을 때에는 그 직전이나 교차로의 직전에 일시정지한 후 다른 교통에 주의하면서 진행할 수 있다.

① 녹색등화
② 황색등화의 점멸
③ 황색등화
④ 적색등화의 점멸

18 도로주행 ▶ 도로교통법
신호등이 적색등화의 점멸일 경우 차마는 정지선이나 횡단보도가 있을 때에는 그 직전이나 교차로의 직전에 일시정지한 후 다른 교통에 주의하면서 진행할 수 있다.

19 노면표지 중 진로변경 제한선에 대한 설명으로 옳은 것은?

① 황색 점선은 진로변경을 할 수 없다.
② 백색 점선은 진로변경을 할 수 없다.
③ 황색 실선은 진로변경을 할 수 있다.
④ 백색 실선은 진로변경을 할 수 없다.

19 도로주행 ▶ 도로교통법
노면표지가 황색 실선 및 백색 실선인 경우에는 진로변경을 할 수 없으며, 황색 점선 및 백색 점선인 경우에는 할 수 있다.

20 경찰청장이 원활한 소통을 위해 특히 필요하다고 지정한 곳 이외의 고속도로에서 건설기계의 최고 속도는?

① 매시 70km
② 매시 80km
③ 매시 90km
④ 매시 100km

20 도로주행 ▶ 도로교통법
고속도로에서 건설기계의 최고 속도는 매시 80km이며, 경찰청장이 원활한 소통을 위해 특히 필요하다고 지정한 곳은 매시 90km이다.

| 정답 | 16 ③ 17 ② 18 ④ 19 ④ 20 ②

21 건설기계관리법상 건설기계의 등록말소 사유에 해당하지 않는 것은?

① 건설기계의 구조를 변경한 경우
② 건설기계를 수출하는 경우
③ 건설기계의 차대가 등록 시의 차대와 다른 경우
④ 건설기계를 교육 및 연구목적으로 사용하는 경우

21 도로주행 ▶ 건설기계관리법
건설기계의 구조를 변경한 경우는 구조변경검사를 받아야 하는 경우에 해당한다.
②④ 등록말소 사유 중 신청에 의해 말소하는 경우에 해당한다.
③ 등록말소 사유 중 직권에 의해 말소하는 경우에 해당한다.

22 시·도지사가 지정한 교육기관에서 해당 건설기계의 조종에 관한 교육과정의 이수로 기술자격의 취득을 대신할 수 있는 건설기계는?

① 3톤 미만의 굴착기
② 5톤 미만의 굴착기
③ 5톤 미만의 지게차
④ 5톤 미만의 타워크레인

22 도로주행 ▶ 건설기계관리법
시·도지사가 지정한 교육기관에서 해당 건설기계의 조종에 관한 교육과정의 이수로 기술자격의 취득을 대신할 수 있는 건설기계는 소형건설기계이다. 소형건설기계에는 3톤 미만 지게차, 3톤 미만 굴착기, 3톤 미만 타워크레인, 5톤 미만 로더 등이 있다.

23 건설기계관리법령상 특별표지판을 부착해야 하는 건설기계에 해당하지 않는 것은?

① 높이가 4m를 초과하는 건설기계
② 길이가 10m를 초과하는 건설기계
③ 총중량이 40톤을 초과하는 건설기계
④ 최소회전반경이 12m를 초과하는 건설기계

23 도로주행 ▶ 건설기계관리법
길이 16.7m를 초과하는 건설기계가 특별표지판을 부착해야 하는 건설기계이다.
①③④ 이외에도 총중량 상태에서 축하중(축중)이 10톤을 초과하는 건설기계 등은 특별표지판을 부착해야 한다.

24 건설기계 조종 중 과실로 5,000만 원의 재산 피해를 입힌 때의 처분 기준은?

① 면허효력정지 50일
② 면허효력정지 90일
③ 면허효력정지 100일
④ 면허취소

24 도로주행 ▶ 건설기계관리법
재산 피해 금액 50만 원마다 면허효력정지 1일이며, 그 기간은 90일을 넘지 못한다. 따라서 5,000만 원 ÷50만 원=100일이지만, 면허효력정지 기간이 90일을 넘지 못하므로 면허효력정지 90일에 처한다.

25 건설기계관리법상 건설기계정비업의 범위에 포함되는 것은?

① 전구 교환
② 배터리 점검
③ 엔진오일 보충
④ 브레이크류의 부품 교환

25 도로주행 ▶ 건설기계관리법
브레이크류의 부품 교환은 건설기계정비업자가 수행해야 하는 작업으로 건설기계정비업에 포함된다.

| 정답 | 21 ① 22 ① 23 ②
　　　24 ② 25 ④

26 실린더와 피스톤 사이에 유막을 형성하여 압축 및 연소가스가 누설되지 않도록 기밀을 유지하는 작용은?

① 밀봉 작용
② 감마 작용
③ 냉각 작용
④ 방청 작용

26 장비구조 ▶ 엔진구조
윤활유의 기능 중 밀봉 작용은 실린더와 피스톤 사이에 유막을 형성하여 압축 및 연소가스가 누설되지 않도록 기밀을 유지하는 작용으로, 기밀 작용 또는 기밀유지 작용이라고도 한다.

27 기관에 사용되는 여과장치가 아닌 것은?

① 공기청정기
② 오일필터
③ 오일 스트레이너
④ 인젝션 타이머

27 장비구조 ▶ 엔진구조
① 공기청정기는 실린더로 흡입되는 공기를 여과한다.
②③ 오일필터는 여과기 엘리먼트를 통해 작은 이물질을 여과하고, 오일 스트레이너는 여과망이 설치되어 윤활장치에서 비교적 큰 이물질을 여과한다.

28 예열 플러그를 빼서 보았더니 심하게 오염되어 있었다면, 그 원인으로 옳은 것은?

① 불완전 연소 또는 노킹
② 기관의 과열
③ 플러그의 용량 과다
④ 냉각수 부족

28 장비구조 ▶ 엔진구조
예열 플러그가 심하게 오염되는 이유는 불완전 연소 및 노킹으로 인해 발생한 카본이 예열 플러그에 축적되기 때문이다.

29 디젤기관 시동 보조장치에 사용되는 디콤프(De-Comp)의 기능으로 옳지 않은 것은?

① 기관의 출력을 증대시키는 장치이다.
② 기관의 시동을 정지할 때 사용할 수 있다.
③ 기동 전동기에 무리가 가는 것을 예방한다.
④ 한랭 시 시동할 때 원활한 회전으로 시동이 잘 될 수 있도록 한다.

29 장비구조 ▶ 엔진구조
디콤프는 시동을 원활하게 하기 위한 감압장치로, 캠축과 관계없이 흡기 또는 배기 밸브를 열어 실린더의 압축을 개방하는 구조로 되어 있다. 디콤프는 기관의 출력 증대와는 관련이 없다.

30 유압식 밸브 리프터의 장점이 아닌 것은?

① 밸브 간극이 자동으로 조절된다.
② 밸브 개폐 시기가 정확하다.
③ 밸브 구조가 간단하다.
④ 밸브 기구의 내구성이 좋다.

30 장비구조 ▶ 엔진구조
유압식 밸브 리프터는 밸브 구조가 복잡하다는 단점이 있다.

| 정답 | 26 ① 27 ④ 28 ①
29 ① 30 ③

31 유압유의 점도가 너무 높은 것을 사용했을 때의 설명으로 옳은 것은?

① 좁은 공간에 잘 침투하므로 충분히 주유가 된다.
② 엔진 시동을 할 때 필요 이상의 동력이 소모된다.
③ 점차 묽어지기 때문에 경제적이다.
④ 겨울철에 특히 사용하기 좋다.

32 디젤기관의 연소 방법으로 옳은 것은?

① 전기점화　　② 마그넷점화
③ 자기착화　　④ 전기착화

33 디젤기관 연료계통에 응축수가 생기면 시동이 어렵게 되는데, 이 응축수는 주로 어느 계절에 가장 많이 생기는가?

① 봄　　② 여름
③ 가을　　④ 겨울

34 엔진의 회전수를 나타낼 때 RPM이 의미하는 것은?

① 시간당 엔진 회전수　　② 분당 엔진 회전수
③ 초당 엔진 회전수　　④ 10분간 엔진 회전수

35 납산 축전지(배터리)의 전해액을 보충하기 위해 사용되는 것은?

① 빗물　　② 수돗물
③ 소금물　　④ 증류수

---

31 장비구조 ▶ 엔진구조
유압유의 점도가 너무 높으면 시동 저항이 커지고 압력 상승, 내부 마찰 및 저항 증가로 인한 동력소비량이 증가한다.

32 장비구조 ▶ 엔진구조
디젤기관은 순수한 공기만을 연소실 및 실린더 내로 흡입하여 고압으로 압축한 후, 450~600℃ 고열에 연료를 안개처럼(무화) 분사하여 뜨거워진 공기 표면에 착화시키는 자기착화(압축착화) 방식으로 연소한다.

33 장비구조 ▶ 엔진구조
응축수는 연료탱크 안과 대기의 온도차가 가장 큰 겨울에 가장 많이 생긴다.

34 장비구조 ▶ 엔진구조
RPM이란 'Revolution Per Minute'의 약자로, 분당 엔진 회전수를 나타낸다.

35 장비구조 ▶ 전기장치
납산 축전지의 전해액이 부족한 경우에는 순수한 물인 증류수를 보충해야 한다.

| 정답 | 31 ② 　 32 ③ 　 33 ④
　　　　34 ② 　 35 ④

36 교류(AC)발전기의 구성품이 아닌 것은?

① 스테이터 코일　　② 슬립링
③ 실리콘 다이오드　④ 전류조정기

36 장비구조 ▶ 전기장치
교류발전기에는 전류조정기는 없고 전압조정기만 있다.

37 일반적인 축전지 터미널의 식별법으로 옳지 않은 것은?

① (+), (-)의 표시로 구분한다.
② 터미널의 요철로 구분한다.
③ 굵고 가는 것으로 구분한다.
④ 적색, 흑색 등의 색으로 구분한다.

37 장비구조 ▶ 전기장치
축전지 터미널 식별법에서 (+)는 적색, 굵은 선, 문자 P(포지티브)로 구분하고, (-)는 흑색, 가는 선, 문자 N(네거티브)으로 구분한다.

38 납산 축전지의 전해액을 만드는 방법으로 옳은 것은?

① 황산에 물을 조금씩 부으면서 유리막대로 젓는다.
② 황산과 물을 1 : 1의 비율로 동시에 붓고 잘 젓는다.
③ 증류수에 황산을 조금씩 부으면서 잘 젓는다.
④ 축전지에 필요한 양의 황산을 직접 붓는다.

38 장비구조 ▶ 전기장치
납산 축전지 전해액은 질그릇 또는 합성수지 등 비전도성 그릇에 증류수를 담고 황산을 조금씩 부으면서 유리막대 등으로 잘 저어 비중이 1.260~1.280/ 20℃가 되도록 만든다.

39 이동하지 않고 물질에 정지하고 있는 전기를 가리키는 말은?

① 동전기　　② 정전기
③ 직류전기　④ 교류전기

39 장비구조 ▶ 전기장치
정전기란 전하가 정지 상태에 있어 흐르지 않고 머물러 있는 전기를 말한다.

40 좌우측 전조등 회로의 연결 방법으로 옳은 것은?

① 직렬 연결　　② 단식배선
③ 병렬 연결　　④ 직·병렬 연결

40 장비구조 ▶ 전기장치
전조등 회로는 복선식 및 병렬 접속이며, 전조등 스위치와 딤머 스위치로 구성되어 있다.

| 정답 | 36 ④　37 ②　38 ③
　　　　39 ②　40 ③

41 드라이브 라인의 구성 중 각도 변화에 대응하기 위한 것은?

① 슬립 이음 ② 자재 이음
③ 추진축 ④ 종감속 기어

41 장비구조 ▶ 전·후진 주행장치
자재 이음은 각도 변화에 대응하기 위한 이음이며, 추진축 앞뒤에 설치된다.
① 슬립 이음은 길이 변화에 대응하기 위한 이음이며, 변속기 출력축과 추진축에 스플라인으로 구성되어 있다.

42 수동식 변속기가 장착된 건설기계에서 기어의 이상 음이 발생하는 이유가 아닌 것은?

① 기어 백래시의 과다 ② 변속기의 오일 부족
③ 변속기 베어링의 마모 ④ 웜과 웜 기어의 마모

42 장비구조 ▶ 전·후진 주행장치
웜과 웜 기어는 조향 기어의 종류로, 수동식 변속기가 장착된 건설기계와 관련 없다.

43 타이어식 건설기계의 휠 얼라인먼트에서 토 인의 필요성이 아닌 것은?

① 조향바퀴에 방향성을 준다.
② 타이어의 이상 마멸을 방지한다.
③ 조향바퀴를 평행하게 회전시킨다.
④ 바퀴가 옆방향으로 미끄러지는 것을 방지한다.

43 장비구조 ▶ 전·후진 주행장치
조향바퀴에 방향성을 주는 휠 얼라인먼트(바퀴 정렬)의 요소는 캐스터이다.

44 자동변속기의 과열 원인이 아닌 것은?

① 메인 압력이 높다.
② 과부하 운전을 계속하였다.
③ 오일이 규정량보다 많다.
④ 변속기 오일 쿨러가 막혔다.

44 장비구조 ▶ 전·후진 주행장치
오일의 양이 규정보다 적은 경우가 자동변속기의 과열 원인에 해당한다.
①②④ 이외에 자동변속기가 과열되는 원인에는 변속기 오일의 점도가 높은 경우 등이 있다.

45 타이어식 건설기계의 액슬 허브에 오일을 교환하고자 한다. 오일을 배출시킬 때와 주입할 때의 플러그 위치로 옳은 것은?

① 배출시킬 때 1시 방향, 주입할 때 9시 방향
② 배출시킬 때 2시 방향, 주입할 때 12시 방향
③ 배출시킬 때 3시 방향, 주입할 때 9시 방향
④ 배출시킬 때 6시 방향, 주입할 때 9시 방향

45 장비구조 ▶ 전·후진 주행장치
타이어식 건설기계의 액슬 허브(종감속 기어 및 차동 기어장치)의 오일은 6시 방향으로 배출하고, 9시 방향으로 주입한다.

| 정답 | 41 ② 42 ④ 43 ①
44 ③ 45 ④

46 엔진과 직결되어 같은 회전수로 회전하는 토크컨버터의 구성품은?

① 터빈
② 펌프
③ 스테이터
④ 변속기 출력축

47 유압펌프 작동 중 소음이 발생할 때의 원인으로 옳지 않은 것은?

① 펌프 축의 편심 오차가 크다.
② 펌프 흡입관 접합부로부터 공기가 유입된다.
③ 릴리프 밸브 출구에서 오일이 배출되고 있다.
④ 스트레이너가 막혀 흡입 용량이 너무 작아졌다.

48 체크 밸브가 내장되어 있는 밸브로서, 유압회로의 한 방향의 흐름에 대해서는 설정된 배압을 생기게 하고 다른 방향의 흐름은 자유롭게 흐르도록 한 밸브는?

① 셔틀 밸브
② 언로드 밸브
③ 슬로우리턴 밸브
④ 카운터밸런스 밸브

49 다음 중 압력의 단위가 아닌 것은?

① bar
② atm
③ Pa
④ J

50 방향제어 밸브를 동작시키는 방식이 아닌 것은?

① 수동식
② 전자식
③ 스프링식
④ 유압 파일럿식

---

46 장비구조 ▶ 전·후진 주행장치
토크컨버터의 펌프(임펠러)는 케이스에 고정되어 있고, 케이스는 플라이휠에 기계적으로 고정되어 있어 엔진의 크랭크축과 항상 같이 회전한다.

47 장비구조 ▶ 유압일반
릴리프 밸브는 유압펌프와 제어 밸브 사이에 설치되어 회로 내의 최대 압력을 제어하는 기능을 한다. 유압펌프의 작동 소음과는 관련 없다.

48 장비구조 ▶ 유압일반
카운터밸런스 밸브는 배압 밸브 또는 푸트 밸브라고도 하며, 한쪽 방향 흐름에 배압을 발생시키기 위한 밸브이다. 실린더가 중력에 의해 자유로이 제어속도 이상으로 낙하하는 것을 방지한다.

49 장비구조 ▶ 유압일반
①②③ 이외에도 압력의 단위로는 kgf/cm^2, psi, mmHg 등이 있다.

50 장비구조 ▶ 유압일반
방향제어 밸브를 동작시키는 방식에는 수동식, 전자식, 유압 파일럿식, 비례제어식이 있다.

| 정답 | 46 ② 47 ③ 48 ④ 49 ④ 50 ③

51 방향전환 밸브의 조작 방식에서 솔레노이드 조작 기호는?

① ▱ ② ▱
③ ▱ ④ ▱

52 유압 실린더 피스톤에 많이 사용되는 링은?

① O링형   ② V링형
③ C링형   ④ U링형

53 유압 실린더의 종류에 해당하지 않는 것은?

① 단동 실린더   ② 다단 실린더
③ 복동 실린더   ④ 레이디얼 실린더

54 유압장치의 제어 밸브에 해당하지 않는 것은?

① 유량제어 밸브   ② 속도제어 밸브
③ 압력제어 밸브   ④ 방향제어 밸브

55 유압식 작업장치의 속도가 느릴 때의 원인으로 옳은 것은?

① 오일 쿨러의 막힘이 있다.
② 유압펌프의 토출압력이 높다.
③ 유압 조정이 불량하다.
④ 유량 조정이 불량하다.

---

51 장비구조 ▶ 유압일반
② 파일럿 조작 방식, ③ 인력 조작 방식(레버 조작 방식), ④ 기계 조작 방식이다.

52 장비구조 ▶ 유압일반
유압 실린더 피스톤에서는 유압 실린더 피스톤 모양이 원형이기 때문에 O링형의 링을 많이 사용한다.

53 장비구조 ▶ 유압일반
유압 실린더의 종류에는 단동 실린더, 다단 실린더(텔레스코픽 실린더), 복동 실린더가 있다.

54 장비구조 ▶ 유압일반
유압장치의 제어 밸브에는 일의 크기를 제어하는 압력제어 밸브, 일의 방향을 제어하는 방향제어 밸브, 일의 속도를 제어하는 유량제어 밸브가 있다.

55 장비구조 ▶ 유압일반
유압장치의 속도는 유량으로 조정한다. 유량 조정이 불량하면 유압식 작업장치의 속도가 느려진다.

| 정답 | 51 ① 52 ① 53 ④ 54 ② 55 ④

56 굴착기 선택장치 중 모래, 자갈 등의 준설 및 곡물 하역 작업에 사용하는 것은?

① 리퍼 ② 클램쉘
③ 크러셔 ④ 브레이커

57 타이어식 굴착기 주행장치 구성품이 아닌 것은?

① 트랙 ② 차동장치
③ 차축 ④ 유압모터

58 굴착기 버킷에 대한 설명으로 옳지 않은 것은?

① 1회 굴착 용량을 m³로 표시한다.
② 버킷을 반대로 돌려 작업하면 셔블 작업도 가능하다.
③ 작업 속도를 높이기 위해 버킷은 큰 것을 사용한다.
④ 버킷 용량은 평적과 산적 용량을 사용한다.

59 트랙장치의 트랙 유격이 너무 커졌을 때 발생하는 현상으로 가장 적합한 것은?

① 주행속도가 빨라진다.
② 슈판 마모가 급격해진다.
③ 주행속도가 아주 느려진다.
④ 트랙이 벗겨지기 쉽다.

60 차량이 서쪽에서 동쪽으로 진행 중일 때, 그림에 대한 설명으로 옳지 않은 것은?

① 300m 전방에서 직진하면 '평촌역' 방향으로 갈 수 있다.
② 300m 전방에서 좌회전하면 '관평로'의 끝지점과 만날 수 있다.
③ 300m 전방에서 우회전하면 '관평로'의 시작점과 만날 수 있다.
④ 300m 전방에서 좌회전하면 '시청' 방향으로 갈 수 있다.

제4회 빈출복원 실전모의고사

합격개수	맞힌개수
36개	

01 감전 위험이 있는 작업현장에서 보호구로 적절한 것은?

① 보호장갑 ② 로프
③ 구급용품 ④ 보안경

02 산업안전보건표지 중 지시표지에 해당하는 것은?

① 고온경고 ② 안전모 착용
③ 차량통행금지 ④ 출입금지

03 해머 작업의 안전수칙과 거리가 먼 것은?

① 면장갑을 끼고 작업하지 않을 것
② 해머를 사용할 때 자루 부분을 확인할 것
③ 강한 타격력이 요구될 때에는 연결대를 끼워서 작업할 것
④ 공동으로 해머 작업 시 호흡을 맞출 것

04 소화(消火)하기 힘들 정도로 화재가 진행된 현장에서 가장 먼저 취해야 할 조치사항으로 옳은 것은?

① 소화기 사용 ② 화재 신고
③ 인명 구조 ④ 경찰서에 신고

05 보안경의 유지 관리 방법으로 옳지 않은 것은?

① 렌즈는 매일 깨끗이 닦아야 한다.
② 흠집이 있는 보호구는 교환해야 한다.
③ 성능이 떨어진 헤드밴드는 교환해야 한다.
④ 교환렌즈는 안전상 뒷면으로 빠지도록 해야 한다.

해설

01 작업안전 ▶ 안전관리
감전 위험이 있는 작업현장에서는 보호장갑 중에서도 절연용 보호장갑을 착용해야 한다.

02 작업안전 ▶ 안전관리
산업안전보건표지 중 지시표지에는 안전모 착용, 보안경 착용, 귀마개 착용, 안전화 착용, 안전복 착용 등이 있다.
① 고온경고는 경고표지에 해당한다.
③④ 차량통행금지 및 출입금지는 금지표지에 해당한다.

03 작업안전 ▶ 안전관리
강한 타격력이 요구될 때에는 작업에 알맞은, 크기가 큰 해머를 사용한다. 연결대를 끼워 작업하지 않는다.

04 작업안전 ▶ 안전관리
화재가 진행된 현장에서는 인명 구조가 최우선이다.

05 작업안전 ▶ 안전관리
보안경의 교환렌즈는 안전상 앞면으로 빠지도록 해야 한다.

| 정답 | 01 ① | 02 ② | 03 ③ |
| | 04 ③ | 05 ④ | |

06 안전모를 착용하는 이유로 옳은 것은?

① 유해 광선으로부터 눈을 보호한다.
② 소음으로부터 귀를 보호한다.
③ 높은 곳에서의 낙하를 방지한다.
④ 물체의 낙하 또는 감전 등의 위험으로부터 머리를 보호한다.

07 선풍기 날개로 인한 재해를 방지하기 위한 조치로 옳은 것은?

① 망 또는 울 설치
② 역회전 방지장치 부착
③ 과부하 방지장치 부착
④ 반발 방지장치 설치

08 안전·보건표지에서 다음 그림이 나타내는 것은?

① 독극물경고
② 폭발물경고
③ 고압전기경고
④ 낙하물경고

09 엔진오일 압력 경고등이 켜지는 경우가 <u>아닌</u> 것은?

① 오일이 부족할 때
② 오일필터가 막혔을 때
③ 엔진을 급가속시켰을 때
④ 오일 회로가 막혔을 때

10 엔진오일을 점검하는 방법으로 옳지 <u>않은</u> 것은?

① 유면표시기를 사용한다.
② 끈적끈적하지 않아야 한다.
③ 오일의 색과 점도를 확인한다.
④ 오일이 검은색이면 교환 시기가 경과한 것이다.

11 엔진 시동 전에 해야 할 가장 중요한 일반적인 점검사항은?

① 충전 상태 점검
② 유압계의 지침 점검
③ 실린더의 오염도 점검
④ 엔진오일양과 냉각수량 점검

11 작업안전 ▶ 작업 전·후 점검
엔진 시동 전 해야 할 가장 중요한 일상점검사항은 엔진오일양과 냉각수량 점검이다.

12 기관이 작동되는 상태에서 점검 가능한 사항이 아닌 것은?

① 냉각수의 온도
② 충전 상태
③ 기관 오일의 압력
④ 엔진오일양

12 작업안전 ▶ 작업 전·후 점검
엔진오일양은 기관을 정지하고 약 5분 정도 지난 후 딥스틱(오일 레벨 게이지)을 이용하여 점검한다.

13 도시가스배관 주위를 굴착 후 되메우기할 때 지하에 매몰하면 안 되는 것은?

① 보호포
② 보호판
③ 라인마크
④ 보호관

13 작업안전 ▶ 가스 및 전기 안전 관리
라인마크는 도시가스배관이 매설되어 있음을 알리기 위해 도로 및 공동주택 부지에 설치하는 것으로, 되메우기 시 매몰하면 안 된다.

14 최고사용압력이 중압 이상인 도시가스 매설배관의 경우, 보호포의 설치 위치는?

① 지면으로부터 10cm 이상인 곳
② 배관 직상부로부터 30cm 이상인 곳
③ 보호판의 상부로부터 30cm 이상인 곳
④ 배관의 최하부로부터 30cm 이상인 곳

14 작업안전 ▶ 가스 및 전기 안전 관리
최고사용압력이 중압 이상인 배관의 경우 보호포는 보호판의 상부로부터 30cm 이상 떨어진 곳에 설치한다.

15 전선로 주변에서의 굴착 작업에 대한 설명으로 옳은 것은?

① 붐의 길이는 무시해도 된다.
② 붐이 전선에 근접하지 않도록 한다.
③ 버킷이 전선에 근접하는 것은 괜찮다.
④ 전선로 주변에서는 어떠한 경우에도 작업할 수 없다.

15 작업안전 ▶ 가스 및 전기 안전 관리
전선로 주변에서 굴착 작업을 할 경우 붐, 암, 버킷을 안전이격거리만큼 이격시켜 작업해야 한다.

| 정답 | 11 ④ 12 ④ 13 ③
      14 ③ 15 ②

16 도로교통법상 도로에 해당하지 않는 것은?

① 해상도로법에 의한 항로
② 차마의 통행을 위한 도로
③ 유료도로법에 의한 유료도로
④ 도로법에 의한 도로

17 차마가 도로 이외의 장소에 출입하기 위해 보도를 횡단하려고 할 때 통행 방법으로 옳은 것은?

① 보행자가 없으면 서행한다.
② 보행자 유무에 구애받지 않는다.
③ 보행자가 있어도 차마가 우선 출입한다.
④ 보도 직전에서 일시정지하여 보행자의 통행을 방해하지 않아야 한다.

18 운전자가 진행 방향을 변경하려고 할 때 신호를 해야 할 시기로 옳은 것은? (단, 고속도로는 제외한다)

① 운전자 임의대로 변경 가능
② 변경하려고 하는 지점의 3m 전에서
③ 변경하려고 하는 지점의 10m 전에서
④ 변경하려고 하는 지점의 30m 전에서

19 주행 중 앞지르기 금지장소가 아닌 것은?

① 교차로
② 터널 안
③ 버스정류장 부근
④ 다리 위

20 교통정리가 행해지고 있지 않은 교차로에서 차량이 동시에 교차로에 진입한 때의 우선순위로 옳은 것은?

① 소형차량이 우선한다.
② 우측도로의 차가 우선한다.
③ 좌측도로의 차가 우선한다.
④ 중량이 큰 차량이 우선한다.

---

16 도로주행 ▶ 도로교통법
②③④ 이외에 「농어촌도로 정비법」에 따른 농어촌도로, 현실적으로 불특정 다수의 사람 또는 차마(車馬)가 통행할 수 있도록 공개된 장소로서 안전하고 원활한 교통을 확보할 필요가 있는 장소 등이 「도로교통법」상 도로에 해당한다.

17 도로주행 ▶ 도로교통법
차마가 보도를 횡단하려고 할 때에는 보도 직전에서 일시정지하여 보도를 횡단하는 보행자의 통행을 방해하지 않아야 한다.

18 도로주행 ▶ 도로교통법
운전자가 진로를 바꾸려는 때에는 그 행위를 하려는 지점에 이르기 전 30m(고속도로에서는 100m) 이상의 지점에 이르렀을 때 방향지시등을 켜야 한다.

19 도로주행 ▶ 도로교통법
앞지르기 금지장소로는 교차로, 터널 안, 다리 위, 도로의 구부러진 곳, 비탈길의 고갯마루 부근, 가파른 비탈길의 내리막 등이 있다. 버스정류장 부근은 해당하지 않는다.

20 도로주행 ▶ 도로교통법
교통정리가 행해지고 있지 않은 교차로에서 차량의 우선순위는 우측도로의 차, 이미 교차로에 들어가 있는 다른 차, 폭이 넓은 도로로부터 교차로에 들어가려는 차 등이다.

| 정답 | 16 ① 17 ④ 18 ④ 19 ③ 20 ②

21 건설기계의 정기검사 유효기간이 1년이 되는 것은 건설기계의 운행기간이 신규 등록일로부터 몇 년 이상 경과되었을 때인가?

① 5년
② 10년
③ 15년
④ 20년

> **21 도로주행 ▶ 건설기계관리법**
> 건설기계의 운행기간이 신규등록일로부터 20년 이상 경과된 경우 정기검사 유효기간은 1년이 된다.

22 건설기계사업을 영위하고자 하는 자는 누구에게 등록해야 하는가?

① 시·도지사
② 시장·군수 또는 구청장
③ 국토교통부 장관
④ 건설기계 폐기업자

> **22 도로주행 ▶ 건설기계관리법**
> 건설기계사업을 하려는 자는 대통령령으로 정하는 바에 따라 사업의 종류별로 시장·군수 또는 구청장(자치구청장)에게 등록해야 한다.

23 건설기계관리법령상 건설기계를 도로에 계속하여 방치하거나 정당한 사유 없이 타인의 토지에 방치한 자에 대한 벌칙은?

① 100만 원 이하의 벌금
② 200만 원 이하의 벌금
③ 1년 이하의 징역 또는 1천만 원 이하의 벌금
④ 2년 이하의 징역 또는 1천만 원 이하의 벌금

> **23 도로주행 ▶ 건설기계관리법**
> 건설기계를 도로에 계속하여 방치하거나 정당한 사유 없이 타인의 토지에 방치한 자에 대한 벌칙은 건설기계 무면허 운전에 대한 벌칙과 동일하게 1년 이하의 징역 또는 1천만 원 이하의 벌금에 처한다.

24 건설기계의 등록 전 임시운행 사유에 해당하지 않는 것은?

① 장비 구입 전 이상 유무 확인을 위해 1일간 예비 운행을 하는 경우
② 등록신청을 하기 위해 건설기계를 등록지로 운행하는 경우
③ 수출을 하기 위해 건설기계를 선적지로 운행하는 경우
④ 신개발 건설기계를 시험·연구의 목적으로 운행하는 경우

> **24 도로주행 ▶ 건설기계관리법**
> ②③④ 이외에 판매 또는 전시를 위해 건설기계를 일시적으로 운행하는 경우, 신규등록검사 및 확인검사를 받기 위해 건설기계를 검사장소로 운행하는 경우 등이 임시운행 사유에 해당한다.

25 건설기계등록 신청 시 첨부하지 않아도 되는 서류는?

① 호적 등본
② 건설기계제작증
③ 건설기계제원표
④ 건설기계의 소유자임을 증명하는 서류

> **25 도로주행 ▶ 건설기계관리법**
> ②③④ 이외에 덤프트럭이나 타이어식 굴착기 등의 경우에는 건설기계등록 신청 시 「자동차손해배상 보장법」에 따른 보험 또는 공제의 가입을 증명하는 서류를 첨부해야 한다.

| 정답 | 21 ④ 22 ② 23 ③ 24 ① 25 ① |

26 라디에이터(radiator)에 대한 설명으로 <u>틀린</u> 것은?

① 단위면적당 방열량이 커야 한다.
② 냉각효율을 높이기 위해 방열핀이 설치된다.
③ 공기 흐름 저항이 커야 냉각효율이 높다.
④ 라디에이터의 재료 대부분에는 알루미늄 합금이 사용된다.

26 장비구조 ▶ 엔진구조
라디에이터는 방열을 위해 공기의 흐름 저항이 작아야 한다.

27 배기터빈 과급기의 윤활은 무엇으로 하는가?

① 그리스
② 엔진오일
③ 오일리스 베어링
④ 기어오일

27 장비구조 ▶ 엔진구조
배기터빈(터보차저)의 윤활을 위해 엔진오일이 공급된다.
① 그리스는 굴착기 작업장치 연결부의 윤활을 위해 공급된다.

28 프라이밍펌프를 이용하여 디젤기관 연료장치 내에 있는 공기를 배출하기 <u>어려운</u> 것은?

① 공급펌프
② 연료필터
③ 분사펌프
④ 분사노즐

28 장비구조 ▶ 엔진구조
분사노즐은 고압라인이기 때문에 공기를 크랭킹(엔진이 기동 전동기에 의해 회전하는 상태)시키며 배출해야 하므로 배출이 어렵다.

29 디젤기관 인젝션펌프에서 딜리버리 밸브의 기능으로 옳지 <u>않은</u> 것은?

① 유량 조절
② 역류 방지
③ 잔압 유지
④ 후적 방지

29 장비구조 ▶ 엔진구조
디젤기관 인젝션펌프에서 딜리버리 밸브는 연료를 한쪽으로 흐르게 하는 체크 밸브의 일종이며, 연료의 역류 방지, 후적 방지, 잔압 유지 기능을 한다.

30 기관의 냉각팬에 대한 설명으로 <u>틀린</u> 것은?

① 전동팬은 냉각수의 온도에 따라 작동된다.
② 팬 클러치식은 냉각수의 온도에 따라 작동된다.
③ 전동팬이 작동되지 않을 때에는 물펌프도 회전하지 않는다.
④ 전동팬의 작동과 관계없이 물펌프는 항상 회전한다.

30 장비구조 ▶ 엔진구조
물펌프는 팬벨트에 의해 구동되므로 전동팬의 작동과 관련 없다.

| 정답 | 26 ③ 27 ② 28 ④ 29 ① 30 ③

31 기관 과열 시 일어날 수 있는 현상으로 옳은 것은?

① 연료가 응결될 수 있다.
② 실린더 헤드의 변형이 발생할 수 있다.
③ 흡배기 밸브의 열림량이 많아진다.
④ 밸브 개폐 시기가 빨라진다.

31 장비구조 ▶ 엔진구조
기관이 과열되면 실린더 헤드의 변형이 발생할 수 있으며, 심할 경우 피스톤이 실린더에 고착될 수 있다.

32 과급기를 부착하였을 때의 장점으로 옳지 않은 것은?

① 기관 출력이 향상된다.
② 회전력이 증가한다.
③ 고지대에서도 출력의 감소가 적다.
④ 압축온도의 상승으로 착화지연 시간이 길어진다.

32 장비구조 ▶ 엔진구조
과급기를 부착하면 압축온도의 상승으로 착화지연 시간이 짧아진다.

33 기관에서 열효율이 높은 것의 의미는 무엇인가?

① 일정한 연료 소비로서 큰 출력을 얻는 것이다.
② 연료가 완전 연소하지 않는 것이다.
③ 기관의 온도가 표준보다 높은 것이다.
④ 부조가 없고 진동이 적은 것이다.

33 장비구조 ▶ 엔진구조
열효율이란 열기관이 하는 유효한 일과 공급한 열량 또는 연료의 발열량과의 비를 말한다. 열효율이 높다는 것은 일정한 연료 소비로 큰 출력을 얻을 수 있음을 의미한다.

34 디젤엔진에서 오일을 가압하여 윤활부에 공급하는 역할을 하는 것은?

① 냉각수펌프
② 진공펌프
③ 공기압축펌프
④ 오일펌프

34 장비구조 ▶ 엔진구조
기관의 오일펌프는 크랭크축에 의해 회전하며 오일을 가압하여 각 윤활부에 오일을 공급하는 역할을 한다.

35 6기통 디젤기관에 병렬로 연결된 예열 플러그가 있다. 이 중 3번 기통의 예열 플러그가 단선되면 어떤 현상이 발생하는가?

① 3번 예열 플러그만 작동이 안 된다.
② 2번과 4번의 예열 플러그가 작동이 안 된다.
③ 예열 플러그 전체가 작동이 안 된다.
④ 축전지 용량의 배가 방전된다.

35 장비구조 ▶ 전기장치
디젤기관의 예열 플러그를 병렬로 연결하면 어느 한 실린더의 예열 플러그가 단선되더라도 단선된 해당 실린더의 예열 플러그만 작동되지 않고, 나머지 실린더의 예열 플러그는 작동된다.

| 정답 | 31 ② 32 ④ 33 ①
34 ④ 35 ①

36 기관 시동 시 전류의 흐름으로 옳은 것은?

① 축전지 → 계자 코일 → 브러시 → 정류자 → 전기자 코일
② 축전지 → 계자 코일 → 정류자 → 브러시 → 전기자 코일
③ 축전지 → 전기자 코일 → 브러시 → 정류자 → 계자 코일
④ 축전지 → 전기자 코일 → 정류자 → 브러시 → 계자 코일

37 유도기전력의 방향은 코일 내의 자속의 변화를 방해하려는 방향으로 발생한다는 법칙은?

① 플레밍의 왼손 법칙
② 플레밍의 오른손 법칙
③ 렌츠의 법칙
④ 자기유도 법칙

38 축전지의 용량을 결정짓는 인자가 아닌 것은?

① 셀당 극판의 수
② 극판의 크기
③ 단자의 크기
④ 전해액의 양

39 디젤기관의 전기장치에 없는 것은?

① 스파크 플러그
② 글로 플러그
③ 축전지
④ 솔레노이드 스위치

40 건설기계용 납산 축전지에 대한 설명으로 틀린 것은?

① 화학적 에너지를 전기적 에너지로 변환하는 것이다.
② 완전 방전 시에만 재충전한다.
③ 전압은 셀의 수에 의해 결정된다.
④ 전해액 면이 낮아지면 증류수를 보충해야 한다.

---

36 장비구조 ▶ 전기장치
기관 시동 시 전류의 흐름은 '축전지 → 계자 코일 → 브러시 → 정류자 → 전기자 코일 → 정류자 → 브러시 → 계자 코일 → 차체접지' 순이다.

37 장비구조 ▶ 전기장치
렌츠의 법칙은 유도기전력의 방향은 코일 내의 자속의 변화를 방해하려는 방향으로 발생한다는 법칙으로, 교류발전기에 응용한다.

38 장비구조 ▶ 전기장치
축전지 용량이란 완전 충전된 축전지를 일정한 전류로 연속적으로 방전하였을 때 방전 종지 전압까지 사용할 수 있는 전기량을 뜻한다. 축전지 용량을 결정짓는 인자는 극판의 크기, 셀당 극판의 수, 전해액의 양이다.

39 장비구조 ▶ 전기장치
스파크 플러그는 가솔린기관의 점화장치이다. 디젤기관은 압축착화 방식이기 때문에 스파크 플러그가 필요하지 않다.

40 장비구조 ▶ 전기장치
축전지는 완전 방전 상태로 오랫동안 방치하면 극판이 영구 황산납이 되어 사용하지 못하게 되므로 25% 정도 방전되었을 때 재충전한다.

| 정답 | 36 ① 37 ③ 38 ③ 39 ① 40 ②

41 브레이크 파이프 내에 베이퍼록이 생기는 원인과 관련이 없는 것은?

① 드럼의 과열
② 지나친 브레이크 조작
③ 잔압의 저하
④ 라이닝과 드럼의 간극 과대

41 장비구조 ▶ 전·후진 주행장치
베이퍼록은 과도한 풋 브레이크 사용으로 인한 열로 브레이크액이 비등하여 발생하는 기포로 인해 브레이크가 제대로 작동하지 않는 현상을 말한다. 라이닝과 드럼의 간극이 과대하면 마찰력이 전달되지 않아 브레이크가 작동되지 않는다.

42 동력전달장치에서 클러치의 고장과 관계가 없는 것은?

① 클러치 면의 마멸
② 릴리스 레버의 조정 불량
③ 플라이휠 링 기어의 마멸
④ 클러치 압력판 스프링의 손상

42 장비구조 ▶ 전·후진 주행장치
플라이휠 링 기어는 기동 전동기의 피니언 기어와 치합하여 크랭크축을 회전시켜 시동을 거는 역할을 한다. 링 기어가 마멸될 경우 기동 전동기가 회전을 해도 시동이 걸리지 않는다. 플라이휠 링 기어의 마멸은 클러치의 고장과 관련 없다.

43 운전 중 클러치가 미끄러질 때의 영향이 아닌 것은?

① 속도 감소
② 견인력 감소
③ 연료소비량 증가
④ 엔진의 과냉

43 장비구조 ▶ 전·후진 주행장치
클러치판(디스크)의 과도한 마모로 클러치가 미끄러지면 동력전달 효율이 떨어져 연료소비량이 증가하고 견인력이 감소하며 속도가 저하되는 등의 현상이 발생한다.

44 파워 스티어링에서 핸들이 매우 무거워 조작하기 힘든 상태일 때의 원인으로 옳은 것은?

① 바퀴가 습지에 있다.
② 핸들의 유격이 크다.
③ 조향펌프에 오일이 부족하다.
④ 볼 조인트를 교환할 시기가 되었다.

44 장비구조 ▶ 전·후진 주행장치
파워 스티어링에서 핸들이 매우 무거워 조작하기 힘든 상태일 때의 원인으로는 조향펌프의 오일 부족, 펌프의 작동 불량, 유압라인 누유 등이 있다.

45 자동변속기가 장착된 건설기계의 모든 변속단에서 출력이 떨어질 경우 점검해야 할 항목과 거리가 먼 것은?

① 오일 부족
② 추진축 휨
③ 토크컨버터 고장
④ 엔진 고장으로 인한 출력 부족

45 장비구조 ▶ 전·후진 주행장치
추진축은 변속기 이후에 종감속 기어까지 동력을 전달하는 장치로, 모든 변속단에서 출력이 떨어질 경우 점검해야 할 사항과 거리가 멀다.

| 정답 | 41 ④ 42 ③ 43 ④ 44 ③ 45 ②

46 기계식 변속기가 부착된 건설기계의 작업장 이동을 위한 주행 방법으로 옳지 <u>않은</u> 것은?

① 주차 브레이크를 해제한다.
② 브레이크를 서서히 밟고 변속 레버를 4단에 넣는다.
③ 클러치 페달을 밟고 변속 레버를 1단에 넣는다.
④ 클러치 페달에서 발을 천천히 떼면서 가속 페달을 밟는다.

46 장비구조 ▶ 전·후진 주행장치

기계식 변속기가 부착된 건설기계의 출발은 클러치 페달을 밟고 변속 레버를 저단(1단)에 넣은 다음 클러치 페달에서 발을 천천히 떼면서 가속 페달을 밟으면 된다.

47 건설기계에서 유압 작동기(액추에이터)의 방향전환 밸브로서, 원통형 슬리브 면에 내접하여 축 방향으로 이동하여 유로를 개폐하는 형식의 밸브는?

① 스풀 형식
② 포핏 형식
③ 베인 형식
④ 카운터 밸런스 형식

47 장비구조 ▶ 유압일반

스풀 형식은 원통형 슬리브 면에 내접하여 축 방향으로 이동하여 유로를 개폐하는 형식의 밸브이다.

48 유압작동유의 오염은 유압기기를 손상시킬 수 있기 때문에 기기 속에 혼입되는 불순물을 제거하기 위해 사용되는 것은?

① 스트레이너
② 패킹
③ 배수기
④ 릴리프 밸브

48 장비구조 ▶ 유압일반

유압장치에 혼입된 불순물을 제거하는 장치는 흡입필터(스트레이너), 리턴필터, 라인필터 등이다.
② 패킹은 기기의 오일 누출 방지를 위해 사용된다.
④ 릴리프 밸브는 압력제어 밸브로서 회로의 압력을 일정하게 하거나 최고압력을 제한하여 장치를 보호하는 밸브이다.

49 유압 실린더를 교환하였을 경우 조치해야 할 작업과 거리가 <u>먼</u> 것은?

① 공기빼기 작업
② 누유 점검
③ 오일필터의 교환
④ 시운전하여 작동 상태 점검

49 장비구조 ▶ 유압일반

유압 실린더를 교환하였을 경우에는 시운전하여 작동 상태를 점검하고, 공기빼기 작업을 실시한 뒤 누유를 점검해야 한다.

50 유압작동유의 점도가 높을 때 발생하는 현상으로 옳지 <u>않은</u> 것은?

① 동력 손실이 커진다.
② 유동저항이 커진다.
③ 유압이 낮아진다.
④ 열 발생의 원인이 될 수 있다.

50 장비구조 ▶ 유압일반

유압작동유의 점도가 높을 경우 작동유의 압력이 높아지는 현상이 발생한다.

| 정답 | 46 ② 47 ① 48 ①
49 ③ 50 ③

51 유압장치에서 피스톤펌프의 특징이 아닌 것은?

① 효율이 기어펌프보다 떨어진다.
② 구조가 복잡하고 가변용량 제어가 가능하다.
③ 가격이 고가이며 용량이 크다.
④ 고압, 초고압에 사용된다.

51 장비구조 ▶ 유압일반
피스톤펌프는 펌프의 효율이 기어펌프보다 우수하다. 플런저펌프라고도 한다.

52 유압회로의 최고압력을 제한하는 밸브로서, 회로의 압력을 일정하게 유지시키는 것은?

① 체크 밸브
② 감압 밸브
③ 릴리프 밸브
④ 카운터 밸런스 밸브

52 장비구조 ▶ 유압일반
① 체크 밸브는 유체의 역방향 흐름을 저지하는 밸브이다.
② 감압 밸브(리듀싱 밸브)는 주회로 압력보다 낮은 압력으로 작동체를 작동시키고자 하는 분기회로에 사용하는 밸브이다.
④ 카운터 밸런스 밸브는 실린더가 중력에 의해 자유로이 제어속도 이상으로 낙하하는 것을 방지하는 밸브이다.

53 유압유의 구비조건이 아닌 것은?

① 부피가 클 것
② 내열성이 클 것
③ 화학적 안정성이 클 것
④ 적정한 유동성과 점성을 가지고 있을 것

53 장비구조 ▶ 유압일반
②③④ 이외에도 비중이 적당하고, 비압축성이며, 점도지수가 큰 것이 유압유의 구비조건에 해당한다.

54 유압유의 점검사항과 관련이 없는 것은?

① 점도
② 마멸성
③ 소포성
④ 윤활성

54 장비구조 ▶ 유압일반
유압유의 점검사항으로는 점도, 소포성(기포가 소멸되는 성질), 방청성, 윤활성 등이 있다. 닳아 없어지는 성질인 마멸성은 유압유와 관련이 없다.

55 유압장치에서 오일 쿨러(oil cooler)의 구비조건으로 옳지 않은 것은?

① 촉매 작용이 없을 것
② 온도 조절이 잘 될 것
③ 오일 흐름에 저항이 클 것
④ 정비 및 청소하기 편리할 것

55 장비구조 ▶ 유압일반
오일 쿨러는 오일 흐름 저항이 작을 때 효율이 좋다.

| 정답 | 51 ① 52 ③ 53 ①
54 ② 55 ③

56 굴착기 작업장치의 유압 실린더에 충격을 방지하기 위한 실린더 쿠션장치가 설치되지 않는 것은?

① 붐 상승
② 암(스틱) 오므림
③ 암(스틱) 펼침
④ 버킷(덤프) 펼침

57 유압모터를 사용하여 스크류를 돌려 전신주를 박을 때 사용하는 굴착기 선택장치는?

① 우드그래플
② 크러셔
③ 어스오거
④ 파일드라이버

58 굴착기 붐 실린더의 속도 조절은 무엇으로 하는가?

① 붐 조종 레버
② 압력 스위치
③ RPM 다이얼
④ 전·후진 레버

59 궤도형 굴착기가 진흙에 빠져 자력으로 탈출이 거의 불가능하게 된 상태인 경우 견인 방법으로 가장 적당한 것은?

① 버킷을 지면에 걸고 나온다.
② 두 대의 굴착기 버킷을 서로 걸어 견인한다.
③ 전부장치로 잭업시킨 후 후진으로 밀면서 나온다.
④ 하부기구 본체에 와이어로프를 걸고 크레인으로 당길 때 굴착기는 주행 레버를 견인 방향으로 밀면서 나온다.

60 다음 중 관공서용 건물번호판에 해당하는 것은?

---

56 장비구조 ▶ 굴착기 구조 및 기능, 작업

버킷에 붙은 흙을 털어내기 위해 버킷 실린더에는 충격을 방지하기 위한 쿠션장치를 설치하지 않는다.

57 장비구조 ▶ 굴착기 구조 및 기능, 작업

① 우드그래플은 집게를 이용하여 원목 등을 집어 운반 및 하역하는 장치이다.
② 크러셔는 2개의 집게로 작업 대상물을 집고, 집게를 조여 물체를 부수는 장치이다.
④ 파일드라이버는 공사장에서 주로 흙막이 공사를 위해 파일을 박거나 뺄 때 사용하는 장치이다.

58 장비구조 ▶ 굴착기 구조 및 기능, 작업

굴착기 붐 실린더는 붐 조종 레버의 움직임 정도에 따라 속도를 조절할 수 있다.

59 장비구조 ▶ 굴착기 구조 및 기능, 작업

굴착기가 진흙에 빠져 자력으로 탈출이 불가능하게 된 경우, 와이어로프를 반드시 프레임 부분에 걸고 크레인 등으로 당긴다. 이때 굴착기는 주행 레버를 견인 방향으로 밀면서 탈출한다.

60 도로주행 ▶ 도로명주소

①② 일반건물용 건물번호판이다.
③ 문화재·관광지용 건물번호판이다.

| 정답 | 56 ④ 57 ③ 58 ① 59 ④ 60 ④

제5회 빈출복원 실전모의고사

합격개수: 36개

해설

01 추락 위험이 있는 장소에서 작업할 경우 안전관리상 어떻게 하는 것이 가장 적절한가?
① 안전띠 또는 로프를 사용한다.
② 고정식 사다리를 사용한다.
③ 일반 공구를 사용한다.
④ 이동식 사다리를 사용한다.

01 작업안전 ▶ 안전관리
추락 위험이 있는 장소에서는 안전띠, 로프 등의 안전대를 착용하여 추락을 예방하는 것이 가장 적절하다.

02 현장에서 작업자가 작업안전상 꼭 알아 두어야 할 사항은?
① 장비의 가격
② 종업원의 작업 환경
③ 종업원의 기술 정도
④ 안전규칙 및 수칙

02 작업안전 ▶ 안전관리
현장에서 작업자가 작업안전상 알아 두어야 할 사항은 안전규칙 및 안전수칙이다. 안전수칙은 위험 또는 사고가 발생하지 않도록 행동이나 절차에서 지켜야 할 사항을 정한 규칙을 말한다.

03 소화 작업의 기본요소가 아닌 것은?
① 가연물질을 제거한다.
② 산소를 차단한다.
③ 점화원을 제거한다.
④ 연료를 기화시킨다.

03 작업안전 ▶ 안전관리
소화 작업의 기본요소는 연소의 3요소인 가연물, 산소, 점화원을 제거 및 차단하는 것이다.

04 기계의 회전 부분(기어, 벨트, 체인)에 덮개를 설치하는 이유는?
① 회전 부분과 신체의 접촉을 방지하기 위해
② 좋은 품질의 제품을 얻기 위해
③ 회전 부분의 속도를 높이기 위해
④ 제품의 제작 과정을 숨기기 위해

04 작업안전 ▶ 안전관리
작업 시 신체의 일부가 기계의 회전 부분에 접촉하거나 말려들어가는 것을 방지하기 위해 덮개를 설치해야 한다.

05 드라이버 사용 시 주의할 점으로 옳지 않은 것은?
① 규격에 맞는 드라이버를 사용한다.
② 드라이버를 지렛대 대신으로 사용하지 않는다.
③ 드라이버를 정 대신으로 사용하지 않는다.
④ 잘 풀리지 않는 나사는 플라이어를 이용하여 강제로 뺀다.

05 작업안전 ▶ 안전관리
잘 풀리지 않는 나사는 윤활 방청제 등을 도포하여 작업한다.

| 정답 | 01 ① 02 ④ 03 ④
04 ① 05 ④

06 노동 과정에서 작업환경 또는 작업 행동 등 업무상의 사유로 발생하는 노동자의 신체적·정신적 피해를 가리키는 말은?

① 안전사고
② 산업재해
③ 교통사고
④ 안전제일

07 전장품을 안전하게 보호하는 퓨즈의 사용법으로 옳지 <u>않은</u> 것은?

① 오래되어 산화된 퓨즈는 미리 교환한다.
② 회로에 맞는 전류 용량의 퓨즈를 사용한다.
③ 퓨즈가 없으면 임시로 철사를 감아서 사용한다.
④ 과열되어 끊어진 퓨즈는 과열된 원인을 먼저 수리한다.

08 다음 그림의 안전표지판이 나타내는 것은?

① 녹십자표지
② 응급구호표지
③ 비상구표지
④ 인화성물질경고표지

09 장비 기동 시에 충전 계기의 확인 점검은 언제 실시하는가?

① 기관 가동 중
② 주간 및 월간 점검 시
③ 현장관리자 입회 시
④ 램프에 경고등이 착등되었을 때

10 건설기계의 운전 전 점검사항으로 옳지 <u>않은</u> 것은?

① 라디에이터의 냉각수량 확인 및 부족 시 보충
② 엔진오일양 확인 및 부족 시 보충
③ 팬벨트 상태 확인 및 장력 부족 시 조정
④ 배출가스의 상태 확인 및 조정

---

06 작업안전 ▶ 안전관리
산업재해란 노동 과정에서 작업환경 또는 작업 행동 등 업무상의 사유로 발생하는 노동자의 신체적·정신적 피해를 말한다.

07 작업안전 ▶ 안전관리
퓨즈 대용으로 철사를 사용하면 과전류로 인해 배선 및 전장품이 파손될 수 있으므로, 사용하지 않는다.

08 작업안전 ▶ 안전관리
안내표지의 일종인 녹십자표지로, 안전 의식을 북돋우기 위해 필요한 장소에 사용한다.

09 작업안전 ▶ 작업 전·후 점검
충전 계기의 확인 점검은 발전기가 회전할 때 해야 하므로 기관 가동 중에 점검한다.

10 작업안전 ▶ 작업 전·후 점검
배출가스의 상태 확인 및 조정은 기관 시동 중 점검사항이다.

| 정답 | 06 ② 07 ③ 08 ①
09 ① 10 ④

11 다음 중 팬벨트와 연결되지 <u>않는</u> 것은?

① 발전기 풀리 ② 기관 오일펌프 풀리
③ 워터펌프 풀리 ④ 크랭크축 풀리

11 작업안전 ▶ 작업 전·후 점검
기관 오일펌프는 크랭크축에 의해 직접 구동되는 것으로, 팬벨트와 연결되지 않는다.

12 건식 공기청정기의 효율 저하를 방지하기 위한 방법으로 옳은 것은?

① 기름으로 닦는다.
② 마른걸레로 닦는다.
③ 물로 깨끗이 세척한다.
④ 압축공기로 먼지 등을 털어낸다.

12 작업안전 ▶ 작업 전·후 점검
건식 공기청정기가 오염되었을 때에는 압축공기(에어건)를 이용하여 안에서 밖으로 불어내어 청소한다.

13 특고압 전선로 부근에서 건설기계를 이용한 작업 방법 중 <u>틀린</u> 것은?

① 지상 감시자를 배치하고 감시하도록 한다.
② 붐이 전선에 접촉만 하지 않으면 상관없다.
③ 작업을 시작하기 전에 관할 시설 관리자에게 연락하여 도움을 요청한다.
④ 작업 전 고압전선의 전압을 확인하고 안전거리를 파악한다.

13 작업안전 ▶ 가스 및 전기 안전 관리
특고압 전선로 부근에서 건설기계를 이용한 작업 시에는 접촉하지 않더라도 전선에 가까이 가기만 해도 감전이 될 수 있다. 이에 반드시 안전거리만큼 이격하여 작업해야 한다.

14 전기는 전압이 높을수록 위험한데, 가공전선로의 위험 정도를 건설기계장비 운전자가 판별하는 방법으로 가장 옳은 것은?

① 전선의 전류 측정
② 전선의 소선 가닥수 확인
③ 현수애자의 개수 확인
④ 지지물의 개수 확인

14 장비구조 ▶ 가스 및 전기 안전 관리
전압이 높을수록 애자의 개수를 늘려야 한다. 즉, 애자의 개수가 많을수록 전압이 높기 때문에 이격거리를 크게 해야 한다. 이에 애자의 개수를 확인하면 위험 정도를 파악할 수 있다. 현수애자는 애자의 종류 중 하나로, 전선로용 애자의 대표적인 예이다.

15 굴착 공사를 하고자 할 때 지하 매설물 설치 여부와 관련하여 안전상 가장 적합한 조치는?

① 굴착 공사 시행자는 굴착 공사를 착공하기 전에 굴착 지점 또는 그 인근의 주요 매설물 설치 여부를 미리 확인해야 한다.
② 굴착 공사 시행자는 굴착 공사 시공 중에 굴착 지점 또는 그 인근의 주요 매설물 설치 여부를 확인해야 한다.
③ 굴착 작업 중 전기, 가스, 통신 등의 지하매설물에 손상을 가하였을 경우에는 즉시 매설해야 한다.
④ 굴착 공사 도중 작업에 지장이 있는 고압케이블은 옆으로 옮기고 계속 작업을 진행한다.

15 작업안전 ▶ 가스 및 전기 안전 관리
굴착 공사 전 굴착 지점 또는 인근의 주요 매설물 설치 여부를 미리 확인하고, 지하매설물에 손상을 가했을 경우에는 해당 시설물 관리자에게 연락하여 지시에 따른다.

| 정답 | 11 ② 12 ④ 13 ②
14 ③ 15 ①

16 도로교통법상 3색 등화로 표시되는 신호등의 신호 순서로 옳은 것은?

① 녹색(적색 및 녹색 화살표)등화 → 황색등화 → 적색등화
② 녹색(적색 및 녹색 화살표)등화 → 적색등화 → 황색등화
③ 적색(적색 및 녹색 화살표)등화 → 황색등화 → 녹색등화
④ 적색점멸등화 → 황색등화 → 녹색(적색 및 녹색 화살표)등화

16 도로주행 ▶ 도로교통법
3색 등화의 신호 순서는 '녹색(적색 및 녹색 화살표)등화 → 황색등화 → 적색등화'의 순이다.

17 교차로 직전 정지선에 정지해야 하는 신호는?

① 녹색 및 황색등화
② 황색등화의 점멸
③ 녹색 및 적색등화
④ 황색 및 적색등화

17 도로주행 ▶ 도로교통법
교차로 진입 전 황색 및 적색등화 시 차마는 정지선에 정지해야 한다.

18 주행 중 진로를 변경하고자 할 때 운전자가 지켜야 할 사항으로 틀린 것은?

① 신호를 실시하여 뒤차에 알린다.
② 후사경 등으로 주위의 교통 상황을 확인한다.
③ 진로를 변경할 때에는 뒤차에 주의할 필요가 없다.
④ 뒤차와 충돌을 피할 수 있는 거리를 확보할 수 없을 때에는 진로를 변경하지 않는다.

18 도로주행 ▶ 도로교통법
진로를 변경할 경우 다른 차량과의 사고 및 진로 방해 방지를 위해 뒤차 및 옆차의 통행에 충분한 주의를 기울여야 한다.

19 관련 법령상 교차로의 가장자리 또는 도로의 모퉁이로부터 몇 m 이내의 장소에 정차 및 주차를 해서는 안 되는가?

① 4m
② 5m
③ 6m
④ 7m

19 도로주행 ▶ 도로교통법
교차로의 가장자리나 도로의 모퉁이로부터 5m 이내인 곳에는 정차 및 주차를 할 수 없다.

20 교통사고로 인해 사람을 사상하거나 물건을 손괴하는 사고가 발생했을 때 우선 조치사항으로 옳은 것은?

① 사고 차를 견인 조치한 후 승무원을 구호하는 등 필요한 조치를 취해야 한다.
② 사고 차를 운전한 운전자는 물적 피해 정도를 파악하여 즉시 경찰서로 가서 사고 현황을 신고해야 한다.
③ 사고 차의 운전자는 즉시 경찰서로 가서 사고와 관련된 현황에 대해 신고 조치해야 한다.
④ 사고 차의 운전자나 그 밖의 승무원은 즉시 정차하여 사상자를 구호하는 등 필요한 조치를 취해야 한다.

20 도로주행 ▶ 도로교통법
교통사고 시 운전자의 조치사항은 '즉시 정차 → 사상자 구호 → 신고' 순으로 이루어져야 한다.

| 정답 | 16 ① 17 ④ 18 ③ 19 ② 20 ④

21 1종 대형 운전면허로 운전할 수 없는 건설기계는?

① 덤프트럭
② 노상안정기
③ 트럭적재식 천공기
④ 트레일러

21 도로주행 ▶ 건설기계관리법
트레일러는 1종 특수면허가 있어야 운전할 수 있다.
①②③ 이외에 1종 대형면허로 운전할 수 있는 건설기계에는 아스팔트 살포기, 콘크리트 믹서트럭, 콘크리트 펌프, 특수건설기계 중 국토교통부장관이 지정하는 건설기계가 있다.

22 시·도지사의 직권 또는 소유자의 신청에 의한 등록말소 사유에 해당하지 않는 것은?

① 건설기계를 교육, 연구 목적으로 사용하는 경우
② 거짓 그 밖의 부정한 방법으로 등록을 한 경우
③ 건설기계를 장기간 사용하지 않는 경우
④ 건설기계를 폐기하는 경우

22 도로주행 ▶ 건설기계관리법
건설기계를 장기간 사용하지 않는 경우는 등록말소 사유에 해당하지 않는다.
①②④ 이외에도 등록말소 사유에는 건설기계를 수출하는 경우, 건설기계를 도난당한 경우, 건설기계의 차대(車臺)가 등록 시의 차대와 다른 경우 등이 있다.

23 건설기계관리법상 건설기계가 위치한 장소에서 정기검사를 받을 수 있는 경우가 아닌 것은?

① 자체중량이 20톤인 경우
② 도서지역에 있는 경우
③ 너비가 3.5m인 경우
④ 최고속도가 20km/h인 경우

23 도로주행 ▶ 건설기계관리법
자체중량이 40톤을 초과하거나 축중이 10톤을 초과하는 경우에 해당 건설기계가 위치한 장소에서 검사(출장검사)를 받을 수 있다.

24 다음 중 반드시 건설기계정비업체에서 정비해야 하는 것은?

① 오일의 보충
② 배터리의 교환
③ 창유리의 교환
④ 엔진 탈·부착 및 정비

24 도로주행 ▶ 건설기계관리법
엔진 탈·부착 및 정비 등 건설기계나 그 부분품을 분해·조립·교체하는 등의 행위는 반드시 건설기계정비업체에서 정비해야 한다.

25 건설기계의 제동장치에 대한 정기검사를 면제받기 위한 건설기계제동장치 정비 확인서를 발행받을 수 있는 곳은?

① 건설기계 대여회사
② 건설기계 정비업자
③ 건설기계 부품업자
④ 건설기계 매매업자

25 도로주행 ▶ 건설기계관리법
건설기계 정비업자로부터 제동장치 정비 확인서를 발급받으면 제동장치에 대한 정기검사를 면제받을 수 있다.

| 정답 | 21 ④ 22 ③ 23 ①
24 ④ 25 ②

26 기관에서 작동 중인 엔진오일에 가장 많이 포함되는 이물질은?

① 유입먼지 ② 금속분말
③ 산화물 ④ 카본

26 장비구조 ▶ 엔진구조
기관 엔진오일에 가장 많이 포함되는 이물질은 불완전 연소로 인한 탄소 물질인 카본(carbon)이다.

27 실린더의 내경이 행정보다 작은 기관을 무엇이라고 하는가?

① 스퀘어 기관 ② 단행정 기관
③ 장행정 기관 ④ 정방형 기관

27 장비구조 ▶ 엔진구조
실린더의 기관은 장행정 기관(행정 > 실린더 내경), 단행정 기관(행정 < 실린더 내경), 정방형 기관(행정 = 실린더 내경)으로 구분한다.

28 가압식 라디에이터의 장점으로 옳지 <u>않은</u> 것은?

① 방열기를 작게 할 수 있다.
② 냉각수의 비등점을 높일 수 있다.
③ 냉각수의 순환 속도가 빠르다.
④ 냉각장치의 냉각효율을 높일 수 있다.

28 장비구조 ▶ 엔진구조
가압식 라디에이터는 압력식 캡의 스프링 장력을 이용하여 냉각계통의 압력을 0.4~1.1kgf/cm²로 유지함으로써 냉각수의 비등점을 112℃로 상승시킨다. 이에 냉각효율을 높일 수 있으며, 방열기를 작게 할 수 있다.

29 엔진오일이 연소실로 올라오는 주된 이유는?

① 피스톤 링 마모 ② 피스톤 핀 마모
③ 커넥팅로드 마모 ④ 크랭크축 마모

29 장비구조 ▶ 엔진구조
피스톤 링이 마모되면 피스톤 링의 3대 작용 중 오일제어 작용이 불량해져서 엔진오일이 연소실로 올라와 연소가 일어난다.

30 방열기에 물이 가득 차 있는데도 기관이 과열될 때의 원인으로 옳은 것은?

① 팬벨트의 장력이 세기 때문에
② 사계절용 부동액을 사용했기 때문에
③ 정온기가 열린 상태로 고장 났기 때문에
④ 라디에이터의 팬이 고장 났기 때문에

30 장비구조 ▶ 엔진구조
방열기(라디에이터)에 물이 가득 차 있는데도 기관이 과열되는 원인에는 라디에이터 팬이 고장 난 경우, 정온기가 닫힌 상태로 고착된 경우, 팬벨트 장력이 약해 물펌프 회전이 불량한 경우 등이 있다.

| 정답 | 26 ④ 27 ③ 28 ③
29 ① 30 ④

31 터보식 과급기의 작동 상태에 대한 설명으로 옳지 않은 것은?

① 디퓨저에서는 공기의 압력에너지가 속도에너지로 바뀐다.
② 배기가스가 임펠러를 회전시키면 공기가 흡입되어 디퓨저에 들어간다.
③ 디퓨저에서는 공기의 속도에너지가 압력에너지로 바뀐다.
④ 각 실린더의 밸브가 열릴 때마다 압축공기가 들어가 충전 효율이 증대된다.

31 장비구조 ▶ 엔진구조
터보식 과급기(터보장치)의 디퓨저는 공기의 속도에너지를 압력에너지로 바꾸어 주는 역할을 한다.

32 다음 중 디젤기관에만 있는 구성품은?

① 워터펌프　　　　　② 오일펌프
③ 발전기　　　　　　④ 분사펌프

32 장비구조 ▶ 엔진구조
디젤기관에는 분사노즐까지 연료를 고압으로 공급하는 분사펌프가 있다.

33 전자제어 디젤 분사장치에서 연료를 제어하기 위해 센서로부터 각종 정보(가속페달의 위치, 기관 속도, 분사 시기, 흡입량, 냉각수 온도, 연료 온도 등)를 입력받아 전기적 출력 신호로 변환하는 것은?

① 자기진단(self diagnosis)
② 전자제어유닛(ECU)
③ 컨트롤 슬리브 액추에이터
④ 컨트롤 로드 액추에이터

33 장비구조 ▶ 엔진구조
전자제어 디젤기관(커먼레일 시스템) 연료장치의 전자제어유닛(ECU)은 각종 센서로부터 입력값을 받아 인젝터로 출력 신호를 내보내는 역할을 한다.

34 냉각장치의 냉각수가 줄어드는 원인에 따른 정비 방법으로 옳지 않은 것은?

① 워터펌프 불량 – 조정
② 라디에이터 캡 불량 – 부품 교환
③ 히터 혹은 라디에이터 호스 불량 – 수리 및 부품 교환
④ 서머 스타트 하우징 불량 – 개스킷 및 하우징 교체

34 장비구조 ▶ 엔진구조
냉각수가 줄어드는 원인이 워터펌프 불량일 경우에는 개스킷 및 워터펌프를 교환해야 한다.

35 축전지의 케이스와 커버를 청소할 때 사용하는 용액으로 옳은 것은?

① 비누와 물　　　　② 소금과 물
③ 소다와 물　　　　④ 오일과 가솔린

35 장비구조 ▶ 전기장치
축전지의 케이스와 커버 청소 시에 사용하는 용액은 전해액인 황산이 산성이기 때문에 이를 중화시키기 위해 알칼리성인 소다와 물을 사용한다.

| 정답 | 31 ① 32 ④ 33 ②
　　　　34 ① 35 ③

36 축전지 안에 들어가는 것이 아닌 것은?

① 격리판
② 단자 기둥
③ 음극판
④ 양극판

36 장비구조 ▶ 전기장치
축전지의 (+), (−) 단자 기둥은 축전지 밖에 노출되어 있다.

37 기동 전동기 피니언을 플라이휠 링 기어에 물려 기관을 크랭킹시킬 수 있는 점화 스위치의 위치는?

① ON 위치
② ACC 위치
③ OFF 위치
④ ST 위치

37 장비구조 ▶ 전기장치
기동 전동기 피니언을 플라이휠 링 기어에 물려 기관을 크랭킹시킬 수 있는 점화 스위치의 위치는 ST 위치이다.

38 예열 플러그의 사용 시기로 옳은 것은?

① 냉각수의 양이 많을 때
② 기온이 영하로 떨어졌을 때
③ 축전지가 방전되었을 때
④ 축전지가 과충전되었을 때

38 장비구조 ▶ 전기장치
예열 플러그는 시동 보조장치이다. 시동 보조장치는 냉간 시동 시 흡입되는 공기 또는 연소실 내에 유입된 공기를 가열하여 시동을 용이하게 하는 장치로, 기온이 낮을 때 사용하는 것이 적절하다.

39 기동 전동기의 전기자 축으로부터 피니언 기어로는 동력이 전달되나, 피니언 기어로부터 전기자 축으로는 동력이 전달되지 않도록 해 주는 장치는?

① 오버러닝 클러치
② 오버헤드 가드
③ 시프트 칼라
④ 솔레노이드 스위치

39 장비구조 ▶ 전기장치
오버러닝 클러치는 동력전달기구에 있어서 피동축 회전이 빨라지면 구동축에 관계없이 자유회전하는 장치이다. 즉, 엔진의 회전력이 전기자에 전달되지 않도록 해 주는 장치이다.

40 축전지 전해액 내의 황산에 대한 설명으로 옳지 않은 것은?

① 피부에 닿으면 화상을 입을 수도 있다.
② 의복에 묻으면 구멍이 뚫릴 수도 있다.
③ 눈에 들어가면 실명될 수도 있다.
④ 라이터를 사용하여 점검할 수도 있다.

40 장비구조 ▶ 전기장치
전해액의 황산은 부식성이 강하기 때문에 피부, 의복 등에 접촉되지 않게 해야 한다. 또한, 화학 작용을 하기 때문에 불에 가까이 해서는 안 된다.

| 정답 | 36 ② 37 ④ 38 ②
39 ① 40 ④

41 건설기계를 길고 급한 경사길에서 운전할 때 엔진 브레이크 사용 없이 풋 브레이크만 사용하면 어떤 현상이 생기는가?

① 라이닝은 페이드, 파이프는 스팀록 현상 발생
② 라이닝은 페이드, 파이프는 베이퍼록 현상 발생
③ 파이프는 스팀록, 라이닝은 베이퍼록 현상 발생
④ 파이프는 증기 패쇄, 라이닝은 스팀록 현상 발생

41 장비구조 ▶ 전·후진 주행장치
엔진 브레이크 사용 없이 과도하게 풋 브레이크를 사용할 경우 라이닝은 페이드, 파이프는 베이퍼록 현상이 발생한다.

42 록킹볼이 불량하면 어떻게 되는가?

① 변속할 때 소리가 난다.
② 변속 레버의 유격이 커진다.
③ 기어가 빠지기 쉽다.
④ 기어가 이중으로 물린다.

42 장비구조 ▶ 전·후진 주행장치
록킹볼은 수동변속기의 기어가 결합 후 빠지는 것을 방지하기 위해 변속 레일의 고정 홈을 스프링 힘에 의해 눌러 고정하는 부품이다. 이에 록킹볼이 불량할 경우 기어가 손쉽게 빠진다.

43 굴착기에 차동제한장치가 있을 때의 장점으로 옳은 것은?

① 충격이 완화된다.
② 조향이 원활해진다.
③ 변속이 용이하다.
④ 연약한 지반에서 구동력 제어가 유리하다.

43 장비구조 ▶ 전·후진 주행장치
차동제한장치(LSD; Limited Slip Differential)는 미끄러운 길 또는 연약지반에서 주행할 때 한쪽 바퀴가 헛돌며 빠져나오지 못할 경우 헛도는 바퀴의 구동력을 제어하여 쉽게 빠져나올 수 있도록 도와주는 장치이다.

44 기계식 변속기의 클러치에서 릴리스 베어링과 릴리스 레버가 분리되어 있는 경우로 옳은 것은?

① 클러치가 연결되어 있을 때
② 클러치가 분리되어 있을 때
③ 클러치가 연결되었다가 분리될 때
④ 접촉하면 안 되는 물체로 분리되어 있을 때

44 장비구조 ▶ 전·후진 주행장치
클러치 페달에서 발을 떼면(클러치가 연결된다) 릴리스 베어링과 릴리스 레버가 분리되고, 압력판이 클러치 디스크를 플라이휠에 압착함으로써 동력이 전달된다.

45 타이어식 건설기계장비에서 토 인에 대한 설명으로 틀린 것은?

① 토 인은 좌우 앞바퀴의 간격이 앞보다 뒤가 좁은 것이다.
② 토 인은 직진성을 좋게 하고 조향을 가볍게 한다.
③ 토 인은 반드시 직진 상태에서 측정해야 한다.
④ 토 인의 조정이 잘못되면 타이어가 편마모된다.

45 장비구조 ▶ 전·후진 주행장치
토 인은 바퀴를 위에서 보았을 때 앞쪽이 뒤쪽보다 좁다.

| 정답 | 41 ② 42 ③ 43 ④ 44 ① 45 ①

46 동력전달장치에 사용되는 차동 기어장치에 대한 설명으로 <u>틀린</u> 것은?

① 기관의 회전력을 크게 하여 구동 바퀴에 전달한다.
② 선회할 때 바깥쪽 바퀴의 회전 속도를 증대시킨다.
③ 선회할 때 좌우 구동 바퀴의 회전 속도를 다르게 한다.
④ 보통 차동 기어장치는 노면의 저항을 작게 받는 구동 바퀴의 회전 속도가 빠르게 될 수 있다.

46 장비구조 ▶ 전·후진 주행장치
기관의 회전력을 크게 하여 구동 바퀴에 전달하는 장치는 종감속 기어이다.

47 유압 건설기계의 고압 호스가 자주 파열되는 원인으로 옳은 것은?

① 오일의 점도 저하
② 유압펌프의 고속 회전
③ 유압모터의 고속 회전
④ 릴리프 밸브의 설정압력 불량

47 장비구조 ▶ 유압일반
유압라인 내의 최대압력을 제어하는 릴리프 밸브의 설정압력이 높으면 고압 호스가 자주 파열된다.

48 피스톤식 유압펌프에서 회전경사판의 기능으로 옳은 것은?

① 펌프 압력 조절
② 펌프 출구의 개폐
③ 펌프 용량 조절
④ 펌프 회전 속도 조절

48 장비구조 ▶ 유압일반
피스톤식 유압펌프(플런저펌프)에서 회전경사판은 펌프의 용량을 조절하는 역할을 한다. 대표적으로 사판식 엑시얼 플런저펌프는 회전경사판의 각도를 변화시켜 펌프 토출용량을 변화시킬 수 있는 가변용량형 펌프이다.

49 릴리프 밸브에서 포핏 밸브를 밀어 올려 기름이 흐르기 시작할 때의 압력을 무엇이라고 하는가?

① 설정압력
② 허용압력
③ 크래킹압력
④ 전개압력

49 장비구조 ▶ 유압일반
크래킹압력이란 릴리프 밸브에서 포핏 밸브를 밀어 올려 기름이 흐르기 시작할 때의 압력을 말한다.
④ 전개압력이란 밸브가 완전히 열려 오일이 자유롭게 흐를 때의 압력을 말한다.

50 유압계통의 수명 연장을 위해 가장 중요한 요소는?

① 오일탱크의 세척
② 오일 냉각기의 점검 및 세척
③ 오일 액추에이터의 점검 및 교환
④ 오일과 오일필터의 정기점검 및 교환

50 작업안전 ▶ 작업 전·후 점검
유압계통의 수명 연장을 위해서는 오일과 오일필터를 정기점검 및 교환해야 한다.

| 정답 | 46 ① 47 ④ 48 ③ 49 ③ 50 ④

51 유압장치의 방향변환 밸브가 중립 상태에서 실린더가 외력에 의해 충격을 받았을 때 발생하는 고압을 릴리프시키는 밸브는?

① 반전 방지 밸브
② 메인 릴리프 밸브
③ 과부하(포트) 릴리프 밸브
④ 유량 감지 밸브

52 유압장치에서 캐비테이션(공동 현상)이 미치는 영향으로 옳지 않은 것은?

① 소음과 진동이 발생한다.
② 펌프의 손상을 촉진한다.
③ 동력전달 효율이 증가한다.
④ 펌프 효율이 저하된다.

53 유압장치에서 회전축 둘레의 누유를 방지하기 위해 사용하는 밀봉장치(seal)는?

① 오링(O-Ring)
② 개스킷(gasket)
③ 더스트 실(dust seal)
④ 기계적 실(mechanical seal)

54 유압작동유의 점도가 지나치게 낮을 때 나타날 수 있는 현상은?

① 출력이 증가한다.
② 압력이 상승한다.
③ 유동 저항이 증가한다.
④ 유압 실린더의 속도가 느려진다.

55 유압오일에서 온도에 따른 점도 변화 정도를 표시하는 것은?

① 점도
② 점도 분포
③ 점도지수
④ 윤활성

| 정답 | 51 ③ | 52 ③ | 53 ④ | 54 ④ | 55 ③ |

56 트랙프레임 상부롤러에 대한 설명으로 틀린 것은?

① 더블플랜지형을 주로 사용한다.
② 트랙의 회전을 바르게 유지한다.
③ 트랙이 밑으로 처지는 것을 방지한다.
④ 전부유동륜과 기동륜 사이에 1~2개가 설치된다.

57 무한궤도식 굴착기의 주행 방법 중 틀린 것은?

① 연약한 땅을 피해서 간다.
② 돌이 주행모터에 부딪치지 않도록 한다.
③ 가능하면 평탄한 길을 택하여 주행한다.
④ 요철이 심한 곳에서는 엔진 회전수를 높여 통과한다.

58 굴착기를 크레인으로 들어 올리는 방법으로 옳지 않은 것은?

① 굴착기 중량에 맞는 크레인을 사용한다.
② 굴착기의 앞부분부터 들리도록 와이어를 묶는다.
③ 와이어는 충분한 강도가 있어야 한다.
④ 배관 등에 와이어가 닿지 않도록 한다.

59 연암 구간 절삭 작업, 아스콘, 콘크리트 제거 등에 사용하는 굴착기 선택장치는?

① 리퍼
② 이젝터버킷
③ 브레이커
④ 콤팩터

60 다음 중 문화재·관광지용 건물번호판에 해당하는 것은?

제6회 빈출복원 실전모의고사

합격개수: 36개

01 수공구 취급 시 안전에 관한 사항으로 **틀린** 것은?

① 렌치 사용 시 본인의 몸쪽으로 당기지 않는다.
② 스크레이퍼 사용 시 공작물을 손으로 잡지 않는다.
③ 스크루드라이버 사용 시 공작물을 손으로 잡지 않는다.
④ 해머 자루의 해머 고정 부분 끝에 쐐기를 박아 사용 중 해머가 빠지지 않게 한다.

02 다음 중 유류 화재로 분류되는 것은?

① A급 화재
② B급 화재
③ C급 화재
④ D급 화재

03 안전장치 선정 시 고려사항에 해당하지 **않는** 것은?

① 작업하기에 불편하지 않은 구조일 것
② 위험 부분에는 안전 방호장치가 설치되어 있을 것
③ 강도나 기능 면에서 신뢰가 높을 것
④ 안전장치 기능 제거가 용이할 것

04 6각 볼트·너트를 조이고 풀 때 가장 적합한 공구는?

① 바이스
② 플라이어
③ 드라이버
④ 복스렌치

05 운반 작업 시 지켜야 할 사항으로 옳은 것은?

① 운반 작업은 장비를 사용하기보다는 가능한 한 많은 인력을 동원하여 하는 것이 좋다.
② 인력으로 운반 시 무리한 자세로 장시간 취급하지 않도록 한다.
③ 인력으로 운반 시 보조구를 사용하되 몸에서 멀리 떨어지게 하고, 가슴 위치에서 하중이 걸리게 한다.
④ 통로 및 인도에서 가까운 곳은 빠른 속도로 벗어나는 것이 좋다.

해설

01 작업안전 ▶ 안전관리
렌치(스패너)는 볼트나 너트를 풀거나 조이는 작업 등을 할 때 몸쪽으로 당기면서 사용해야 한다.

02 작업안전 ▶ 안전관리
화재의 분류
- A급 화재: 일반 가연물 화재
- B급 화재: 유류 화재
- C급 화재: 전기 화재
- D급 화재: 금속 화재

03 작업안전 ▶ 안전관리
사용자의 안전을 위해 안전장치의 기능 제거가 용이해서는 안 된다.

04 작업안전 ▶ 안전관리
복스렌치는 볼트나 너트의 주위를 감싸는 형태로 되어 있어 힘의 균형 때문에 미끄러지지 않게 사용할 수 있으며, 6각 볼트·너트 작업 시 가장 적합한 공구이다.

05 작업안전 ▶ 안전관리
인력으로 운반 작업을 할 경우 작업자의 안전을 위해 무리한 자세로 장시간 취급하지 않아야 한다.

| 정답 | 01 ① 02 ② 03 ④ 04 ④ 05 ②

06 다음 그림이 의미하는 것은?

① 탑승금지
② 보행금지
③ 차량통행금지
④ 출입금지

07 작업장에서 공동 작업으로 물건을 들어 이동할 때 옳지 않은 것은?

① 힘의 균형을 유지하여 이동할 것
② 불안전한 물건은 드는 방법에 주의할 것
③ 상대방과 호흡을 맞추어 들도록 할 것
④ 운반 도중 상대방에게 무리하게 힘을 가할 것

08 유류 화재 발생 시 가장 적합한 소화 방법은?

① 물 호스를 사용한다.
② 불의 확산을 막기 위해 덮개를 사용한다.
③ 탄산가스 소화기를 사용한다.
④ 소다 소화기를 사용한다.

09 유압작동부에서 오일이 누유되고 있을 때 가장 먼저 점검해야 할 곳은?

① 피스톤
② 오일 실(seal)
③ 기어
④ 펌프

10 굴착기 일일점검사항이 아닌 것은?

① 엔진오일 점검
② 배터리 전해액 점검
③ 연료량 점검
④ 냉각수 점검

11 굴착 도중 전력케이블 표지시트가 나왔을 경우의 조치사항으로 적합한 것은?

① 표지시트를 제거하고 계속 굴착한다.
② 표지시트를 제거하고 보호판이나 케이블이 확인될 때까지 굴착한다.
③ 즉시 굴착을 중지하고 해당 시설 관련 기관에 연락한다.
④ 표지시트를 원상태로 다시 덮고 인근 부위를 재굴착한다.

11 작업안전 ▶ 가스 및 전기 안전 관리
굴착 도중 전력케이블 표지시트가 나오면 해당 시설 관련 기관에 연락하여 지시를 받아야 한다.

12 도시가스사업법상 압축가스의 중압에 해당하는 것은?

① 0.02MPa~1MPa 미만
② 0.1MPa~1MPa 미만
③ 1MPa~10MPa 미만
④ 10MPa~100MPa 미만

12 작업안전 ▶ 가스 및 전기 안전 관리
「도시가스사업법」상 중압은 0.1MPa~1MPa 미만의 압력이며, 배관의 색은 적색이다.

13 도시가스배관을 아파트 단지 내 도로에 매설할 경우 배관 상부와 지면과의 최소 이격 거리로 옳은 것은?

① 0.3m   ② 0.6m
③ 1m   ④ 1.5m

13 작업안전 ▶ 가스 및 전기 안전 관리
폭 4m 미만 또는 공동주택 등의 부지 내에서 도시가스배관의 매설 깊이는 0.6m 이상이다.
③ 폭 4m 이상 8m 미만의 도로에서 도시가스배관 매설의 깊이는 1m 이상이다.

14 실린더 헤드와 블록 사이에 삽입하여 압축과 폭발가스의 기밀을 유지하고 냉각수와 엔진오일이 누출되는 것을 방지하는 역할을 하는 것은?

① 헤드 워터 재킷   ② 헤드 오일 통로
③ 헤드 개스킷   ④ 헤드 볼트

14 작업안전 ▶ 작업 전·후 점검
실린더 헤드 개스킷은 실린더 헤드와 블록 사이에 삽입되며 압축과 폭발가스의 기밀을 유지하고 냉각수와 엔진오일이 누출되는 것을 방지하는 역할을 한다.

15 기관 시동이 잘 안 될 경우에 점검할 사항으로 옳지 <u>않은</u> 것은?

① 기관의 공회전수   ② 배터리 충전 상태
③ 연료량   ④ 시동모터

15 작업안전 ▶ 작업 전·후 점검
기관의 공회전수는 시동 후 점검할 수 있는 사항으로, 시동이 안 될 경우에 점검할 사항이 아니다.

| 정답 | 11 ③ 12 ② 13 ②
         14 ③ 15 ①

16 도로교통법상 안전표지의 종류가 아닌 것은?

① 주의표지
② 규제표지
③ 안심표지
④ 보조표지

17 노면표시 중 중앙선이 황색 실선과 점선의 복선으로 설치된 경우와 관련된 설명으로 옳은 것은?

① 어느 쪽에서든 중앙선을 넘어서 앞지르기를 할 수 있다.
② 실선 쪽에서만 중앙선을 넘어서 앞지르기를 할 수 있다.
③ 점선 쪽에서만 중앙선을 넘어서 앞지르기를 할 수 있다.
④ 어느 쪽에서든 중앙선을 넘어서 앞지르기를 할 수 없다.

18 도로교통법상 철길 건널목을 통과할 때의 방법으로 옳은 것은?

① 신호등이 없는 철길 건널목을 통과할 때에는 서행으로 통과해야 한다.
② 신호기가 없는 철길 건널목을 통과할 때에는 건널목 앞에서 일시정지하여 안전한지의 여부를 확인한 후에 통과해야 한다.
③ 신호등이 있는 철길 건널목을 통과할 때에는 건널목 앞에서 일시정지하여 안전한지의 여부를 확인한 후에 통과해야 한다.
④ 신호기와 관련 없이 철길 건널목을 통과할 때에는 건널목 앞에서 일시정지해 안전한지의 여부를 확인한 후에 통과해야 한다.

19 차마의 통행을 구분하기 위한 중앙선에 대한 설명으로 옳은 것은?

① 백색 및 회색 실선 및 점선으로 되어 있다.
② 백색 실선 및 점선으로 되어 있다.
③ 황색 및 백색 실선 및 점선으로 되어 있다.
④ 황색 실선 또는 황색 점선으로 되어 있다.

20 보도와 차도가 구분된 도로에서 중앙선이 설치되어 있는 경우, 차마의 통행 방법으로 옳은 것은?

① 중앙선 좌측으로 통행한다.
② 중앙선 우측으로 통행한다.
③ 좌우측 모두로 통행한다.
④ 보도의 좌측으로 통행한다.

---

16 도로주행 ▶ 도로교통법
안전표지는 교통안전에 필요한 주의·규제·지시·보조·노면표지로 되어 있다.

17 도로주행 ▶ 도로교통법
중앙선이 황색 실선과 점선의 복선으로 설치된 경우 점선 쪽에서만 중앙선을 넘어 앞지르기를 할 수 있다.

18 도로주행 ▶ 도로교통법
철길 건널목을 통과하려는 경우에는 건널목 앞에서 일시정지하여 안전한지 확인한 후 통과해야 한다. 다만, 신호기 등이 표시하는 신호에 따르는 경우에는 정지하지 아니하고 통과할 수 있다.

19 도로주행 ▶ 도로교통법
도로의 중앙선은 황색 실선 또는 황색 점선으로 되어 있다. 황색 실선은 앞지르기를 할 수 없으나, 황색 점선은 할 수 있다.

20 도로주행 ▶ 도로교통법
보도와 차도가 구분된 도로에서 중앙선이 설치되어 있는 경우, 차마는 중앙선 우측으로 통행해야 한다.

| 정답 | 16 ③   17 ③   18 ②   19 ④   20 ②

21 건설기계정비업의 등록 구분이 아닌 것은?

① 부분건설기계정비업
② 특수건설기계정비업
③ 전문건설기계정비업
④ 종합건설기계정비업

21 도로주행 ▶ 건설기계관리법
건설기계정비업은 종합건설기계정비업, 부분건설기계정비업, 전문건설기계정비업으로 구분된다.

22 대형건설기계에 관한 설명으로 옳지 않은 것은?

① 해당 건설기계의 식별이 쉽도록 전후 범퍼에 특별도색을 해야 한다.
② 최고속도가 35km/h 이상인 경우에는 특별표지판을 부착하지 않아도 된다.
③ 운전석 내부의 보기 쉬운 곳에 경고 표지판을 부착해야 한다.
④ 총중량 30톤, 축중 10톤 미만인 건설기계는 특별표지판 부착대상이다.

22 도로주행 ▶ 건설기계관리법
높이 4미터를 초과하는 건설기계, 총중량 40톤 초과, 총중량 상태에서 축하중(축중)이 10톤을 초과하는 건설기계가 특별표지판 부착대상인 대형건설기계이다.

23 건설기계소유자의 정비작업 범위를 위반하여 건설기계를 정비한 자에 대한 벌칙으로 옳은 것은?

① 100만 원 이하의 벌금
② 200만 원 이하의 벌금
③ 50만 원 이하의 과태료
④ 100만 원 이하의 과태료

23 도로주행 ▶ 건설기계관리법
「건설기계관리법」 제16조의2(건설기계의 정비)에 근거하여 건설기계의 소유자 또는 점유자가 자신의 정비시설을 갖추어 건설기계를 정비하려는 경우에는 정비시설의 종류 및 규모에 따라 국토교통부령으로 정하는 범위에서 정비를 해야 한다. 이를 위반하여 건설기계를 정비한 자는 50만 원 이하의 과태료에 처한다.

24 건설기계의 적재중량을 측정할 때 측정 인원은 1인당 몇 kg을 기준으로 하는가?

① 50kg
② 55kg
③ 60kg
④ 65kg

24 도로주행 ▶ 건설기계관리법
건설기계의 적재중량을 측정할 때 측정 인원은 1인당 65kg을 기준으로 한다.

25 건설기계관리법령상 다음 설명에 해당하는 건설기계사업은?

> 건설기계를 분해·조립 또는 수리하고 그 부분품을 가공제작·교체하는 등 건설기계를 원활하게 사용하기 위한 모든 행위를 업으로 하는 것

① 건설기계정비업
② 건설기계제작업
③ 건설기계매매업
④ 건설기계폐기업

25 도로주행 ▶ 건설기계관리법
건설기계정비업은 건설기계를 분해·조립 또는 수리하고 그 부분품을 가공제작·교체하는 등 건설기계를 원활하게 사용하기 위한 모든 행위를 업으로 하는 것을 말한다.

| 정답 | 21 ② 22 ④ 23 ③ 24 ④ 25 ①

26 디젤기관 운전 중 흑색의 배기가스가 배출되는 원인으로 옳지 않은 것은?

① 공기청정기 막힘
② 노즐 불량
③ 압축 불량
④ 오일팬 내 유량 과다

26 장비구조 ▶ 엔진구조
디젤기관에서 공기청정기 막힘, 노즐 및 압축 불량 등의 현상이 발생하면 불완전 연소로 인해 배기가스 색이 흑색이 되고 출력이 떨어진다.

27 기관의 온도가 과도하게 낮은 상태에서 운전할 경우 나타나는 현상으로 옳은 것은?

① 연료소비량 감소
② 연료소비량 증가
③ 엔진오일 변질
④ 재료의 강도 저하

27 장비구조 ▶ 엔진구조
기관 과냉 상태에서 운전을 지속할 경우에는 열효율이 떨어져 연료소비량이 증가한다.

28 엔진오일의 교환 방법으로 옳지 않은 것은?

① 오일 레벨 게이지의 'F'에 가깝게 오일을 주입한다.
② 엔진오일은 순정품으로 교환한다.
③ 규정된 엔진오일보다는 플러싱 오일로 교체하여 사용한다.
④ 가혹한 조건에서 지속적으로 운전하였을 경우 교환 주기를 조금 앞당긴다.

28 장비구조 ▶ 엔진구조
플러싱 오일은 잔유 제거용 오일이기 때문에 잔유 제거 과정 후 플러싱 오일을 배출한 뒤, 규정된 엔진오일로 교체해야 한다.

29 디젤기관의 연료장치 구성품이 아닌 것은?

① 예열 플러그
② 분사노즐
③ 연료공급펌프
④ 연료 여과기

29 장비구조 ▶ 엔진구조
디젤기관 연료장치는 연료탱크, 연료공급펌프, 연료 여과기(연료필터), 분사펌프, 분사노즐로 구성되어 있다. 예열 플러그는 시동 보조장치이다.

30 커먼레일 디젤기관의 센서에 대한 설명으로 옳지 않은 것은?

① 연료온도센서는 연료온도에 따른 연료량 보정신호로 사용된다.
② 수온센서는 기관의 온도에 따른 연료량을 증감하는 보정신호로 사용된다.
③ 수온센서는 기관의 온도에 따른 냉각팬 제어신호로 사용된다.
④ 크랭크 포지션 센서는 밸브 개폐 시기를 감지한다.

30 장비구조 ▶ 엔진구조
크랭크 포지션 센서(크랭크 각 센서)는 엔진의 크랭크축 회전 각도 또는 위치를 감지하는 센서이다.

| 정답 | 26 ④ 27 ② 28 ③
29 ① 30 ④

31 디젤엔진의 연소실에는 연료가 어떤 상태로 공급되는가?

① 기화기와 같은 기구를 사용하여 연료가 공급된다.
② 분사노즐로 연료를 안개와 같이 분사한다.
③ 가솔린 엔진과 동일한 연료공급펌프로 공급한다.
④ 액체 상태로 공급된다.

31 장비구조 ▶ 엔진구조
디젤엔진은 분사펌프에서 고압으로 압송한 연료를 분사노즐을 통해 안개처럼(무화) 분사한다.

32 디젤기관의 윤활장치에서 오일 여과기의 역할은?

① 오일의 역순환 방지 작용
② 오일에 필요한 방청 작용
③ 오일에 포함된 불순물 제거 작용
④ 오일 계통의 압력 증대 작용

32 장비구조 ▶ 엔진구조
윤활장치에서 오일 여과기는 여과기 엘리먼트를 통해 오일에 포함된 불순물을 제거하는 역할을 한다.

33 공회전 상태의 기관에서 크랭크축의 회전과 관계 없이 작동하는 기구는?

① 발전기
② 캠 샤프트
③ 플라이휠
④ 스타트 모터

33 장비구조 ▶ 엔진구조
스타트 모터(시동 전동기)는 건설기계 기관을 시동하기 위한 장치로서, 전동기의 피니언 기어가 플라이휠 링 기어에 접속하여 기관 크랭크축을 회전시켜 기관을 시동시키며, 시동 후 작동이 멈춘다.

34 디젤기관 연소 과정 중 연소 4단계에 해당하지 않는 것은?

① 전기 연소 기간(전 연소 기간)
② 화염 전파 기간(폭발 연소 기간)
③ 직접 연소 기간(제어 연소 기간)
④ 후기 연소 기간(후 연소 기간)

34 장비구조 ▶ 엔진구조
디젤기관의 연소 과정은 착화 지연 기간, 화염 전파 기간, 직접 연소 기간, 후기 연소 기간으로 구분할 수 있다.

35 납산 축전지 터미널에 녹이 발생했을 때의 조치 방법으로 옳은 것은?

① 물걸레로 닦아내고 더 조인다.
② 녹을 닦은 후 고정시키고 소량의 그리스를 상부에 도포한다.
③ (+)와 (−)터미널을 서로 교환한다.
④ 녹슬지 않게 엔진오일을 도포하고 확실히 더 조인다.

35 장비구조 ▶ 전기장치
배터리 단자에 녹이 발생했을 때에는 녹을 닦은 후 고정시키고 산화를 방지하기 위해 소량의 그리스를 상부에 도포하는 것이 가장 적절한 조치 방법이다.

| 정답 | 31 ② 32 ③ 33 ④
34 ① 35 ②

36 기동 전동기는 회전되나 엔진은 크랭킹이 되지 않는 원인으로 옳은 것은?

① 축전지 방전
② 기동 전동기의 전기자 코일 단선
③ 플라이휠 링 기어의 소손
④ 발전기 브러시 장력 과다

37 전류의 크기를 나타내는 단위로 옳은 것은?

① V
② A
③ R
④ K

38 축전지 충전 방법에 해당하지 않는 것은?

① 정전류 충전법
② 정전압 충전법
③ 단별전류 충전법
④ 정저항 충전법

39 기관 시동장치에서 링 기어를 회전시키는 구동 피니언은 어느 곳에 부착되어 있는가?

① 클러치
② 변속기
③ 기동 전동기
④ 뒷차축

40 축전지(battery)에 대한 설명으로 틀린 것은?

① 방전 종지 전압은 셀당 2.1볼트(V)이다.
② 전기적 에너지를 화학적 에너지로 바꾸어 저장한다.
③ 원동기를 시동할 때 전력을 공급한다.
④ 전기가 필요할 때에는 전기적 에너지로 바꾸어 공급한다.

---

36 장비구조 ▶ 전기장치
기동 전동기는 회전되나 엔진은 크랭킹이 되지 않는 원인은 플라이휠 링 기어 또는 기동 전동기 피니언 기어가 소손되었기 때문이다.

37 장비구조 ▶ 전기장치
전류의 단위는 'A(암페어)'이다. 한편, 전류가 물질 속을 흐를 때 흐름을 방해하는 물질을 말하는 저항의 단위는 'Ω(옴)'이며, 전류를 흐르게 하는 전기적 압력인 전압의 단위는 'V(볼트)'이다.

38 장비구조 ▶ 전기장치
① 정전류 충전법은 처음부터 끝까지 일정한 전류로 충전하는 것을 말한다.
② 정전압 충전법은 처음부터 끝까지 일정한 전압으로 충전하는 것을 말한다.
③ 단별전류 충전법은 처음에는 큰 전류로 충전하고 단계적으로 전류를 감소시키며 충전하는 것을 말한다.

39 장비구조 ▶ 전기장치
기관 시동장치에서 플라이휠의 링 기어를 회전시키는 구동 피니언은 기동 전동기에 부착되어 있다.

40 장비구조 ▶ 전기장치
축전지는 셀당 기전력이 2.1V이며, 방전 종지 전압은 셀당 1.7~1.8V이다.

| 정답 | 36 ③ 37 ② 38 ④
　　　　39 ③ 40 ①

41 수동변속기가 장착된 건설기계의 동력전달장치에서 클러치판은 어떤 축의 스풀라인에 끼워져 있는가?

① 추진축
② 차동 기어장치
③ 크랭크축
④ 변속기 입력축

41 장비구조 ▶ 전·후진 주행장치
수동변속기가 장착된 건설기계의 동력전달장치의 클러치판은 기관 동력을 변속기 입력축을 통해 변속기에 전달하는 역할을 하는 것으로, 변속기 입력축의 스풀라인에 끼워져 있다.

42 클러치의 구비조건에 해당하지 않는 것은?

① 단속 작용이 확실하며 조작이 쉬워야 한다.
② 회전 부분의 평형이 좋아야 한다.
③ 방열이 잘 되고 과열되지 않아야 한다.
④ 회전 부분의 관성력이 커야 한다.

42 장비구조 ▶ 전·후진 주행장치
클러치의 동력 차단이 신속하게 되기 위해서는 회전 부분(클러치 디스크)의 관성력이 작아야 한다.

43 차동장치에서 차축(액슬축)은 어느 기어와 맞물려 회전하는가?

① 종감속 링 기어
② 차동 피니언 기어
③ 차동 사이드 기어
④ 종감속 피니언 기어

43 장비구조 ▶ 전·후진 주행장치
차축(액슬축)은 차동 사이드 기어와 맞물려 회전한다.

44 타이어식 건설기계장비에서 동력전달장치에 해당하지 않는 것은?

① 과급기
② 종감속 장치
③ 클러치
④ 타이어

44 장비구조 ▶ 전·후진 주행장치
과급기는 동력전달장치가 아니라 내연기관의 출력을 증가시키기 위해 외기를 압축하여 실린더에 공급하는 일종의 압축기이다.

45 수동식 변속기 건설기계를 운행 중 급가속시켰더니 기관의 회전은 상승하는데 차속이 증속되지 않았다면, 그 원인으로 옳은 것은?

① 클러치 파일럿 베어링의 파손
② 릴리스 포크의 마모
③ 클러치 페달의 유격 과대
④ 클러치 디스크 과대 마모

45 장비구조 ▶ 전·후진 주행장치
클러치 디스크(클러치판)가 마모되면 급가속 시 미끄러져 동력 전달 효율이 떨어지는데, 이는 차속이 증속되지 않는 원인이 된다.

| 정답 | 41 ④ 42 ④ 43 ③ 44 ① 45 ④

46 클러치 라이닝의 구비조건에 해당하지 않는 것은?

① 내마멸성, 내열성이 작을 것
② 알맞은 마찰계수를 갖출 것
③ 온도에 의한 변화가 작을 것
④ 내식성이 클 것

46 장비구조 ▶ 전·후진 주행장치
클러치 라이닝(클러치 디스크)이 마모되면 동력전달 효율이 감소하는 등의 현상이 발생하기 때문에 내마멸성 및 내열성이 커야 한다.

47 다음 유압펌프 중 고압·고효율 펌프이며 가변용량이 가능한 것은?

① 기어펌프
② 베인펌프
③ 플런저펌프
④ 로터리펌프

47 장비구조 ▶ 유압일반
플런저펌프의 특징
• 흡입 능력이 가장 낮으나, 펌핑 시 누설이 적어 펌프 효율이 높다.
• 가변용량형에 적합하다.
• 구조가 복잡하며 가격이 비싸다.
• 오염된 오일에 민감하다.

48 유압장치를 가장 적절하게 표현한 것은?

① 오일을 이용하여 전기를 생산하는 것
② 액체로 전환시키기 위해 기체를 압축시키는 것
③ 큰 물체를 들어 올리기 위해 기계적인 이점을 이용하는 것
④ 유체의 압력에너지를 이용하여 기계적인 일을 하도록 하는 것

48 장비구조 ▶ 유압일반
유압장치는 작은 힘으로 큰 힘을 낼 수 있는 파스칼의 원리를 이용한 것이며, 유체의 압력에너지를 기계적인 일로 변환하는 장치이다.

49 유압 실린더의 피스톤이 고속으로 왕복운동할 때 행정의 끝에서 피스톤이 커버에 충돌하여 발생하는 충격을 흡수하고, 그 충격력에 의해 발생하는 유압회로의 악영향이나 유압기기의 손상을 방지하기 위해 설치하는 것은?

① 쿠션기구
② 밸브기구
③ 유량제어기구
④ 셔틀기구

49 장비구조 ▶ 유압일반
쿠션기구(실린더 완충장치)는 유압 실린더의 행정 끝단에서 피스톤이 커버에 충돌하여 발생하는 충격을 흡수한다.

50 내경이 작은 파이프에서 미세한 유량을 조정하는 밸브는?

① 압력보상 밸브
② 니들 밸브
③ 바이패스 밸브
④ 스로틀 밸브

50 장비구조 ▶ 유압일반
니들 밸브는 내경이 작은 파이프에서 미세한 유량을 조정하는 밸브이다. 분사 개시 시 니들 밸브는 상승한다.

| 정답 | 46 ① 47 ③ 48 ④ 49 ① 50 ②

51 유압장치의 일상점검사항이 아닌 것은?
① 유압탱크의 유량 점검
② 오일 누설 여부 점검
③ 소음 및 호스 누유 여부 점검
④ 릴리프 밸브 작동시험 점검

51 장비구조 ▶ 유압일반
유압장치의 일상점검사항으로는 유압탱크의 유량, 소음 및 오일 누설 여부 점검 등이 있다. 릴리프 밸브 작동시험 점검은 해당하지 않는다.

52 유압 실린더의 종류가 아닌 것은?
① 단동형
② 복동형
③ 레이디얼형
④ 다단형

52 장비구조 ▶ 유압일반
유압 실린더에는 단동형, 복동형, 다단형(텔레스코픽형)이 있다.

53 유압회로 내에 기포가 발생할 때 일어날 수 있는 현상과 거리가 먼 것은?
① 작동유의 누설 저하
② 소음 증가
③ 공동 현상
④ 오일탱크의 오버플로

53 장비구조 ▶ 유압일반
②③④ 이외에도 유압회로 내에 기포가 발생하면 유압유의 열화 촉진 현상 및 실린더 숨돌리기 현상 등이 발생한다.

54 압력, 힘, 면적의 관계식으로 옳은 것은?
① 압력 = 부피/면적
② 압력 = 면적×힘
③ 압력 = 힘/면적
④ 압력 = 부피×힘

54 장비구조 ▶ 유압일반
압력은 단위면적당 작용하는 힘이다. 즉, '압력 = 힘/면적'이며 단위로는 kgf/cm^2, psi, atm, bar 등을 사용한다.

55 유압펌프 중 토출량을 변화시킬 수 있는 것은?
① 가변 토출량형
② 고정 토출량형
③ 회전 토출량형
④ 수평 토출량형

55 장비구조 ▶ 유압일반
유압펌프 중 가변용량형 펌프는 펌프의 회전 속도를 변화시키지 않아도 토출량을 변화시킬 수 있다.

| 정답 | 51 ④ 52 ③ 53 ①
54 ③ 55 ①

56 무한궤도식 굴착기의 부품이 아닌 것은?

① 유압펌프
② 오일 쿨러
③ 자재 이음
④ 주행모터

57 상부회전체의 프레임에 메인붐을 연결하기 위해 설치하는 구성품은?

① 푸트핀
② 암핀
③ 버킷핀
④ 로크핀

58 공사장에서 주로 흙막이 공사를 위해 파일을 박거나 뺄 때 사용하는 굴착기 선택장치는?

① 파일드라이버
② 브레이커
③ 리퍼
④ 어스오거

59 굴착기로 작업할 때 주의사항으로 틀린 것은?

① 땅을 깊이 팔 때에는 붐의 호스나 버킷 실린더의 호스가 지면에 닿지 않도록 한다.
② 암석, 토사 등을 평탄하게 고를 때에는 선회관성을 이용하면 능률적이다.
③ 작업 시에는 실린더의 행정 끝에서 약간 여유를 남기도록 운전한다.
④ 견고한 땅을 굴착하는 경우 버킷 투스를 이용하여 지면을 얇게 여러 번 긁어가며 굴착한다.

60 차량이 남쪽에서 북쪽으로 진행 중일 때, 다음 그림에 대한 설명으로 옳지 않은 것은?

① 차량을 직진하면 '연신내역' 방향으로 갈 수 있다.
② 차량을 우회전하면 '시청' 방향으로 갈 수 있다.
③ 차량을 우회전하면 '새문안길' 도로구간 시작지점에 진입할 수 있다.
④ 차량을 좌회전하면 '충정로' 도로구간 시작지점에 진입할 수 있다.

제7회 빈출복원 실전모의고사

01 귀마개가 갖추어야 할 조건으로 옳지 않은 것은?

① 내습·내유성을 가질 것
② 적당한 세척 및 소독에 견딜 수 있을 것
③ 가벼운 귓병이 있어도 착용할 수 있을 것
④ 안경이나 안전모와 함께 착용을 하지 못하게 할 것

02 드릴 작업 시 재료 밑의 받침으로 적당한 것은?

① 나무판
② 연강판
③ 스테인리스판
④ 벽

03 드릴 작업 시 유의사항으로 옳지 않은 것은?

① 작업 중 칩 제거를 금한다.
② 작업 중 면장갑 착용을 금한다.
③ 작업 중 보안경 착용을 금한다.
④ 균열이 있는 드릴은 사용을 금한다.

04 전기장치의 퓨즈가 끊어져 새것으로 교체하였으나 다시 끊어졌을 때의 조치로 옳은 것은?

① 다시 새것으로 교체한다.
② 용량이 큰 것으로 갈아 끼운다.
③ 구리선이나 납선으로 바꾼다.
④ 전기장치의 고장개소를 찾아 수리한다.

05 작업장에서 지켜야 할 안전수칙이 아닌 것은?

① 기름걸레나 인화물질은 나무상자에 보관한다.
② 밀폐된 실내에서는 장비의 시동을 걸지 않는다.
③ 작업 중 입은 부상은 즉시 응급조치하고 보고한다.
④ 통로나 마룻바닥에 공구나 부품을 방치하지 않는다.

해설

01 작업안전 ▶ 안전관리
귀마개는 안경이나 안전모와 함께 착용할 수 있어야 한다.

02 작업안전 ▶ 안전관리
드릴 작업 시 재료 밑의 받침으로는 비교적 재질이 약하고 구하기 쉬운 나무판을 사용한다.

03 작업안전 ▶ 안전관리
드릴 작업 시에는 칩이 날릴 수 있기 때문에 반드시 보안경을 착용해야 한다.

04 작업안전 ▶ 안전관리
전기장치의 퓨즈가 끊어져 새것으로 교체하였으나 다시 끊어졌다면 과전류가 의심되기 때문에 전기장치의 고장개소를 찾아 수리해야 한다.

05 작업안전 ▶ 안전관리
기름걸레나 인화물질은 화재의 위험이 높으므로 철제상자에 보관해야 한다.

| 정답 | 01 ④ 02 ① 03 ③
      04 ④ 05 ①

06 전기 용접의 아크 빛으로 인해 눈이 충혈되고 부었을 때의 응급조치 사항으로 옳은 것은?

① 눈을 잠시 감고 안정을 취한다.
② 안약을 넣고 계속 작업을 한다.
③ 소금물로 눈을 세정한 후 작업한다.
④ 냉습포를 눈 위에 올려 놓고 안정을 취한다.

07 다음 그림의 안전표지판이 나타내는 것은?

① 비상구
② 출입금지
③ 보안경 착용
④ 인화성물질경고

08 조정렌치 사용상 안전수칙으로 옳은 것을 모두 고른 것은?

> ㄱ. 잡아당기며 작업한다.
> ㄴ. 조정조에 당기는 힘이 많이 가해지도록 한다.
> ㄷ. 볼트 머리나 너트에 꼭 끼워서 작업을 한다.
> ㄹ. 조정렌치 자루에 파이프를 끼워서 작업을 한다.

① ㄱ, ㄴ
② ㄱ, ㄷ
③ ㄴ, ㄷ
④ ㄴ, ㄹ

09 예방정비에 관한 설명 중 틀린 것은?

① 예상하지 않은 고장이나 사고를 사전에 방지하기 위해 실시한다.
② 일정한 계획표를 작성한 후 실시하는 것이 바람직하다.
③ 예방정비의 효과는 장비의 수명, 성능 유지, 수리비 절감에 효과가 있다.
④ 예방정비는 운전자가 하는 것이 아니다.

10 건설기계장비 작업 시 계기판에 오일 경고등이 점등되었을 때 우선 조치사항으로 가장 적절한 것은?

① 엔진을 분해한다.
② 즉시 시동을 끄고 오일계통을 점검한다.
③ 엔진오일을 교환하고 운전한다.
④ 냉각수를 보충하고 운전한다.

11 기관의 예방정비 시 운전자가 할 수 있는 정비가 아닌 것은?

① 연료 여과기의 엘리먼트 점검
② 연료 파이프의 풀림 상태 조임
③ 냉각수 보충
④ 딜리버리 밸브 교환

11 작업안전 ▶ 작업 전·후 점검
디젤기관 분사펌프의 딜리버리 밸브의 교환은 건설기계 부품의 교체에 해당하므로 건설기계정비업자가 해야 한다.

12 건설기계장비 운전자가 연료탱크의 배출 콕을 열었다가 잠그는 작업을 하고 있다면 무엇을 배출하기 위한 예방정비 작업인가?

① 오물 및 수분
② 엔진오일
③ 유압오일
④ 공기

12 작업안전 ▶ 작업 전·후 점검
연료 속에 포함된 불순물 및 수분은 연료보다 비중이 높아 탱크 아래에 침전되기 때문에 배출 콕을 열어 주기적으로 배출시켜야 한다.

13 도시가스 매설배관의 최고사용압력에 따른 보호포의 바탕색상이 옳은 것은?

① 저압 – 황색, 중압 이상 – 적색
② 저압 – 흰색, 중압 이상 – 적색
③ 저압 – 적색, 중압 이상 – 황색
④ 저압 – 적색, 중압 이상 – 흰색

13 작업안전 ▶ 가스 및 전기 안전 관리
도시가스 매설배관의 최고사용압력에 따른 보호포의 바탕색
• 최고사용압력이 저압인 경우: 황색
• 최고사용압력이 중압 이상인 경우: 적색

14 굴착 작업 중 주변의 고압전선로 등에 주의할 사항으로 옳은 것은?

① 고압선과 접촉해도 무관하다.
② 고압선과 안전거리를 확인한 후 작업한다.
③ 주차시켜 놓았을 때 버킷 끝을 전주에 기대어 놓았다.
④ 전주가 서 있는 밑부분을 굴착해도 무관하다.

14 작업안전 ▶ 가스 및 전기 안전 관리
고압전선로 주변에서 굴착 작업을 할 경우 안전이격거리만큼 이격하고 작업해야 한다.

15 고압선로 주변에서 건설기계 작업 중 고압선로 또는 지지물어 접촉될 위험이 가장 높은 것은?

① 붐 또는 권상로프
② 상부회전체
③ 하부주행체
④ 장비 운전석

15 작업안전 ▶ 가스 및 전기 안전 관리
건설기계 작업 중 고압선로 또는 지지물에 접촉될 위험이 가장 높은 부분은 붐 또는 권상로프이다.

| 정답 | 11 ④ | 12 ① | 13 ① |
| 14 ② | 15 ① |

16 철길 건널목 안에서 차가 고장이 나서 운행할 수 없게 된 경우 운전자의 조치사항으로 옳지 않은 것은?

① 승객을 하차시켜 즉시 대피시킨다.
② 차를 즉시 건널목 밖으로 이동시킨다.
③ 현장을 그대로 보존하고 경찰관서로 가서 고장 신고를 한다.
④ 철도 공무 중인 직원이나 경찰공무원에게 즉시 알려 차를 이동하기 위해 필요한 조치를 한다.

16 도로주행 ▶ 도로교통법
철길 건널목 안에서 차가 고장이 나서 운행할 수 없게 되면 동승한 승객을 하차시켜 즉시 대피시킨 후 인력으로 차를 건널목 밖으로 밀어 이동시키거나, 여의치 않을 경우 철도 공무원이나 경찰공무원에게 신고해야 한다. 현장을 그대로 보존하는 것은 건널목 내 다른 차와의 충돌을 일으킬 수 있으므로 바람직하지 않다.

17 교차로에서 직진하고자 신호대기 중에 있는 차가 진행 신호를 받고 안전하게 통행하는 방법은?

① 신호와 동시에 출발하면 된다.
② 직진이 최우선이므로 진행 신호에 무조건 따른다.
③ 진행 권리가 부여되었으므로 좌우의 진행 차량에는 구애받지 않는다.
④ 좌우를 살피며 계속 보행 중인 보행자와 진행하는 교통의 흐름에 유의하여 진행한다.

17 도로주행 ▶ 도로교통법
교차로에서 직진하고자 신호대기 중에 있는 차가 진행 신호를 받으면 좌우를 살피며 계속 보행 중인 보행자와 진행하는 교통의 흐름에 유의하여 진행해야 한다.

18 타이어식 건설기계의 좌석 안전띠에 대한 설명으로 옳지 않은 것은?

① 굴착기에는 좌석 안전띠를 설치할 필요가 없다.
② 안전띠는 사용자가 쉽게 잠그고 풀 수 있는 구조여야 한다.
③ 안전띠는 산업표준화법 제15조에 따라 인증을 받은 제품이어야 한다.
④ 30km/h 이상의 속도를 낼 수 있는 타이어식 건설기계에는 좌석 안전띠를 설치해야 한다.

18 도로주행 ▶ 도로교통법
굴착기는 전복사고 발생률이 높기 때문에 반드시 좌석 안전띠를 설치해야 한다.

19 1종 보통면허로 운전할 수 없는 것은?

① 승차정원 15인승의 승합자동차
② 적재중량 11톤급의 화물자동차
③ 특수자동차(트레일러 및 구난차 제외)
④ 원동기장치자전거

19 도로주행 ▶ 도로교통법
1종 보통면허로 운전할 수 있는 차량에는 15인승 이하의 승합자동차, 12톤 미만의 화물자동차, 원동기장치자전거, 승용자동차 등이 있다.

20 녹색신호에서 교차로 내를 직진하는 중에 황색신호로 바뀌었을 때, 안전운전 방법으로 옳은 것은?

① 계속 진행하여 신속히 교차로를 통과한다.
② 일시정지하여 다음 신호를 기다린다.
③ 일시정지하여 좌우를 살핀 후 진행한다.
④ 속도를 줄여 조금씩 움직이는 정도의 속도로 서행하면서 진행한다.

20 도로주행 ▶ 도로교통법
녹색신호에서 교차로 내를 직진하는 중에 황색신호로 바뀐 경우에는 계속 진행하여 신속하게 교차로를 통과해야 한다.

| 정답 | 16 ③　17 ④　18 ①
　　　　 19 ③　20 ①

21 건설기계관리법령상 자동차 1종 대형면허로 조종할 수 없는 건설기계는?

① 5톤 굴착기
② 노상안정기
③ 콘크리트펌프
④ 아스팔트살포기

21 도로주행 ▶ 건설기계관리법
5톤 굴착기는 1종 대형면허로 조종할 수 없는 건설기계이다.
②③④ 이외에도 1종 대형면허로 조종할 수 있는 건설기계에는 덤프트럭, 콘크리트 믹서트럭, 천공기 등이 있다.

22 건설기계등록의 경정은 어느 때 하는가?

① 등록을 한 후에 소유권이 이전되었을 때
② 등록을 한 후에 등록지가 이전되었을 때
③ 등록을 한 후에 소재지가 변동되었을 때
④ 등록을 한 후에 그 등록에 관하여 착오 또는 누락이 있음을 발견한 때

22 도로주행 ▶ 건설기계관리법
건설기계등록의 경정(바르게 고침)은 등록을 한 후에 그 등록에 관하여 착오 또는 누락이 있음을 발견한 때에 한다.

23 건설기계관리법령상 국토교통부령으로 정하는 바에 따라 등록번호표를 부착 및 봉인하지 않은 건설기계를 운행하여서는 아니 된다는 규정을 1차 위반했을 경우의 과태료는? (단, 임시번호표를 부착한 경우는 제외한다)

① 5만 원
② 10만 원
③ 50만 원
④ 100만 원

23 도로주행 ▶ 건설기계관리법
등록번호표를 부착 및 봉인하지 아니한 건설기계를 운행한 자는 100만 원 이하의 과태료에 처한다.

24 다음 중 건설기계 조종사 면허에 대한 설명으로 잘못된 것은?

① 건설기계를 조종하려는 사람은 시장, 군수 또는 구청장에게 건설기계조종사 면허를 받아야 한다.
② 18세 미만인 사람은 건설기계 조종사면허를 받을 수 없다.
③ 운전면허로는 운전할 수 있는 건설기계는 없다.
④ 적성검사는 1종 자동차운전면허증 사본 또는 1종 운전면허에 요구되는 신체검사서로 갈음할 수 있다.

24 도로주행 ▶ 건설기계관리법
덤프트럭, 아스팔트살포기, 노상안전기 등은 1종 대형운전면허로 조종할 수 있다.

25 건설기계조종사 면허 발급 시 결격사유에 해당하지 않는 것은?

① 앞을 보지 못하는 사람
② 나이가 18세인 사람
③ 듣지 못하는 사람
④ 건설기계조종사 면허의 효력정지 처분 기간 중에 있는 사람

25 도로주행 ▶ 건설기계관리법
나이가 18세 미만인 사람이 건설기계조종사 면허를 받을 수 없다.

| 정답 | 21 ① 22 ④ 23 ④ 24 ③ 25 ②

26 엔진오일의 소비량이 많아지는 직접적인 원인은?

① 피스톤 링과 실린더의 간극이 과대한 경우
② 오일펌프 기어가 과대 마모된 경우
③ 배기 밸브 간극이 너무 작은 경우
④ 윤활유의 압력이 너무 낮은 경우

27 실린더 블록의 구비조건으로 옳지 않은 것은?

① 기관의 부품 중 가장 큰 부품이므로 가능한 소형, 경량일 것
② 기관의 기초 구조물이므로 강도와 강성이 클 것
③ 구조가 복잡하므로 주조 성능 및 절삭 가공이 용이할 것
④ 실린더 벽의 마모성이 클 것

28 라디에이터(radiator)를 다운플로형식(down flow type)과 크로스플로형식(cross flow type)으로 구분하는 기준은?

① 라디에이터의 크기
② 공기가 흐르는 방향
③ 냉각수가 흐르는 방향
④ 라디에이터의 설치 위치

29 기관 오일양이 초기 점검 시보다 증가하는 원인으로 옳은 것은?

① 실린더의 과열   ② 오일의 연소
③ 오일 점도의 변화   ④ 냉각수의 유입

30 4행정기관에서 크랭크축 기어와 캠축 기어의 지름의 비(㉠) 및 회전비(㉡)는 각각 얼마인가?

	㉠	㉡		㉠	㉡
①	1 : 2	1 : 2	②	1 : 2	2 : 1
③	2 : 1	1 : 2	④	2 : 1	2 : 1

---

26 장비구조 ▶ 엔진구조
피스톤 링과 실린더의 간극이 과대하면 엔진오일이 연소실로 올라와 연소하기 때문에 엔진오일 소비량이 많아진다.

27 장비구조 ▶ 엔진구조
실린더 블록은 내마모성, 내식성, 내열성이 커야 한다.

28 장비구조 ▶ 엔진구조
라디에이터(radiator)는 냉각수가 흐르는 방향에 따라 다운플로형식(down flow type)과 크로스플로형식(cross flow type)으로 구분하며, 일반적으로 다운플로형식을 더 많이 사용한다.

29 장비구조 ▶ 엔진구조
기관 오일양이 초기 점검 시보다 증가하였다면 실린더 헤드 개스킷이 손상되어 냉각수가 유입된 것으로 볼 수 있다.

30 장비구조 ▶ 엔진구조
4행정기관은 크랭크축 2회전에 캠축이 1회전하므로 크랭크축 기어와 캠축 기어의 지름비와 회전비는 각각 1 : 2 및 2 : 1이다.

| 정답 | 26 ① 27 ④ 28 ③
　　　　29 ④ 30 ②

31 라디에이터 압력식 캡에 대한 설명으로 틀린 것은?

① 냉각수 주입구 뚜껑이다.
② 냉각수의 비등점을 높여 준다.
③ 진공 밸브가 내장되어 있다.
④ 냉각수를 순환시켜 준다.

31 장비구조 ▶ 엔진구조
냉각수 순환은 물펌프의 역할이다.

32 디젤기관을 시동한 후 충분한 시간이 지났는데도 냉각수 온도가 정상적으로 상승하지 않을 경우, 고장의 원인이 될 수 있는 것은?

① 냉각팬 벨트의 헐거움
② 수온조절기가 열린 채 고장
③ 물펌프의 고장
④ 라디에이터 코어 막힘

32 장비구조 ▶ 엔진구조
수온조절기(정온기)는 65℃에서 열리기 시작해서 85℃에서 완전히 열려 엔진의 온도를 일정하게 유지시켜 주는 역할을 한다. 수온조절기가 열린 채로 고장 나면 과냉의 원인이 되고, 닫힌 채로 고장 나면 과열의 원인이 된다.

33 디젤기관에서 시동이 잘 안 되는 원인으로 옳은 것은?

① 냉각수의 온도가 높은 것을 사용하였다.
② 보조탱크의 냉각수량이 부족하다.
③ 점도가 낮은 기관 오일을 사용하였다.
④ 연료계통에 공기가 들어 있다.

33 장비구조 ▶ 엔진구조
디젤기관에서 시동이 되지 않는 원인 중 하나는 연료계통에 공기가 들어갔기 때문이다. 디젤기관 연료 라인에 공기가 유입되면 시동이 되지 않기 때문에 프라이밍펌프를 이용하여 공기빼기를 해 줘야 한다.

34 연소실과 연소의 구비조건이 아닌 것은?

① 분사된 연료를 가능한 한 긴 시간 동안 완전 연소시킬 것
② 평균 유효압력이 높을 것
③ 고속회전에서의 연소 상태가 좋을 것
④ 노크 발생이 적을 것

34 장비구조 ▶ 엔진구조
분사된 연료는 가능한 한 짧은 시간에 완전 연소되어야 한다.

35 급속 충전 시 유의할 사항으로 옳지 않은 것은?

① 통풍이 잘 되는 곳에서 충전한다.
② 건설기계에 설치된 상태로 충전한다.
③ 충전 시간을 짧게 한다.
④ 전해액 온도가 45℃를 넘지 않게 한다.

35 장비구조 ▶ 전기장치
급속 충전 시 발전기 다이오드의 손상을 방지하기 위해 건설기계에서 배터리를 분리하여 충전한다.

| 정답 | 31 ④ 32 ② 33 ④
34 ① 35 ②

36 교류발전기에서 회전체에 해당하는 것은?

① 스테이터
② 브러시
③ 엔드프레임
④ 로터

37 축전지의 전해액으로 적절한 것은?

① 순수한 물
② 과산화납
③ 해면상납
④ 묽은 황산

38 실드 빔 형식의 전조등을 사용하는 건설기계장비에서 전조등 밝기가 흐려 야간운전에 어려움이 있을 때의 조치 방법으로 옳은 것은?

① 렌즈를 교환한다.
② 전조등을 교환한다.
③ 반사경을 교환한다.
④ 전구를 교환한다.

39 전압(voltage)에 대한 설명으로 옳은 것은?

① 전기적인 높이, 즉 전기적인 압력을 말한다.
② 자유전자가 도선을 통해 흐르는 것을 말한다.
③ 물질에 전류가 흐를 수 있는 정도를 나타낸다.
④ 도체의 저항에 의해 발생하는 열을 나타낸다.

40 축전지의 용량을 나타내는 단위는?

① A
② Ah
③ V
④ Ω

---

36 장비구조 ▶ 전기장치
로터는 양 철심 안쪽에 코일이 감겨 있으며 풀리에 의해 회전하는 부분(회전체)으로, 슬립링을 통해 공급된 전류로 코일이 자기장을 형성하면 철심은 자석이 된다.

37 장비구조 ▶ 전기장치
축전지의 전해액으로는 증류수(순수한 물)와 황산을 섞어 만든 묽은 황산을 사용한다.

38 장비구조 ▶ 전기장치
실드 빔 형식은 렌즈, 반사경, 필라멘트가 일체로 되어 있는 형식으로, 기후 변화에 따라 반사경이 흐려지는 경우가 있다. 실드 빔 형식은 필라멘트가 단선되면 전조등 전체를 교환해야 한다.

39 장비구조 ▶ 전기장치
전압은 전기적인 압력을 말하며, 단위는 볼트(V)이다.
② 자유전자가 도선을 통해 흐르는 것은 전류이다.

40 장비구조 ▶ 전기장치
축전지(배터리)의 용량 표시는 A(방전 전류)×h(방전 시간)='Ah'로 나타낸다.

| 정답 | 36 ④ 37 ④ 38 ② 39 ① 40 ②

41 유압식 브레이크 장치에서 제동이 잘 풀리지 않는 원인에 해당하는 것은?

① 브레이크 오일의 점도가 낮을 경우
② 파이프 내에 공기가 침입한 경우
③ 라이닝이 마모된 경우
④ 마스터 실린더의 리턴구멍이 막힌 경우

41 장비구조 ▶ 전·후진 주행장치
마스터 실린더의 리턴구멍이 막히면 브레이크 페달을 놓았을 때 유압이 해제되지 않아 제동이 잘 풀리지 않는다.

42 토크컨버터의 구성품 중 오일의 흐름 방향을 바꾸어 터빈 러너의 회전력을 증대시키는 것은?

① 펌프 임펠러
② 크랭크 축
③ 스테이터
④ 가이드링

42 장비구조 ▶ 전·후진 주행장치
스테이터는 오일의 흐름 방향을 바꾸어 터빈 러너의 회전력(토크)을 증대시킨다.

43 동력전달장치에서 슬립 이음의 역할은?

① 길이 변화가 가능하다.
② 각도 변화가 가능하다.
③ 각도 및 길이 변화가 가능하다.
④ 구동력을 증가시킨다.

43 장비구조 ▶ 전·후진 주행장치
슬립 이음은 길이 변화에 대응하기 위한 이음으로, 변속기 출력축과 추진축에 스플라인으로 구성되어 있다.
② 각도 변화에 대응하기 위한 이음은 자재 이음으로, 추진축 앞뒤에 설치된다.

44 토크컨버터의 동력전달 매체로 옳은 것은?

① 클러치판
② 유체
③ 벨트
④ 기어

44 장비구조 ▶ 전·후진 주행장치
토크컨버터는 펌프 임펠러, 터빈 러너, 스테이터로 구성되며, 유체의 힘에 의해 동력이 전달된다.

45 브레이크 장치의 베이퍼록 발생 원인이 아닌 것은?

① 긴 내리막길에서 과도한 브레이크 사용
② 엔진 브레이크와 풋 브레이크를 동시에 사용
③ 드럼과 라이닝의 끌림에 의한 가열
④ 오일의 변질에 의한 비등점 저하

45 장비구조 ▶ 전·후진 주행장치
엔진 브레이크와 풋 브레이크를 함께 사용하는 것은 브레이크 라인의 베이퍼록을 방지하기 위한 방법에 해당한다.

| 정답 | 41 ④ 42 ③ 43 ① 44 ② 45 ②

46 기관과 변속기 사이에 설치되어 동력의 차단 및 전달의 기능을 하는 것은?

① 변속기
② 클러치
③ 추진축
④ 차축

46 장비구조 ▶ 전·후진 주행장치

클러치는 기관과 변속기 사이에 설치되어 동력을 차단 및 전달하는 장치로, 마찰 클러치와 유체 클러치로 구분된다.

47 [보기]에서 압력의 단위를 모두 고른 것은?

| 보기 |
| ㄱ. psi   ㄴ. kgf/cm² |
| ㄷ. bar   ㄹ. N·m |

① ㄱ, ㄴ, ㄷ
② ㄱ, ㄴ, ㄹ
③ ㄱ, ㄷ, ㄹ
④ ㄴ, ㄷ, ㄹ

47 장비구조 ▶ 유압일반

압력은 단위면적당 작용하는 힘으로, 압력의 단위에는 psi, kgf/cm², bar, kPa, atm 등이 있다.

48 유압펌프에서 발생한 유압을 저장하고 맥동압력을 제거시키는 것은?

① 어큐뮬레이터
② 언로딩 밸브
③ 릴리프 밸브
④ 스트레이너

48 장비구조 ▶ 유압일반

어큐뮬레이터의 기능
- 유압유의 압력에너지를 저장한다.
- 펌프의 맥동압력을 흡수하여 일정하게 유지한다.
- 비상시 보조 유압원으로 사용한다.
- 압력을 보상한다.

49 유압장치에서 피스톤 로드에 있는 먼지 또는 오염물질 등이 실린더 내로 혼입되는 것을 방지하는 역할을 하는 것은?

① 필터(filter)
② 더스트 실(dust seal)
③ 밸브(valve)
④ 실린더 커버(cylinder cover)

49 장비구조 ▶ 유압일반

유압 실린더에서 피스톤 로드는 실린터 튜브 안과 밖을 이동하기 때문에 오염물질이 튜브 안으로 유입되는 것을 방지하기 위해 더스트 실(와이퍼 실)을 설치한다.

50 유압장치에서 금속가루 또는 불순물을 제거하기 위해 사용하는 부품으로 옳은 것은?

① 여과기와 어큐뮬레이터
② 스크레이퍼와 필터
③ 필터와 스트레이너
④ 어큐뮬레이터와 스트레이너

50 장비구조 ▶ 유압일반

유압장치에서 비교적 큰 이물질은 스트레이너가 여과하고, 작은 이물질은 필터가 여과한다.

| 정답 | 46 ② 47 ① 48 ①
49 ② 50 ③

51 다음 중 압력제어 밸브가 아닌 것은?
① 릴리프 밸브
② 체크 밸브
③ 감압 밸브
④ 시퀀스 밸브

51 장비구조 ▶ 유압일반
체크 밸브는 유체를 한쪽 방향으로만 흐르게 하는 방향제어 밸브이다.

52 유압유의 점도가 지나치게 높을 때 나타나는 현상으로 옳지 않은 것은?
① 오일 누설이 증가한다.
② 유동 저항이 커져 압력 손실이 증가한다.
③ 동력 손실이 증가하여 기계 효율이 감소한다.
④ 내부 마찰이 증가하고 압력이 상승한다.

52 장비구조 ▶ 유압일반
오일 누설이 증가하는 것은 유압유 점도가 낮을 때 나타나는 현상이다.

53 유압기호 중 다음 그림이 나타내는 것은?

① 유압동력원
② 공기압동력원
③ 전동기
④ 원동기

53 장비구조 ▶ 유압일반
유압동력원을 나타내는 유압기호로, 유압동력이 좌에서 우로 전달됨을 나타낸다.

54 현장에서 유압유의 열화를 찾아내는 방법으로 옳은 것은?
① 오일을 가열했을 때 냉각되는 시간 확인
② 오일을 냉각했을 때 침전물의 유무 확인
③ 자극적인 악취·색깔의 변화 확인
④ 건조한 여과지를 오일에 넣어 젖는 시간 확인

54 장비구조 ▶ 유압일반
유압유의 열화 점검 방법으로는 색깔 변화 및 수분 함유 여부, 침전물 유무 및 점도 상태, 흔들었을 때 거품 발생 여부, 냄새 확인 등이 있다.

55 유압모터의 단점에 해당하지 않는 것은?
① 작동유에 먼지나 공기가 침입하지 않도록 특히 보수에 주의해야 한다.
② 작동유가 누출되면 작업 성능에 지장이 있다.
③ 작동유의 점도 변화에 의해 유압모터의 사용에 제약이 있다.
④ 릴리프 밸브를 부착하여 속도나 방향을 제어하기가 곤란하다.

55 장비구조 ▶ 유압일반
유압모터에 유량제어 밸브나 방향제어 밸브를 부착할 경우 속도나 방향제어가 가능하다.

| 정답 | 51 ② 52 ① 53 ①
54 ③ 55 ④

56 지반을 다지는 용도로 사용하는 굴착기 선택장치는?

① 콤팩터　　　　　② 하베스터
③ 우드그래플　　　④ 리퍼

57 무한궤도식 건설기계에서 트랙의 장력을 너무 팽팽하게 조정했을 때 미치는 영향으로 틀린 것은?

① 트랙링크의 마모
② 프론트 아이들러의 마모
③ 트랙의 이탈
④ 구동 스프로킷의 마모

58 트랙프레임 위에 한쪽만 지지하거나 양쪽을 지지하는 브라킷에 1~2개가 설치되어 트랙 아이들러와 스프로킷 사이에서 트랙이 처지는 것을 방지하는 동시에 트랙의 회전 위치를 정확하게 유지하는 역할을 하는 것은?

① 블레이드　　　　② 아우터 스프링
③ 스프로킷　　　　④ 캐리어롤러

59 다음 중 굴착기 작업 시 안정 및 균형을 잡아주기 위해 설치하는 것은?

① 붐　　　　　　　② 암
③ 버킷　　　　　　④ 카운터웨이트

60 다음 도로명판에 대한 설명으로 옳지 않은 것은?

강남대로　1→699
Gangnam-daero

① 도로명은 강남대로이다.
② '1→'의 위치는 도로의 시작지점이다.
③ 강남대로는 699m이다.
④ 강남대로는 1~699번까지 지번이 부여되어 있다.

---

56 장비구조 ▶ 굴착기 구조 및 기능, 작업
② 하베스터는 나무 토막내기 작업을 할 때 사용한다.
③ 우드그래플은 집게를 이용하여 원목 등을 집어 운반 및 하역하는 선택장치이다.
④ 리퍼는 콘크리트 제거 등에 사용된다.

57 장비구조 ▶ 굴착기 구조 및 기능, 작업
트랙의 장력이 너무 팽팽할 경우 트랙의 이탈은 방지할 수 있지만 트랙링크, 프론트 아이들러, 스프로킷 등의 마모가 촉진된다.

58 장비구조 ▶ 굴착기 구조 및 기능, 작업
① 블레이드(배토판)는 토사를 굴착하여 밀면서 운반하는 강철제의 판이다.
② 아우터 스프링은 리코일 스프링(2중 스프링)의 바깥쪽 스프링이다.
③ 스프로킷은 최종감속 기어의 동력을 트랙으로 전달하는 역할을 한다.

59 장비구조 ▶ 굴착기 구조 및 기능, 작업
카운터웨이트는 작업 중 뒷부분이 들리지 않도록 된 평형추로, 상부회전체에 해당한다.
①②③ 붐, 암, 버킷은 굴착기의 작업장치(전부장치)에 해당한다.

60 도로주행 ▶ 도로명주소
강남대로는 6.99km(699×10m)이다.

| 정답 | 56 ① 　57 ③ 　58 ④
　　　　59 ④ 　60 ③

제8회 빈출복원 실전모의고사

01 수공구 사용 시 안전사고 발생 원인으로 옳지 않은 것은?

① 사용 방법이 미숙하였다.
② 힘에 맞지 않는 공구를 사용하였다.
③ 수공구의 성능을 알고 선택하였다.
④ 사용공구의 점검 및 정비를 소홀히 하였다.

해설

01 작업안전 ▶ 안전관리
안전사고를 방지하기 위해 수공구 사용 시 수공구의 성능을 알고 선택해야 한다.

02 기계나 부품이 고장 나거나 불량이 발생해도 안전하게 작동할 수 있도록 하는 기능은?

① 인터록 ② 페일세이프
③ 시간지연장치 ④ 풀 프루프

02 작업안전 ▶ 안전관리
페일세이프란 기계가 잘 작동하지 않거나 고장이 났을 경우 운전을 정지하거나 안전하게 작동할 수 있도록 하는 기능이다.

03 중량물을 들어 올리는 방법 중 안전상 가장 올바른 것은?

① 지렛대를 이용한다.
② 체인블록을 이용하여 들어 올린다.
③ 로프로 묶고 잡아당긴다.
④ 최대한 힘을 모아 들어 올린다.

03 작업안전 ▶ 안전관리
중량물을 들어 올리는 가장 안전한 방법은 짐을 감아 올리는 도르레인 체인블록을 이용하여 들어 올리는 것이다.

04 작업안전을 위한 복장 상태로 옳지 않은 것은?

① 땀을 닦기 위한 수건이나 손수건을 허리나 목에 걸고 작업해서는 안 된다.
② 옷소매 폭이 너무 넓지 않은 것이 좋고, 단추가 달린 것은 되도록 피한다.
③ 물체가 추락할 우려가 있는 작업장에서는 작업모를 착용해야 한다.
④ 복장을 단정하게 하기 위해 넥타이를 꼭 매야 한다.

04 작업안전 ▶ 안전관리
넥타이를 매고 작업을 할 경우 넥타이의 끝이 기계 장치에 말려들어갈 위험이 높으므로 착용해서 안 된다.

05 연삭기 받침대와 숫돌과의 틈새는 얼마가 적당한가?

① 3mm 이하 ② 5mm 이하
③ 7mm 이하 ④ 10mm 이하

05 작업안전 ▶ 안전관리
연삭기 받침대와 숫돌과의 틈새는 2~3mm 정도가 적당하다.

| 정답 | 01 ③ 02 ② 03 ②
04 ④ 05 ①

06 중량물 운반에 대한 설명으로 틀린 것은?

① 무거운 물건을 운반할 경우 주위 사람들에게 인지시킨다.
② 무거운 물건을 상승시킨 채 오랫동안 방치하지 않는다.
③ 규정 용량을 초과해서 운반하지 않는다.
④ 흔들리는 중량물은 사람이 붙잡아서 이동한다.

07 안전보건표지 중 다음의 안전표지판이 나타내는 것은?

① 보행금지
② 작업금지
③ 출입금지
④ 사용금지

08 세척작업 중 알칼리 또는 산성 세척유가 눈에 들어갔을 경우에 응급처치로 가장 먼저 해야 하는 것은?

① 수돗물로 씻어낸다.
② 눈을 크게 뜨고 바람 부는 쪽을 향해 눈물을 흘린다.
③ 알칼리성 세척유가 눈에 들어가면 붕산수를 구입하여 중화시킨다.
④ 산성 세척유가 눈에 들어가면 병원으로 후송하여 알칼리성으로 중화시킨다.

09 굴착기에 대한 설명으로 틀린 것은?

① 연료탱크가 비어 있으면 연료게이지는 'E'를 가리킨다.
② 오일압력 경고등은 시동 후 워밍업이 되기 전에 점등되어야 한다.
③ 암페어 메타의 지침은 방전되면 (−)쪽을 가리킨다.
④ 히터 시그널은 연소실 글로 플러그의 가열 상태를 표시한다.

10 유압유 탱크에서 유량을 체크하는 것은?

① 유량계
② 유면계
③ 압력계
④ 온도계

11 디젤기관에 시동이 걸리지 않을 경우 점검해야 할 곳이 아닌 것은?

① 기동 전동기에 이상이 없는지 점검해야 한다.
② 배터리의 충전 상태를 점검해야 한다.
③ 배터리 접지 케이블의 단자가 잘 조여져 있는지 점검해야 한다.
④ 발전기에 이상이 없는지 점검해야 한다.

11 작업안전 ▶ 작업 전·후 점검
시동 시 기동 전동기에 전기를 공급하는 장치는 배터리이다. 발전기는 시동과 관련 없다.

12 납산 배터리의 전해액을 측정하여 충전 상태를 알 수 있는 게이지는?

① 그로울러 테스터
② 압력계
③ 비중계
④ 스러스트 게이지

12 작업안전 ▶ 작업 전·후 점검
전해액의 비중 측정은 비중계로 한다. 납산 배터리가 완전 충전되었을 때 전해액의 비중은 20℃에서 1.260~1.280 정도이다.

13 건설기계로 작업 중 가스배관을 손상시켜 가스가 누출되고 있을 경우 긴급 조치 사항으로 가장 거리가 먼 것은?

① 가스배관을 손상시킨 것으로 판단되면 즉시 기계 작동을 멈춘다.
② 가스가 다량 누출되고 있으면 우선적으로 주위 사람들을 대피시킨다.
③ 즉시 해당 도시가스회사나 한국가스안전공사에 신고한다.
④ 가스가 누출되면 가스배관을 손상시킨 장비를 빼내고 안전한 장소로 이동한다.

13 작업안전 ▶ 가스 및 전기 안전관리
가스배관을 손상시킨 장비를 빼내면 더 많은 가스가 누출될 수 있으므로 장비 작동을 멈추고 신속하게 대피해야 한다.

14 도시가스가 공급되는 지역에서 굴착 공사를 하기 전, 도로 부분의 지하에 가스배관이 매설되었는지의 여부는 누구에게 확인해야 하는가?

① 시장
② 도지사
③ 경찰서장
④ 해당 도시가스사업자

14 작업안전 ▶ 가스 및 전기 안전관리
굴착 공사를 하기 전 가스배관의 매설 여부는 해당 도시가스사업자에게 확인해야 한다.

15 지하매설배관 탐지장치 등으로 확인된 지점 중 확인이 곤란한 분기점, 곡선부, 장애물 우회지점의 안전 굴착 방법으로 가장 적합한 것은?

① 시험 굴착을 실시해야 한다.
② 가스배관 좌우측 굴착을 실시한다.
③ 유도관(가이드 파이프)을 설치하여 굴착한다.
④ 절대 작업 불가 구간으로 제한되어 굴착할 수 없다.

15 작업안전 ▶ 가스 및 전기 안전관리
지하매설배관 탐지장치 등으로 확인된 지점 중 확인이 곤란한 분기점, 곡선부, 장애물 우회지점은 안전 굴착을 위해서는 시험 굴착을 실시해야 한다.

| 정답 | 11 ④ 12 ③ 13 ④ 14 ④ 15 ①

16 다른 교통 또는 안전표지의 표시에 주의하면서 진행할 수 있는 신호는?

① 황색등화의 점멸
② 적색등화
③ 녹색화살표시의 등화
④ 적색 ×표 표시의 등화

16 도로주행 ▶ 도로교통법
② 적색등화 시에는 정지해야 한다.
③ 녹색화살표시의 등화에는 화살표시의 방향대로 진행할 수 있다.
④ 차마는 적색 ×표 표시의 등화가 있는 차로로 진행할 수 없다.

17 진로를 변경하고자 할 때 운전자가 지켜야 할 사항으로 옳지 않은 것은?

① 신호는 행위가 끝날 때까지 계속해야 한다.
② 방향지시기로 신호를 한다.
③ 손이나 등화로도 신호를 할 수 있다.
④ 제한속도에 관계없이 최단 시간 내에 진로변경을 해야 한다.

17 도로주행 ▶ 도로교통법
진로변경을 하고자 할 때에는 제한속도를 준수해야 한다. 그리고 변경하려는 방향으로 오고 있는 다른 차의 정상적인 통행에 장애를 줄 우려가 있을 때에는 진로를 변경해서는 아니 된다.

18 다음 (   ) 안에 들어갈 내용이 순서대로 모두 옳은 것은?

> 도로를 통행하는 차마의 운전자는 교통안전시설이 표시하는 신호 또는 지시와 교통정리를 위한 경찰공무원 등의 신호 또는 지시가 다른 경우에는 (   )의 (   )에 따라야 한다.

① 운전자, 판단
② 교통신호, 지시
③ 경찰공무원 등, 신호 또는 지시
④ 다른 차, 신호

18 도로주행 ▶ 도로교통법
도로를 통행하는 차마의 운전자는 교통안전시설이 표시하는 신호 또는 지시와 교통정리를 위한 경찰공무원 등의 신호 또는 지시가 다른 경우에는 경찰공무원 등의 신호 또는 지시에 따라야 한다.

19 운행상의 안전기준을 넘어서 승차 및 적재가 가능한 경우는?

① 도착지를 관할하는 경찰서장의 허가를 받은 때
② 출발지를 관할하는 경찰서장의 허가를 받은 때
③ 관할 시·군수의 허가를 받은 때
④ 동·읍·면장의 허가를 받은 때

19 도로주행 ▶ 도로교통법
「도로교통법」 제39조(승차 또는 적재의 방법과 제한)에 따르면 출발지를 관할하는 경찰서장의 허가를 받은 경우에는 승차 인원, 적재중량 및 적재용량을 초과하여 운행할 수 있다.

20 자동차전용도로의 정의로 옳은 것은?

① 보도와 차도의 구분이 없는 도로
② 보도와 차도의 구분이 있는 도로
③ 자동차만 다닐 수 있도록 설치된 도로
④ 자동차 고속 주행의 교통에만 이용되는 도로

20 도로주행 ▶ 도로교통법
자동차전용도로란 자동차만 다닐 수 있도록 설치된 도로를 말한다.

| 정답 | 16 ① 17 ④ 18 ③
19 ② 20 ③

21 건설기계등록사항에 변경이 있을 때, 소유자는 건설기계등록사항 변경신고서를 누구에게 제출해야 하는가?

① 관할 검사소장
② 고용노동부장관
③ 행정안전부장관
④ 시·도지사

21 도로주행 ▶ 건설기계관리법
건설기계등록에 관한 신청 및 변경은 시·도지사에게 한다.

22 3톤 미만 소형 굴착기 조종교육의 내용에 해당하지 않는 것은?

① 유압일반
② 조종실습
③ 건설기계관리법규 및 자동차 관리법
④ 건설기계기관, 전기 및 작업장치

22 도로주행 ▶ 건설기계관리법
건설기계관리법규 및 도로통행방법, 건설기계기관, 전기 및 작업장치, 유압일반, 조종실습이 「건설기계관리법 시행규칙」에 따른 3톤 미만 소형 굴착기 조종교육의 내용에 해당한다.

23 정기검사에 불합격한 건설기계의 정비명령 기간으로 옳은 것은?

① 31일 이내
② 1개월 이내
③ 3개월 이내
④ 6개월 이내

23 도로주행 ▶ 건설기계관리법
시·도지사는 검사에 불합격된 건설기계에 대하여는 31일 이내의 기간을 정해 해당 건설기계의 소유자에게 검사를 완료한 날부터 10일 이내에 정비명령을 해야 한다.

24 건설기계관리법령상 자동차손해배상 보장법에 따른 자동차보험에 반드시 가입해야 하는 건설기계가 아닌 것은?

① 무한궤도식 굴착기
② 타이어식 굴착기
③ 타이어식 기중기
④ 덤프트럭

24 도로주행 ▶ 건설기계관리법
②③④ 이외에 의무보험 대상 건설기계에는 콘크리트믹서트럭, 트럭적재식 콘크리트펌프, 트럭적재식 아스팔트살포기, 트럭지게차, 도로보수트럭, 노면측정장비 등이 있다.

25 건설기계조종사의 면허취소 사유가 아닌 것은?

① 거짓 또는 부정한 방법으로 건설기계의 면허를 받은 때
② 면허정지 처분을 받은 자가 그 정지 기간 중 건설기계를 조종한 때
③ 건설기계의 조종 중 고의로 중대한 사고를 일으킨 때
④ 등록번호표를 가리거나 훼손하여 알아보기 곤란하게 한 건설기계를 운행한 때

25 도로주행 ▶ 건설기계관리법
등록번호표를 가리거나 훼손하여 알아보기 곤란하게 한 건설기계를 운행한 때는 100만 원 이하의 과태료 처분을 받는다.

| 정답 | 21 ④ 22 ③ 23 ①
24 ① 25 ④

26 커먼레일 연료분사 장치의 저압부에 해당하지 않는 것은?

① 커먼레일
② 연료 스트레이너
③ 1차 연료펌프
④ 필터

26 장비구조 ▶ 엔진구조
커먼레일, 인젝터, 고압펌프는 커먼레일 연료분사 장치의 고압부에 해당한다.

27 다음 중 머플러(소음기)와 관련된 설명으로 옳은 것을 모두 고른 것은?

ㄱ. 카본이 많이 끼면 엔진이 과열되는 원인이 될 수 있다.
ㄴ. 머플러가 손상되어 구멍이 나면 배기음이 커진다.
ㄷ. 카본이 많이 쌓이면 엔진 출력이 떨어진다.
ㄹ. 배기가스의 압력을 높여서 열효율을 증가시킨다.

① ㄱ, ㄴ, ㄷ
② ㄱ, ㄴ, ㄹ
③ ㄱ, ㄷ, ㄹ
④ ㄴ, ㄷ, ㄹ

27 장비구조 ▶ 엔진구조
ㄹ. 배기가스의 압력이 높으면 출력 및 열효율이 떨어진다.

28 먼지가 많은 곳에서 사용되는 여과기로, 흡입공기가 회전운동을 하면서 입자가 큰 먼지나 이물질을 분리시키는 형식의 여과기는?

① 건식 여과기
② 오일배스 여과기
③ 습식 여과기
④ 원심식 여과기

28 장비구조 ▶ 엔진구조
원심식 여과기는 먼지가 많은 곳에서 사용되는 여과기로, 흡입공기가 회전운동을 하면서 입자가 큰 먼지나 이물질을 분리시키는 형식의 여과기이다.

29 기관 방열기에 연결된 보조탱크의 역할로 옳지 않은 것은?

① 냉각수의 체적팽창을 흡수한다.
② 냉각수 온도를 적절하게 조절한다.
③ 장기간 냉각수 보충이 필요 없다.
④ 오버플로(overflow)되어도 증기만 방출된다.

29 장비구조 ▶ 엔진구조
기관 방열기의 보조탱크(리저버탱크)는 압력식 캡의 작동으로 방출된 고압·고온의 냉각수를 저장하여 체적팽창을 흡수할 뿐만 아니라 대기 중으로 증기를 방출한다. 또한 압력식 캡의 진공 밸브가 작동되면 방열기로 냉각수를 보충한다.

30 4행정 사이클 디젤기관의 흡입행정에 대한 설명으로 옳지 않은 것은?

① 흡입 밸브를 통하여 혼합기를 흡입한다.
② 실린더 내에 부압이 발생한다.
③ 흡입 밸브는 상사점 전에 열린다.
④ 흡입계통에는 벤투리, 초크 밸브가 없다.

30 장비구조 ▶ 엔진구조
디젤기관은 흡입 시 혼합기(공기+연료)가 아닌 공기만을 흡입한다.

| 정답 | 26 ① 27 ① 28 ④ 29 ② 30 ①

31 기관 오일이 전달되지 않는 곳은?

① 피스톤 링 ② 피스톤
③ 플라이휠 ④ 피스톤 로드

31 장비구조 ▶ 엔진구조
①②④ 이외에 기관 오일은 터보차저, 디젤기관 분사펌프, 습식 공기청정기, 실린더 헤드 등에 전달된다. 플라이휠은 해당되지 않는다.

32 기관 오일의 압력이 높은 원인에 해당하지 않는 것은?

① 릴리프 밸브 스프링(조정 스프링)이 강할 때
② 추운 겨울철에 가동할 때
③ 오일 점도가 높을 때
④ 오일 점도가 낮을 때

32 장비구조 ▶ 엔진구조
겨울철에 오일의 점도가 높아질 경우가 오일의 압력이 높은 원인에 해당한다. 이외에도 릴리프 밸브 스프링이 강한 경우 등이 압력이 높은 원인이다.

33 기관이 과열되는 원인이 아닌 것은?

① 물재킷 내의 물때 형성
② 팬벨트의 장력 과다
③ 냉각수 부족
④ 무리한 부하 운전

33 장비구조 ▶ 엔진구조
팬벨트의 장력 부족이 기관 과열의 원인이 된다. 팬벨트의 장력 과다는 베어링 손상의 원인이 된다.

34 디젤기관에서 사용하는 공기청정기에 대한 설명으로 옳지 않은 것은?

① 공기청정기는 실린더 마멸과는 관계없다.
② 공기청정기가 막히면 배기색은 검은색이 된다.
③ 공기청정기가 막히면 출력이 감소한다.
④ 공기청정기가 막히면 연소가 나빠진다.

34 장비구조 ▶ 엔진구조
공기청정기가 불량하면 대기 중의 이물질이 실린더로 유입되어 실린더 벽을 손상시킨다.

35 다음 ( ) 안에 들어갈 내용으로 옳은 것은?

기동 전동기를 기관에서 떼어 낸 상태에서 행하는 시험을 (ㄱ) 시험, 기관에 설치한 상태에서 행하는 시험을 (ㄴ) 시험이라고 한다.

	ㄱ	ㄴ		ㄱ	ㄴ
①	무부하	부하	②	부하	무부하
③	부하	크랭킹	④	크랭킹	부하

35 장비구조 ▶ 전기장치
기동 전동기를 기관에서 떼어 낸 상태에서 행하는 시험을 무부하 시험, 기관에 설치한 상태에서 행하는 시험을 부하 시험(크랭킹 시험)이라고 한다.

| 정답 | 31 ③ 32 ④ 33 ②
34 ① 35 ①

36 기동 전동기의 마그넷 스위치에 대한 설명으로 옳은 것은?

① 기동 전동기의 저항 조절기이다.
② 기동 전동기의 전류 조절기이다.
③ 기동 전동기의 전압 조절기이다.
④ 기동 전동기용 전자석 스위치이다.

37 장비에 장착된 축전지를 급속 충전할 때 축전지의 접지 케이블을 떼는 이유로 옳은 것은?

① 기동 전동기를 보호하기 위해
② 발전기의 다이오드를 보호하기 위해
③ 과충전을 방지하기 위해
④ 조정기의 접점을 보호하기 위해

38 전류의 자기 작용을 응용한 것은?

① 전구
② 축전지
③ 예열 플러그
④ 발전기

39 기동 전동기의 구성품이 아닌 것은?

① 오버러닝 클러치
② 전기자 코일
③ 전자석 스위치
④ 과급기

40 기동 전동기의 브러시는 본래 길이의 어느 정도가 마모되면 교환해야 하는가?

① 3분의 1 이상
② 4분의 1 이상
③ 5분의 1 이상
④ 10분의 1 이상

---

36 장비구조 ▶ 전기장치

기동 전동기의 마그넷 스위치는 전자석 스위치 또는 솔레노이드 스위치라고도 하며, 풀인 코일과 홀드인 코일이 내장되어 있다.

37 장비구조 ▶ 전기장치

장비에 장착된 축전지를 급속 충전할 때에는 발전기의 다이오드를 보호하기 위해 축전지를 탈거하거나 (+)케이블 및 (−)케이블을 떼어 내고 충전한다.

38 장비구조 ▶ 전기장치

발전기, 기동 전동기, 인젝터는 전류의 3대 작용 중 자기 작용을 응용한 것이다.
② 축전지는 화학 작용을 응용한 것이다.
③ 예열 플러그, 시트열선은 발열 작용을 응용한 것이다.

39 장비구조 ▶ 전기장치

과급기는 일종의 공기압축기로, 기동 전동기의 구성품이 아니다.
①②③ 이외에 기동 전동기는 정류자, 브러시, 계자 코일 등으로 이루어져 있다.

40 장비구조 ▶ 전기장치

기동 전동기의 브러시는 본래 길이의 3분의 1 이상이 마모되면 교환해야 한다.

| 정답 | 36 ④ 37 ② 38 ④ 39 ④ 40 ①

41 수동변속기가 장착된 건설기계장비에 클러치가 연결된 상태에서 기어 변속을 하였을 때 발생할 수 있는 현상으로 옳은 것은?

① 클러치 디스크가 마멸된다.
② 변속 레버가 마모된다.
③ 기어에서 소리가 나고 손상될 수 있다.
④ 종감속 기어가 손상된다.

41 장비구조 ▶ 전·후진 주행장치
수동변속기가 장착된 건설기계장비에 클러치가 연결된 상태에서 기어 변속을 하면 기어가 손상될 수 있다. 이에 반드시 클러치 페달을 밟아 동력이 차단된 상태에서 기어 변속을 해야 한다.

42 수동변속기가 장착된 건설기계장비에서 주행 중 기어가 빠지는 원인이 아닌 것은?

① 기어가 덜 물렸을 때
② 기어의 마모가 심할 때
③ 클러치의 마모가 심할 때
④ 변속기의 록 장치가 불량할 때

42 장비구조 ▶ 전·후진 주행장치
클러치의 마모가 심하면 동력 전달이 잘 되지 않는데, 이는 주행 중 기어가 빠지는 원인과는 관련 없다.

43 동력전달장치에서 추진축의 밸런스 웨이트에 대한 설명으로 옳은 것은?

① 추진축의 비틀림을 방지한다.
② 변속 조작 시 변속을 용이하게 한다.
③ 추진축의 회전수를 높인다.
④ 추진축의 회전 시 진동을 방지한다.

43 장비구조 ▶ 전·후진 주행장치
추진축의 회전 시 불평형에 의한 진동을 방지하기 위해서 밸런스 웨이트를 설치한다.

44 튜브리스 타이어의 장점이 아닌 것은?

① 펑크 수리가 편리하다.
② 못이 박혀도 공기가 잘 새지 않는다.
③ 고속 주행하여도 발열이 적다.
④ 타이어 수명이 길다.

44 장비구조 ▶ 전·후진 주행장치
튜브리스 타이어는 튜브타이어에 비해 수명이 짧다.

45 유체 클러치(fluid coupling)에서 가이드링의 역할은?

① 와류를 감소시킨다.
② 터빈(turbine)의 손상을 줄인다.
③ 마찰을 증대시킨다.
④ 플라이휠(fly wheel)의 마모를 감소시킨다.

45 장비구조 ▶ 전·후진 주행장치
터빈으로부터 날아오는 오일이 펌프 날개에 부딪치면 효율이 저하된다. 이를 방지하기 위해 유체 클러치의 가이드링이 오일을 바로 떨어뜨리며 이때 발생하는 와류를 감소시키는 역할을 한다.

| 정답 | 41 ③ 42 ③ 43 ④
44 ④ 45 ①

46 수동식 변속기가 장착된 장비에서 클러치 페달에 유격을 두는 이유로 옳은 것은?

① 클러치 용량을 크게 하기 위해
② 클러치의 미끄럼을 방지하기 위해
③ 엔진 출력을 증가시키기 위해
④ 제동 성능을 증가시키기 위해

46 장비구조 ▶ 전·후진 주행장치
클러치 페달의 유격이란 클러치 페달을 밟았을 때 릴리스 베어링이 릴리스 레버에 닿을 때까지 페달이 움직인 거리를 말한다. 클러치의 미끄럼을 방지하기 위해 클러치 페달에 유격을 두는데, 자유유격이 작으면 클러치가 미끄러지고, 자유유격이 크면 동력 차단이 불량해진다.

47 다음은 유압기기 점검 중 이상 발견 시 조치사항이다. ( ) 안에 들어갈 내용이 순서대로 옳은 것은?

> 작동유가 누출되는 상태라면 이음부를 더 조여주거나 부품을 ( )하는 등 응급조치를 하는 것이 당연하지만, 그 원인을 조사하여 재발을 방지하고 고장이 더 확대되지 않도록 유압기기 전체를 ( )하는 일도 필요하다.

① 플러싱, 교환
② 교환, 재점검
③ 열화, 재점검
④ 재점검, 교환

47 장비구조 ▶ 유압일반
작동유가 누출되는 상태라면 이음부를 조여주거나 부품을 교환하는 등의 응급조치도 중요하지만, 예방정비차원에서 원인을 조사하여 재발을 방지하고 고장이 확대되지 않도록 유압기기 전체를 재점검하는 일도 필요하다.

48 유압오일 내에 기포(거품)가 형성되는 이유로 옳은 것은?

① 오일에 이물질이 혼입되었을 때
② 오일의 점도가 높을 때
③ 오일에 공기가 혼입되었을 때
④ 오일이 누설되었을 때

48 장비구조 ▶ 유압일반
유압오일 내에 기포가 형성되는 이유는 오일에 공기가 혼입되었거나, 유압라인 내의 압력 차에 의해 용해공기가 오일에서 분리되었기 때문이다.

49 유압장치의 기본 구성요소가 아닌 것은?

① 종감속 기어
② 유압 실린더
③ 유압펌프
④ 유압제어 밸브

49 장비구조 ▶ 유압일반
종감속 기어는 동력전달장치에서 최종적으로 구동력을 증가시켜 주는 장치이다.

50 파스칼의 원리와 관련된 설명이 아닌 것은?

① 정지액체에 접하고 있는 면에 가해진 압력은 그 면에 수직으로 작용한다.
② 정지액체의 한 점에 있어서의 압력의 크기는 전 방향에 대하여 동일하다.
③ 점성이 없는 비압축성 유체에서 압력에너지, 위치에너지, 운동에너지의 합은 같다.
④ 밀폐용기 내의 한 부분에 가해진 압력은 액체 내의 여러 부분에 같은 압력으로 전달된다.

50 장비구조 ▶ 유압일반
파스칼의 원리는 밀폐된 공간에서 유체에 압력을 가하면 모든 면에 수직으로 같은 힘이 작용한다는 원리이다.

| 정답 | 46 ② 47 ② 48 ③ 49 ① 50 ③

51 유압장치에서 유량제어 밸브가 아닌 것은?

① 교축 밸브
② 분류 밸브
③ 집류 밸브
④ 릴리프 밸브

52 유압장치의 기본적인 구성요소가 아닌 것은?

① 유압 발생장치
② 유압 재순환장치
③ 유압 제어장치
④ 유압 구동장치

53 유압 실린더의 움직임이 느리거나 불규칙할 때의 원인이 아닌 것은?

① 피스톤 패킹이 마모되었다.
② 유압유의 점도가 너무 높다.
③ 회로 내에 공기가 혼입되어 있다.
④ 체크 밸브의 방향이 반대로 설치되어 있다.

54 유압회로에서 유량의 제어를 통하여 작업 속도를 조절하는 방식에 해당하지 않는 것은?

① 미터인(meter-in) 방식
② 미터아웃(meter-out) 방식
③ 블리드온(bleed-on) 방식
④ 블리드오프(bleed-off) 방식

55 다음 그림의 유압기호가 나타내는 것은?

① 유압 밸브
② 차단 밸브
③ 유압탱크
④ 유압 실린더

---

51 장비구조 ▶ 유압일반

릴리프 밸브는 압력제어 밸브이다.
①②③ 이외에 유량제어 밸브에는 서보 밸브가 있다. 서보 밸브는 조작 방식에 따라 수동 조작, 기계적 조작, 솔레노이드 조작 등으로 나뉜다.

52 장비구조 ▶ 유압일반

유압장치는 발생부, 제어부, 구동부(작동부)로 구성되어 있다.

53 장비구조 ▶ 유압일반

체크 밸브는 유체의 흐름을 한쪽으로만 흐르게 하기 때문에 방향이 반대로 설치되어 있을 경우 유압 실린더가 작동하지 않는다.

54 장비구조 ▶ 유압일반

① 미터인 방식은 유압 실린더의 입구 쪽에 직렬로 연결되어 유량을 제어하는 방식이다.
② 미터아웃 방식은 유압 실린더의 출구 쪽에 직렬로 연결되어 유량을 제어하는 방식이다.
④ 블리드오프 방식은 유압 실린더 입구 쪽에 병렬로 연결되어 유량을 제어하는 방식이다.

55 장비구조 ▶ 유압일반

제시된 그림은 유압탱크를 의미하는 유압기호이다.

| 정답 | 51 ④　52 ②　53 ④
　　　 54 ③　55 ③

56 무한궤도식 굴착기의 주행장치 구성품이 <u>아닌</u> 것은?

① 스윙모터
② 주행모터
③ 스프로킷
④ 트랙

56 장비구조 ▶ 굴착기 구조 및 기능, 작업

스윙모터는 굴착기 상부회전체의 구성품이다.

57 점토흙(진흙) 작업 시 부착된 점토를 탈착시키기 위해 사용하는 버킷의 종류는?

① 클램쉘버킷
② 표준버킷
③ V-버킷
④ 이젝터버킷

57 장비구조 ▶ 굴착기 구조 및 기능, 작업

점토흙 작업 시 부착된 점토를 탈착시키기 위해 사용하는 버킷은 이젝터버킷이다.

58 무한궤도식 건설기계에서 트랙의 장력 조정(유압식)은 어떻게 하는가?

① 상부롤러의 이동으로 한다.
② 하부롤러의 이동으로 한다.
③ 스프로킷의 이동으로 한다.
④ 아이들러의 이동으로 한다.

58 장비구조 ▶ 굴착기 구조 및 기능, 작업

굴착기는 트랙프레임의 그리스 실린더에 그리스를 주입하여 프론트 아이들러를 이동시킴으로써 트랙의 장력을 조정한다.

59 굴착기의 센터조인트(선회 이음)에 대한 설명으로 옳지 <u>않은</u> 것은?

① 스위블조인트라고도 한다.
② 스윙모터를 회전시킨다.
③ 상부회전체의 오일을 주행모터에 전달한다.
④ 압력 상태에서도 선회가 가능한 관이음이다.

59 장비구조 ▶ 굴착기 구조 및 기능, 작업

센터조인트는 스위블조인트라고도 하며, 굴착기의 상부회전체의 중심부에 설치되어 유압펌프에서 공급되는 작동유를 하부주행체(주행모터)로 공급해 주는 부품이다. 압력 상태에도 선회가 가능하며, 하중 및 유압변동에 견딜 수 있는 구조여야 한다.

60 다음 도로명판에 대한 설명으로 옳은 것은?

| 1←65　대정로23번길　Daejeong-ro 23beon-gil |

① 대정로 시작점에서부터 약 230m 지점에서 왼쪽으로 분기된 도로이다.
② 왼쪽과 오른쪽 양방향용 도로이다.
③ '← 65' 현 위치는 도로의 시작점이다.
④ '1 ← 65' 이 도로는 65m이다.

60 도로주행 ▶ 도로명주소

② 왼쪽 방향의 도로이다.
③ '←65' 현 위치는 도로의 끝지점이다.
④ '1←65' 이 도로는 약 650m이다.

| 정답 | 56 ① 57 ④ 58 ④
　　　　 59 ② 60 ①

제9회 빈출복원 실전모의고사

합격개수 36개 | 맞힌개수

01 추락물의 위험이 있는 작업장에서 갖추어야 할 보호구로 옳은 것은?
① 안전모
② 귀마개
③ 보안경
④ 안전장갑

02 스패너의 사용 방법으로 옳지 않은 것은?
① 스패너와 너트가 맞지 않으면 쐐기를 넣어 맞추어 쓴다.
② 스패너를 해머 대신에 사용하여서는 안 된다.
③ 스패너에 파이프를 끼워 사용하지 않는다.
④ 스패너는 볼트·너트에 잘 결합하고 앞으로 잡아당길 때 힘이 걸리도록 한다.

03 작업 중 화재 발생 시 점화 원인으로 거리가 먼 것은?
① 과부하로 인한 전기장치의 과열
② 부주의로 인한 담뱃불
③ 전기배선의 합선
④ 연료의 자연발화

04 다음 중 안전보호구가 아닌 것은?
① 안전모
② 안전화
③ 안전가드레일
④ 안전장갑

05 소켓렌치 사용에 대한 설명으로 옳지 않은 것은?
① 큰 힘으로 조일 때 사용한다.
② 오픈렌치와 규격이 동일하다.
③ 사용 중 잘 미끄러지지 않는다.
④ 임팩트용으로만 사용되므로 수작업 시에는 사용하지 않는다.

해설

01 작업안전 ▶ 안전관리
안전모는 물체가 떨어지거나 날아올 위험 또는 근로자가 추락할 위험이 있는 작업을 할 때 착용한다.

02 작업안전 ▶ 안전관리
스패너(렌치)는 반드시 볼트 및 너트에 꼭 맞는 것을 사용해야 한다.

03 작업안전 ▶ 안전관리
연료는 발화점이 높기 때문에 연료의 자연발화는 작업 중 화재의 점화 원인이 되기 어렵다.

04 작업안전 ▶ 안전관리
안전보호구는 인체 방호를 위한 보호 피복류나 용구를 말한다. 안전가드레일은 포함되지 않는다.

05 작업안전 ▶ 안전관리
소켓렌치는 임팩트뿐만 아니라 수공구인 라쳇핸들, 스피드핸들, 힌지핸들 등에 장착하여 사용할 수 있다.

| 정답 | 01 ① 02 ① 03 ④ 04 ③ 05 ④

06 화재 분류에 대한 설명으로 옳은 것은?

① B급 화재 – 전기 화재
② C급 화재 – 유류 화재
③ D급 화재 – 금속 화재
④ E급 화재 – 일반 화재

06 작업안전 ▶ 안전관리
화재의 분류
- A급 화재: 일반 가연물 화재
- B급 화재: 유류 화재
- C급 화재: 전기 화재
- D급 화재: 금속 화재

07 작업장에서 지켜야 할 사항이 아닌 것은?

① 작업장에서는 급히 뛰지 말 것
② 불필요한 행동을 삼갈 것
③ 대기 중인 차량에는 고임목을 고여둘 것
④ 공구를 전달할 경우 시간 절약을 위해 가볍게 던질 것

07 작업안전 ▶ 안전관리
공구를 던져서 전달할 경우 사고의 위험이 있다. 따라서 공구는 반드시 손에서 손으로 전달해야 한다.

08 절연용 보호구의 종류가 아닌 것은?

① 절연모
② 절연시트
③ 절연화
④ 절연장갑

08 작업안전 ▶ 안전관리
절연용 보호구의 종류에는 절연모, 절연화, 절연장갑, 절연용 고무소매 등이 있다. 절연시트는 보호구의 종류에 포함되지 않는다.

09 엔진의 공기청정기가 막혔을 경우에 발생하는 현상으로 옳은 것은?

① 배기색은 무색이며, 출력은 증가한다.
② 배기색은 흰색이며, 출력은 증가한다.
③ 배기색은 흰색이며, 출력은 저하된다.
④ 배기색은 검은색이며, 출력은 저하된다.

09 작업안전 ▶ 작업 전·후 점검
엔진에서 공기청정기가 막혔을 경우에는 연소의 3요소 중 산소의 공급이 부족하게 된다. 이때 불완전 연소로 인해 출력이 저하되고 배기색은 검게 변한다.

10 브레이크 오일에 대한 설명으로 틀린 것은?

① 점도지수가 높아야 한다.
② 주성분은 알코올과 피마자유이다.
③ 브레이크에 사용되므로 마찰력이 좋아야 한다.
④ 응고점이 낮고 비점이 높아야 한다.

10 작업안전 ▶ 작업 전·후 점검
①②④ 이외에도 브레이크 오일의 구비조건에는 유동 저항이 작아야 한다는 점 등이 있다.

| 정답 | 06 ③　07 ④　08 ②　09 ④　10 ③

11 엔진오일을 점검하였더니 우유색을 띄고 있다면 그 원인은 무엇인가?

① 엔진오일에 냉각수가 섞여 있다.
② 엔진오일에 경유가 섞여 있다.
③ 엔진오일에 휘발유가 섞여 있다.
④ 엔진오일에 카본이 섞여 있다.

11 작업안전 ▶ 작업 전·후 점검
엔진오일에 냉각수가 섞여 있을 경우 냉각수는 우유색을 띈다.

12 엔진오일압력 경고등이 켜지는 경우가 아닌 것은?

① 오일이 부족할 때
② 오일필터가 막혔을 때
③ 엔진을 급가속시켰을 때
④ 오일 회로가 막혔을 때

12 작업안전 ▶ 작업 전·후 점검
엔진오일압력 경고등은 윤활장치 내를 순환하는 오일압력이 규정압력 이하로 떨어지거나 키 'ON' 시 점등되고, 시동을 걸면 소등된다.

13 다음 중 지하 매설물의 종류가 아닌 것은?

① 주상 변압기
② 광통신 케이블
③ 전력케이블
④ 가스관

13 작업안전 ▶ 가스 및 전기 안전 관리
주상 변압기는 교류 배전선의 고압을 저압으로 낮추기 위해 전주 위에 설치하는 변압기로, 지하 매설물의 종류에 해당되지 않는다.

14 철탑에 설치되어 있는 전력선 밑에서의 굴착 작업 전 조치사항으로 옳은 것은?

① 나무막대를 이용하여 전력선의 높이를 측정한다.
② 작업안전원을 배치하여 안전원의 지시에 따라 작업한다.
③ 철탑에 설치되어 있는 전력선 아래 0.5m 위치에 철 그물을 설치한 후 작업한다.
④ 작업장비의 운전석 위에서 나무막대를 이용하여 전력선과의 높이를 측정한 후 감전에 유의하여 작업한다.

14 작업안전 ▶ 가스 및 전기 안전 관리
고압선 부근 작업 전 고압전선의 전압을 확인하고 안전거리를 파악한 뒤 지상 감시자를 배치하여 지시에 따라 작업해야 한다.
①④ 나무막대는 전기나 열을 잘 전달하지 못하는 부도체에 해당하지만, 열이나 전기를 완전히 차단하지는 못하므로 전력선에 접촉해서는 안 된다.

15 가공 전선로에서 건설기계 운전·작업 시 안전대책으로 가장 거리가 먼 것은?

① 안전한 작업계획을 수립한다.
② 장비 사용을 위한 신호수를 정한다.
③ 가공 전선로에 대한 감전 방지 수단을 강구한다.
④ 가급적 물건은 가공 전선로 하단에 보관한다.

15 작업안전 ▶ 가스 및 전기 안전 관리
가공 전선로는 작업을 하는 곳이므로 가급적 물건은 작업반경 밖에 안전하게 보관해야 한다.

| 정답 | 11 ① 12 ③ 13 ①
　　　 14 ② 15 ④

16 유도표시가 없는 교차로에서 좌회전 방법으로 옳은 것은?

① 운전자가 편한 대로 운전한다.
② 교차로 중심 바깥쪽으로 서행한다.
③ 교차로 중심 안쪽으로 서행한다.
④ 앞차의 주행 방향을 따라가면 된다.

16 도로주행 ▶ 도로교통법
유도표시가 없는 교차로에서 좌회전 시에는 교차로 중심 안쪽으로 서행한다.
② 교차로 중심 바깥쪽으로 서행하는 것은 유도표시가 없는 교차로에서 우회전을 하는 방법에 해당한다.

17 1년간 벌점의 누산점수가 최소 몇 점 이상이면 운전면허가 취소되는가?

① 121점 ② 190점
③ 201점 ④ 271점

17 도로주행 ▶ 도로교통법
운전면허 취소 벌점 기준
• 1년간: 121점 이상
• 2년간: 201점 이상
• 3년간: 271점 이상

18 보호자 없이 아동이나 유아가 자동차의 진행 전방에서 놀고 있을 때, 사고 방지를 위해 지켜야 할 안전한 통행 방법은?

① 일시정지한다.
② 안전을 확인하면서 빠른 속도로 통과한다.
③ 비상등을 켜고 서행한다.
④ 경음기를 울리면서 서행한다.

18 도로주행 ▶ 도로교통법
보호자 없이 아동이나 유아가 자동차의 진행 전방에서 놀고 있을 때에는 일시정지하고 아동이나 유아의 안전을 위한 필요한 조치를 취한 뒤 통행해야 한다.

19 교통정리가 행해지지 않는 교차로에서 통행의 우선권이 있는 차량은?

① 직진하려는 차량
② 좌회전하려는 차량
③ 우회전하려는 차량
④ 이미 교차로에 진입해 좌회전하고 있는 차량

19 도로주행 ▶ 도로교통법
교통정리가 행해지지 않는 교차로에서 통행의 우선권이 있는 차량은 이미 교차로에 진입한 차량이다.

20 앞차와의 안전거리로 옳은 것은?

① 앞차 속도의 0.3배 거리
② 앞차와의 평균 8m 이상 거리
③ 앞차의 진행 방향을 확인할 수 있는 거리
④ 앞차가 갑자기 정지하였을 때 충돌을 피할 수 있는 필요한 거리

20 도로주행 ▶ 도로교통법
「도로교통법」상 안전거리는 앞차가 갑자기 정지하였을 때 충돌을 피할 수 있는 필요한 거리이다.

| 정답 | 16 ③ 17 ① 18 ① 19 ④ 20 ④

21 건설기계관리법령상 신개발 건설기계를 시험·연구의 목적으로 운행하는 경우 임시운행기간은?

① 15일　　　　　② 30일
③ 1년　　　　　　④ 3년

21 도로주행 ▶ 건설기계관리법
신개발 건설기계를 시험·연구의 목적으로 운행하는 경우 건설기계 임시운행기간은 3년 이내이다.
① 신개발 건설기계의 시험·연구 목적을 제외하고 건설기계 임시운행기간은 15일 이내이다.

22 건설기계의 등록번호표를 가리거나 훼손하여 알아보기 곤란하게 한 자 또는 그러한 건설기계를 운행한 자에게 부과하는 과태료로 옳은 것은?

① 50만 원 이하　　　② 100만 원 이하
③ 300만 원 이하　　　④ 1,000만 원 이하

22 도로주행 ▶ 건설기계관리법
건설기계의 등록번호표를 가리거나 훼손하여 알아보기 곤란하게 한 자 또는 그러한 건설기계를 운행한 자는 100만 원 이하의 과태료 처분을 받는다.

23 건설기계조종사 면허에 관한 설명으로 옳은 것은?

① 건설기계조종사 면허는 국토교통부장관이 발급한다.
② 기중기면허를 소지하면 굴착기도 조종할 수 있다.
③ 기중기로 도로를 주행하고자 할 때에는 1종 대형면허를 받아야 한다.
④ 콘크리트믹서트럭을 조종하고자 하는 자는 1종 대형면허를 받아야 한다.

23 도로주행 ▶ 건설기계관리법
1종 대형면허로 운전할 수 있는 건설기계에는 덤프트럭, 콘크리트믹서트럭, 콘크리트펌프카 등이 있다.

24 건설기계조종사 면허증을 발급받을 수 없는 사람은?

① 두 눈의 시력이 각각 0.5 이상인 사람
② 두 눈을 동시에 뜨고 잰 시력이 0.1인 사람
③ 55데시벨(보청기를 사용하는 사람은 40데시벨)의 소리를 들을 수 있는 사람
④ 시각이 160도인 사람

24 도로주행 ▶ 건설기계관리법
「건설기계관리법」상 면허의 적성기준 중 시력에 관한 것은 두 눈을 동시에 뜨고 잰 시력(교정시력 포함)이 0.7 이상이고, 두 눈의 시력이 각각 0.3 이상인 경우이다.

25 건설기계관리법상 건설기계소유자는 건설기계를 도난당한 날로부터 얼마 이내에 등록말소를 신청해야 하는가?

① 30일 이내　　　② 2개월 이내
③ 3개월 이내　　　④ 6개월 이내

25 도로주행 ▶ 건설기계관리법
「건설기계관리법」상 건설기계를 도난당한 날로부터 2개월 이내에 등록말소를 신청해야 한다.

| 정답 | 21 ④　22 ②　23 ④
24 ②　25 ②

26 4행정 사이클기관에 주로 사용되는 오일펌프는?

① 로터리식과 기어식
② 로터리식과 나사식
③ 기어식과 플런저식
④ 원심식과 플런저식

26 장비구조 ▶ 엔진구조

4행정 사이클기관에 주로 사용되는 오일펌프는 로터리펌프(트로코이드 펌프)와 기어펌프이다.

27 디젤기관의 배출물로 규제 대상에 해당하는 것은?

① 일산화탄소
② 매연
③ 탄화수소
④ 공기 과잉률

27 장비구조 ▶ 엔진구조

매연은 디젤기관의 배출물로 규제 대상에 해당하는 물질이다.

28 디젤연료장치의 커먼레일에 대한 설명으로 옳지 않은 것은?

① 고압펌프로부터 공급된 연료를 저장하는 부분이다.
② 맥동의 연료압력을 일정하게 유지한다.
③ 연료압력 제한기 및 연료압력 센서가 장착되어 있다.
④ 연료는 유량 제한기에 의해 커먼레일로 들어간다.

28 장비구조 ▶ 엔진구조

연료는 고압펌프에 의해 커먼레일로 들어간다.

29 기관의 실린더(cylinder) 벽에서 마멸이 가장 크게 발생하는 부분은?

① 상사점 부근
② 중간 부분
③ 하사점 부근
④ 하사점 이하 부분

29 장비구조 ▶ 엔진구조

실린더 내에서 마모가 가장 큰 부분은 상사점 부근으로, 압축압력과 폭발압력의 영향에 의한 피스톤 링의 호흡 작용 때문이다.

30 디젤기관에 대한 설명으로 옳지 않은 것은?

① 압축착화한다.
② 경유를 연료로 사용한다.
③ 점화장치 내에 배전기가 있다.
④ 압축비가 가솔린기관보다 높다.

30 장비구조 ▶ 엔진구조

배전기는 가솔린기관의 구성품으로 디젤기관과 관련이 없다.

| 정답 | 26 ① 27 ② 28 ④ 29 ① 30 ③

31 엔진오일의 점도지수가 낮은 경우 온도 변화에 따른 점도 변화로 옳은 것은?

① 온도에 따른 점도 변화가 작다.
② 온도에 따른 점도 변화가 크다.
③ 점도가 수시로 변화한다.
④ 온도와 점도는 무관하다.

32 기관의 총배기량에 대한 설명으로 옳은 것은?

① 각 실린더 행정체적의 합이다.
② 행정체적과 실린더 체적의 합이다.
③ 1번 연소실 체적과 실린더 체적의 합이다.
④ 실린더 행정체적과 연소실 체적의 곱이다.

33 실린더 헤드 개스킷이 손상되었을 때 일어나는 현상으로 옳은 것은?

① 엔진오일의 압력이 높아진다.
② 피스톤 링의 작동이 느려진다.
③ 피스톤이 가벼워진다.
④ 압축압력과 폭발압력이 낮아진다.

34 기관에서 공기청정기의 설치 목적으로 옳은 것은?

① 공기의 가압 작용
② 공기의 여과와 소음 방지
③ 연료의 여과와 소음 방지
④ 연료의 여과와 가압 작용

35 5A로 연속 방전하여 방전 종지 전압에 이를 때까지 20시간이 소요되었다면 이 축전지의 용량은?

① 4Ah ② 50Ah
③ 100Ah ④ 200Ah

---

31 장비구조 ▶ 엔진구조
점도지수란 온도 변화에 따른 점도의 변화를 나타내는 것이다. 점도지수가 높으면 온도에 따른 점도의 변화가 작고, 점도지수가 낮으면 온도에 따른 점도의 변화가 크다.

32 장비구조 ▶ 엔진구조
기관의 총배기량은 '실린더 1개의 행정체적 × 기통수(실린더 수)'로, 각 실린더 행정체적의 합을 의미한다.

33 장비구조 ▶ 엔진구조
실린더 헤드 개스킷이 손상되면 압축압력과 폭발압력이 낮아지고 엔진오일과 냉각수가 혼합된다. 이때 라디에이터 압력식 캡을 열어보면 엔진오일을 확인할 수 있다.

34 장비구조 ▶ 엔진구조
기관에서 공기청정기를 설치하는 이유는 공기의 여과와 소음 방지를 위해서이다.

35 장비구조 ▶ 전기장치
축전지의 용량은 'A(방전 전류) × h (방전 시간) = Ah'로 표시한다. 이에 5A로 연속 방전하여 20시간이 소요되었다면, 축전지의 용량은 '5A × 20h = 100Ah'이다.

| 정답 | 31 ② | 32 ① | 33 ④ | 34 ② | 35 ③ |

36 충전장치의 역할에 해당하지 않는 것은?

① 램프류에 전력을 공급한다.
② 동력 조향장치 오일펌프에 전력을 공급한다.
③ 축전지에 전력을 공급한다.
④ 각종 전장품에 전력을 공급한다.

37 축전지의 취급에 대한 설명 중 옳은 것은?

① 2개 이상의 축전지를 직렬로 배선할 경우 (+)와 (+), (-)와 (-)를 연결한다.
② 축전지의 용량을 크게 하기 위해서는 다른 축전지와 직렬로 연결한다.
③ 축전지의 방전이 거듭될수록 전압이 낮아지고 전해액의 비중도 낮아진다.
④ 축전지를 보관할 때는 가능한 한 방전시키는 것이 좋다.

38 건설기계에 가장 많이 쓰이는 축전지는?

① 알칼리 축전지　　② 니켈 카드뮴 축전지
③ 아연산 축전지　　④ 납산 축전지

39 기동 전동기의 전기자 코일을 시험하는 데 사용되는 시험기는?

① 전류계 시험기　　② 전압계 시험기
③ 그로울러 시험기　　④ 저항 시험기

40 전기회로에서 저항의 병렬접속에 대한 설명으로 옳지 않은 것은?

① 합성저항은 각 저항의 어느 것보다 작다.
② 어느 저항에서나 동일한 전압이 흐른다.
③ 합성저항을 구하는 식은 $R = R_1 + R_2 + R_3 + \cdots + R_n$이다.
④ 합성저항이 감소하는 것은 전류가 나뉘어 저항 속을 흐르기 때문이다.

---

36 장비구조 ▶ 전기장치

동력 조향장치 오일펌프는 기관의 팬벨트에 의해 구동된다. 충전장치가 오일펌프에 전력을 공급하지는 않는다.

37 장비구조 ▶ 전기장치

① 2개 이상의 축전지를 직렬로 연결할 경우 배선은 (+)와 (-)를 연결해야 한다.
② 축전지의 용량을 크게 하기 위해서는 다른 축전지와 병렬로 연결한다.
④ 축전지를 방전된 상태로 보관하면 극판이 영구 황산납이 되어 사용할 수 없게 되므로 25% 정도 방전 시 충전해 준다.

38 장비구조 ▶ 전기장치

납산 축전지는 가격이 저렴하고 상온에서 화학 반응을 일으켜 폭발할 가능성이 적으므로 건설기계에 가장 많이 쓰인다.

39 장비구조 ▶ 전기장치

기동 전동기의 전기자 코일을 시험하는 데 사용되는 시험기는 그로울러 시험기로, 기동 전동기 전기자 코일의 단선·단락·접지 여부를 시험할 수 있다.

40 장비구조 ▶ 전기장치

병렬접속의 합성저항을 구하는 식은 $1/R = 1/R_1 + 1/R_2 + 1/R_3 + 1/R_4 + \cdots + 1/R_n$이다.

| 정답 | 36 ② 　37 ③ 　38 ④
　　　　39 ③ 　40 ③

41 십자축 자재 이음을 추진축 앞뒤에 두는 이유로 옳은 것은?

① 추진축의 진동을 방지하기 위하여
② 회전 각속도의 변화를 상쇄하기 위하여
③ 추진축의 굽음을 방지하기 위하여
④ 길이의 변화를 가능하게 하기 위하여

41 장비구조 ▶ 전·후진 주행장치
회전 각속도의 변화를 상쇄하기 위하여 추진축의 앞뒤에 십자축 자재 이음을 둔다.

42 브레이크에서 하이드로 백에 관한 설명으로 틀린 것은?

① 대기압과 흡기다기관 부압의 차를 이용한다.
② 하이드로 백이 고장 나면 브레이크가 전혀 작동이 안 된다.
③ 하이드로 백은 브레이크 계통에 설치되어 있다.
④ 외부에 누출이 없는데도 브레이크 작동이 나빠지는 것은 하이드로 백 고장 때문일 수 있다.

42 장비구조 ▶ 전·후진 주행장치
하이드로 백(진공식 배력 장치)이 고장 나도 브레이크는 작동한다. 다만, 고장 날 경우 브레이크를 밟는 데 큰 힘이 필요하다.

43 동력 조향장치의 장점과 거리가 먼 것은?

① 작은 조작력으로 조향 조작이 가능하다.
② 조향핸들의 시미 현상을 줄일 수 있다.
③ 설계·제작 시 조향 기어비를 조작력에 관계없이 선정할 수 있다.
④ 조향핸들의 유격 조정이 자동으로 되어 볼 조인트 수명이 반영구적이다.

43 장비구조 ▶ 전·후진 주행장치
①②③ 이외에도 동력 조향장치의 장점은 굴곡진 노면으로부터 충격을 흡수하여 조향핸들에 충격이 전달되는 것을 방지할 수 있다는 것이다.

44 장비에 부하가 걸릴 때 토크컨버터의 터빈 속도는 어떻게 되는가?

① 느려진다 ② 빨라진다
③ 일정하다 ④ 관계없다

44 장비구조 ▶ 전·후진 주행장치
장비에 부하가 걸리면 펌프의 속도가 아무리 빠르더라도 토크컨버터의 터빈 속도는 느려진다.

45 종감속비에 대한 설명으로 옳지 않은 것은?

① 종감속비는 링 기어의 잇수를 구동 피니언의 잇수로 나눈 값이다
② 종감속비가 크면 가속 성능이 향상된다.
③ 종감속비가 작으면 등판 능력이 향상된다.
④ 종감속비는 나누어 떨어지지 않는 값으로 한다.

45 장비구조 ▶ 전·후진 주행장치
종감속비가 작으면 등판 능력이 감소한다.

| 정답 | 41 ② 42 ② 43 ④ 44 ① 45 ③

46 제동장치의 구비조건으로 옳지 않은 것은?

① 작동이 확실하고 잘 되어야 한다.
② 신뢰성과 내구성이 뛰어나야 한다.
③ 점검 및 조정이 용이해야 한다.
④ 마찰력이 작아야 한다.

47 유압작동부에서 오일이 누유되고 있을 때 가장 먼저 점검해야 할 곳은?

① 오일 실(seal) ② 피스톤
③ 기어 ④ 펌프

48 유압장치의 장점이 아닌 것은?

① 작은 동력원으로 큰 힘을 낼 수 있다.
② 과부하 방지가 용이하다.
③ 운동 방향을 쉽게 변경할 수 있다.
④ 고장 원인의 발견이 쉽고 구조가 간단하다.

49 유압작동유의 구비조건에 해당하지 않는 것은?

① 내열성이 높아야 한다.
② 압축성이 높아야 한다.
③ 응고점이 낮아야 한다.
④ 적당한 점도가 있어야 한다.

50 다음 유압기호가 나타내는 것은?

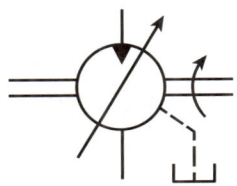

① 가변유압모터 ② 가변흡입 밸브
③ 가변토출 밸브 ④ 유압펌프

---

46 장비구조 ▶ 전·후진 주행장치
제동장치는 마찰력이 클수록 제동력이 좋아진다.

47 장비구조 ▶ 유압일반
유압작동부에서 오일이 누유되고 있을 경우에는 가장 먼저 각 연결 부위에 있는 오일 실을 점검해야 한다. 오일 실은 기기의 오일 누출 방지 기능을 한다.

48 장비구조 ▶ 유압일반
유압장치는 고장 원인의 발견이 어렵고 구조가 복잡하다.

49 장비구조 ▶ 유압일반
유압작동유는 비압축성이어야 한다.

50 장비구조 ▶ 유압일반
원 안의 화살표가 안쪽 방향이면 유압모터를 나타내고, 원을 가로지르는 화살표는 가변용량형을 의미한다. 따라서 제시된 유압기호는 가변유압모터를 나타낸다.

| 정답 | 46 ④ 47 ① 48 ④ 49 ② 50 ①

51 기어식 유압펌프에서 회전수가 변하면 가장 크게 변하는 것은?

① 오일 압력
② 회전 경사단의 각도
③ 오일 흐름 용량
④ 오일 흐름 방향

51 장비구조 ▶ 유압일반
유압펌프에서 회전수가 변하면 토출 유량이 변화한다.

52 유압회로 내의 밸브를 갑자기 닫았을 때 오일의 속도에너지가 압력에너지로 변하면서 일시적으로 큰 압력 증가가 생기는 현상을 무엇이라고 하는가?

① 캐비테이션(cavitation) 현상
② 서지(surge) 현상
③ 채터링(chattering) 현상
④ 에어레이션(aeration) 현상

52 장비구조 ▶ 유압일반
서지 현상은 유압 밸브를 갑자기 닫았을 때 오일의 속도에너지가 압력에너지로 변하면서 일시적으로 큰 압력 증가가 생기는 현상이다.

53 오일탱크 내의 오일을 전부 배출시킬 때 사용하는 것은?

① 리턴 라인
② 배플
③ 어큐뮬레이터
④ 드레인 플러그

53 장비구조 ▶ 유압일반
드레인 플러그(드레인 캡)는 오일탱크 내의 수분 및 이물질, 또는 오일 교환 시 오일을 배출하기 위한 마개이다.

54 유압모터에 대한 설명으로 옳은 것은?

① 유압 발생 장치에 속한다.
② 압력, 유량, 방향을 제어한다.
③ 직선운동을 하는 작동기(액추에이터)이다.
④ 유압에너지를 기계적 일로 변환한다.

54 장비구조 ▶ 유압일반
유압모터는 회전운동을 하는 액추에이터이며, 유압에너지를 기계적 일로 변환하는 장치이다.

55 유압으로 작동되는 작업장치에서 작업 중 힘이 떨어질 때의 원인과 가장 밀접한 밸브는?

① 메인 릴리프 밸브
② 체크(check) 밸브
③ 방향전환 밸브
④ 메이크업 밸브

55 장비구조 ▶ 유압일반
메인 릴리프 밸브의 스프링이 약화되면 작업 중 힘이 떨어진다.

| 정답 | 51 ③ 52 ② 53 ④
54 ④ 55 ①

56 트랙장치의 구성품 중 트랙 슈와 슈를 연결하는 부품은?

① 부싱과 캐리어롤러
② 트랙 링크와 핀
③ 아이들러와 스프로킷
④ 하부롤러와 상부롤러

57 트랙 슈의 종류에 해당하지 <u>않는</u> 것은?

① 단일돌기 슈
② 습지용 슈
③ 이중돌기 슈
④ 변하중 돌기 슈

58 트랙에 있는 롤러에 대한 설명으로 <u>틀린</u> 것은?

① 하부롤러는 트랙의 마모를 방지해 준다.
② 상부롤러는 보통 1~2개가 설치되어 있다.
③ 하부롤러는 트랙프레임의 한쪽 아래에 3~4개가 설치되어 있다.
④ 상부롤러는 스프로킷과 아이들러 사이에 트랙이 처지는 것을 방지한다.

59 굴착기 선택장치 중 2개의 집게로 작업 대상물을 집고, 집게로 조여서 물체를 부수는 장치는?

① 어스오거
② 리퍼
③ 크러셔
④ 파일드라이버

60 다음 도로명판에 대한 설명으로 <u>틀린</u> 것은?

① 전방 교차 도로는 중앙로이다.
② 좌측으로 92번 이하 건물이 위치한다.
③ 좌측으로 92번 이상 건물이 위치한다.
④ 우측으로 96번 이상 건물이 위치한다.

---

56 장비구조 ▶ 굴착기 구조 및 기능, 작업

트랙의 슈와 슈를 연결하는 부품은 트랙 링크와 핀 및 부싱이다.
①③④ 아이들러, 스프로킷, 하부롤러와 상부롤러(캐리어롤러)는 무한궤도식 굴착기의 하부 구성품 중 하나로, 트랙장치의 구성품에 해당하지 않는다.

57 장비구조 ▶ 굴착기 구조 및 기능, 작업

①②③ 이외에도 트랙 슈의 종류에는 3중돌기 슈, 고무 슈, 암반용 슈, 평활 슈 등이 있다.

58 장비구조 ▶ 굴착기 구조 및 기능, 작업

하부롤러는 굴착기 전체 중량을 지지하며, 트랙의 회전을 바르게 유지시켜주는 역할을 한다. 트랙의 마모를 방지하기 위해서는 트랙장력 조정장치로 장력을 조정해야 한다.

59 장비구조 ▶ 굴착기 구조 및 기능, 작업

주로 철거 현장에서 사용되며, 2개의 집게로 작업 대상물을 집고, 집게로 조여 물체를 부수는 굴착기 선택장치는 크러셔이다.

60 도로주행 ▶ 도로명주소

좌측으로는 92번 이하 건물이 위치한다.

| 정답 | 56 ② | 57 ④ | 58 ① |
| 59 ③ | 60 ③ |

제10회 빈출복원 실전모의고사

합격개수 36개 | 맞힌개수

01 다음 안전보건표지가 나타내는 것은?

① 고압전기경고
② 레이저광선경고
③ 낙하물경고
④ 고온경고

02 드릴(drill)기기를 사용하여 작업할 때 착용을 금지하는 것은?

① 안전화
② 장갑
③ 작업모
④ 작업복

03 수공구 사용 시 주의사항이 아닌 것은?

① 작업에 알맞은 공구를 선택하여 사용한다.
② 공구는 사용 전에 기름 등을 닦은 후 사용한다.
③ 공구를 취급할 때에는 올바른 방법으로 사용한다.
④ 개인이 만든 공구를 일반적인 작업에 사용한다.

04 작업장 안전사항으로 옳지 않은 것은?

① 기름 묻은 걸레는 한쪽에 쌓아 둔다.
② 작업 후 사용했던 공구는 정리정돈한다.
③ 작업장 내 안전수칙을 부착하여 사고를 예방한다.
④ 무거운 구조물은 인력으로 무리하게 이동하지 않는다.

05 수공구 보관 및 사용 방법으로 옳지 않은 것은?

① 해머 작업 시 몸의 자세를 안정되게 한다.
② 담금질한 것은 함부로 두들겨서는 안 된다.
③ 공구는 적당한 습기가 있는 곳에 보관한다.
④ 파손, 마모된 것은 사용하지 않는다.

해설

01 작업안전 ▶ 안전관리
경고표지의 일종으로 레이저광선 경고를 나타낸다.

02 작업안전 ▶ 안전관리
드릴기기를 사용하는 작업 시 장갑을 착용하면 드릴 날에 장갑이 말려 들어가 사고가 발생할 위험이 높기 때문에 장갑을 착용하지 않는다.

03 작업안전 ▶ 안전관리
공학적 설계 값에 의하지 아니하고 개인이 만든 공구는 파손될 위험이 높으므로 사용하지 않는다.

04 작업안전 ▶ 안전관리
작업장에서 기름이 묻은 걸레는 철제상자에 보관 후 폐기처분한다.

05 작업안전 ▶ 안전관리
수공구는 부식을 방지하기 위해 건조한 곳에 보관해야 한다.

| 정답 | 01 ② 02 ② 03 ④
04 ① 05 ③

06 다음 중 금지표지에 해당하지 않는 것은?

① 보행금지　　　　　② 출입금지
③ 화기금지　　　　　④ 보안경 착용금지

06 작업안전 ▶ 안전관리
①②③ 이외에도 금지표지에는 차량통행금지, 사용금지, 탑승금지, 금연, 물체이동금지 등이 있다.

07 드릴머신으로 구멍을 뚫을 때 일감 자체가 가장 회전하기 쉬운 때로 옳은 것은?

① 구멍을 처음 뚫기 시작할 때
② 구멍을 중간쯤 뚫었을 때
③ 구멍을 거의 뚫었을 때
④ 구멍을 처음 뚫기 시작할 때와 거의 뚫었을 때

07 작업안전 ▶ 안전관리
드릴 작업 시 구멍을 거의 뚫었을 때 드릴 날과 일감이 접촉하는 면적이 최대가 되므로 회전하기 쉽다.

08 장비 점검 및 정비 작업에 대한 안전수칙과 거리가 먼 것은?

① 알맞은 공구를 사용해야 한다.
② 기관을 시동할 때 소화기를 비치해야 한다.
③ 차체 용접 시 배터리가 접지된 상태에서 한다.
④ 평탄한 위치에서 한다.

08 작업안전 ▶ 안전관리
건설기계 차체는 배터리 단자와 연결되어 있으므로 차체 용접 시 작업안전을 위해 배터리 접지단자를 탈거하고 실시해야 한다.

09 굴착기 조종석 계기판에 없는 것은?

① 냉각수 온도 게이지
② 연료 게이지
③ 충전 경고등
④ 운행거리 적산계

09 작업안전 ▶ 작업 전·후 점검
굴착기 조종석 계기판에는 운행거리 적산계는 없고, 장비의 가동 시간에 맞추어 점검 및 정비를 하기 위해 설치한 아워미터(시간계)가 있다.

10 기관의 오일 레벨 게이지로 측정하는 것은?

① 연료탱크 내의 연료량
② 오일팬 내의 오일양
③ 유압탱크 내의 유량
④ 오일 여과기 내의 오일양

10 작업안전 ▶ 작업 전·후 점검
오일 레벨 게이지는 딥스틱이라고도 하며, 오일팬 내의 오일양을 측정할 때 사용한다.

| 정답 |　06 ④　07 ③　08 ③
　　　　　09 ④　10 ②

11 굴착기의 일상점검사항이 아닌 것은?
① 엔진오일양
② 냉각수 누출 여부
③ 오일 쿨러 세척
④ 유압오일양

11 작업안전 ▶ 작업 전·후 점검
오일 쿨러의 세척은 일상점검사항이 아닌 정기정비사항이다.

12 굴착기 계기판 온도계의 눈금이 표시하는 것은 무엇인가?
① 냉각수의 온도
② 배기가스의 온도
③ 유압작동유의 온도
④ 엔진오일의 온도

12 작업안전 ▶ 작업 전·후 점검
굴착기 계기판의 온도계는 냉각수의 온도를 나타낸다.

13 굴착 중 황색보호시트가 나왔을 경우 매설물로 추정할 수 있는 것은?
① 하수도관
② 지하철
③ 전력케이블
④ 지하차도

13 작업안전 ▶ 가스 및 전기 안전관리
황색보호시트는 전력케이블의 매설을 표시하기 위해 설치하는 표지시트 또는 최고압력이 저압인 경우의 도시가스배관 보호포로 사용된다. 이에 굴착 중 황색보호시트가 나왔다면 전력케이블 또는 저압인 도시가스배관이 매설되었음을 추정할 수 있다.

14 전선로가 매설된 도로에서의 굴착 작업에 대한 설명으로 옳은 것은?
① 지하에는 저압케이블만 매설되어 있다.
② 굴착 작업 중 케이블 표지시트가 노출되면 제거하고 계속 작업한다.
③ 굴착 작업 중 전력케이블을 손상시킨 경우 절단된 상태로 두고 인근 한국전력공사에 연락한다.
④ 접지선이 노출되면 철거 후 계속 작업한다.

14 작업안전 ▶ 가스 및 전기 안전관리
굴착 작업 중 전력케이블을 손상시킨 경우 손상된 전력케이블을 임의로 복구해서는 안 된다. 절단된 상태로 두고 인근 한국전력공사에 연락해야 한다.

15 가스배관 작업 시 주의사항으로 틀린 것은?
① 가스배관의 좌우 1m 이내의 부분은 인력으로 굴착할 것
② 가스배관과의 수평거리 30cm 이내에서 파일박기를 금지할 것
③ 공사 착공 전에 도시가스사업자와 현장 협의를 통해 각종 사항 및 안전조치를 상호 확인할 것
④ 가스배관과의 수평거리 3m 이내에서 파일박기를 하고자 할 때 도시가스사업자의 입회 아래 시험 굴착을 할 것

15 작업안전 ▶ 가스 및 전기 안전관리
가스배관과의 수평거리 2m 이내에서 파일박기를 하고자 할 때에는 도시가스 사업자의 입회 아래 시험 굴착을 해야 한다.

| 정답 | 11 ③　12 ①　13 ③
　　　　14 ③　15 ④

16 운전자의 준수사항에 대한 설명 중 틀린 것은?

① 고인 물을 튀게 하여 다른 사람에게 피해를 주어서는 안 된다.
② 과로, 질병, 약물의 중독 상태에서 운전해서는 안 된다.
③ 보행자가 안전지대에 있을 때에는 서행해야 한다.
④ 운전석으로부터 떠날 때에는 원동기의 시동을 끄지 말아야 한다.

17 차의 신호에 대한 설명으로 틀린 것은?

① 신호는 그 행위가 끝날 때까지 해야 한다.
② 신호의 시기 및 방법은 운전자가 편리한 대로 한다.
③ 방향 전환, 횡단, 유턴, 서행, 정지 또는 후진 시 신호를 해야 한다.
④ 진로변경 시에는 손이나 등화로써 할 수 있다.

18 건설기계를 운전하여 교차로에서 녹색신호에 우회전을 하려고 할 때 지켜야 할 사항으로 옳은 것은?

① 우회전 신호를 행하면서 빠르게 우회전한다.
② 신호를 하고 우회전하며, 속도를 빨리하여 진행한다.
③ 신호를 행하면서 서행으로 주행해야 하며, 보행자가 있을 때에는 보행자의 통행을 방해하지 않도록 하여 우회전한다.
④ 우회전은 언제, 어느 곳에서나 할 수 있다.

19 도로교통법상 안전표지의 종류가 아닌 것은?

① 주의표지
② 규제표지
③ 안심표지
④ 보조표지

20 차도와 인도가 구분되어 있는 도로에서 정차할 때 옳은 것은?

① 중앙선 가까이 정차한다.
② 도로의 우측 가장자리에 정차한다.
③ 차체의 전단부가 도로 중앙을 향하도록 비스듬히 정차한다.
④ 인도로부터 50cm 이상 거리를 두고 정차한다.

---

16 도로주행 ▶ 도로교통법
운전자가 굴착기 운전석으로부터 떠날 때에는 시동을 끄고 시동 키를 수거해야 한다. 그리고 작업이 끝난 후에는 시동 키를 수거함에 넣어 보관한다.

17 도로주행 ▶ 도로교통법
신호의 시기와 방법은 반드시 교통규칙을 준수해야 한다.

18 도로주행 ▶ 도로교통법
①② 우회전은 녹색신호에 행하면서 서행으로 주행해야 한다.
④ 우회전은 지정된 곳에서만 행할 수 있으며, 보행자가 있을 때에는 보행자의 통행을 방해하지 않도록 하여 우회전한다.

19 도로주행 ▶ 도로교통법
안전표지는 교통안전에 필요한 주의 · 규제 · 지시 · 보조 · 노면표지로 되어 있다.

20 도로주행 ▶ 도로교통법
모든 차의 운전자는 도로에 정차할 때 차도의 오른쪽 가장자리에 정차한다.

| 정답 | 16 ④ 17 ② 18 ③
　　　　19 ③ 20 ②

21 건설기계관리법령상 대여사업용 건설기계 등록번호표의 도색으로 옳은 것은?

① 흰색 바탕에 검은색 문자
② 주황색 바탕에 검은색 문자
③ 녹색 바탕에 황색 문자
④ 흰색 바탕에 주황색 문자

21 도로주행 ▶ 건설기계관리법

구분		색상	등록번호
비사업용	관용	흰색 바탕에 검은색 문자	0001~0999
	자가용		1000~5999
대여사업용		주황색 바탕에 검은색 문자	6000~9999

22 등록지를 관할하는 건설기계 검사대행자가 시행할 수 없는 것은?

① 정기검사
② 신규등록검사
③ 수시검사
④ 정비명령

22 도로주행 ▶ 건설기계관리법

정비명령은 검사대행자가 시행할 수 없다. 시·도지사는 검사에 불합격된 건설기계에 대하여는 31일 이내의 기간을 정해 해당 건설기계의 소유자에게 검사를 완료한 날부터 10일 이내에 정비명령을 해야 한다.

23 건설기계 등록번호표가 '002라 6543'인 것은?

① 로더 – 대여사업용
② 굴착기 – 대여사업용
③ 지게차 – 자가용
④ 덤프트럭 – 관용

23 도로주행 ▶ 건설기계관리법

건설기계 등록번호표는 '한글'을 기준으로 앞의 첫 번째 자리 '0'은 건설기계, 두세 번째 자리는 기종번호, 뒷자리는 차량의 용도를 의미한다. '02'는 굴착기의 기종번호이며, '6000~9999' 사이의 번호는 대여사업용 차량을 의미한다. 따라서 등록번호표가 002라 6543인 것은 '굴착기 – 대여사업용' 차량이다.

24 등록이전 신고는 어느 경우에 하는가?

① 건설기계 등록지가 다른 시·도로 변경되었을 때
② 건설기계 소재지에 변동이 있을 때
③ 건설기계등록 사항을 변경하고자 할 때
④ 건설기계 소유권을 이전하고자 할 때

24 도로주행 ▶ 건설기계관리법

건설기계 등록지가 다른 시·도로 변경되면 변경된 곳의 시·도지사에게 등록이전 신고를 해야 한다.

25 다음 중 건설기계의 주요 구조의 변경 및 개조의 범위에 해당하지 않는 것은?

① 조종장치의 형식 변경
② 수상작업용 건설기계 선체의 형식변경
③ 건설기계의 길이·너비·높이 등의 변경
④ 작업장치의 가공작업을 수반하지 않는 작업장치의 변경

25 도로주행 ▶ 건설기계관리법

퀵커플러를 이용한 버킷의 교환, 브레이커 연결, 크러셔 연결 등은 가공작업을 수반하지 않는 작업장치의 변경이라 할 수 있다. 이와 같이 가공작업을 수반하지 않는 작업장치의 변경은 건설기계의 주요 구조의 변경 및 개조의 범위에 해당하지 않는다.

| 정답 | 21 ② 22 ④ 23 ②
24 ① 25 ④

26 기관의 주요 부품 중 밀봉 작용과 냉각 작용을 하는 것은?

① 베어링 ② 피스톤 핀
③ 피스톤 링 ④ 크랭크축

26 장비구조 ▶ 엔진구조
피스톤 링은 밀봉 작용, 냉각 작용, 오일제어 작용을 하는데, 이를 피스톤 링의 3대 작용이라고 한다.

27 디젤기관의 압축비가 높은 이유는?

① 연료의 무화를 양호하게 하기 위하여
② 공기의 압축열로 착화시키기 위하여
③ 기관 과열과 진동을 적게 하기 위하여
④ 연료의 분사를 높게 하기 위하여

27 장비구조 ▶ 엔진구조
디젤기관은 공기만을 흡입하여 압축한 뒤 공기의 압축열에 의해 착화시키는 압축착화방식이기 때문에 압축비가 높다.

28 연료탱크의 연료를 분사펌프 저압부까지 공급하는 것은?

① 연료공급펌프 ② 연료분사펌프
③ 인젝션펌프 ④ 로터리펌프

28 장비구조 ▶ 엔진구조
연료공급펌프(피드펌프)는 디젤기관 연료탱크의 연료를 분사펌프 저압부까지 공급한다.

29 터보차저를 구동하는 것으로 옳은 것은?

① 엔진의 열 ② 엔진의 배기가스
③ 엔진의 흡입가스 ④ 엔진의 여유동력

29 장비구조 ▶ 엔진구조
터보차저는 엔진의 배기가스의 압력으로 구동한다.

30 디젤기관에서 예열 플러그가 단선되는 원인에 해당하지 않는 것은?

① 너무 짧은 예열시간
② 규정 이상의 과대전류 흐름
③ 기관의 과열 상태에서 잦은 예열
④ 예열 플러그 설치 시 조임 불량

30 장비구조 ▶ 엔진구조
②③④ 이외에 예열 플러그 단선의 원인으로는 규정 용량 이상의 퓨즈 사용 등이 있다.

| 정답 | 26 ③ 27 ② 28 ①
29 ② 30 ①

31 엔진오일이 공급되는 부분이 아닌 것은?

① 습식 공기청정기
② 크랭크축 저널 베어링
③ 피스톤 링
④ 차동 기어장치

31 장비구조 ▶ 엔진구조
차동 기어장치에는 기어오일을 주입해야 한다.

32 커먼레일 디젤기관의 연료장치 시스템에서 출력 요소는?

① 공기 유량 센서
② 인젝터
③ 엔진 ECU
④ 브레이크 스위치

32 장비구조 ▶ 엔진구조
커먼레일 디젤기관의 엔진 ECU는 각종 센서(공기 유량 센서, 가속페달 위치 센서, 크랭크 각 센서 등)들의 신호를 입력받아 인젝터로 출력 신호를 내보낸다.

33 건식 공기청정기의 세척 방법으로 옳은 것은?

① 압축오일로 안에서 밖으로 불어낸다.
② 압축오일로 밖에서 안으로 불어낸다.
③ 압축공기로 안에서 밖으로 불어낸다.
④ 압축공기로 밖에서 안으로 불어낸다.

33 장비구조 ▶ 엔진구조
건식 공기청정기를 세척할 때에는 압축공기(에어건)를 이용하여 안에서 밖으로 불어낸다.

34 디젤기관 분사펌프의 플런저와 배럴 사이의 윤활은 무엇으로 하는가?

① 경유
② 그리스
③ 유압유
④ 엔진오일

34 장비구조 ▶ 엔진구조
경유에는 윤활 성분이 포함되어 있기 때문에 디젤기관 분사펌프의 플런저와 배럴 사이의 윤활은 연료자체인 경유가 한다.

35 다음 중 옴의 법칙의 공식으로 옳은 것은?

① $I=R/E$
② $E=I \times R$
③ $R=I/E$
④ $I=E \times R$

35 장비구조 ▶ 전기장치
옴의 법칙
• I: 전류(A), E: 전압(V), R: 저항(Ω)
• $I=E/R$, $E=I \times R$, $R=E/I$

| 정답 | 31 ④　32 ②　33 ③
　　　　34 ①　35 ②

36 AC 발전기에서 전류가 흐를 때 전자석이 되는 것은?

① 계자 철심
② 로터
③ 스테이터 철심
④ 아마추어

37 납산 축전지의 충·방전 상태에 대한 설명으로 옳지 <u>않은</u> 것은?

① 축전지가 방전되면 양극판은 과산화납이 황산납으로 된다.
② 축전지가 방전되면 전해액은 묽은 황산이 물로 변하여 비중이 낮아진다.
③ 축전지가 충전되면 음극판은 황산납이 해면상납으로 된다.
④ 축전지가 충전되면 양극판에서 수소를, 음극판에서 산소를 발생시킨다.

38 12V 축전지 4개를 병렬로 연결할 때의 전압으로 옳은 것은?

① 12V
② 24V
③ 36V
④ 48V

39 그림과 같이 12V 축전지 2개를 사용하여 24V 건설기계를 시동하고자 한다. 연결방법으로 옳은 것은?

 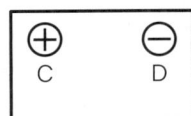

① A − B
② A − C
③ B − C
④ B − D

40 기동 전동기의 구성품이 <u>아닌</u> 것은?

① 전기자
② 브러시
③ 스테이터 코일
④ 구동 피니언

---

36 장비구조 ▶ 전기장치
AC 발전기(교류발전기)의 로터는 양 철심 안쪽에 코일이 감겨 있으며 풀리에 의해 회전하는 부분이다. 슬립링을 통해 공급된 전류로 코일이 자기장을 형성하면서 철심이 자석이 된다. 즉, 전류가 흐를 때 로터가 전자석이 된다.

37 장비구조 ▶ 전기장치
축전지가 충전되면 양극판에서는 산소를, 음극판에서는 수소를 발생시킨다.

38 장비구조 ▶ 전기장치
축전지를 병렬로 연결하면 전압은 그대로이고 용량이 증가한다. 이에 12V 축전지 4개를 병렬로 연결한 경우 전압은 그대로 12V이다.

39 장비구조 ▶ 전기장치
전압을 증가시키기 위해서는 축전지를 직렬로 연결해야 하며, 연결방법은 (+)단자와 (−)단자를 연결하는 것이다.

40 장비구조 ▶ 전기장치
스테이터 코일은 교류발전기의 구성품이다.

| 정답 | 36 ② 37 ④ 38 ①
39 ③ 40 ③

41 굴착기의 종감속 장치에서 열이 발생하였다면 그 원인으로 옳지 않은 것은?

① 윤활유의 부족
② 오일의 오염
③ 종감속 기어의 접촉 상태 불량
④ 종감속기 플랜지부의 과도한 조임

41 장비구조 ▶ 전·후진 주행장치
종감속기의 플랜지부를 과도하게 조이면 볼트와 너트의 나사산이 망가진다. 이는 종감속 장치의 열 발생과는 관련이 없다.

42 토크컨버터가 설치된 건설기계의 출발 방법으로 옳은 것은?

① 저·고속 레버를 저속 위치로 하고 클러치 페달을 밟는다.
② 저·고속 레버를 저속 위치로 하고 브레이크 페달을 밟는다.
③ 클러치 페달을 조작할 필요 없이 가속 페달을 서서히 밟는다.
④ 클러치 페달에서 서서히 발을 떼면서 가속 페달을 밟는다.

42 장비구조 ▶ 전·후진 주행장치
토크컨버터는 자동변속기 건설기계에 설치되기 때문에 출발 시 클러치 페달을 조작할 필요 없이 가속 페달을 서서히 밟는다.

43 트랜스미션에서 잡음이 심할 경우 운전자가 가장 먼저 확인해야 할 사항은?

① 치합 상태
② 기어오일의 질
③ 기어 잇면의 마모
④ 기어오일의 양

43 장비구조 ▶ 전·후진 주행장치
트랜스미션에서 잡음이 심할 경우 가장 먼저 레벨 게이지를 이용하여 기어오일의 양을 점검해야 한다.

44 진공식 제동 배력 장치에 대한 설명으로 옳은 것은?

① 진공 밸브가 새면 브레이크가 전혀 작동되지 않는다.
② 릴레이 밸브의 다이어프램이 파손되면 브레이크가 작동되지 않는다.
③ 릴레이 밸브의 피스톤 컵이 파손되어도 브레이크가 작동된다.
④ 하이드로릭, 피스톤의 체크 볼이 밀착 불량이면 브레이크가 작동되지 않는다.

44 장비구조 ▶ 전·후진 주행장치
진공식 제동 배력 장치(진공 부스터)는 대기압과 진공의 압력 차를 이용하여 마스터 실린더 푸시로드에 힘을 배가시키는 장치이다. 진공식 배력 장치는 부품이 고장 나더라도 브레이크는 작동하지만 제동력이 약해진다.

45 기계식 변속기가 장착된 건설기계장비에서 클러치 사용 방법으로 옳은 것은?

① 클러치 페달은 변속 시에 밟는다.
② 저속 운전 시에만 발을 올려 놓는다.
③ 클러치 페달은 커브길에서만 밟는다.
④ 클러치 페달에 항상 발을 올려 놓는다.

45 장비구조 ▶ 전·후진 주행장치
클러치 페달은 변속 및 시동 시 안전을 위해 밟는다.

| 정답 | 41 ④ 42 ③ 43 ④
44 ③ 45 ①

46 타이어식 건설기계에서 바퀴 정렬의 역할과 거리가 먼 것은?

① 브레이크의 수명을 길게 한다.
② 타이어 마모를 최소로 한다.
③ 방향 안정성을 준다.
④ 조향핸들의 조작을 작은 힘으로 쉽게 할 수 있다.

47 유압장치에서 드레인 배출기의 표시기호로 옳은 것은?

①  ②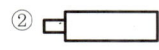

③ 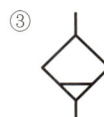 ④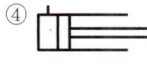

48 유압장치에 사용되는 밸브 부품의 세척유로 적절한 것은?

① 엔진오일   ② 물
③ 경유   ④ 합성세제

49 유압모터의 회전력이 변화하는 것에 영향을 미치는 것은?

① 유량   ② 유압유 압력
③ 유압유 점도 ④ 유압유 온도

50 유압장치의 오일탱크에서 펌프 흡입구의 설치에 대한 설명으로 옳지 않은 것은?

① 펌프 흡입구는 반드시 탱크 가장 밑면에 설치한다.
② 펌프 흡입구에는 스트레이너(오일 여과기)를 설치한다.
③ 펌프 흡입구와 탱크로의 귀환구(복귀구) 사이에는 격리판(baffle plate)을 설치한다.
④ 펌프 흡입구는 탱크로의 귀환구(복귀구)로부터 될 수 있는 한 멀리 떨어진 위치에 설치한다.

---

46 장비구조 ▶ 전·후진 주행장치
바퀴 정렬(휠 얼라인먼트)과 관련된 요소에는 토 인, 캠버, 캐스터, 킹핀 경사각이 있다. 바퀴 정렬은 브레이크 수명과는 관련이 없다.

47 장비구조 ▶ 유압일반
① 압력계, ② 기계조작방식, ④ 단동 실린더를 나타내는 유압기호이다.

48 장비구조 ▶ 유압일반
경유는 인화점 및 발화점이 높아 화재의 위험이 낮고 밸브 부품의 부식 방지에도 효과가 있어 세척유로 사용하기에 가장 적합하다.

49 장비구조 ▶ 유압일반
유압모터의 회전력은 유압작동유의 압력에 의해 결정되며, 릴리프 밸브로 최대압력을 조절할 수 있다.

50 장비구조 ▶ 유압일반
수분 및 이물질이 펌프로 유입되는 것을 막기 위해 펌프 흡입구는 탱크 가장 밑면이 아닌 일정 거리를 두고 설치한다.

| 정답 | 46 ① 47 ③ 48 ③ 49 ② 50 ①

51 유압모터의 특징과 거리가 먼 것은?

① 소형으로 강력한 힘을 낼 수 있다.
② 과부하에 대해 안전하다.
③ 정·역회전 변화가 불가능하다.
④ 무단변속이 용이하다.

52 유압회로 내의 유압이 상승하지 않을 때 점검사항으로 옳지 않은 것은?

① 오일탱크의 오일양 점검
② 오일이 누출되는지 점검
③ 펌프로부터 정상 유압이 발생하는지 점검
④ 자기 탐상법에 의한 작업장치의 균열 점검

53 다음 그림의 유압기호에서 'A' 부분이 나타내는 것은?

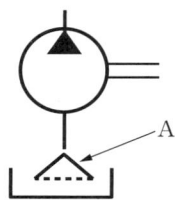

① 오일 냉각기
② 스트레이너
③ 가변용량 유압펌프
④ 가변용량 유압모터

54 회로 내 유체의 흐름 방향을 제어하는 데 사용되는 밸브는?

① 감압 밸브
② 교축 밸브
③ 순차 밸브
④ 셔틀 밸브

55 다음 유압기호 중 압력계를 나타내는 것은?

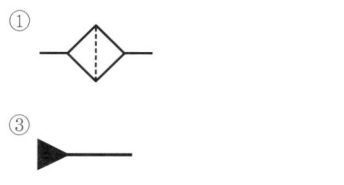

---

51 장비구조 ▶ 유압일반
유압모터는 정회전과 역회전이 자유롭다.

52 장비구조 ▶ 유압일반
자기 탐상법은 철강 제품의 겉이나 속에 생긴 미세한 균열을 자기력선 속의 변화를 이용하여 찾아내는 비파괴 검사법이다.

53 장비구조 ▶ 유압일반
'A' 부분은 비교적 큰 이물질을 여과하는 스트레이너이다.

54 장비구조 ▶ 유압일반
①③ 감압 밸브와 순차 밸브는 일의 크기를 제어하는 압력제어 밸브이다.
② 교축 밸브는 일의 속도를 제어하는 유량제어 밸브이다.

55 장비구조 ▶ 유압일반
① 오일필터, ③ 유압동력원, ④ 어큐뮬레이터(축압기)를 나타내는 유압기호이다.

| 정답 | 51 ③ 52 ④ 53 ②
       54 ④ 55 ②

56 무한궤도식 건설기계에서 트랙장력의 조정은 어떤 방식으로 하는가?

① 스프로킷의 조정 볼트로 한다.
② 긴도 조정 실린더로 한다.
③ 상부롤러의 베어링으로 한다.
④ 하부롤러의 시임을 조정한다.

56 장비구조 ▶ 굴착기 구조 및 기능, 작업

트랙장력의 조정 방식에는 그리스 주입식과 너트식이 있다. 그리스 주입식은 장력(긴도) 조정용 실린더에 그리스를 주입하여 조정하고, 너트식은 조정나사를 돌려 조정한다.

57 무한궤도식 굴착기에서 슈(shoe), 링크(link), 핀(pin), 부싱(bushing) 등이 연결되어 구성된 장치는?

① 프론트 아이들러
② 스프로킷
③ 트랙
④ 센터조인트

57 장비구조 ▶ 굴착기 구조 및 기능, 작업

트랙은 슈, 링크, 핀, 부싱, 슈볼트 등이 연결되어 구성된다.

58 굴착기 등 건설기계운전 작업장에서 이동 및 선회 시 안전을 위해서 행하는 적절한 조치로 옳은 것은?

① 경적을 울려서 작업장 주변 사람에게 알린다.
② 버킷을 내려서 점검하고 작업한다.
③ 급방향 전환을 위하여 위험 시간을 최대한 줄인다.
④ 굴착 작업으로 안전을 확보한다.

58 장비구조 ▶ 굴착기 구조 및 기능, 작업

작업장에서 이동 및 선회 시에는 안전을 위해 경적을 울려 작업장 주변 사람들에게 알려야 한다.

59 무한궤도식 장비에서 프론트 아이들러의 작용에 대한 설명으로 옳은 것은?

① 회전력을 발생하여 트랙에 전달한다.
② 구동력을 트랙으로 전달한다.
③ 하부주행체의 파손을 방지하고 트랙이 원활하게 회전하도록 한다.
④ 트랙의 진로를 조정하면서 주행 방향으로 트랙을 유도한다.

59 장비구조 ▶ 굴착기 구조 및 기능, 작업

① 주행모터(유압모터), ② 스프로킷, ③ 리코일 스프링에 대한 설명이다.

60 다음 도로명판에 대한 설명으로 틀린 것은?

① 사임당로 중간지점을 의미한다.
② '92↑'는 '사임당로'의 시작지점을 의미한다.
③ '92↑250' 현 위치에서 '사임당로'의 남은 거리는 약 1.5km이다.
④ 도로명판이 설치된 곳은 '사임당로' 시작지점으로부터 약 920m 지점이다.

60 도로주행 ▶ 도로명주소

'92↑'는 사임당로 시작지점으로부터 약 920m 지점이라는 의미이다.

| 정답 | 56 ② 57 ③ 58 ①
59 ④ 60 ②

제11회 빈출복원 실전모의고사

합격개수 36개

01 안전관리의 근본 목적으로 가장 적합한 것은?
① 생산자의 경제적 운용
② 근로자의 생명 및 신체 보호
③ 생산 과정의 시스템화
④ 생산량 증대

02 인화성 물질이 아닌 것은?
① 가솔린
② 아세틸렌가스
③ 프로판가스
④ 산소

03 작업점에 직접 사람이 접촉하여 말려들거나 다칠 위험이 있는 장소를 덮어 씌우는 방호장치는?
① 격리형 방호장치
② 위치 제한형 방호장치
③ 포집형 방호장치
④ 접근 거부형 방호장치

04 벨트를 풀리에 안전하게 걸고 벗기기 위한 작동 상태로 옳은 것은?
① 중속인 상태
② 정지한 상태
③ 역회전 상태
④ 고속인 상태

05 굴착기의 일상점검 정비 작업 내용에 해당하지 않는 것은?
① 엔진오일의 양 점검
② 브레이크액 수준 점검
③ 라디에이터 냉각수 양 점검
④ 연료분사노즐 압력 점검

해설

01 작업안전 ▶ 안전관리
안전관리의 근본 목적은 근로자의 생명 및 신체 보호와 사고 발생 방지이다.

02 작업안전 ▶ 안전관리
산소는 연소의 3요소 중 하나이다.
①②③ 인화성 물질은 휘발유와 같이 낮은 온도에서도 쉽게 불이 붙거나 폭발하는 가스를 말하며, 가솔린, 아세틸렌가스, 프로판가스 등이 있다.

03 작업안전 ▶ 안전관리
작업점에 직접 사람이 접촉하여 말려들거나 다칠 위험이 있는 장소를 덮어 씌우는 방호장치는 격리형 방호장치이다.

04 작업안전 ▶ 안전관리
벨트를 풀리에 걸거나 벗길 때에는 반드시 회전을 정지한 상태에서 해야 한다.

05 작업안전 ▶ 작업 전·후 점검
연료분사노즐 압력 점검은 분해정비사항이다.

| 정답 | 01 ② | 02 ④ | 03 ① |
| 04 ② | 05 ④ |

06 굴착기의 작업장치 연결부(작동부) 니플에 주입하는 것은?

① G.A.A(그리스)
② SAE 30(엔진오일)
③ G.O(기어오일)
④ H.O(유압유)

06 작업안전 ▶ 작업 전·후 점검
굴착기 작업장치 연결부의 윤활을 위해 니플에 그리스를 주입한다.

07 굴착기 주차 시 버킷 위치로 알맞은 것은?

① 지면으로부터 30cm에 위치시킨다.
② 지면으로부터 50cm에 위치시킨다.
③ 버킷을 완전히 펴서 지면에 내려놓는다.
④ 버킷 위치는 상관없이 주차한다.

07 작업안전 ▶ 작업 전·후 점검
굴착기 주차 시에는 버킷 실린더 로드 보호를 위해 버킷을 완전히 펴서 지면에 내려놓는다.

08 도시가스배관 중 고압의 압력은?

① 0.1MPa 미만
② 0.1MPa 이상 1MPa 미만
③ 1MPa 미만
④ 1MPa 이상

08 작업안전 ▶ 가스 및 전기 안전관리
고압의 압력은 1MPa 이상이다.
① 0.1MPa 미만은 저압의 압력이다.
② 0.1MPa 이상 1MPa 미만은 중압의 압력이다.

09 전선로 부근에서 작업할 때의 사항 중 옳지 <u>않은</u> 것은?

① 전선은 바람에 흔들리게 되므로 이를 고려하여 이격거리를 증가시켜 작업해야 한다.
② 전선이 바람에 흔들리는 정도는 바람이 강할수록 크다.
③ 전선은 철탑 또는 전주에서 멀어질수록 많이 흔들린다.
④ 전선은 자체 무게가 있어 바람에는 흔들리지 않는다.

09 작업안전 ▶ 가스 및 전기 안전관리
전선로 부근에서 작업할 경우 전선이 바람에 흔들리기 때문에 이를 고려하여 이격거리를 증가시켜 작업해야 한다.

10 작업안전 ▶ 가스 및 전기 안전관리
폭 8m 이상의 도로에서는 1.2m 이상의 깊이에 배관을 설치해야 한다.
① 폭 4m 미만 또는 공동주택 등의 부지 이내에 매설하는 경우 0.6m 이상의 깊이에 배관을 설치한다.
② 폭 4m 이상 8m 미만의 도로의 경우 1.0m 이상의 깊이에 배관을 설치한다.

10 일반 도시가스 사업자의 지하배관 설치 시 도로 폭이 8m 이상인 도로에서는 관련법 상 어느 정도의 깊이에 배관이 설치되어 있는가?

① 0.6m 이상
② 1.0m 이상
③ 1.2m 이상
④ 1.5m 이상

| 정답 | 06 ① 07 ③ 08 ④ 09 ④ 10 ③

11 H빔 공사 시 가스관과의 최소 수평거리는?

① 10cm ② 20cm
③ 30cm ④ 40cm

11 작업안전 ▶ 가스 및 전기 안전관리

도시가스배관과 수평거리 30cm 이내에서는 파일박기(H빔 공사)를 하지 말아야 한다.

12 굴착 공사 중 적색으로 된 도시가스배관을 손상하였으나 다행히 가스는 누출되지 않고 피복만 벗겨졌다. 조치사항으로 옳은 것은?

① 해당 도시가스 회사 직원에게 그 사실을 알려 보수하도록 한다.
② 벗겨지거나 손상된 피복을 고무판이나 비닐테이프로 감은 후 되메운다.
③ 가스가 누출되지 않았으므로 그냥 되메운다.
④ 벗겨진 피복은 부식 방지를 위해 아스팔트를 칠하고 비닐테이프로 감은 후 되메운다.

12 작업안전 ▶ 가스 및 전기 안전관리

가스가 누출이 되지 않았더라도 피복이 벗겨진 경우 임의로 복구해서는 안 되며, 도시가스 회사에 연락하여 지시에 따라야 한다.

13 도시가스배관 주위를 굴착 후 되메우기 시 지하에 매몰하면 안 되는 것은?

① 보호포 ② 보호판
③ 라인마크 ④ 보호관

13 작업안전 ▶ 가스 및 전기 안전관리

라인마크는 도시가스배관이 매설되어 있음을 알리기 위해 도로 및 공동주택 부지에 설치하는 것으로, 되메우기 시 매몰해서는 안 된다.

14 긴급자동차의 종류에 해당하지 않는 것은?

① 어린이 통학 전용버스
② 혈액공급차량
③ 수사기관의 자동차 중 범죄수사를 위해 사용되는 자동차
④ 국군 및 주한 국제연합군용의 긴급자동차에 의해 유도되는 국군 및 주한 국제연합군의 자동차

14 도로주행 ▶ 도로교통법

「도로교통법 시행령」 제2조(긴급자동차의 종류)에 근거하면 소방차, 구급차, 혈액공급차량, 그밖에 대통령령으로 정하는 자동차 등이 긴급자동차에 해당한다.

15 다음 (   )에 들어갈 내용으로 옳은 것은?

> 신호등의 (   )가 점멸하는 경우, 차마는 정지선이나 횡단보도가 있을 때에는 그 직전이나 교차로의 직전에 일시정지한 후 다른 교통에 주의하면서 진행할 수 있다.

① 녹색등화 ② 황색등화
③ 녹색 화살표 ④ 적색등화

15 도로주행 ▶ 도로교통법

신호등의 적색등화가 점멸하는 경우, 차마는 정지선이나 횡단보도가 있을 때에는 그 직전이나 교차로의 직전에 일시정지한 후 다른 교통에 주의하면서 진행할 수 있다.

| 정답 | 11 ③ 12 ① 13 ③
　　　 14 ① 15 ④

16 교차로 진입 방법에 대한 설명으로 옳은 것은?

① 교차로 중심 바깥쪽으로 좌회전한다.
② 좌회전 차는 미리 도로의 중앙선을 따라 서행하며 진입한다.
③ 우회전 차는 차로에 관계없이 우회전할 수 있다.
④ 좌·우회전 시에는 경음기를 사용하여 주위에 주의 신호를 한다.

17 도로교통법상 철길 건널목을 통과하는 방법으로 옳은 것은?

① 신호등이 없는 철길 건널목을 통과할 때에는 서행으로 통과해야 한다.
② 신호등이 있는 철길 건널목을 통과할 때에는 건널목 앞에서 일시정지하여 안전한지의 여부를 확인한 후 통과해야 한다.
③ 신호기가 없는 철길 건널목을 통과할 때에는 건널목 앞에서 일시정지하여 안전한지의 여부를 확인한 후 통과해야 한다.
④ 신호기와 관련 없이 철길 건널목을 통과할 때에는 건널목 앞에서 일시정지하여 안전한지의 여부를 확인한 후 통과해야 한다.

18 도로교통법상 3색 등화로 표시되는 신호등의 신호 순서로 옳은 것은?

① 녹색(적색 및 녹색 화살표)등화 → 황색등화 → 적색등화
② 녹색(적색 및 녹색 화살표)등화 → 적색등화 → 황색등화
③ 적색(적색 및 녹색 화살표)등화 → 황색등화 → 녹색등화
④ 적색점멸등화 → 황색등화 → 녹색(적색 및 녹색 화살표)등화

19 소형 또는 대형건설기계조종사 면허증 발급 신청 시 구비서류가 아닌 것은?

① 소형건설기계조종 교육이수증(소형면허 신청 시)
② 국가기술자격증 정보(대형면허 신청 시)
③ 주민등록등본
④ 신체검사서

20 건설기계조종사 면허를 받은 자가 면허가 취소되거나 면허의 효력이 정지된 경우, 그 사유가 발생한 날로부터 며칠 이내에 주소지를 관할하는 시장·군수 또는 구청장에게 면허증을 반납해야 하는가?

① 7일
② 10일
③ 20일
④ 30일

21 건설기계조종사 면허가 취소 또는 정지된 상태에서 건설기계를 조종한 자에 대한 벌칙은?

① 100만 원 이하의 벌금
② 300만 원 이하의 벌금
③ 1년 이하의 징역 또는 1,000만 원 이하의 벌금
④ 2년 이하의 징역 또는 2,000만 원 이하의 벌금

22 건설기계관리법상 등록 말소 사유에 해당하지 않는 것은?

① 건설기계를 수출하는 경우
② 건설기계조종사 면허가 취소된 경우
③ 건설기계의 차대가 등록 시 차대와 다른 경우
④ 거짓 그 밖의 부정한 방법으로 등록한 경우

23 건설기계조종사의 적성검사에 대한 설명으로 옳은 것은?

① 적성검사에 합격해야 면허를 받을 수 있다.
② 정기적성검사는 2년마다 실시한다.
③ 정기적성검사는 60세까지만 실시한다.
④ 정기적성검사는 65세 이상인 경우 3년마다 받는다.

24 연소 시 발생하는 질소산화물(NOx)의 발생 원인과 가장 밀접한 관계가 있는 것은?

① 흡입 공기량 부족
② 높은 연소 온도
③ 연료량 부족
④ 에어클리너의 막힘

25 피스톤 링의 작용이 아닌 것은?

① 기밀 작용
② 열전도 작용
③ 열차단 작용
④ 오일제어 작용

---

21 도로주행 ▶ 건설기계관리법
건설기계 무면허 운전에 대한 처벌은 1년 이하의 징역 또는 1,000만 원 이하의 벌금이다.

22 도로주행 ▶ 건설기계관리법
①③④ 이외에도 「건설기계관리법」상 등록 말소 사유에는 건설기계를 교육·연구목적으로 사용하는 경우, 건설기계를 폐기하는 경우, 건설기계를 도난당한 경우 등이 있다.

23 도로주행 ▶ 건설기계관리법
②③④ 적성검사는 10년마다(65세 이상의 경우 5년마다) 받는다.

24 장비구조 ▶ 엔진구조
질소산화물은 연소 온도가 높고, 이론공연비에 가깝게 연소할 때 발생하며, 배기가스 재순환장치(EGR)를 사용하면 이를 방지할 수 있다.

25 장비구조 ▶ 엔진구조
피스톤 링의 3대 작용에는 기밀(밀봉) 작용, 열전도(냉각) 작용, 오일제어 작용이 있다.

| 정답 | 21 ③ 22 ② 23 ① 24 ② 25 ③

26 냉각장치에서 라디에이터 압력식 캡을 사용하는 이유는?

① 냉각수의 비등점을 높이기 위해
② 냉각수의 비중을 높이기 위해
③ 엔진의 온도를 높이기 위해
④ 라디에이터 구조를 간단하게 하기 위해

27 디젤기관 부조(떨림) 현상의 원인으로 옳지 않은 것은?

① 발전기 고장
② 연료의 압송 불량
③ 분사시기 조정 불량
④ 조속기의 작동 불량

28 엔진오일 여과기가 막히는 것을 대비하여 설치하는 것은?

① 체크 밸브
② 릴리프 밸브
③ 바이패스 밸브
④ 오일팬

29 커먼레일 디젤기관 시스템의 컴퓨터(ECU)의 출력 요소는?

① 공기 유량 센서
② 인젝터
③ 엔진 ECU
④ 브레이크 스위치

30 디젤기관의 시동 보조장치가 아닌 것은?

① 히트레인지
② 감압장치
③ 과급기
④ 예열 플러그

---

26 장비구조 ▶ 엔진구조
라디에이터 압력식 캡은 냉각장치 내의 압력을 0.4~1.1kgf/cm²로 유지함으로써 비등점(비점)을 높여 냉각 효율을 높인다.

27 장비구조 ▶ 엔진구조
디젤기관 부조 현상의 원인으로는 연료의 압송 불량, 분사시기 조정 불량, 조속기의 작동 불량, 연료라인 내 공기 혼입, 분사량 불균율이 큰 경우 등이 있다.

28 장비구조 ▶ 엔진구조
엔진오일 여과기가 막혔을 때 여과기를 거치지 않고 각 윤활부로 엔진오일이 공급될 수 있도록 바이패스 밸브를 설치한다.

29 장비구조 ▶ 엔진구조
커먼레일 디젤기관의 ECU는 각종 센서(공기 유량 센서, 엑셀러레이터 포지션 센서, 크랭크 각 센서 등)들의 신호를 입력받아 인젝터로 출력 신호를 내보낸다.

30 장비구조 ▶ 엔진구조
과급기는 기관의 출력을 증대시키기 위한 목적으로 외기를 압축하여 공급하는 일종의 압축기이며, 터보차저와 슈퍼차저가 있다.

| 정답 | 26 ① 27 ① 28 ③
29 ② 30 ③

31 윤활유의 기능이 아닌 것은?

① 기밀 작용　② 냉각 작용
③ 방청 작용　④ 응력 집중 작용

32 건식 공기청정기의 세척 방법으로 옳은 것은?

① 압축오일로 안에서 밖으로 불어낸다.
② 압축오일로 밖에서 안으로 불어낸다.
③ 압축공기로 안에서 밖으로 불어낸다.
④ 압축공기로 밖에서 안으로 불어낸다.

33 건설기계에 주로 사용되는 기동 전동기로 옳은 것은?

① 직류분권 전동기　② 직류직권 전동기
③ 직류복권 전동기　④ 교류 전동기

34 교류(AC)발전기에서 실리콘 다이오드 냉각은 무엇으로 하는가?

① 히트싱크
② 냉각튜브
③ 냉각팬
④ 엔드 프레임에 설치된 오일장치

35 12V 납산 축전지 셀의 구성은?

① 2V의 셀이 6개 있다.　② 3V의 셀이 4개 있다.
③ 4V의 셀이 3개 있다.　④ 6V의 셀이 2개 있다.

---

31 장비구조 ▶ 엔진구조
①②③ 이외에 윤활유의 기능에는 마찰 및 마모방지 작용, 세척 작용, 응력 분산 작용, 소음 방지 등이 있다.

32 장비구조 ▶ 엔진구조
건식 공기청정기의 세척 방법은 압축공기(에어건)를 이용하여 안에서 밖으로 불어내는 것이다.

33 장비구조 ▶ 전기구조
건설기계에 주로 사용되는 기동 전동기는 전기자 코일과 계자 코일이 직렬로 연결되어 있는 직류직권 전동기이다.

34 장비구조 ▶ 전기구조
교류발전기에서 실리콘 다이오드가 교류를 직류로 정류할 때 발생하는 열을 식히기 위해 히트싱크를 사용한다.

35 장비구조 ▶ 전기구조
12V 납산 축전지는 2V의 셀 6개가 직렬로 연결된다(셀당 기전력은 2.1V이나 시험에는 2V로 출제되는 경우도 있음에 유의해야 한다).

| 정답 | 31 ④　32 ③　33 ②
　　　　34 ①　35 ①

36 교류(AC)발전기에서 실리콘 다이오드의 역할로 옳은 것은?

① 발전량을 조정한다.
② 전압을 조정한다.
③ 여자 전류를 조정한다.
④ 교류를 직류로 정류하고 역류를 방지한다.

36 장비구조 ▶ 전기구조
실리콘 다이오드는 교류를 직류로 정류하고, 기관 정지 시 축전지로부터 역류를 방지하는 역할을 한다.

37 직권식 기동 전동기의 계자 코일과 전기자 코일의 연결에 대한 설명으로 옳은 것은?

① 직렬로 연결되어 있다.
② 병렬로 연결되어 있다.
③ 직렬 및 병렬로 연결되어 있다.
④ 계자 코일은 병렬, 전기자 코일은 직렬로 연결된다.

37 장비구조 ▶ 전기구조
- 직권식 전동기: 직렬 연결
- 분권식 전동기: 병렬 연결
- 복권식 전동기: 직·병렬 연결

38 옴의 법칙의 공식으로 옳은 것은?

① $I = R/E$
② $E = I \times R$
③ $R = I/E$
④ $I = E \times R$

38 장비구조 ▶ 전기구조
옴의 법칙은 '$I = E/R$, $E = I \times R$, $R = E/I$'이다. 여기에서 I는 전류(A), E는 전압(V), R은 저항(Ω)을 의미한다.

39 타이어의 구조 중 타이어의 골격을 이루는 것은?

① 트레드
② 브레이커
③ 카커스
④ 사이드 월

39 장비구조 ▶ 전·후진 주행장치
① 트레드는 노면과 접촉하는 부분이다.
④ 사이드 월은 타이어의 모든 정보가 표시되는 부분이다.

40 드라이브 라인의 구성품 중 길이 변화에 대응하기 위해 설치하는 것은?

① 자재 이음
② 슬립 이음
③ 훅 이음
④ 추진축

40 장비구조 ▶ 전·후진 주행장치
드라이브 라인에서 길이 변화에 대응하기 위한 것은 슬립 이음이고, 각도 변화에 대응하기 위한 것은 자재 이음이다.

| 정답 | 36 ④ 37 ① 38 ②
　　　　39 ③ 40 ②

41 굴착기 조향바퀴의 휠 얼라인먼트 요소가 아닌 것은?

① 캠버(camber)　　② 토 인(toe in)
③ 캐스터(caster)　　④ 부스터(booster)

41 장비구조 ▶ 전·후진 주행장치
휠 얼라인먼트(바퀴 정렬)의 요소는 캠버, 캐스터, 토 인, 킹핀 경사각이다.

42 타이어식 굴착기 동력전달계통이 아닌 것은?

① 변속기　　② 드라이브 라인
③ 엔진　　　④ 종감속 기어

42 장비구조 ▶ 전·후진 주행장치
엔진은 동력발생장치이다.
①②④ 이외에도 동력전달계통에는 차동 기어장치, 엑슬축, 유성 기어장치 등이 있다.

43 차동 기어장치에서 피니언 기어와 링 기어의 틈새를 무엇이라고 하는가?

① 런아웃　　② 백래시
③ 베이퍼록　　④ 스프레드

43 장비구조 ▶ 전·후진 주행장치
백래시란 한 쌍의 기어를 맞물렸을 때 치면(맞물리는 면) 사이에 생기는 틈새이다. 백래시가 너무 작으면 윤활이 불충분해지기 쉬워 치면끼리의 마찰이 커지고, 백래시가 너무 크면 기어의 맞물림이 나빠져 기어가 파손되기 쉽다.

44 공기 브레이크에서 브레이크슈를 직접 작동시키는 것은?

① 릴레이 밸브　　② 브레이크 페달
③ 캠　　　　　　④ 유압

44 장비구조 ▶ 전·후진 주행장치
공기 브레이크에서 브레이크슈를 직접 작동시키는 것은 캠이다.

45 리듀싱 밸브(감압 밸브)에 대한 설명으로 옳지 않은 것은?

① 상시 폐쇄 상태로 되어 있다.
② 유압장치에서 회로 일부의 압력을 릴리프 밸브의 설정 압력 이하로 하고 싶을 때 사용한다.
③ 출구의 압력이 감압 밸브의 설정 압력보다 높아지면 밸브가 작동하여 유로를 닫는다.
④ 입구의 주회로에서 출구의 감압 회로로 유압유가 흐른다.

45 장비구조 ▶ 유압일반
리듀싱 밸브(감압 밸브)는 회로 일부의 압력을 릴리프 밸브 설정 압력 이하로 제어할 때 사용하며, 입구의 주회로에서 출구의 감압 회로로 유압유가 흐른다. 또한 상시 개방 상태로 되어 있으며, 출구의 압력이 감압 밸브 설정 압력보다 높아지면 밸브가 작동하여 유로를 닫는다.

| 정답 | 41 ④　42 ③　43 ②　44 ③　45 ①

46 유압탱크의 구비조건에 해당하지 <u>않는</u> 것은?

① 적당한 크기의 주유구 및 스트레이너를 설치해야 한다.
② 오일 냉각을 위한 쿨러를 설치해야 한다.
③ 오일에 이물질이 혼입되지 않도록 밀폐되어야 한다.
④ 드레인 플러그 및 유면계를 설치해야 한다.

46 장비구조 ▶ 유압일반
오일 쿨러는 유압탱크와 별개의 구성품이다.

47 유압회로에서 유압 실린더와 유압모터 등 두 개 이상의 작동체를 사용하는 분기회로에서 순차적으로 작동시키는 밸브는?

① 교축 밸브
② 시퀀스 밸브
③ 체크 밸브
④ 릴리프 밸브

47 장비구조 ▶ 유압일반
시퀀스 밸브는 유압회로에서 유압 실린더와 유압모터 등 두 개 이상의 작동체를 사용하는 분기회로에서 순차적으로 작동시키는 밸브이다.

48 유압유의 구비조건으로 옳지 <u>않은</u> 것은?

① 강인한 유막을 형성해야 한다.
② 비압축성이어야 한다.
③ 점도지수가 커야 한다.
④ 인화점 및 발화점이 낮아야 한다.

48 장비구조 ▶ 유압일반
①②③ 이외에도 유압유 구비조건으로는 인화점 및 발화점이 높을 것, 적당한 점도를 가지고 내부식성이 있을 것, 불활성일 것 등이 있다.

49 유압장치에서 내구성이 강하고 작동 및 움직임이 있는 곳에 사용하기 적합한 호스는?

① 강파이프 호스
② 플렉시블 호스
③ 그리스파이프 호스
④ PVC 호스

49 장비구조 ▶ 유압일반
플렉시블 호스는 굽히기 쉽게 만들어진 호스로, 움직임이 있는 곳에서 사용하기 적합하다.

50 일반적으로 캠(cam)에 의해 작동되는 유압 밸브로서 액추에이터의 속도를 서서히 감속시키는 데 사용하는 밸브는?

① 감압 밸브
② 카운터 밸런스 밸브
③ 디셀러레이션 밸브
④ 무부하 밸브

50 장비구조 ▶ 유압일반
액추에이터의 속도를 서서히 감속시키는 밸브는 디셀러레이션 밸브(감속 밸브)이다.

| 정답 | 46 ② 47 ② 48 ④ 49 ② 50 ③

51 유압펌프의 소음 발생 원인으로 옳지 않은 것은?

① 펌프의 속도가 너무 빠르다.
② 펌프 축의 센터와 원동기 축의 센터가 일치한다.
③ 펌프 흡입관에 공기가 흡입된다.
④ 흡입되는 작동유 속에 기포가 있다.

51 장비구조 ▶ 유압일반
펌프 축의 센터와 원동기 축의 센터가 일치하지 않을 때 소음이 발생한다.

52 유압장치에서 방향제어 밸브에 대한 설명으로 옳지 않은 것은?

① 유체의 흐름 방향을 변환한다.
② 액추에이터의 속도를 제어한다.
③ 유체의 흐름 방향을 한쪽으로만 허용한다.
④ 유압 실린더나 유압모터의 작동 방향을 바꾸는 데 사용된다.

52 장비구조 ▶ 유압일반
액추에이터의 속도 제어는 유량제어 밸브가 한다.

53 다음 그림의 유압기호가 나타내는 것은?

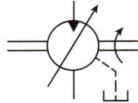

① 가변유압모터
② 유압펌프
③ 가변토출 밸브
④ 가변흡입 밸브

53 장비구조 ▶ 유압일반
원 안의 화살표가 안쪽 방향이면 유압모터를 의미하고, 바깥쪽 방향이면 유압펌프를 의미한다. 또한 원을 가로지르는 화살표는 가변용량형을 의미한다.

54 다음 그림의 굴착기에 대한 설명으로 옳지 않은 것은?

① 상부를 회전하여 전·후진 레버를 후진으로 하면 A방향인 배토판 방향으로 주행할 수 있다.
② 조향륜에는 균형 실린더가 있다.
③ 전·후진 레버를 후진으로 하면 A방향인 배토판 방향으로 주행할 수 있다.
④ 주행 시 균형을 잡기 위해 아우트리거를 내리고 주행한다.

54 장비구조 ▶ 작업장치
굴착기 주행 시에는 지면과의 마찰이 발생하지 않도록 아우트리거를 올리고 주행해야 한다.

55 굴착기 조작레버에 대한 설명으로 옳지 않은 것은?

① 오른쪽 레버는 버킷을 작동시킬 수 있다.
② 왼쪽 레버는 선회동작을 할 수 있다.
③ 두 개의 레버를 동시에 작동시킬 수 없다.
④ 조종석 오른쪽과 왼쪽에 각 1개씩 총 2개의 조작레버가 있다.

55 장비구조 ▶ 작업장치
굴착기 조작레버는 왼쪽 1개, 오른쪽 1개로 총 2개가 있으며, 2개의 조작레버를 동시에 작동시킬 수 있다.

| 정답 | 51 ② 52 ② 53 ①
54 ④ 55 ③

56 굴착기에 연결하는 선택장치 중 벌목용 장비로, 가지치기 및 나무를 일정한 간격으로 자를 수 있는 장치는?

① 브레이커 ② 리퍼
③ 하베스터 ④ 크러셔

57 엔진의 작동상태, 연료소비율, 배기가스 점화장치 등의 상태를 감시하고, 결함 발생 시 계기판에 경고등을 점등시켜 주는 기능은?

① 자기진단기능 ② 자동운전기능
③ 냉각기능 ④ 윤활기능

58 굴착기의 센터조인트의 역할로 가장 알맞은 것은?

① 전·후륜 디퍼런셜 기어에 오일을 공급한다.
② 암 실린더에 오일을 공급한다.
③ 메인펌프에서 공급되는 오일을 하부 유압부품에 공급한다.
④ 붐 실린더에 오일을 공급한다.

59 타이어식 굴착기와 무한궤도식 굴착기의 운전 특성에 대한 설명으로 옳지 않은 것은?

① 타이어식은 장거리 이동이 쉽고 기동성이 양호하다.
② 무한궤도식은 기복이 심한 곳에서 작업이 불리하다.
③ 타이어식은 주행속도가 빠르다.
④ 무한궤도식은 습지, 사지, 연약지반에서 작업이 용이하다.

60 차량이 남쪽에서 북쪽으로 진행 중일 때 그림의 표지에 대한 설명으로 옳지 않은 것은?

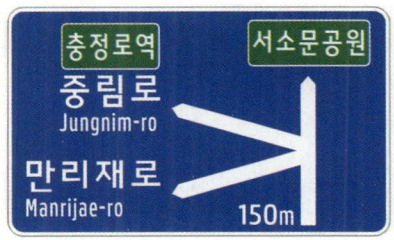

① 차량을 좌회전하는 경우 '만리재로' 또는 '중림로'로 진입할 수 있다.
② 차량을 좌회전하는 경우 '만리재로' 또는 '중림로' 도로구간의 끝지점과 만날 수 있다.
③ 차량을 직진하는 경우 '서소문공원' 방향으로 갈 수 있다.
④ 차량을 '중림로'로 좌회전하면 '충정로역' 방향으로 갈 수 있다.

---

56 장비구조 ▶ 작업장치
하베스터는 나무를 베고 가지를 자르고 정해진 길이로 나무를 토막내는 작업 등을 수행할 수 있는 장비이다.

57 장비구조 ▶ 작업장치
ECU는 엔진의 상태, 연료소비율, 배기가스 점화장치 등의 상태를 감시하고 이상 여부를 자체 진단한다. 결함 발생 시 계기판에 경고등을 점등시켜 운전자에게 알려주는 기능을 자기진단기능이라 한다.

58 장비구조 ▶ 작업장치
센터조인트(스위블조인트)는 굴착기의 상부회전체의 중심부에 설치되어 유압펌프에서 공급되는 작동유를 하부 유압부품(주행모터, 블레이드)으로 공급해 준다. 상부회전체가 회전하더라도 호스, 파이프 등이 꼬이지 않고 원활히 송유하는 일을 하는 배관의 일부이다.

59 장비구조 ▶ 작업장치
무한궤도식 굴착기는 접지 면적이 크고 접지 압력이 작아 기복이 심한 곳, 습지, 사지, 연약지반에서 작업이 용이하다. 기복이 심한 곳에서 작업이 불리한 것은 타이어식 굴착기이다.

60 도로주행 ▶ 도로명주소
차량을 좌회전하는 경우 '만리재로' 또는 '중림로' 도로구간의 시작지점과 만날 수 있다.

| 정답 | 56 ③ 57 ① 58 ③ 59 ② 60 ②

제12회 빈출복원 실전모의고사

합격개수 36개 | 맞힌개수

01 사고의 원인 중 가장 많은 부분을 차지하는 것은?
① 불가항력
② 불안전한 환경
③ 불안전한 지시
④ 불안전한 행동

해설

01 작업안전 ▶ 안전관리
재해 발생의 원인으로는 불안전한 행동, 불안전한 환경, 불가항력의 원인 등이 있다. 이 중 가장 많은 부분을 차지하는 것은 불안전한 행동이다.

02 전등 스위치가 옥내에 있으면 안 되는 경우는?
① 카바이드 저장소
② 엔진오일 저장소
③ 정비고
④ 장비 차고지

02 작업안전 ▶ 안전관리
카바이드는 물과 화합하면 아세틸렌가스를 발생시키므로 전등 스위치가 옥내에 있으면 화재 발생의 원인이 된다.

03 공구 및 장비 사용에 대한 설명으로 옳지 않은 것은?
① 공구는 사용 후 공구상자에 넣어 보관한다.
② 볼트와 너트는 가능한 한 소켓렌치로 작업한다.
③ 토크렌치는 볼트와 너트를 풀 경우에 사용한다.
④ 마이크로미터를 보관할 때에는 직사광선에 노출시키지 않는다.

03 작업안전 ▶ 안전관리
토크렌치는 볼트와 너트를 규정 토크로 조일 때 사용한다.

04 산업안전에서 근로자가 안전하게 작업을 할 수 있는 세부작업 행동지침을 무엇이라고 하는가?
① 안전수칙
② 안전표지
③ 작업지시
④ 작업수칙

04 작업안전 ▶ 안전관리
근로자가 안전하게 작업을 할 수 있는 세부작업 행동지침은 안전수칙이다.

05 엔진에서 라디에이터의 캡을 열어 냉각수를 점검했더니 기름이 떠 있었다면 그 원인으로 옳은 것은?
① 피스톤 링과 실린더 마모
② 밸브 간격 과다
③ 압축압력의 과다로 인한 역화 현상
④ 실린더 헤드 개스킷 파손

05 작업안전 ▶ 작업 전·후 점검
라디에이터 캡(압력식 캡)을 열었을 때 냉각수에 엔진오일이 떠 있다면 실린더 블록의 균열 또는 실린더 헤드 개스킷의 불량이 그 원인이다.

| 정답 | 01 ④ 02 ① 03 ③
04 ① 05 ④

06 엔진오일의 양 점검 시 오일 레벨 게이지의 상한선(Full)과 하한선(Low) 표시로 적합한 것은?

① Low 표시에 있어야 한다.
② Low와 Full 표시 사이에서 Low에 가까이 있을수록 좋다.
③ Low와 Full 표시 사이에서 Full에 가까이 있을수록 좋다.
④ Full 표시 이상이 되어야 한다.

06 작업안전 ▶ 작업 전·후 점검
Low와 Full 표시 사이에 위치하면 정상이고, Full에 가까이 있을수록 좋다.

07 굴착기 주차 방법으로 옳지 않은 것은?

① 평탄한 곳에 주차한다.
② Key스위치는 on에 둔다.
③ 변속레버는 P 위치에 둔다.
④ 경사진 곳에 주차 시 고임목을 설치한다.

07 작업안전 ▶ 작업 전·후 점검
굴착기 운행이 종료되면 시동키를 수거하여 열쇠함에 보관한다.

08 지하구조물이 설치된 지역에 도시가스가 공급되는 곳에서 굴착기를 이용하여 굴착공사를 하던 중, 지면으로부터 0.3m 깊이에서 물체가 발견되었다. 발견된 물체로 예측할 수 있는 것은?

① 수취기
② 가스 차단장치
③ 도시가스 입상관
④ 도시가스배관을 보호하는 보호관

08 작업안전 ▶ 가스 및 전기 안전관리
도시가스배관을 보호하는 보호관이나 보호판 외면은 지면 또는 노면과 0.3m 이상의 깊이를 유지해야 한다. 이에 0.3m 깊이에서 물체가 발견되었다면 보호관 또는 보호판임을 예측할 수 있다.

09 도로 굴착 시 적색의 도시가스 보호포가 나왔다면 매설된 도시가스배관의 압력은?

① 저압 또는 고압
② 중압 또는 저압
③ 고압 또는 중압
④ 배관 압력에 관계없이 보호포 색상은 적색이다.

09 작업안전 ▶ 가스 및 전기 안전관리
최고압력이 중압 이상인 경우 보호포의 바탕색은 적색이다. 이에 굴착 시 적색의 보호포가 나왔다면 매설된 도시가스배관의 압력은 고압 또는 중압임을 알 수 있다. 참고로, 최고압력이 저압인 경우 보호포의 바탕색은 황색이다.

10 도로 굴착자는 되메움 공사 완료 후 도시가스배관 손상 방지를 위해 최소한 몇 개월 이상 침하 유무를 확인해야 하는가?

① 1개월
② 2개월
③ 3개월
④ 4개월

10 작업안전 ▶ 가스 및 전기 안전관리
도로 굴착자는 되메움 공사 완료 후 도시가스배관 손상 방지를 위해 최소 3개월 이상 침하 유무를 확인해야 한다.

| 정답 | 06 ③   07 ②   08 ④
        09 ③   10 ③

11 최고사용압력이 중압 이상인 도시가스 매설배관의 경우, 보호포의 설치 위치는?

① 배관 직상부로부터 30cm 이상인 곳
② 보호판의 상부로부터 30cm 이상인 곳
③ 지면으로부터 10cm 이상인 곳
④ 배관의 최하부로부터 30cm 이상인 곳

11 작업안전 ▶ 가스 및 전기 안전 관리

최고사용압력이 중압 이상인 배관의 경우 보호판의 상부로부터 30cm 이상 떨어진 곳에 보호포를 설치해야 한다.

12 특고압 전선로 부근에서 건설기계를 이용한 작업 방법으로 옳지 않은 것은?

① 지상 감시자를 배치하고 감시하도록 한다.
② 작업을 시작하기 전에 관할 시설 관리자에게 연락하여 도움을 요청한다.
③ 붐이 전선에 접촉만 하지 않으면 상관없다.
④ 작업 전 고압전선의 전압을 확인하고, 안전거리를 파악한다.

12 작업안전 ▶ 가스 및 전기 안전 관리

특고압 전선로 부근에서 건설기계를 이용한 작업 시에는 직접 접촉하지 않더라도 감전의 위험이 있다. 이에 반드시 안전거리만큼 이격하여 작업해야 한다.

13 고압 전력케이블을 지중에 매설하는 방법이 아닌 것은?

① 직매식
② 관로식
③ 전력구식
④ 궤도식

13 작업안전 ▶ 가스 및 전기 안전 관리

고압 전력케이블 지중 매설 방법에는 직매식, 관로식, 전력구식(암거식)이 있다.

14 교통사고 사상자가 발생하였을 경우 도로교통법상 운전자가 즉시 취해야 하는 조치로 옳은 것은?

① 증인 확보 – 정차 – 사상자 구호
② 즉시 정차 – 증인 확보 – 사상자 구호
③ 즉시 정차 – 사상자 구호 – 신고
④ 즉시 정차 – 위해 방지 – 신고

14 도로주행 ▶ 도로교통법

교통사고 발생 시에는 「도로교통법」 제54조(사고 발생 시 조치)에 근거하여 즉시 차를 정차하고 사상자를 구호하는 등 필요한 조치를 한 뒤 국가경찰관서에 신고해야 한다.

15 승차 또는 적재의 방법과 제한에서 운행상의 안전기준을 넘어 승차 및 적재가 가능한 경우는?

① 도착지를 관할하는 경찰서장의 허가를 받은 때
② 출발지를 관할하는 경찰서장의 허가를 받은 때
③ 관할 시장·군수·구청장의 허가를 받은 때
④ 동·읍·면장의 허가를 받은 때

15 도로주행 ▶ 도로교통법

출발지를 관할하는 경찰서장의 허가를 받은 경우 「도로교통법」 제39조(승차 또는 적재의 방법과 제한)에 의해 승차 인원, 적재중량 및 적재용량을 초과하여 운행할 수 있다.

| 정답 | 11 ② | 12 ③ | 13 ④ | 14 ③ | 15 ② |

16 비가 내려 노면이 젖어 있는 경우에는 최고 속도에서 얼마나 감속 운행해야 하는가?

① 20/100
② 30/100
③ 40/100
④ 50/100

16 도로주행 ▶ 도로교통법
비가 내려 노면이 젖어 있거나 눈이 20mm 미만으로 쌓인 경우에는, 최고 속도에서 100분의 20을 줄인 속도로 운행해야 한다.

17 녹색신호에서 교차로 내를 직진하는 중에 황색신호로 바뀌었을 때, 안전운전 방법으로 옳은 것은?

① 속도를 줄여 조금씩 움직이는 정도의 속도로 서행하면서 진행한다.
② 일시정지하여 좌우를 살핀 후 진행한다.
③ 일시정지하여 다음 신호를 기다린다.
④ 계속 진행하여 신속히 교차로를 통과한다.

17 도로주행 ▶ 도로교통법
녹색신호에서 교차로 내를 직진하는 중에 황색신호로 바뀌었을 때에는 계속 진행하여 신속하게 교차로를 통과한다.

18 도로교통법상 반드시 서행해야 할 장소로 지정된 곳은?

① 안전지대 우측
② 교통정리가 행해지고 있는 교차로
③ 교통정리가 행해지고 있는 횡단보도
④ 비탈길의 고갯마루 부근

18 도로주행 ▶ 도로교통법
서행해야 하는 장소
- 교통정리를 하고 있지 아니하는 교차로
- 도로가 구부러진 부근
- 비탈길의 고갯마루 부근
- 가파른 비탈길의 내리막

19 건설기계 등록번호표의 색상 기준으로 옳지 않은 것은?

① 관용 – 흰색 바탕에 검은색 문자
② 수입용 – 적색 바탕에 흰색 문자
③ 자가용 – 흰색 바탕에 검은색 문자
④ 대여사업용 – 주황색 바탕에 검은색 문자

19 도로주행 ▶ 건설기계관리법
건설기계 등록번호표의 색상 기준은 비사업용(관용, 자가용)은 흰색 바탕에 검은색 문자, 대여사업용은 주황색 바탕에 검은색 문자이다.

20 건설기계관리법상 건설기계정비업의 범위에 포함되는 것은?

① 엔진오일 보충
② 배터리 점검
③ 전구 교환
④ 브레이크류의 부품 교환

20 도로주행 ▶ 건설기계관리법
브레이크류의 부품 교환은 건설기계정비업자가 수행해야 하는 작업으로, 건설기계정비업의 범위에 포함된다.

| 정답 | 16 ① 17 ④ 18 ④
19 ② 20 ④

21 건설기계조종사의 면허취소 사유가 아닌 것은?

① 거짓 또는 부정한 방법으로 건설기계의 면허를 받은 때
② 면허정지 처분을 받은 자가 그 정지 기간 중 건설기계를 조종한 때
③ 건설기계의 조종 중 고의로 중대한 사고를 일으킨 때
④ 등록번호표를 가리거나 훼손하여 알아보기 곤란하게 한 건설기계를 운행한 때

21 도로주행 ▶ 건설기계관리법
등록번호표를 가리거나 훼손하여 알아보기 곤란하게 한 건설기계를 운행한 때에는 100만 원 이하의 과태료 처분을 받는다.

22 건설기계관리법상 건설기계등록이 말소된 경우 소유자는 등록번호판을 며칠 이내에 반납해야 하는가?

① 7일　　② 10일
③ 15일　　④ 30일

22 도로주행 ▶ 건설기계관리법
건설기계소유자는 건설기계등록이 말소된 경우 등록번호판을 10일 이내에 등록지의 시·도지사에게 반납하여야 한다(건설기계관리법 제9조).

23 건설기계사업을 영위하고자 하는 자는 누구에게 등록해야 하는가?

① 시·도지사
② 시장, 군수, 구청장(자치구청장)
③ 국토교통부장관
④ 건설기계폐기업자

23 도로주행 ▶ 건설기계관리법
건설기계사업을 하려는 자는 대통령령으로 정하는 바에 따라 사업의 종류별로 시장·군수 또는 구청장(자치구청장)에게 등록하여야 한다(건설기계관리법 제21조).

24 엔진오일의 교환 방법으로 옳지 않은 것은?

① 오일 레벨 게이지의 'F'에 가깝게 오일을 주입한다.
② 엔진오일은 순정품으로 교환한다.
③ 가혹한 조건에서 지속적으로 운전하였을 경우에는 교환 주기를 조금 앞당긴다.
④ 규정된 엔진오일보다 플러싱 오일로 교체하여 사용한다.

24 장비구조 ▶ 엔진구조
플러싱 오일은 잔유 제거용 오일이기 때문에 잔유제거 과정 후 플러싱 오일을 배출하고 규정된 엔진오일을 주입해야 한다.

25 4행정 사이클 디젤기관의 크랭크축이 4,000rpm으로 회전할 때 분사펌프 캠축의 회전수로 옳은 것은?

① 2,000rpm　　② 4,000rpm
③ 6,000rpm　　④ 8,000rpm

25 장비구조 ▶ 엔진구조
크랭크축과 캠축의 회전수 비는 2:1이다.

| 정답 | 21 ④　22 ②　23 ②
　　　　24 ④　25 ①

26 예열 플러그를 빼서 보았더니 심하게 오염되어 있었다면, 그 원인으로 옳은 것은?

① 불완전 연소 또는 노킹
② 기관의 과열
③ 플러그의 용량 과다
④ 냉각수 부족

26 장비구조 ▶ 엔진구조
예열 플러그가 심하게 오염되는 이유는 불완전 연소 및 노킹으로 인해 발생한 카본이 예열 플러그에 축적되었기 때문이다.

27 6기통 디젤기관에 병렬로 연결된 예열 플러그가 있다. 이 중 3번 기통의 예열 플러그가 단선되면 어떤 현상이 발생하는가?

① 예열 플러그 전체가 작동이 안 된다.
② 3번 실린더 예열 플러그만 작동이 안 된다.
③ 2번과 4번의 예열 플러그가 작동이 안 된다.
④ 축전지 용량의 배가 방전된다.

27 장비구조 ▶ 엔진구조
디젤기관의 예열 플러그를 병렬로 연결하면 어느 한 실린더 예열 플러그가 단선이 되더라도 해당 실린더 예열 플러그만 작동이 되지 않고, 나머지 실린더 예열 플러그는 작동된다.

28 엔진의 윤활유에 대한 설명으로 옳지 않은 것은?

① 점도지수가 높은 것이 좋다.
② 인화점 및 발화점이 높아야 한다.
③ 응고점이 높은 것이 좋다.
④ 적당한 점도가 있어야 한다.

28 장비구조 ▶ 엔진구조
엔진의 윤활유의 응고점은 낮아야 한다.

29 단행정 기관에 대한 설명으로 옳지 않은 것은?

① 실린더 내경이 행정의 길이보다 작은 기관이다.
② 실린더 내경이 행정의 길이보다 큰 기관이다.
③ 피스톤의 평균 속도를 올리지 않고도 기관 회전 속도를 높일 수 있다.
④ 피스톤이 과열되기 쉽다.

29 장비구조 ▶ 엔진구조
실린더 내경이 행정의 길이보다 작은 기관은 장행정 기관이다.

30 디젤기관에서 흡입행정 시 연소실 내로 흡입하는 것은?

① 공기
② 가솔린
③ 혼합기
④ 경유

30 장비구조 ▶ 엔진구조
디젤기관은 순수한 공기만을 흡입하여 고압으로 압축한다.

| 정답 | 26 ① 27 ② 28 ③ 29 ① 30 ①

31 예열 플러그가 15~20초에서 완전히 가열되었을 경우, 이에 대한 설명으로 옳은 것은?

① 정상상태이다.
② 단락되었다.
③ 접지되었다.
④ 다른 플러그가 모두 단선되었다.

31 장비구조 ▶ 엔진구조
예열 플러그가 15~20초에서 완전히 가열되면 정상상태이다.

32 냉각장치의 라디에이터 압력식 캡에 설치되어 있는 밸브는?

① 진공 밸브와 체크 밸브
② 압력 밸브와 진공 밸브
③ 압력 밸브와 스로틀 밸브
④ 릴리프 밸브와 감압 밸브

32 장비구조 ▶ 엔진구조
라디에이터 압력식 캡은 냉각수의 비등점을 높여주는 역할을 하며, 압력 밸브와 진공 밸브가 설치되어 있다.

33 건설기계에 사용되는 12볼트(V), 80암페어(A) 축전지 2개를 병렬로 연결하면 전압과 전류는 어떻게 변하는가?

① 12볼트(V), 80암페어(A)가 된다.
② 12볼트(V), 160암페어(A)가 된다.
③ 24볼트(V), 80암페어(A)가 된다.
④ 24볼트(V), 160암페어(A)가 된다.

33 장비구조 ▶ 전기구조
배터리 2개를 병렬로 연결하면 전압(V)은 변함이 없고, 전류(A)는 접속 개수의 2배가 된다.

34 전기회로에서 저항의 병렬접속에 대한 설명으로 옳지 않은 것은?

① 합성저항은 각 저항의 어느 것보다 작다.
② 어느 저항에서나 동일한 전압이 흐른다.
③ 합성저항을 구하는 식은 $R = R_1 + R_2 + R_3 + \cdots + R_n$이다.
④ 합성저항이 감소하는 것은 전류가 나누어져 저항 속을 흐르기 때문이다.

34 장비구조 ▶ 전기구조
병렬접속된 합성저항을 구하는 식은 $1/R = 1/R_1 + 1/R_2 + 1/R_3 + 1/R_4 + \cdots + 1/R_n$이다.

35 축전지 전해액의 온도가 내려가면 비중은 어떻게 되는가?

① 내려간다.
② 올라간다.
③ 일정하다.
④ 올라가다가 내려간다.

35 장비구조 ▶ 전기구조
축전지 전해액의 온도와 비중은 반비례 관계이므로, 온도가 내려가면 전해액 비중은 올라간다.

| 정답 | 31 ① 32 ② 33 ②
34 ③ 35 ②

36 굴착기의 엔진에 사용되는 기동 전동기가 회전이 안 되거나 회전력이 약한 원인이 아닌 것은?

① 시동 스위치의 접촉 불량
② 배터리 단자의 접촉 불량
③ 배터리 전압 낮음
④ 피니언 기어의 마모

36 장비구조 ▶ 전기구조
피니언 기어가 마모되면 기동 전동기의 회전력이 플라이휠 링 기어에 전달되지 않는다.

37 교류(AC)발전기의 구성품이 아닌 것은?

① 스테이터 코일
② 슬립링
③ 전류조정기
④ 실리콘 다이오드

37 장비구조 ▶ 전기구조
교류발전기에는 전류조정기가 없고 전압조정기만 있다.

38 납산 축전지(배터리)의 전해액을 보충하기 위해 사용되는 것은?

① 빗물
② 수돗물
③ 소금물
④ 증류수

38 장비구조 ▶ 전기구조
납산 축전지의 전해액이 부족한 경우 순수한 물인 증류수를 보충한다.

39 브레이크 드럼이 갖추어야 하는 조건으로 옳지 않은 것은?

① 내마멸성이 커야 한다.
② 정적, 동적 평형이 좋아야 한다.
③ 재질이 단단하고 무거워야 한다.
④ 열의 발산이 잘 되어야 한다.

39 장비구조 ▶ 전·후진 주행장치
브레이크 드럼은 재질이 단단하고 가벼워야 한다.

40 굴착기 동력전달 계통에서 최종적으로 구동력을 증가시키는 것은?

① 트랙모터
② 종감속 기어
③ 스프로킷
④ 변속기

40 장비구조 ▶ 전·후진 주행장치
동력전달장치에서 최종적으로 구동력을 증가시키는 것은 종감속 기어이며, 종감속 기어는 링 기어와 피니언 기어로 이루어져 있다.

| 정답 | 36 ④ 37 ③ 38 ④
         39 ③ 40 ②

41 토크컨버터에 대한 설명으로 옳지 않은 것은?

① 펌프 임펠러, 터빈 러너, 가이드링으로 구성되어 있다.
② 토크 변환율은 2~3 : 1이다.
③ 오일을 매체로 하여 클러치 역할을 한다.
④ 펌프는 크랭크축과 연결되고 터빈은 변속기 입력축과 연결된다.

42 굴착기에 사용하는 동력조향장치 주요부 중 작동부에 사용하는 유압 실린더는?

① 단로드 단동식
② 단로드 복동식
③ 양로드 단동식
④ 양로드 복동식

43 변속기의 필요성과 관계가 없는 것은?

① 시동 시 장비를 무부하 상태로 한다.
② 기관의 회전력을 증대시킨다.
③ 장비의 후진 시 필요하다.
④ 환향을 빠르게 한다.

44 종감속비에 대한 설명으로 옳지 않은 것은?

① 편마모를 방지하기 위해 나누어 떨어지지 않는 값으로 한다.
② 편마모를 방지하기 위해 나누어 떨어지는 값으로 한다.
③ 피니언 기어 잇수와 링 기어 잇수로 구할 수 있다.
④ 건설기계는 감속비를 크게 둔다.

45 공동 현상이라고도 하며, 소음과 진동이 발생하고 양정과 효율이 저하되는 현상은?

① 캐비테이션
② 스트로크
③ 제로랩
④ 오버랩

---

41 장비구조 ▶ 전·후진 주행장치
토크컨버터는 펌프 임펠러, 터빈 러너, 스테이터로 구성되어 있으며, 오일을 매체로 하여 일종의 클러치 역할을 한다.

42 장비구조 ▶ 전·후진 주행장치
굴착기에 사용하는 조향장치 유압 실린더는 좌우 바퀴를 제어하기 위해 양로드 복동식을 사용한다.

43 장비구조 ▶ 전·후진 주행장치
변속기는 클러치와 추진축 또는 클러치와 종감속 기어 사이에 설치하며, 건설기계의 후진, 기관 회전력 증대, 기관 시동 시 장비를 무부하 상태로 두기 위해 필요하다.

44 장비구조 ▶ 전·후진 주행장치
종감속비는 편마모를 방지하기 위해 나누어 떨어지지 않는 값으로 하며, 건설기계 등과 같이 구동력이 크게 필요한 곳에는 감속비를 크게 둔다.

45 장비구조 ▶ 유압일반
캐비테이션(공동 현상)은 유체의 압력이 급격하게 변화하여 상대적으로 압력이 낮은 곳에 공동이 생기는 현상을 말한다. 이때 공동이 높은 압력을 받아 무너지면서 강한 충격이 발생한다.

| 정답 | 41 ① | 42 ④ | 43 ④ |
| 44 ② | 45 ① |

46 다음의 유압 기호 중 체크 밸브를 나타내는 것은?

① 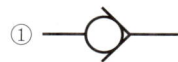   ②

③    ④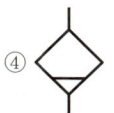

47 유압펌프의 토출량을 나타내는 단위로 옳은 것은?
① psi
② LPM
③ kPa
④ W

48 유압회로 내의 유압유 점도가 너무 낮을 때 생기는 현상이 아닌 것은?
① 시동 저항이 커진다.
② 오일 누설에 영향이 크다.
③ 회로 압력이 떨어진다.
④ 펌프 효율이 떨어진다.

49 어큐뮬레이터(축압기)의 용도로 적합하지 않은 것은?
① 압력 보상
② 유압에너지 축적
③ 충격 흡수
④ 릴리프 밸브 제어

50 회전운동을 하는 유압기기는?
① 유압 실린더
② 유압모터
③ 유압탱크
④ 유압필터

---

46 장비구조 ▶ 유압일반
② 유압동력원, ③ 압력원, ④ 드레인 배출기이다.

47 장비구조 ▶ 유압일반
유압펌프 토출량의 단위
• LPM(Liter Per Minute)
• GPM(Gallon Per Minute)

48 장비구조 ▶ 유압일반
유압유의 점도가 낮을 경우 오일 누설이 많아지고, 회로 압력 및 펌프 효율이 떨어질 뿐만 아니라 시동 저항이 낮아진다.

49 장비구조 ▶ 유압일반
어큐뮬레이터(축압기)는 주로 질소 가스를 사용하는 기체 압축형이며, 유압회로 내의 압력 보상, 맥동압력(충격압력) 흡수, 유압에너지 축적을 위해 사용한다.

50 장비구조 ▶ 유압일반
유압기기 중 회전운동을 하는 것은 유압모터이고, 직선운동을 하는 것은 유압 실린더이다.

| 정답 | 46 ① 47 ② 48 ①
49 ④ 50 ②

51 일반적으로 건설기계의 유압펌프는 무엇에 의해 구동되는가?

① 엔진의 플라이휠에 의해 구동된다.
② 변속기 P.T.O. 장치에 의해 구동된다.
③ 에어컨 컴프레서에 의해 구동된다.
④ 캠축에 의해 구동된다.

51 장비구조 ▶ 유압일반
건설기계의 유압펌프는 엔진의 플라이휠과 직결되어 있어 플라이휠에 의해 구동된다.

52 유압작동유의 구비조건으로 옳지 않은 것은?

① 적당한 점도가 있어야 한다.
② 응고점이 낮아야 한다.
③ 내열성이 높아야 한다.
④ 압축성이 높아야 한다.

52 장비구조 ▶ 유압일반
유압작동유는 비압축성이어야 한다.

53 유압회로 내의 유압이 상승하지 않을 때 점검사항으로 옳지 않은 것은?

① 오일탱크의 오일양 점검
② 펌프로부터 정상 유압이 발생하는지 점검
③ 자기탐상법에 의한 작업장치의 균열 점검
④ 오일이 누출되는지 점검

53 장비구조 ▶ 유압일반
자기탐상법은 철강제품의 끝이나 속에 생긴 미세한 균열을 자기력선 속의 변화를 이용하여 찾아내는 비파괴 검사법으로, 유압이 상승하지 않을 때의 점검사항이 아니다.

54 암반, 콘크리트, 아스팔트를 파괴하기 위한 굴착기의 선택장치는?

① 브레이커   ② 하베스터
③ 콤팩터   ④ 리퍼

54 장비구조 ▶ 작업장치
브레이커는 치즐의 머리부에 있는 유압식 왕복 해머로 연속적으로 타격을 가해 암석, 콘크리트 등을 파쇄하는 장치이다. 유압식 해머라고도 한다.

55 기관의 윤활유 사용 방법에 대한 설명으로 옳은 것은?

① 여름은 겨울보다 SAE 번호가 큰 윤활유를 사용한다.
② 겨울은 여름보다 SAE 번호가 큰 윤활유를 사용한다.
③ 계절과 윤활유 SAE 번호는 관계가 없다.
④ 계절과 관계없이 사용하는 윤활유 SAE 번호는 일정하다.

55 장비구조 ▶ 작업장치
SAE분류는 윤활유의 점도에 따른 분류이며 번호가 클수록 점도가 높다. 윤활유의 점도는 온도가 높을수록 낮아지므로 여름용은 겨울용보다 SAE 번호가 큰 윤활유를 사용한다.

| 정답 | 51 ① | 52 ④ | 53 ③ |
| 54 ① | 55 ① |

56 굴착기에서 조종석, 엔진, 조종레버, 유압펌프 등이 설치되는 부분은?

① 작업장치　　　　　② 상부회전체
③ 하부주행체　　　　④ 하부 프레임

56 장비구조 ▶ 작업장치
굴착기는 크게 작업장치(전부장치), 상부회전체, 하부주행체(하부추진체)로 구성된다. 그중 상부회전체는 기관, 조종석, 유압탱크, 유압펌프, 연료탱크 등으로 구성되며, 360° 회전한다.

57 무한궤도식 굴착기에서 스프로킷에 가까운 하부롤러의 형식은?

① 옵셋형　　　　　　② 플랫형
③ 싱글플랜지형　　　④ 더블플랜지형

57 장비구조 ▶ 작업장치
굴착기 하부롤러에는 싱글플랜지형과 더블플랜지형을 사용한다. 전부유동륜과 스프로킷 쪽은 싱글플랜지형을 사용한다.

58 굴착기로 하천을 주행할 때의 방법으로 옳지 않은 것은?

① 타이어식 굴착기는 액슬 중심선 이상이 잠기지 않게 한다.
② 타이어식 굴착기는 블레이드 방향으로만 주행해야 한다.
③ 무한궤도식은 주행모터 중심선 이상이 잠기지 않게 한다.
④ 하천 주행을 마친 후 새로운 그리스를 주입한다.

58 장비구조 ▶ 작업장치
타이어식 굴착기는 전·후진이 모두 가능하다.

59 견고한 땅을 굴착하는 방법으로 옳은 것은?

① 버킷 투스로 찍어서 단번에 강하게 굴착한다.
② 스윙하며 굴착한다.
③ 버킷을 최대한 높이 들어 빠르게 지면에 내리 꽂아 굴착한다.
④ 버킷 투스를 이용하여 지면을 얇게 여러 번 긁어가며 굴착한다.

59 장비구조 ▶ 작업장치
견고한 땅을 굴착해야 할 경우 버킷 투스를 이용하여 지면을 얇게 여러 번 긁어가며 굴착한다.

60 차량이 남에서 북쪽으로 진행 중일 때, 그림에 대한 설명으로 옳지 않은 것은?

① 차량을 좌회전하면 '충정로' 도로구간 시작지점에 진입할 수 있다.
② 차량을 우회전하면 '새문안길' 도로구간 시작지점에 진입할 수 있다.
③ 차량을 직진하면 '연신내역' 방향으로 갈 수 있다.
④ 차량을 우회전하면 '시청' 방향으로 갈 수 있다.

60 도로주행 ▶ 도로명주소
차량을 좌회전하면 '충정로' 도로구간 끝지점에 진입할 수 있다.

| 정답 | 56 ②　57 ③　58 ②　59 ④　60 ①

내가 꿈을 이루면
나는 누군가의 꿈이 된다.

― 이도준

**여러분의 작은 소리
에듀윌은 크게 듣겠습니다.**

본 교재에 대한 여러분의 목소리를 들려주세요.
공부하시면서 어려웠던 점, 궁금한 점,
칭찬하고 싶은 점, 개선할 점, 어떤 것이라도 좋습니다.

에듀윌은 여러분께서 나누어 주신 의견을
통해 끊임없이 발전하고 있습니다.

에듀윌 도서몰 book.eduwill.net
- 부가학습자료 및 정오표: 에듀윌 도서몰 → 도서자료실
- 교재 문의: 에듀윌 도서몰 → 문의하기 → 교재(내용, 출간) / 주문 및 배송

2026 에듀윌 굴착기(굴삭기)운전기능사
필기끝장

발 행 일	2026년 1월 5일 초판
편 저 자	김은남, 명하영
펴 낸 이	양형남
개 발	정상욱, 최승철
펴 낸 곳	(주)에듀윌
등록번호	제25100-2002-000052호
주 소	08378 서울특별시 구로구 디지털로34길 55 코오롱싸이언스밸리 2차 3층
I S B N	979-11-360-4029-9(13550)

* 이 책의 무단 인용 · 전재 · 복제를 금합니다.

www.eduwill.net
대표전화 1600-6700